光学压缩感知成像

Optical Compressive Imaging

[以] 艾德里安·斯特恩(Adrian Stern)　编著
张廷华　樊桂花　译

国防工业出版社
·北京·

内 容 简 介

全书从压缩感知理论的光学成像工程实践与应用的角度,系统地论述了光学压缩成像的基本理论、成像系统、多维光学压缩感知,介绍了太赫兹压缩感知成像、压缩全息成像、光谱压缩感知、压缩感知显微镜等典型应用、基本原理、计算方法和实验架构,并对相位恢复最新发展进行综述。

本书可供从事光学压缩感知成像研究的光学工程和光电信息处理相关工程技术人员参考,也可作为高等院校光学工程、光电信息科学与工程、光学遥感等专业本科生和硕士研究生的参考书。

Optical Compressive Imaging 1st Edition / by Stern, Adrian / ISBN: 9780367782689

图书在版编目(CIP)数据

光学压缩感知成像 / (以) 艾德里安·斯特恩 (Adrian Stern) 编著 ; 张廷华, 樊桂花译. -- 北京 : 国防工业出版社, 2024. 10. -- ISBN 978-7-118-13231-1

Ⅰ. O43

中国国家版本馆 CIP 数据核字第 20243AV299 号

※

国防工业出版社出版发行
(北京市海淀区紫竹院南路 23 号　邮政编码 100048)
天津嘉恒印务有限公司印刷
新华书店经售

*

开本 710 × 1000　1/16　插页 5　印张 18¼　字数 324 千字
2024 年 10 月第 1 版第 1 次印刷　印数 1—1500 册　定价 138.00 元

(本书如有印装错误,我社负责调换)

国防书店:(010)88540777　书店传真:(010)88540776
发行业务:(010)88540717　发行传真:(010)88540762

译者序

现有的信号采集与处理都是建立在传统的奈奎斯特采样定理基础上,随着信息采集与传递所需的带宽急剧提升,传统的信息采集与分析理论已无法满足商业和军事等领域应用需求。21 世纪以来,随着 Donoho、Candes、Romberg 和陶哲轩等人系统性地提出压缩感知基础理论以来,如何将压缩感知理论应用于光学成像领域成为理论界和工程界的关注热点。压缩感知理论应用于光学成像系统,能够减少所需光电传感器的数量和测量次数,改变了现有光学信息获取系统架构和数据处理方法,打破了传统光学感知的模式,由于工程领域持续增长的感知数据和图像采集量,光学压缩成像技术受到了广泛的关注,并得到越来越广泛的应用。

本书重点阐述压缩感知理论在光学成像领域的应用,结合具体的压缩感知成像系统设计案例,说明光学压缩感知的基本原理与成像机理。全书共分五个部分,第一部分光学压缩感知理论及光学应用,介绍光学压缩感知必要的基本概念,然后逐渐引入更多的先进理论和应用。第二部分压缩成像系统,结合太赫兹压缩感知成像系统设计,说明压缩感知成像系统的成像机理和系统结构。第三部分多维光学压缩感知,主要介绍多维光学感知理论和系统应用,包括用于压缩感知的多通道数据采集系统的光学设计、全息压缩成像、光谱/超光谱压缩成像和偏振压缩感知等。第四部分压缩感知显微镜,通过采用 STORM 和各种片上显微成像设计实例,分析和验证光学压缩感知技术提高空间和时间分辨率的成像机理。第五部分相位恢复,主要讨论光学压缩感知成像系统中的相位恢复问题,介绍了相位恢复的最新进展,包括理论和算法。重点介绍了采用掩膜的稀疏相位恢复以及 STFT 幅度的相位恢复。

本书的翻译工作由张廷华副教授和樊桂花教授共同完成,其中前言、第一部分和第二部分(第 1 章 ~ 第 6 章)由樊桂花翻译,第三部分 ~ 第五部分(第 7 章 ~ 第 13 章)由张廷华翻译,全书由张廷华统稿,并审校了全文。在翻译过程中,邓振、赵洋等参与了译稿资料整理、文字校正等工作。国防工业出版社的编辑为本书的顺利翻译和出版做了大量准确细致的工作，提供了积极的帮助。此外，本书得到军队双重建设创新团队建设项目支持，在此一并表示诚挚的谢意！

在本书的翻译过程中，我们力求忠实于原文，准确地将原文的内涵用朴实的中文进行表述，但由于译者水平有限，书中难免会出现错误和不准确之处，可能有的地方也不太符合中文的表述习惯，恳请广大读者批评指正，并欢迎与译者直接沟通交流(zth - gd@163. com)。

| 序 |

他将努力寻求一种最简洁的方式、空间维度最小的一种假设：利用三维空间对四维空间的假设，他将因此提出一种能够解释星系所有现象的假设。

Moses Maimoniodes（1904）

自从 Donoho 和 Candes 等在 2006 年公开发表其开拓性工作以来，压缩（或被压缩）感知（CS）已经吸引了各个领域的广泛关注，包括应用数学、计算机科学与工程，事实上，包括数据感知的几乎所有领域。压缩感知改变了许多科学家和工程师对信息获取、表达、处理和存储的方式。也许是因为打破了感知的模式，才使得 CS 如此的令人关注和具有吸引力。事实上传统的感知模式主导了近一个世纪——也就是说，CS 是紧随著名的香农 - 奈奎斯特采样理论，香农 - 奈奎斯特采样理论提出了有限带宽信号的采样条件，由于每一个物理信号和系统都具有有限带宽，因此该理论是通用的。压缩感知建立在另一个特性之上，该特性也就是稀疏性。稀疏性对所有信号和系统几乎是普遍存在的。稀疏性表示离散的物理信号依赖于远小于采样个数的若干自由度。对于连续信号，这意味着“信息率”信号远小于其带宽。稀疏性可以认为是简约原则（也称为 Ockham's razor）的代表之一，该理论认为对于更复杂的理论、解释和表达，简洁的方式是更好的。前面提到的 Moses Maimonides（1904）的著作就是该理论应用的实例，他用来反驳 Ptolemy 提出的行星绕地球旋转的本轮模型。压缩感知利用绝大部分信号在感知域是稀疏的或可压缩的，在恰当的变换下具有简洁的表示。利用稀疏性和合理的感知原理与重构算法，CS 可以比传统的香农 - 奈奎斯特采样理论所需要的采样个数更少。对于感知数据和图像采集量持续增长的领域，减少测量次数已经引起了广泛的关注。CS 对于光学感知和成像特别有效，因为该领域典型的数据量既是巨大的又是高度可压缩的。

由于 CS 能够确实减少对场景精确捕获所需的测量次数，这已经对光学系统设计和性能产生了巨大的影响。通常一旦测量的边际成本（依据大小、重量、功耗、价格等）太高，CS 就具有潜在的价值。由于减少了所需光电传感器的数量，伴随着减少了传感器的大小和重量，因此可以减少成本，也减少了采集时间并且增加了帧频；还可以提供改进的探测器－噪声限的测量保真度，这是因为同样数量的全部光子数可以利用更少的光电探测器来测量；还提供了突破分辨率极限的可能性。

本书的目的是为读者介绍光学压缩感知领域的革命，提高读者对 CS 的兴趣，认识 CS 对光学应用的潜在影响。本书期望教授、启发并且为读者提供 CS 在光学领域的介绍，为希望在光学感知和成像问题中应用 CS 的研究者和行业专家抛砖引玉。目标读者包括光学从业者和光学系统设计者、电子与光学工程师、数学家（应用数学家和理论数学家）以及追求更好地理解光学系统实际需求的信号处理专家。本书适用于学术研究者（高等院校教师、研究生和博士后研究人员）和行业专家。

在过去的十年中，出版了大量有关 CS 研究的文献资料。事实上，由于 CS 思想的首次提出大概在十年前，现在已经有几千篇关于这一主题的论文，出版物呈几何级数增长，出版了大量的理论著作和经过实验检验过的结果。CS 研究的前几年主要聚焦在基本的感知设计、随机测量的数学分析、重构保证以及信号重构算法。许多出色的专题报告和书籍为 CS 提供了理论介绍（Eldar and Kutyniok 2012；Foucart and Rauhut 2013）。然而，尽管在 CS 理论方面已经取得了令人瞩目的进步，但是在实际装置方面普遍落后。最近，更多的关注点转向了各种应用领域有效应用 CS 的特殊细节。本书首次聚焦于 CS 在光学感知和成像中的应用，其目的是支持该领域正在成长的活跃研究团体。本书得益于国际上公认学者的贡献，每位学者从光学应用的不同视角带来深刻见解。

需要提醒的是，CS 理论和大部分的光学应用已经有很多的先例。事实上，对于几乎任何科学发现和工程突破这是普遍规律，但是尽管如此，不应该轻视他们的价值和潜在的影响。压缩感知理论逐步形成稀疏信号处理的一个分支，并且已经有了如此深远的影响，现在已经深入到整个稀疏和冗余表达领域。本书我们试图仅聚焦于 CS。与 CS 的先驱们一样，早在 CS 理论出现前就提出过要设计采集少量数据的光学系统，然而其新颖性来源于 CS 理论为实现高效的数据采集提出的清晰指导思想。在本书的第一部分为读者介绍这些指导方针。首先，读者将面临光学实现必要的基本 CS 概念，该部分逐渐地引入更多的先进理论和应用。第二部分主要是压缩成像设计，给出了各种设计方案和太赫兹压缩成像案例。太赫兹成像领域是一个重要的案例，在太赫兹成像中 CS 有助于降低传感器的高成本。第三部分是多维光学感知的 CS 应用。多维光学感知对于 CS 应用是具有吸引力的，因为在这样的信号内部通常存在高冗余和高的采样负担。在第四部分，验证了实用的 CS 显微镜，表明 CS 是如何采用 STORM 和各种片上显微镜设计帮助获得空间和时间的高分辨率。第五部分不同于经典的线性

CS 模型,而是讨论相位恢复问题。这部分为光学领域长期研究的相位恢复问题提供了一种新的理论手段。第五部分的目的是证明这些新手段的能力,并且将其用于光学应用。

我相信,本书的思想和概念将会在光学应用实现中帮助约束 CS 模型。我们希望基于对光学与信号/图像处理交叉学科概念更加深刻的理解,进一步地改进模型并且产生出更多成功的应用。

感谢论文作者的杰出贡献,感谢 T&F 编辑以及工作人员的支持。

参考文献

Eldar, Y. C. and G. Kutyniok, eds., *Compressed Sensing: Theory and Applications*. Cambridge University Press, Cambridge, UK, 2012.

Foucart, S. and H. Rauhut, *A Mathematical Introduction to Compressive Sensing*, Vol. 1, no. 3. Birkhäuser, Boston, MA, 2013.

Maimonides, M., *The Guide for the Perplexed*, New York: E.P. Dutton, 1904, Part 2, Chapter 11, c. 1190, translated by M. Friedländer (1903).

| 编　者 |

Adrian Stern 博士是以色列本－古里安大学电子与光学工程系主任、副教授。在内盖夫地区本－古里安大学获得电子与计算机工程的全部学位，是康涅狄格州斯托尔兹大学的博士后，并且担任以色列 GE 分子成像的高级研究工作和算法专家。是 SPIE 会士以及 IEEE 和美国光学学会（OSA）会员，担任多家杂志的编辑，包括担任《光学快报》杂志编辑六年。在 2014—2015 年期间，是麻省理工学院（MIT）的访问学者和教授。在多家著名杂志和会议上发表了 150 多篇学术文章，其中 1/4 以上是特邀论文。目前研究领域包括压缩成像、3D 成像、计算成像和相空间光学。

| 本书作者 |

Ravindra A. Athale
海军光电与红外成像传感器研究室,弗吉尼亚州阿灵顿

Isaac Y. August
内盖夫本-古里安大学光电工程系,以色列贝尔谢巴

Pere Clemente
海梅一世大学科学仪器服务中心,西班牙卡斯特罗

Vicente Durán
海梅一世大学新成像技术研究院,西班牙卡斯特罗

Yonina C. Eldar
以色列理工学院电子工程系,以色列海法

Albert Fannjiang
加利福尼亚大学戴维斯分校数学系,加利福尼亚戴维斯

Mercedes Fernández-Alonso
海梅一世大学新成像技术研究院,西班牙卡斯特罗

Lu Gan
布鲁内尔大学电子与计算机工程系,英国乌克斯桥

Babak Hassibi
加州理工学院电子工程系,加利福尼亚帕萨迪纳市

Ryoichi Horisaki
大阪大学信息科学技术研究生院,日本大阪

Bo Huang
加利福尼亚大学旧金山分校生物化学与生物物理学系,加利福尼亚旧金山

Esther Irles
海梅一世大学新成像技术研究院,西班牙卡斯特罗

Kishore Jaganathan
加州理工学院电子工程系,加利福尼亚帕萨迪纳市

Jun Ke
北京理工大学光电学院,中国北京

Jesús Lancis
海梅一世大学新成像技术研究院,西班牙卡斯特罗

Mark A. Neifeld
亚利桑那大学电子与计算机工程系光学学院,美国亚利桑那州图森

Jonathan M. Nichols
海军研究实验室光学科学部,弗吉尼亚州阿灵顿

Aydogan Ozcan
加利福尼亚大学洛杉矶分校电子工程系和生物工程系,加利福尼亚洛杉矶

Yair Rivenson
加利福尼亚大学洛杉矶分校电子工程系,加利福尼亚洛杉矶

Ikbal Sencan
哈佛大学马萨诸塞州总医院(MGH)放射科马蒂诺生物医学影像中心,马萨诸塞州查尔斯顿

Hao Shen
中国科学院上海高等研究院,中国上海

Yao - Chun Shen
利物浦大学电子工程与电子学系,英国利物浦

Fernando Soldevila
海梅一世大学新成像技术研究院,西班牙卡斯特罗

Adrian Stern
内盖夫本 - 古里安大学光电工程系,以色列贝尔谢巴

Enrique Tajahuerce
海梅一世大学新成像技术研究院,西班牙卡斯特罗

Lei Zhu
中国科学技术大学物理科学学院现代物理系,中国安徽合肥

目　录

第一部分　光学压缩感知理论及应用

第 1 章　光学领域的压缩采样 …… 3
1.1　历史回顾 …… 3
1.2　CS 理论:启发式描述 …… 5
1.3　CS 理论:数学描述 …… 6
1.4　CS 求解 …… 8
1.5　光学领域 CS 示例 …… 11
1.6　实现困难 …… 15
1.7　总结 …… 17
参考文献 …… 17
第 2 章　给光学工程师的压缩感知术语快速词典 …… 19
2.1　引言 …… 19
2.2　压缩感知模型的理解 …… 19
2.3　什么样的感知矩阵对 CS 是合适的? …… 21
2.4　采用 CS 工具重新讨论两点成像分辨率 …… 23
参考文献 …… 26
第 3 章　连续模型描述的光学系统压缩感知理论 …… 28
3.1　引言 …… 28
3.2　概述 …… 29
3.3　压缩感知回顾 …… 31
3.4　像素基的菲涅尔衍射 …… 33
3.5　点目标的菲涅尔衍射 …… 38
3.6　采用 Littlewood – Paley 基的菲涅尔衍射 …… 48
3.7　采用傅里叶基的近场衍射 …… 50
3.8　逆散射 …… 52
3.9　多次逆散射 …… 56

3.10 采用泽尼克基的逆散射 …… 59
3.11 非相干源的干涉测量法 …… 61
致谢 …… 64
参考文献 …… 64
第 4 章 压缩感知在光学成像与感知应用中的特殊问题 …… 67
4.1 引言 …… 67
4.2 CS 在光学感知应用中的特殊问题 …… 68
4.3 可行的 CS 采样矩阵实现方法 …… 72
4.4 十个挑战和待解决问题 …… 76
4.5 结论 …… 79
参考文献 …… 79

第二部分 压缩成像系统

第 5 章 压缩成像光学架构 …… 85
5.1 引言 …… 85
5.2 算法描述 …… 86
5.3 架构描述 …… 88
5.4 线性重构结果 …… 92
5.5 非线性重构结果 …… 98
5.6 散粒噪声限性能 …… 102
5.7 结论 …… 104
参考文献 …… 105
第 6 章 太赫兹压缩感知成像 …… 107
6.1 引言 …… 107
6.2 太赫兹成像 …… 108
6.3 采样算子设计和信号恢复 …… 111
6.4 太赫兹压缩成像的实验实现 …… 112
6.5 总结与未来工作 …… 122
参考文献 …… 123

第三部分 多维光学压缩感知

第 7 章 用于压缩感知的多通道数据采集系统光学设计 …… 129
7.1 引言 …… 129
7.2 点扩散函数构建 …… 131

7.3 复眼 …… 133
7.4 全息成像 …… 138
7.5 结论 …… 140
参考文献…… 140
第 8 章 压缩全息成像 …… 143
8.1 引言 …… 143
8.2 菲涅耳变换压缩成像系统重构保证 …… 145
8.3 菲涅耳场下采样重构保证的确定 …… 147
8.4 菲涅耳场的非随机下采样重构保证 …… 153
8.5 讨论和结论 …… 160
参考文献…… 160
第 9 章 光谱和高光谱压缩成像 …… 163
9.1 光谱成像感知简介 …… 163
9.2 压缩感知光谱学与光谱成像 …… 167
9.3 总结 …… 187
参考文献…… 188
第 10 章 偏振压缩感知…… 192
10.1 引言…… 192
10.2 偏振相机…… 193
10.3 单像素成像和压缩感知…… 193
10.4 单像素偏振成像…… 195
10.5 单像素光谱偏振成像…… 198
10.6 结论…… 203
致谢…… 204
参考文献…… 204

第四部分 压缩感知显微镜

第 11 章 采用压缩感知的随机光学重建显微镜 …… 209
11.1 引言…… 209
11.2 STORM 成像原理 …… 210
11.3 基于 CS 的 STORM 组成 …… 212
11.4 详细实现与实例…… 216
11.5 总结与讨论…… 219
致谢…… 220

参考文献……………………………………………………………………………………… 220
第 12 章 基于压缩采样的无透镜片上显微镜和感知的解码方法 ……… 222
12.1 引言……………………………………………………………………………… 222
12.2 无透镜片上成像系统概述……………………………………………… 223
12.3 采用压缩解码的无透镜片上成像应用实例………………………… 228
12.4 结论……………………………………………………………………………… 239
致谢………………………………………………………………………………………… 240
参考文献……………………………………………………………………………………… 240

第五部分 相位恢复

第 13 章 相位恢复:最新发展综述 ……………………………………… 247
13.1 引言……………………………………………………………………………… 247
13.2 稀疏相位恢复………………………………………………………………… 251
13.3 采用掩膜的相位恢复……………………………………………………… 257
13.4 STFT 相位恢复 …………………………………………………………… 263
13.5 结论……………………………………………………………………………… 273
致谢………………………………………………………………………………………… 273
参考文献……………………………………………………………………………………… 273

第一部分

光学压缩感知理论及应用

第1章　光学领域的压缩采样

Jonathan M. Nichols and Ravindra A. Athale

压缩采样(CS)领域大约只有十年的历史就已经引起了广泛关注,并且在解决目前数据采集设备对时间或空间采样约束方面取得了巨大成功。其中很多成功的应用来自光学领域,例如成像、光谱学和光子链路等。

下面的章节将为读者介绍这些成功的案例,以便更好地感知未来几年 CS 能做什么以及还不能实现的目标。

首先来了解 CS 的基本原理。为了更好地理解压缩感知原理,先来回答以下几个问题:我们希望压缩感知做什么?压缩感知运算采用的数学框架是什么?成功地实现压缩感知需要什么条件?实现压缩感知的主要困难是什么?

有大量的文献描述了 CS 的数学运算,并且给出了相关的估计算法。因此在这里我们的目的不是进行全面的综述,而是概括基本要点,引导读者阅读那些我们认为是成功案例的参考文献。

1.1　历史回顾

在直接进入"压缩感知"(compressed sensing)亦称"压缩采样"(compresive sampling,CS)主题之前,首先应该思考在感知周围世界的时候我们试图做什么。感知作为物理世界与我们的数字存储和通信基础架构也就是我们的信息系统之间的交互是一种基本的活动。首先,感知包括将物理世界的信号(电磁波、声波、温度、压力等)转换成间接的表示(通常是电量,但是在某些情况下也有机械量、光参量或化学量)。其次在感知域(例如,空间、时间或光谱)进行采样/量化。采样/量化的测量结果可以存储、传输,也许随后用于复原(如果可能的话)或显示感知的模拟量。例如,我们可能希望将图像重现在屏幕上或重放一段音频信号。

现在大多数的物理过程和感兴趣的参数是连续的,而测量值通常是离散的。这种从连续域映射到离散域本质上就是压缩,因为这种映射将无限点集(模拟信号)减少到有限点集(测量值),换句话说,采集模拟过程的离散样本本质上就意味着采样是压缩的。

当然,我们通常会利用信号带宽的先验知识,并且利用有限点集来恢复任意处的信号值,也就是恢复出连续的波形,这通过奈奎斯特采样来实现,其依据是著名的 Shannon – Whittaker – Kotelnikov 定理,原则上允许无损地恢复包含在原始模拟信号中的信息。

当感知域与测量空间的维度失配时,测量本质上也是压缩的。这种情况通常出现在 3D 场景辐射映射到 2D 测量空间的成像系统,在这种情况下,逆问题需要从包含先验知识和后处理的多幅 2D 测量结果推断 3D 信息,这是已经活跃了几十年的研究领域。

最后,任何测量设备(感知装置)最终受限于有限带宽(空间或时间)或更宽的脉冲响应,这也导致了压缩测量。超分辨率或信号恢复已经是活跃了几十年的研究领域,所采用的是与压缩感知测量一样的指导原则,也是通过多次非冗余测量和利用包含先验知识的事后处理算法恢复(解压)压缩测量数据中的信息。

上述讨论意味着数据压缩的概念在感知过程中是固有的,因此毫无争议地感知都是压缩的,并且在光学领域很早就已经实现了压缩感知,实际情况是有限维度和/或有限带宽的离散测量早已经用于对感兴趣信息的推测或恢复。

的确,从信息时代开始,设计一个不会带来信息丢失的固有压缩的感知系统一直是个活跃的研究领域。同样的,在事后处理算法中将多次测量与先验知识相结合的策略用来恢复或推断隐含在压缩测量数据中的信息也有着久远的历史。

因此,当我们谈到“压缩感知”时我们指的是什么?目前的研究热潮中新的研究点是基础理论,这些基础理论决定在什么条件下期望得到的信息可以推测出来,并且以什么样的精度来推测。过去,新的理论为我们提供了融合感兴趣数据先验信息的原则性方法,这个新理论也建议,不是直接测量一次数据,而是测量期望数据的线性投影(这个问题将在 1.3 节讨论)。通常这意味着在离散采样之前采用某些预先确定的方式对模拟数据进行调制。在光学领域,目前制造业的进步使得对光的操控已经达到前所未有的水平,因此我们具有了用实验实现数学建议的方法,其中有些器件将会在后面的章节中专门描述。

传统的感知方法与“当今”CS 之间的另一个主要区别是,当前的技术越来越多地用在这样一些领域,在这些领域压缩不是真正地受感知系统物理特性影响,而是瞄准解决采样设备的空间、时间和光谱分辨率问题。从这个角度来说,CS 的目标是以增加后续处理的复杂度为代价(即求解逆问题),来减轻物理过程的采样、存储和传输子系统的负担。这种策略的吸引力在于利用体积、重量和功耗受限平台实现感知，但是最终在没有这些限制的工作站完成获取数据的运用。

简而言之，虽然我们将要面对的 CS 领域依赖于不同的数学方法和更好的硬件，但是目标或多或少与传统的采样方法一样。对“模拟世界”离散采样，然后利用这些采样值精确地估计感兴趣的信息。下面我们将回顾现代 CS 的基本原理、这些理论目前的应用，并且讨论实现上的困难。

1.2　CS 理论：启发式描述

现代 CS 理论为我们设计和解决线性的、不确定性（指未知数多于数据）逆问题提供了思路，典型的情况是我们试图以比采样设备所能提供的更高的时间和空间分辨率来估计数值。我们对数据了解得越多，我们的估计值就会越准确。相关的理论有十几年的时间，并且已经在参考文献[1]和[2]中列出。在讨论这些方法和先验信息要求之前，先看一个直观的例子。

假设这里有一面墙，上面有些地方涂了白色，有些地方涂了黑色（图 1－1(a)），白色的部分均匀地反射，其辐射度为 $1\mathrm{mJ}\cdot\mathrm{s}^{-1}\cdot\mu\mathrm{m}^{-2}$，而黑色部分没有光反射。进一步假设，我们希望采用 $N\times N$ 像素的相机来获取这面墙的高分辨率图像，相机单个像元面积为 $1\mu\mathrm{m}^2$，然而由于经费的限制，我们只能采用两个像素组成的相机，每个像素的面积是 $10\mu\mathrm{m}\times5\mu\mathrm{m}=50\mu\mathrm{m}^2$（是我们所希望探测器面积的 50 倍）。很明显，虽然我们不能直接获取 N^2 像素的测量，但是我们能够根据下面的方法精确估计 N^2 像素的每一个数值。

首先，我们假定 $N\times N$ 的像素阵列覆盖在 2 个像素的探测器上方，如图 1－1(c)所示。记 C_1 为 N 列传感器中如果有更大的传感器将会是白色的像素列个数（未知），类似地，记 C_2 为第二次测量获得的白色像素列（仍然未知）的个数。大的、廉价的像素对入射的辐射累加，因此，像素 1 在 1s 内获取的能量是 $g_1=N\times C_1\mathrm{mJ}$（假设照射在 $1\mu\mathrm{m}^2$ 像素上的能量），而像素 2 获取的能量为 $g_2=N\times C_2\mathrm{mJ}$。

对于给定的测量值 g_1、g_2，可以简单地求解 C_1 和 C_2。而且，一旦 C_1、C_2 已知，仅利用两次测量值我们就有足够的信息来估计墙壁 $N\times N$ 的图像看起来是什么样。我们简单地生成前 C_1+C_2 列为白色的 $N\times N$ 的图像。

现在，尽管只有两次测量值，但是我们知道有关感兴趣的（墙壁）数据的大量信息，这使得我们能够对任意“N”进行求解。特别是，我们知道墙壁是由高亮度到亮度为 0 的变化组成，而且，我们知道这种“跳变”出现在图像相同的水平位置，与垂直位置无关。也就是说，我们只需要确定图像的其中一行，然后简单

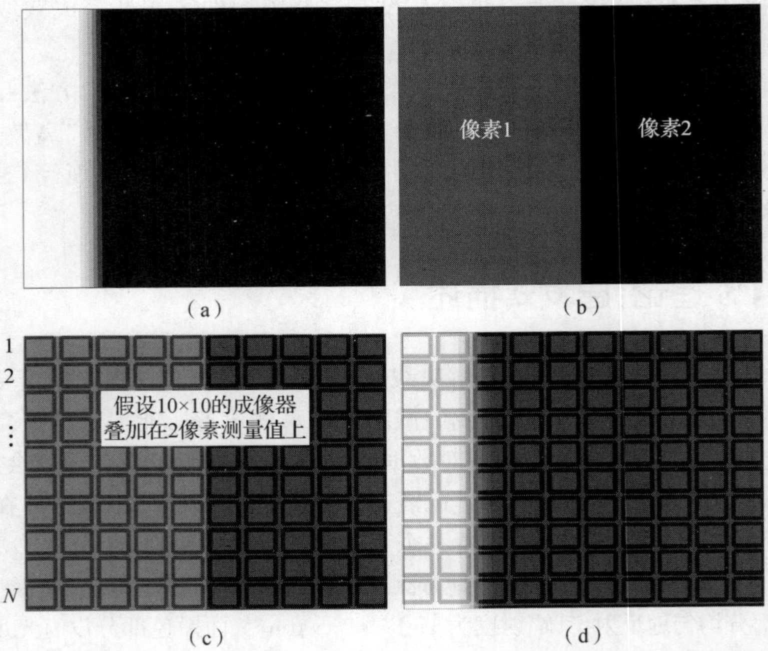

图 1-1 (a)成像的真实场景。(b)由 2 个像素成像器得到的测量结果。像素 2 没有光,而像素 1 同时记录了强和弱两种光强。(c)在 2 像素测量值上叠加期望的 100 个像素成像器。基于 2 像素测量的灰度值,可以可靠地估计含有亮的和暗的像素部分。(d)仅利用 2 像素测量值恢复的 10×10 像素图像(图(c)假设 10×10 的成像器叠加在 2 像素测量值上)

地取 $N=10$ 的所有行完全一样。我们唯一不知道的是由低到高的变化出现在哪个位置。然而我们能够通过一些简单的推理并求解两个二元方程推算出这个跳变点。这里强调一下,我们已经假设了跳变刚好会出现在某个水平位置。如果真实的跳变点正好出现在"高分辨率"的两列之间情况会是怎样?这个问题是对 CS 的巨大挑战之一,在 1.6 节会有部分的论述。

1.3 CS 理论:数学描述

上述过程我们可以推广到更复杂的数据类型,然而这样做需要将我们的探索推理放在一个更加完整的数学框架中。第一步要面对的是数据的数学描述,即数据模型公式化。

在前面提到的例子中,我们的数据模型是简单的 N 个 1 维阶跃函数,其中跳变出现在沿假设传感器阵列水平轴上每一个可能的"N"值。如果我们要从数

学上描述这个函数族(再次考虑 $N=10$ 的情况),则可以简单地表示为

$$\boldsymbol{\Psi}=\begin{bmatrix}1&1&1&1&1&1&1&1&1&1\\0&1&1&1&1&1&1&1&1&1\\0&0&1&1&1&1&1&1&1&1\\0&0&0&1&1&1&1&1&1&1\\0&0&0&0&1&1&1&1&1&1\\0&0&0&0&0&1&1&1&1&1\\0&0&0&0&0&0&1&1&1&1\\0&0&0&0&0&0&0&1&1&1\\0&0&0&0&0&0&0&0&1&1\\0&0&0&0&0&0&0&0&0&1\end{bmatrix} \tag{1.1}$$

这里每一列表示图1-1水平方向一种可能的亮度分布。

因此要捕获"N"种可能的每一个亮度由高到低的跳变点。这些矩阵元素没有单位,它们只是简单地描述由高到低的变化。回忆一下我们举例图像(见图1-1)的每一行是精确地由这个矩阵的第二列描述的。在不同位置跳变的墙壁要选择不同的列以达到最佳匹配。

对特定列的选择可以由 $\boldsymbol{\Psi\alpha}$ 的乘积进行数学描述,这里"$\boldsymbol{\alpha}$"是只有一个1的N元矢量,1的位置是在我们希望选择的那列处,并且其他位置的元素为0。信号的单位由 $\boldsymbol{\alpha}$ 决定,在这里是 $1\text{mW}/\mu\text{m}^2$。因此矢量 $\boldsymbol{\alpha}$ 是我们希望求解的未知量。

注意,尽管在例子中已知 $\boldsymbol{\alpha}$ 具有单个非零项,而更一般的模型 $\boldsymbol{f}=\boldsymbol{\Psi\alpha}$ 说明数据 $\boldsymbol{f}$ 被精确地描述为 $\boldsymbol{\Psi}$ 列的线性组合。

第二个假设是探测器对入射光强进行了累积,这意味着测量值 g_1 是我们要求的探测器(面积 $N\times N/2\mu\text{m}^2$)前 $N/2=5$ 列面积上光强的累加,而 g_2 是后 $N/2$ 列面积上光强的累加。因此,令

$$\boldsymbol{\Phi}=\begin{bmatrix}N&N&N&N&N&0&0&0&0&0\\0&0&0&0&0&N&N&N&N&N\end{bmatrix} \tag{1.2}$$

得出测量值 $\boldsymbol{g}$ 与希望恢复的部分数据 $\boldsymbol{f}$ 关系的数学描述为

$$\boldsymbol{g}=\boldsymbol{\Phi\Psi\alpha}+\boldsymbol{n}=\boldsymbol{\Phi f}+\boldsymbol{n} \tag{1.3}$$

这里我们已经增加了矢量 $\boldsymbol{n}$ 以表示加性噪声过程,加性噪声在任何实际测量中是不可避免的。注意这只是一个由2个方程式(测量值)和矢量 $\boldsymbol{\alpha}$ 中的10个未知量组成的线性系统方程。从大学数学得知这个系统通常没有唯一的解。然而我们已经看到,如果对数据了解得足够多,那么就可能找到唯一的估计解,这是CS的本质。利用数据的离散模型 $\boldsymbol{\Psi}$、采样硬件 $\boldsymbol{\Phi}$,只需要 $M<N$ 次测量 $\boldsymbol{g}$,$\boldsymbol{\alpha}$ 中

的 N 个元素的唯一解是可能得到的。这一基本的采样和后续恢复方法的概述以及数据可以在参考文献[3－4]中找到。下一节我们简单地回顾对于给定的 $\boldsymbol{g}$ 如何求解 $\boldsymbol{\alpha}$，并且讨论解达到预期的精度的条件。

1.4 CS 求解

有大量的参考资料已经讨论了如何求解方程式(1.3)(如文献[5－6])，以及在什么条件下这些求解方法是可行的(如文献[1,7])。

回忆一下，对于给定的 $\boldsymbol{g}$，我们试图估计 $\boldsymbol{\alpha}$(的确，如果能够直接对 $\boldsymbol{f}$ 采样，我们起初就不需要 CS)。为了实现方程的求解，我们建立估计 $\hat{\boldsymbol{\alpha}}$(尖角帽表示估计)，则有 $\hat{\boldsymbol{f}}=\boldsymbol{\Psi}\hat{\boldsymbol{\alpha}}$。换句话说，我们的确在估计信号模型的系数，因此当乘以模型矩阵，就可以得到期望的空间分辨率或时间分辨率下感兴趣数据的估计值。

求解方程式(1.3)有不同的方法，实际中最常用的是称为 l_1 极小化，这样就建立了

$$\hat{\boldsymbol{\alpha}}=\operatorname{argmin}\ \|\boldsymbol{g}-\boldsymbol{A}\boldsymbol{\alpha}\|_2^2+\tau\ \|\boldsymbol{\alpha}\|_1 \tag{1.4}$$

这里 $\boldsymbol{A}=\boldsymbol{\Phi}\boldsymbol{\Psi}$ 称为 $M\times N$ 的采样矩阵。第一项是数据与模型(见方程式(1.3))差异的极小化，而第二项是 $\boldsymbol{\alpha}$ 中元素之和的极小化，即所谓的 l_1 范数①。为了达到这一目的，元素之和的惩罚项由正常数 τ 表示，其思想是寻找用尽量少的非零数值解准确地描述数据。

在科学技术领域这是熟知的概念，有时候也称为简约原则。寻找模型的思路是：①数据拟合；②在模型的选择中常用的方法是拥有最少的项数，例如采用 Akaike 信息准则。当然，对模型参数之和的惩罚不同于对非零项的惩罚。严格来说，这可以通过 l_0 范数的极小化(惩罚非零系数的个数)作为正则项来实现[8]。的确，许多"贪婪"算法可以用来求解方程式(1.4)，但是要用 l_1 替代 l_0。用 l_1 作为替代是因为式(1.4)表现为凸状，因此是比贪婪算法更经得起检验的近似最优算法。再次提醒，简约性可以有多种实现方式。例如，采用贝叶斯估计原理，在贝叶斯估计中选择一种先验分布，使得求解结果接近于几个非零项(见文献[9]举例)。然而，对本节的其余部分，我们会寻找方程式(1.4)的求解方法。

考虑到文献已经提供了式(1.4)的估计，而且从许多作者那里可以免费获得快速求解程序(主要用 MATLAB 编写)。大量的参考资料清单和求解程序保

① 矢量 $\boldsymbol{\alpha}\in\mathbb{C}^N$ 的 p 阶范数定义为 $l_p=\left(\sum_{i=1}^{N}|\alpha_i|^p\right)^{1/p}$

存在 http://dsp.rlce.edu/cs。更为流行的一个算法是 Figueiredo 等提出的稀疏梯度投影重构(GPSR)[5],以及更为通用的 SpaRSA 算法[10]。考虑到 GPSR 简单易用,该算法将作为后续章节中举例选用的算法。

l_1 正则化的使用早于 CS(见文献[11]举例),然而对于 CS 应用,需要一组对 $\boldsymbol{\alpha}$ 和 $\boldsymbol{A}$ 的规定以保证精确的估计。首先,矢量 $\boldsymbol{\alpha}$ 必须是稀疏的,这意味着矢量 $\boldsymbol{\alpha}$ 只有少量的 K 个非零值。在我们的例子中,$\boldsymbol{\alpha}$ 只有一个($K=1$)非零值,这是因为我们已知信号是由 $\boldsymbol{\Psi}$ 的一列精确地描述的。因此决定方程(1.3)"可解"的关键比值是 K/M,也就是我们需要估计的非零值个数与采样数据个数之比。

其次,测量值必须是 $\boldsymbol{\alpha}$ 数值的线性组合(即投影),这里 $\boldsymbol{\alpha}$ 的数值由采样矩阵 $\boldsymbol{A}$ 确定。换句话说,测量过程需要对矩阵 $\boldsymbol{\Phi}$ 精确建模,矩阵 $\boldsymbol{\Phi}$ 将信号 $\boldsymbol{f}=\boldsymbol{\Psi\alpha}$ 投影到一组测量值 $\boldsymbol{g}$ 上。也许最重要的(并且是研究较多的)问题是"好的"采样矩阵是由什么组成的?

事实证明,对于给定的采样矩阵,估计误差是有限的。首先我们规定,如果式(1.5)适用于少于 K 个非零项的所有稀疏矢量 $\boldsymbol{\alpha}$,那么给定的矩阵 $\boldsymbol{A}$ 满足严格的 K 阶等距性质(见参考文献[1],[12]),且参数 $\delta_K\in[0,1]$。

$$(1-\delta_K)\|\boldsymbol{\alpha}\|_2^2\leqslant\|\boldsymbol{A\alpha}\|_2^2\leqslant(1+\delta_K)\|\boldsymbol{\alpha}\|_2^2 \tag{1.5}$$

这样的矩阵意味着 RIP(K,δ_K),式(1.5)类似于帕塞瓦不等式,而且确切地说压缩样本的能量蕴含在信号模型系数 $\boldsymbol{\alpha}$ 中。

如果 $\boldsymbol{A}$ 满足 RIP($2K,\delta_{2K}$)且 $\delta_{2K}<\sqrt{2}-1$,以及式(1.3)的噪声矢量满足 $\|\boldsymbol{n}\|_2\leqslant\varepsilon$,那么式(1.4)的估计量服从边界条件

$$\|\boldsymbol{\alpha}-\hat{\boldsymbol{\alpha}}\|_2\leqslant C_{1,K}\varepsilon+C_{2,K}\frac{\|\boldsymbol{\alpha}-\boldsymbol{\alpha}_K\|_1}{\sqrt{K}} \tag{1.6}$$

这里 $C_{1,K}$ 和 $C_{2,K}$ 是取决于 K 但是与 N 或 M 无关的常数,$\boldsymbol{\alpha}_K$ 项是 $\boldsymbol{\alpha}$ 的最佳 K 个稀疏近似值,即 $\boldsymbol{\alpha}_K$ 是由保留 K 个最大 $\boldsymbol{\alpha}$ 项,并且其他项置零后近似得到的。换句话说,误差随着噪声水平线性增大,并且随着 K 个系数对数据的近似程度而减小[4]。

事实证明,采样矩阵是由趋于满足 RIP 性质的独立、随机选择项决定的;因此许多 CS 策略在采样前加入信号的随机调制(随机调制是通过硬件模型 $\boldsymbol{\Phi}$ 获得的,反过来 $\boldsymbol{\Phi}$ 生成"随机"矩阵 $\boldsymbol{A}$)。当然,在设计 CS 系统时,可以采用(并且已经采用)其他随机采样矩阵[13]。

当然,前面提到的情况没有对构建系统提供更多的实际指导。很明显,对于给定的采样策略和误差评估限,RIP 定义的性质是重要的[12]。另一种方法是考虑矩阵 $\boldsymbol{A}$ 的列之间互相关性。定义格拉姆矩阵 $\boldsymbol{G}\equiv\boldsymbol{A}^{\mathrm{T}}\boldsymbol{A}$,我们可以定义

$$\mu(\boldsymbol{A}) \equiv \max_{\substack{1 \leq i,j \leq N \\ 1 \neq j}} |G_{ij}| \tag{1.7}$$

上式得到矩阵 $\boldsymbol{G}$ 的所有 N^2 个可能元素中的最大内积。不同于 RIP 性质，对于具体给定的 $\boldsymbol{A}$，相关计算是相当简单的（如果不是存储密集型）。这可以表示为，如果 $K \leq (\mu(\boldsymbol{A})^{-1} + 1)/4$，那么与式(1.3)相关的估计误差由文献[14]给出

$$\|\boldsymbol{\alpha} - \hat{\boldsymbol{\alpha}}\|_2^2 \leq \frac{4\varepsilon^2}{1 - \mu(\boldsymbol{A})(4K-1)} \tag{1.8}$$

当给定系统架构（如体现在矩阵 $\boldsymbol{A}$ 中），若希望从压缩采样中得到好的数据估计（恢复），由式(1.6)和式(1.8)给出的边界范围对预测是有用的。对于欠定线性系统，已经有了优于 CS 的确定解（见文献[11]），这样的理论保证加深了我们对这些问题的理解，也加深了我们对这个求解的理解。

因此，一个“好的”CS 系统可以阐述为矩阵 $\boldsymbol{A}$ 的列之间的相关性最小，同时给出数据的 K 项精确模型。前者至少通过选择“好的”压缩采样 $\boldsymbol{g}$ 的物理硬件（即选择 $\boldsymbol{\Phi}$）得到部分的控制，后面的要求，即好的 K 项估计量取决于我们对数据建模的能力。在我们的举例中，硬件是累积接收光强的简单探测器，因此可以由式(1.2)简单地矩阵建模。然而，在下面的例子中，我们将展示随机调制的一组数据在采样之前是如何生成具有理想性能的矩阵 $\boldsymbol{\Phi}$。

虽然 RIP 和互相关性的概念是有用的并且可以在设计中使用，但是我们也发现另一个理论在判断是否可能顺利地恢复数据时更有价值。重新定义重要的比值 M/N 和 K/M，M/N 是采集的样本数与希望的估计数据个数之比，而 M/N 是能够用来建模的数据稀疏性与压缩采样的个数之比。

文献[7]中 Donoho 和 Tanner 的工作告诉我们，假如我们已经正确地选择了 $\boldsymbol{A}$（根据 RIP 或相关性低等标准），给定的这两个参数决定什么时候能够估计出 $\boldsymbol{\alpha}$，什么时候不能估计出 $\boldsymbol{\alpha}$。图 1-2 显示的曲线将求解空间分成了两个区域。

曲线之上我们不可能寄希望于从压缩采样中可靠地估计信号；曲线之下能够可靠地估计信号。这条曲线精确地描述了大多数 CS 系统的性能，而且我们发现这是预测实际 CS 硬件性能的极佳准则（见文献[15]）。曲线的寓意在于：如果我们能够建立一组数据的稀疏模型，就能够大规模地欠采样，并且仍然可以高分辨率恢复信号，反之亦然。

总之，我们选择 $\boldsymbol{\Phi}$（硬件模型）使采样矩阵的相关性最小；我们选择 $\boldsymbol{\Psi}$（信号模型）使 K 最小化，然后测量 $\boldsymbol{g}$。如果满足前面提到的条件，有许多借助式(1.4)的现成精确估计 $\boldsymbol{\alpha}$ 的软件工具，甚至当 $\boldsymbol{g}$ 的元素个数 M 远小于 $\boldsymbol{\alpha}$ 中要求的数值 N 时。下面给出几个简单的光学 CS 系统的例子。

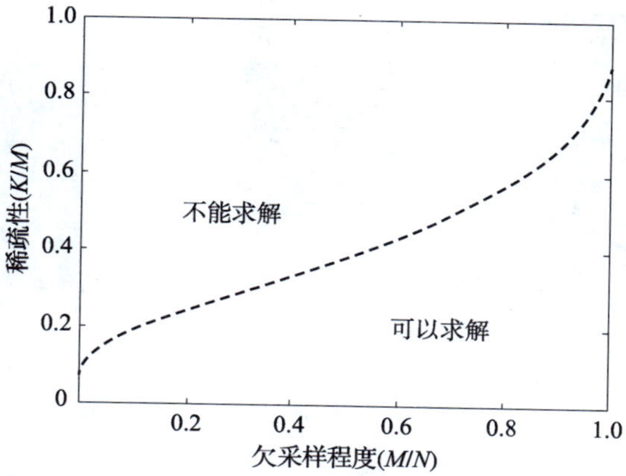

图 1-2　与压缩采样有关的求解空间。曲线之下通常是可以求解的，而曲线之上是不能求解的。求解的关键参数是欠采样程度（M/N）以及数据模型的稀疏性与采集的数据个数之比（数据模型好坏的程度）（资料来源于 Donoho, D. L. and Tanner, J., *IEEE Trans. Inform. Theory*, 56(4), 2002, 2010）

1.5　光学领域 CS 示例

1.5.1　成像架构

为了便于对 $\boldsymbol{\alpha}$ 进行估计，最常用的 CS 架构是在采样前以时间尺度或空间尺度对数据快速调制，这就导致了列比行多的矩形矩阵 $\boldsymbol{\Phi}$，因此硬件模型导致求解的欠定。此外，正如我们已经讨论过的，随机调制使得矩阵 $\boldsymbol{\Phi}$ 具有需要的属性。在成像过程中，这可以通过采用编码孔径对入射光进行调制来实现，编码孔径放置在透镜组件的特定位置（通常是傅里叶平面）[16]。然而，虽然矩阵项可以从某些概率分布中随机选择，但是它们的数值是已知的，因此可以用于恢复算法中具体的 $\boldsymbol{\Phi}$。这种成像装置的典型 CS 架构显示在图 1-3 的下部分。

从给定编码孔径在透镜组件中的位置可以看出，这套装置是图像傅里叶变换的有效调制，这是参考文献[16]中描述的所谓“随机卷积”架构。

例如，考虑图 1-4 中的帆船图像，对 256×256 的图像直接采样可以得到图中左下角的图像。现在我们可以利用 128×128 的压缩测量来估计全分辨率图像。估计的图像显示在图中右下角。

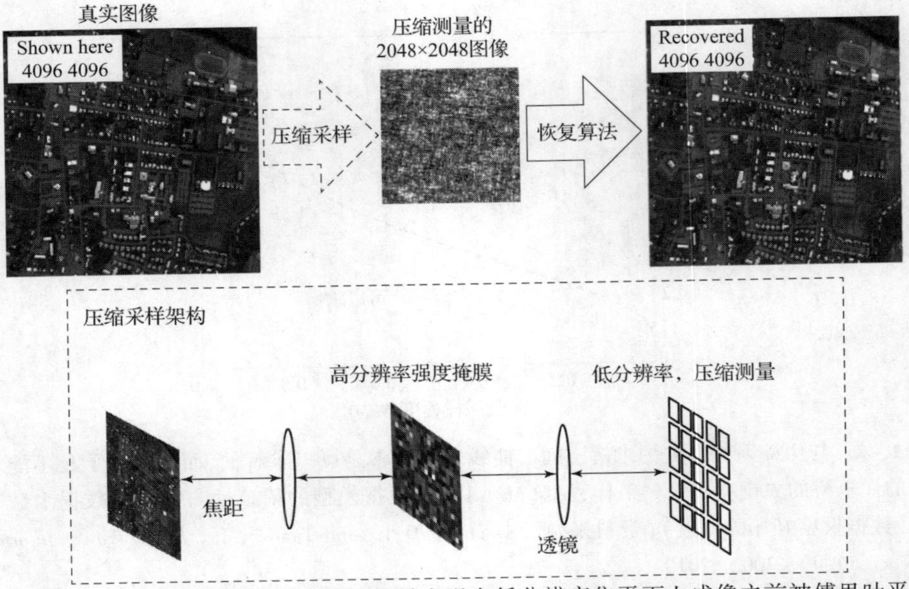

图 1-3　一种可行的压缩成像架构。场景光强在低分辨率焦平面上成像之前被傅里叶平面处的掩膜(编码孔径)随机调制。低分辨率的测量结果看起来与真实图像无关,然而基于我们对场景结构(道路、建筑物等)和强度掩膜信息的了解,可以从 2048×2048 的压缩测量中精确估计(恢复)完整的 4096×4096 图像

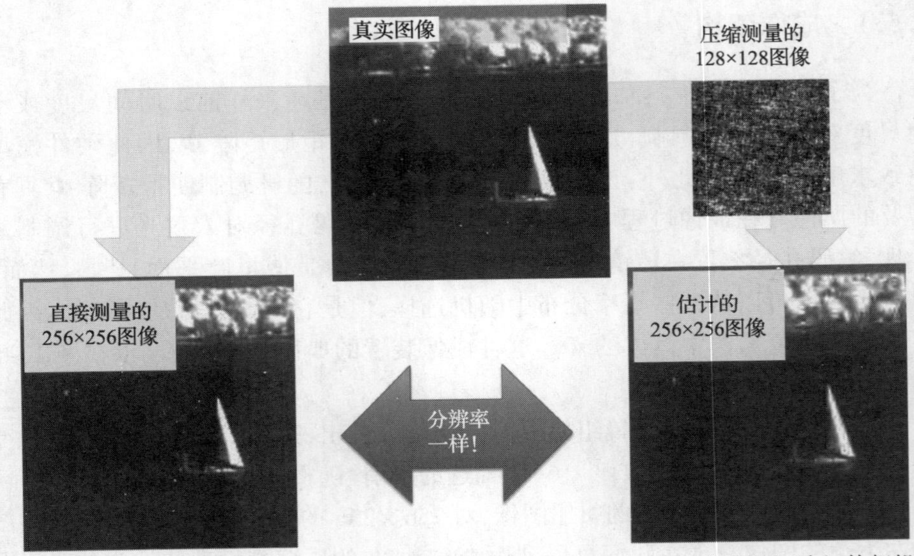

图 1-4　在图 1-3 中描述的 CS 过程的第二个例子。采用 256×256 像素的短波红外相机对帆船成像,同时显示了 128×128 的压缩测量结果。基于这些测量值,可以利用 GPSR 估计算法精确地恢复出全部的 256×256 图像

虽然我们能够看见一些轻微的失真，但是估计的图像还是不错的。在 CS 装置恢复的图像中，这样的失真是常见的，并且是当前研究的热点。正如我们下面的章节将要讨论的，这些失真至少部分是由于很难给出图像的 K – 稀疏模型，而这些图像甚至允许由中等程度的欠采样恢复。正如我们已经见到的(图 1 – 2)，精确恢复图像的能力完全受到我们能够使 K 与我们希望的欠采样率的比值有多小的影响。

尽管如此，研究者已经成功地提出 CS 成像架构[17]，最著名的是单像素相机[18]。利用 CS 原理改善功耗[19]或者提高特定成像任务性能的其他成像架构也已经出现[20]。

1.5.2 光学 ADC

有许多将某一通信装置转成光学架构的理由：增加带宽、降低损耗、减小部件的尺寸和重量。光纤能够支持的瞬时带宽达 THz，当前的模数转换器(ADC)极限是每秒几十千兆采样率(GS/s)。这意味着 CS 至少从几十 GS/s 采样中还能恢复采样间隔为 TS/s 的数字转换器的信息。

为了研究这一可能性，图 1 – 5 给出的系统是在实验室中构建并测试恢复两个单独的多音信号。为了与前面的 CS 理论保持一致，输入信号在滤波之前首先用伪随机比特序列调制，然后以低速率采样。这一工作过程由矩阵 $\boldsymbol{\Phi}$ 精确地建模。矩阵 $\boldsymbol{\Phi}$ 与信号模型相乘时，得出采样矩阵 $\boldsymbol{A}$ 的列之间具有低相关性。包括该系统相关性计算的实验详情参见参考文献[21]。

该问题的信号模型 $\boldsymbol{\Psi}$ 是简单的傅里叶基，包括一组离散频点的正弦和余弦函数。也就是说，对于单个音频信号(任意相位)，我们希望 $K=2$，即信号能够用单个正弦和单个余弦矢量的和来表示。

然而不得不说，试图恢复的频率(1GHz)正好是傅里叶基里的一个频率，即我们选择的离散傅里叶模型 $\boldsymbol{\Psi}$ 包括 1GHz 的矢量。从信号处理中我们知道如果感兴趣的频率不是用傅里叶模型准确地表示，就需要更多的系数 K 来描述信号，这一现象通常称为频谱“泄漏”。

因此，如果重复图 1 – 5 的实验而音调的频率与模型不同，我们看到重构误差有较大的波动(图 1 – 6)，反映出当模型参数存在不确定性时(在这里是频率)，需要改变稀疏度 K 以对波形精确建模。

我们很少如此精确地知道数据模型的形式，这导致问题变得特别困难，更不用说对参数一无所知时。由于信号与数据模型间的误差，改善估计精度有两种选择：或者降低欠采样程度(因此降低了 CS 的优势)，或者寻找式(1.4)的替代策略。

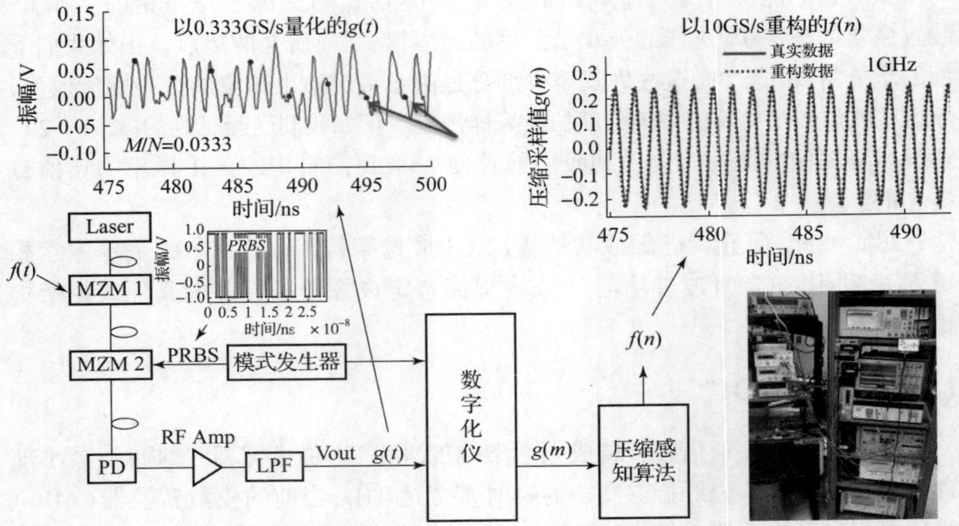

图 1-5 光子压缩 ADC。以低采样率从随机调制的滤波波形 $g(t)$ 处采集压缩的测量结果。这些样本与傅里叶基(信号模型)和 l_1 最小化算法一起,足以精确重构 1GHz 的音调,尽管这个信号超出压缩样本的奈奎斯特采样极限

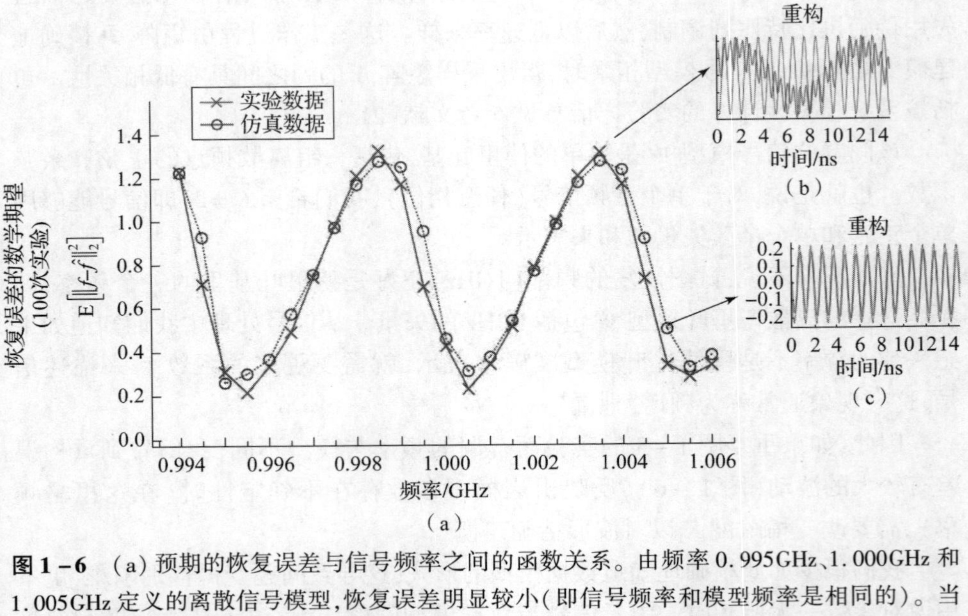

图 1-6 (a) 预期的恢复误差与信号频率之间的函数关系。由频率 0.995GHz、1.000GHz 和 1.005GHz 定义的离散信号模型,恢复误差明显较小(即信号频率和模型频率是相同的)。当信号频率与信号模型频率失配最大时,恢复误差最大。(b) 显示不精确的信号模型恢复的时域信号。(c) 显示精确信号模型恢复的时域信号

1.6　实现困难

在大多数的技术领域,成功取决于模型的质量。正如看到的,我们需要硬件模型 $\boldsymbol{\Phi}$ 和数据模型 $\boldsymbol{\Psi}$。这一点并不奇怪,成功的实现取决于这两个矩阵对观测量也就是压缩采样 $\boldsymbol{g}$ 的预测能力。

最后一个例子清楚地显示了实现 CS 的最大一个难题,即找到一个好的(稀疏 + 精确)数据模型 $\boldsymbol{\Psi}$。虽然我们精确地知道模型的形式(正弦和余弦),但是我们不知道模型的准确频率(参数)。在 1.3 节最后的举例中我们也提到相同的问题。在那个例子中我们也知道信号模型的函数形式(由高到低的光强变化),但是不知道模型参数(变化点)。

一种解决方法是找到一种更灵活的信号模型和/或估计器。例如,如果式(1.4)的傅里叶系数和频率都未知,情况会是怎样? 还能开发出估计这两个参数的算法吗? 至少对某些类型的数据,答案是肯定的。例如,交替凸搜索(ACS)算法可以精确地做到,方法是首先更新傅里叶系数,然后更新 $\boldsymbol{\Psi}$ 中非零矢量的频率,直到满足收敛准则[22]。结果恢复误差不再取决于信号与信号模型矢量的一致性。

回忆一下前面描述的 CS 光路,我们实现了参考文献[22]中的 ACS 估计器,结果显示在图 1－7 中,图中清晰地显示信号频率的变化不再引起前面观测到的误差起伏,因为频率与傅里叶系数的值已经精确地估计出来了。

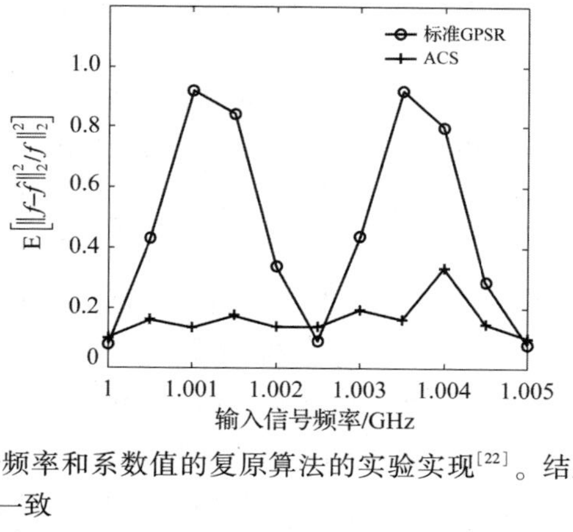

图 1－7　同时估计信号频率和系数值的复原算法的实验实现[22]。结果是,恢复误差不再要求信号与信号模型矢量一致

当遇到需要估计任意频率的多个音调时,这种更为灵活的估计器就非常有用。增加音调,K 增加两倍(对任意相位需要的正弦和余弦函数),然而,对于不在信号模型中的每个频率,K 很可能是数量级的增加。

图 1－8 显示采用传统 CS 估计器(特别是前面提到的 GPSR 估计器)的四音调信号频率和时域重构以及估计的全信号模型(频率和幅度)。

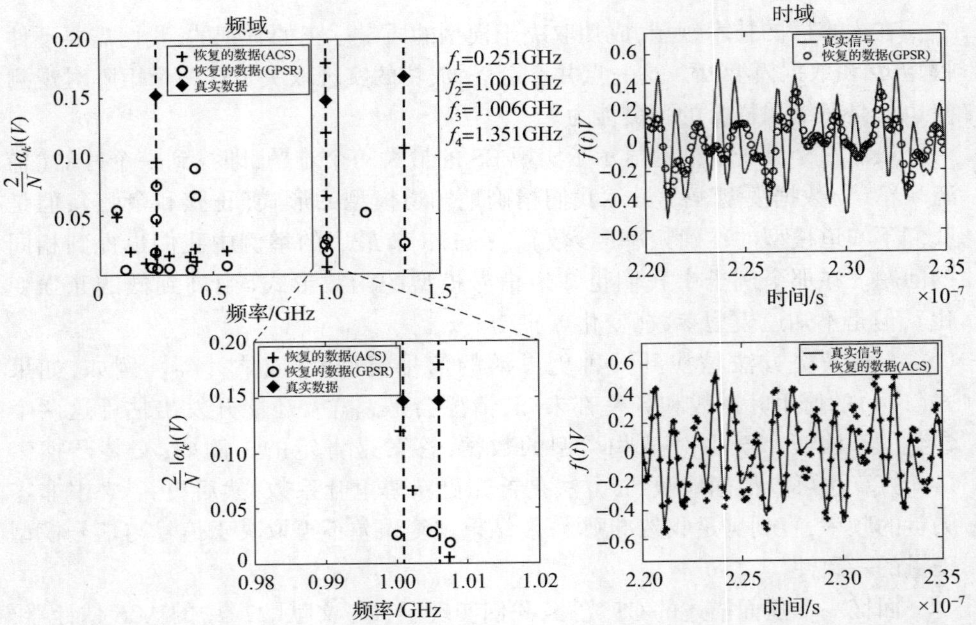

图 1－8 在四音调实验中采用 ACS 估计器的改进实现。两个音调的信号带宽非常接近,所有的四个音调都没有包含在一组信号模型频率中。由于前面提到的原因,标准的估计器很难实现信号模型估计,而 ACS 具有显著的改善,这点在右图时域重构信号中显而易见

这明显地得益于更加灵活的模型和相关的估计器,主要的代价是寻找模型参数(频率)所花费的计算时间。在这个例子中这个代价不太大(见文献[22])。在参考文献[23－24]以及第 3 章中讨论了在 CS 波形采样中解决这个常见问题的其他策略。

第二个主要的困难是建立精确的硬件模型。在这里我们至少有一个优势,即因为我们设计了 CS 系统,所以我们控制了硬件架构的各个部分,并且能够对系统进行标校。换句话说,硬件在做什么(正如压缩采样 $\boldsymbol{g}$ 显示的)与我们认为硬件在做什么(我们的模型预测的样本)之间存在矛盾的话,我们可以调整 $\boldsymbol{\Phi}$ 以更好地匹配数据。我们也不需要硬件模型是稀疏的,只需要模型是精确的。没有稀疏的要求,精确的模型会更容易实现! 换句话说,正如文献中(见文献[25]的例子)强调的,硬件模型的标校是构建可行 CS 系统的一大任务,并且在第 4、6、9 和 12 章的举例中还会强调。

1.7　总结

本章的目的是给出光学领域 CS 的整体概述、基本工作原理，并且给出了阐明其优势和劣势的几个示例。其余的章节将涉及更多的系统架构细节，这些架构是研究者用来克服传统光学设备在时间和空间采样上的限制，包括以优于像素视场的角分辨率详细解析场景的相机、对感知光波长超分辨力的光谱成像方法，以及为了估计超出捕获帧频的高速运动的时间压缩视频记录装置。显而易见，在压缩架构方面存在多种多样的设计，而且仍有更多其他的设计有待开发。

参考文献

E. J. Candes and T. Tao, Decoding by linear programming, *IEEE Trans. Inf. Theory* **51**(12), 4203–4215, 2005.

D. L. Donoho, Compressed sensing, *IEEE Trans. Inf. Theory* **52**(4), 1289–1306, 2006.

R. Baraniuk, Compressive sensing, *IEEE Signal Process. Mag.* **24**(4), 118–121, 2007.

R. M. Willett, R. F. Marcia, and J. M. Nichols, Compressed sensing for practical optical imaging systems: A tutorial, *Optical Engineering* **50**(7), 072601, 2011.

M. A. T. Figueiredo, R. D. Nowak, and S. J. Wright, Gradient projection for sparse reconstruction: Application to compressed sensing and other inverse problems, *IEEE J. Sel. Top. Signal Process.* **1**(4), 586–597, 2007.

J. M. Bioucas-Dias and M. A. T. Figueiredo, A new TwIST: Two-step iterative shrinkage/thresholding algorithms for image restoration, *IEEE Trans. Image Process.* **16**(12), 2992–3004, 2007.

D. L. Donoho and J. Tanner, Exponential bounds implying construction of compressed sensing matrices, error-correcting codes, and neighborly polytopes by random sampling, *IEEE Trans. Inf. Theory* **56**(4), 2002–2016, 2010.

A. M. Bruckstein, D. L. Donoho, and M. Elad, From sparse solutions of systems of equations to sparse modeling of signals and images, *SIAM Rev.* **51**(1), 34–81, 2009.

L. He, H. Chen, and L. Carin, Tree-structured compressive sensing with variational Bayesian analysis, *IEEE Signal Process. Lett.* **17**(3), 233–236, 2010.

S. J. Wright, R. D. Nowak, and M. A. T. Figueiredo, Sparse reconstruction by separable approximation, *IEEE Trans. Signal Process.* **57**(7), 2479–2493, 2009.

B. K. Natarajan, Sparse approximate solutions to linear systems, *SIAM J. Comput.* **24**(2), 227–234, 1995.

R. G. Baraniuk, M. Davenport, R. A. DeVore, and M. B. Wakin, A simple proof of the restricted isometry property for random matrices, *Constr. Approx.* **28**(3), 253–263, 2008.

A. Ashok and M. A. Neifeld, Compressive imaging: Hybrid measurement basis design, *J. Opt. Soc. Am. A* **28**(6), 1041–1050, 2011.

D. L. Donoho, M. Elad, and V. N. Temlyakov, Stable recovery of sparse overcomplete representations in the presence of noise, *IEEE Trans. Inf. Theory* **52**(1), 6–18, 2006.

F. Bucholtz and J. M. Nichols, Compressive sampling demystified, *Opt. Photon. News* 46–49, October 2014.

J. Romberg, Compressive sampling by random convolution, *SIAM J. Imag. Sci.* **2**(4), 1098–1128, 2009.

R. F. Marcia, R. M. Willett, and Z. T. Harmany, Compressive optical imaging: Architectures and algorithms, in *Optical and Digital Image Processing: Fundamentals and Applications*, eds. G. Cristobal, P. Schelkens, and H. Thienpont. Wiley-VCH, New York, pp. 485–505, 2011.

M. Duarte, M. Davenport, D. Takhar, J. Laska, T. Sun, K. Kelly, and R. Baraniuk, Single-pixel imaging via compressive sampling, *IEEE Signal Process. Mag.* **25**(2), 83–91, March 2008.

Y. Oike and A. El Gamal, A 256 × 256 CMOS image sensor with delta-sigma-based single-shot compressed sensing, in *IEEE International Solid-State Circuits Conference (ISSCC) Digest of Technical Papers*, San Francisco, CA, pp. 386–387, February 2012.

A. Mahalanobis and B. Muise, Object specific image reconstruction using a compressive sensing architecture for application in surveillance systems, *IEEE Trans. Aerosp. Electron. Syst.* **45**(3), 1167–1180, 2009.

J. M. Nichols and F. Bucholtz, Beating Nyquist with light: A compressively sampled photonic link, *Opt. Express* **19**(8), 7339–7348, 2011.

J. M. Nichols, C. V. McLaughlin, and F. Bucholtz, A solution to basis mismatch in an experimental, compressively sampled photonic link, *Opt. Express* **23**(14), 18052–18059, 2015.

G. C. Valley, G. A. Sefler, and T. J. Shaw, Sensing RF signals with the optical wideband converter, in *Proceedings of SPIE, Broadband Access Communication Technologies VII*, San Francisco, CA, February 2013, vol. 8645.

G. Tang, B. N. Bhaskar, P. Shah, and B. Recht, Compressive sensing off the grid, in *IEEE 50th Annual Allerton Conference on Communication, Control, and Computing (Allerton)*, Monticello, IL, pp. 778–785, 2012.

M. E. Gehm and D. J. Brady, Compressive sensing in the EO/IR, *Appl. Opt.* **54**(8), C14–C22, 2015.

第2章　给光学工程师的压缩感知术语快速词典

Adrian Stern

2.1　引言

接受过经典光学教育的读者也许没有发现第1章介绍的压缩感知观点与熟悉的光学科学与工程词汇完全一样或者相似,部分原因是CS理论是新生事物,并且主要在信息理论、计算数学和信号处理等领域发展,因此CS理论的体系、观点和概念不需要与典型光学教材相衔接。本章的主要目的是架起CS体系与标准光学教材体系之间的桥梁。认为第1章的数学运算足够清楚或者感觉不需要更直观理解的读者可以跳过本章,继续阅读后面的章节。

本章我们试图帮助受过光学教育的读者快速进入CS领域。通过回顾一些CS基本概念,以及基本的光学系统例子中的光学语言对CS概念进行检验,希望这可以帮助读者获得重要的有关CS概念的一些直观认识。令人遗憾的是有些时候直观认识与严谨的概念不一致,因此在这种情况下为了清晰明了,我们选择牺牲严谨性和完整性。

在2.2节中,我们回顾CS系统的数学模型,并且在简单成像系统中加以说明。我们回顾系统矩阵和伴随矩阵的作用,并且用点扩散函数(PSF)和光学传递函数(OTF)这些术语来解释它们。在2.3节中,我们回顾“有限等距性质”,用术语传递函数给出一些直觉的寓意。然后我们阐述互相关的CS含义,并且将其与统计光学中的类似术语区分开来。最后,在2.4节中,采用仅与光学有关的CS概念突破成像系统传统的瑞利分辨率极限。

2.2　压缩感知模型的理解

CS过程的常规数学描述由式(1.3)给出:

$$\boldsymbol{g} = \boldsymbol{\Phi f} + \boldsymbol{n} \tag{2.1}$$

式中:$\boldsymbol{g}$ 和 $\boldsymbol{f}$ 分别是 m 和 n 维矢量;$\boldsymbol{\Phi}$ 是 m 行 n 列的矩阵;$\boldsymbol{n}$ 是加性噪声矢量。

现在,以传统的非相干成像系统作为研究案例,如图 2-1(a)所示。我们将物面离散为 n 个点,像面为 m 个像素,矢量 $\boldsymbol{g}$ 和 $\boldsymbol{f}$ 是像面 $g(x',y')$ 和物面 $f(x,y)$ 的辐照度的矢量表示。将二维分布 $g(x',y')$ 和 $f(x,y)$ 分别转换成矢量 $\boldsymbol{g}$ 和 $\boldsymbol{f}$ 可以采用字典式的排序完成。有了这些符号,压缩感知的代数模型如方程式(2.1)。成像系统矩阵 $\boldsymbol{\Phi}$ 定义了由物到像的映射,而 $\boldsymbol{n}$ 代表加性噪声,如“热噪声(约翰逊)”或“读出噪声”。对于给定的输入脉冲 f_i,输出矢量 $\boldsymbol{g}$ 由矩阵 $\boldsymbol{\Phi}$ 的第 i 列定义。因此,我们看到感知矩阵是由 n 列组成的,每一列代表物面位置 i 处对应输入脉冲的(离散)PSF。在图 2-1(a)成像系统的几何近似中,每一个物点映射到一个像点。在这种情况下,系统矩阵是单位矩阵(图 2-1(b))。更为一般的情况,传统的成像系统可以近似为平移不变性系统(Goodman 1996;Brady 2009),这意味着 PSF 的形状与位置无关,即 PSF 呈现相同的分布,不同位置的分布仅是关于输入脉冲位置的平移。对于这样的系统,矩阵 $\boldsymbol{\Phi}$ 具有 Toeplitz 矩阵形式,在实际情况下,对于一维成像系统这种矩阵可以方便地近似为循环矩阵,对二维成像系统近似为块循环矩阵(Barrett and Myers 2003)。

在 CS 装置中,m 远小于 n,这意味着在 $\boldsymbol{g}$ 中的像素个数少于 $\boldsymbol{f}$ 中的物点个数。这种情况下对于图 2-1(a)系统,前面的模型(2.1)是病态(不适定)的,而且不能保证从测量值 $\boldsymbol{g}$ 中重构全部目标。因此,对于 CS 需要采用第 5 章描述的其中一种方法对输入图像进行恰当的编码。例如,图 2-1(a)的成像系统通过插入随机相位掩膜就能够完成 CS,如图 2-1(c)(Stern and Javidi 2007)所示,相应的感知模型如图 2-1(d)所示。

现在研究 $\boldsymbol{\Phi}$ 的转置矩阵 $\boldsymbol{\Phi}^{\mathrm{T}}$,或者更为一般的情况是 $\boldsymbol{\Phi}$ 的伴随矩阵(Hermitian 共轭)。算子 $\boldsymbol{\Phi}^{\mathrm{T}}$ 在感知过程分析中起到重要的作用,而且被用在许多 CS 重构算法中。关于图 2-1 示例,我们注意到 $\boldsymbol{\Phi}^{\mathrm{T}}$ 的第 i' 行是 $\boldsymbol{\Phi}$ 的第 i' 列(的复共轭),是位于物面位置 i 处点源的 PSF;或者,$\boldsymbol{\Phi}^{\mathrm{T}}$ 的第 j' 行是 $\boldsymbol{\Phi}$ 的第 j' 列(的复共轭),因此表示了所有物点对像素 g_j 贡献的权重。换句话说,$\boldsymbol{\Phi}^{\mathrm{T}}$ 的列表示像面的输入脉冲在物面产生的 PSF。因此,通过物面和像面角色的交换,很容易理解 $\boldsymbol{\Phi}^{\mathrm{T}}$ 的光学含义。根据亥姆霍兹互易定理,矩阵 $\boldsymbol{\Phi}^{\mathrm{T}}$ 表示图 2-1 中光线从右到左的后向投影过程。注意,对于图 2-1(a)模型,在理想系统的几何近似中,$\boldsymbol{\Phi}^{\mathrm{T}}$ 也是 $\boldsymbol{\Phi}$ 的逆,即 $\boldsymbol{\Phi}^{\mathrm{T}}=\boldsymbol{\Phi}^{-1}$,这意味着如果采用图 2-1(a)系统获取目标 $f(x,y)$ 的图像 $g(x',y')$,然后交换光源和相机的角色,即产生光学分布 $g(x',y')$,并且在原物面测量图像,然后获取原始目标 $f(x,y)$ 的精确复制。

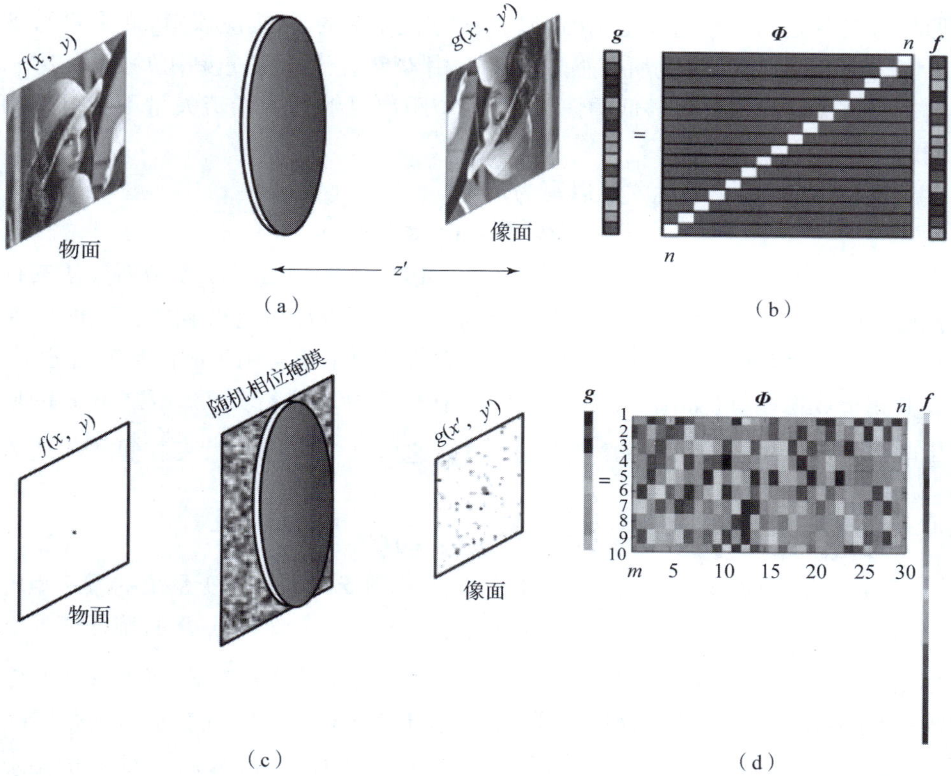

图 2－1　(a) 单透镜成像系统、(b) 系统感知模型、(c) 插入随机相位板和(d) 由模型图示化表示的编码目标

2.3　什么样的感知矩阵对 CS 是合适的?

CS 依赖于三个条件:信号的稀疏性、提升信号稀疏的算法和合适的感知体制。什么是好的采样矩阵? 在 1.4 节介绍了有限等距性质(RIP)和互相关性,以详细说明 CS 感知矩阵的好坏,接下来,我们将回顾这两个概念,并且把它们引入光学场合。

2.3.1　有限等距性质

式(1.5)介绍了 RIP:

$$(\delta_K)\|\boldsymbol{f}\|_2^2 \leqslant \|\boldsymbol{\Phi f}\|_2^2 \leqslant (1+\delta_K)\|\boldsymbol{f}\|_2^2 \tag{2.2}$$

该性质阐明我们需要任意稀疏信号 $\boldsymbol{f}_1$ 和 $\boldsymbol{f}_2$ 的测量矢量 $\boldsymbol{g}_1$ 和 $\boldsymbol{g}_2$ 之间的距离与原信号矢量之间的距离成正比(这里,假设 $\boldsymbol{f}$ 是稀疏的,否则应该用 $\boldsymbol{f}$ 的稀疏分解 $\boldsymbol{\alpha}$ 替代 $\boldsymbol{f}$,且第1章定义的所有感知矩阵 $\boldsymbol{\Phi}$ 由 $\boldsymbol{\Phi\Psi}$ 替代,然后重新书写式(2.2))。这个性质保证在噪声足够低的情况下,两个距离足够远的稀疏矢量不会得到相同的(含噪声的)测量矢量。

式(2.2)的等价表达式可以写为条件:

$$\|\boldsymbol{\Phi}_s^{\mathrm{T}}\boldsymbol{\Phi}_s - \mathbf{I}\|_2 \leqslant \delta_K \tag{2.3}$$

为保证对任何满秩矩阵 $\boldsymbol{\Phi}_s$ 是适用的,约束矩阵 $\boldsymbol{\Phi}$ 的列数 S 小于或等于 $\boldsymbol{f}$ 的稀疏度,即 $S \leqslant k$。方程式(2.3)意味着 $\boldsymbol{\Phi}_s^{\mathrm{T}}\boldsymbol{\Phi}_s$ 的所有特征值近似相等,因此 $\boldsymbol{\Phi}_s^{\mathrm{T}}\boldsymbol{\Phi}_s$ 是可逆的,这保证了感知过程的鲁棒性。类似的要求通常用于成像系统的分析。以非相干成像系统(如图2-1(a))为例,在傅里叶域进行分析。记 $\boldsymbol{f}$ 和 $\boldsymbol{g}$ 的傅里叶变换为 $\hat{\boldsymbol{f}}$ 和 $\hat{\boldsymbol{g}}$,这样 $\boldsymbol{f} = \Im^{-1}\hat{\boldsymbol{f}}$ 且 $\hat{\boldsymbol{g}} = \Im\boldsymbol{g}$,这里 $\Im$ 表示傅里叶变换算子。代入式(2.1),得到

$$\hat{\boldsymbol{g}} = \Im\boldsymbol{\Phi}\Im^{-1}\hat{\boldsymbol{f}} + \hat{\boldsymbol{n}} = \boldsymbol{H}\hat{\boldsymbol{f}} + \hat{\boldsymbol{n}} \tag{2.4}$$

图2-1(a)的单透镜成像系统可以近似为平移不变。平移不变系统的系统矩阵 $\boldsymbol{\Phi}$ 通常由循环矩阵 $\boldsymbol{H} = \Im\boldsymbol{\Phi}\Im^{-1}$ 近似,是对角线上元素值等于 $\boldsymbol{\Phi}$ 的特征值的对角矩阵。因此,输出 $\hat{\boldsymbol{g}}$ 的傅里叶变换与输入 $\hat{\boldsymbol{f}}$ 的傅里叶变换有关,并且是 $\hat{\boldsymbol{f}}$ 与矩阵 $\boldsymbol{H}$ 对角线元素的简单乘积,$\boldsymbol{H}$ 可以认为是 OTF 的采样,$H(\omega_i)$ 高于噪声水平。沿着这个思路,我们认为式(2.3)是熟知的 OTF 设计指导,只需要 OTF 的绝对值平方 $|H(\omega)|^2$。同样的,我们需要调制传递函数(MTF)的平方尽可能地接近单位1。MTF 数值越大,系统对噪声的鲁棒性越强,这意味着信号能够从噪声测量中重构。因此,在例子中,对近似相等的特征值要求变为近似相等的 OTF 要求,这是一个通用的系统设计指导。

2.3.2 相干性

在1.4节中互相关是表示 CS 感知矩阵好坏的另一种度量方法。式(1.7)的互相关表达式可以等效地写成

$$\mu(\boldsymbol{\Phi}) \triangleq \max_{i \neq j} |\mu_{i,j}| = \max_{i \neq j} \frac{|\langle \phi_i, \phi_j \rangle|}{\|\phi_i\|_2 \|\phi_j\|_2} \tag{2.5}$$

表明 $\mu(\boldsymbol{\Phi})$ 是 $\boldsymbol{\Phi}$ 的任意两个规范化列 ϕ_i, ϕ_j 内积的最大绝对值。在2.2节部分的举例中,μ 是物面所有可能入射脉冲对的 PSF 之间的最大互相关。正如在1.4节中说明的,较小的 μ 值可以保证更好的 CS 重构。可以看出 μ 的取值在 $\sqrt{(n-m)/m(n-1)}$ 与1之间。注意,对于 $n \gg m$,下界近似与测量次数 $\mu(\boldsymbol{\Phi}) \geqslant$

$\sqrt{1/m}$成反比。

前面定义的互相关性不要与统计光学中的互相干性术语混淆。在统计光学中，互相干函数定义为两个位置 $\boldsymbol{r}_1$ 和 $\boldsymbol{r}_2$ 处且时间间隔 τ 的场 $u(\boldsymbol{r},t)$ 的互相干：

$$\Gamma_{1,2}(\tau) \triangleq \langle u(\boldsymbol{r}_1, t+\tau), u^*(\boldsymbol{r}_2, t)\rangle \tag{2.6}$$

显然，在式(2.5)和式(2.6)中互相干术语有不同的含义，并且测量的是不同的量。例如，“相干光学系统”可能有较小的 $\mu(\boldsymbol{\Phi})$，也可能没有。为了避免混淆，下面我们把式(2.5)中的 $\mu(\boldsymbol{\Phi})$ 称作互参数。

在某些非常特殊的场合，互相干和互参数可以联系起来，如果考虑反向投影光场的二阶统计量时会发现这种关系。例如，我们看到经过像面返回到物面完全纯净的非相干场的反向传输后，CS 互相关参数 μ 是物面互强度 $\Gamma_{1,2}(0)$ 的极大值。

2.4　采用 CS 工具重新讨论两点成像分辨率

在实际利用前面章节阐述的 CS 概念及其在前面章节中解释的光学含义时，我们将推导出一种新的两点成像分辨率极限。我们应该通过估计相干成像系统的相干性参数 μ 以及利用与 μ 相关的重构保证来推导。

考虑图 2-1(a)所示的相干照明的成像系统，则 $f(x)$ 和 $g(x')$ 分别是输入场和输出场。为了标记符号的简洁，下面进行 1D 分析。在适当的条件下(Goodman 1996)，系统可以近似成平移不变，即

$$g(x') = \int f(x_r) h(x' - x_r)\,\mathrm{d}x \tag{2.7}$$

这里 x_r 是系统横向放大倍数 M_L 经过比例缩放 x 得到的缩小坐标，即 $x_r = M_L x$，$h(x)$是相干输入脉冲响应(亦称相干 PSF)，$h(x)$与相干传递函数(CTF)的傅里叶变换有关(Brady 2009)，亦称振幅传递函数 $\hat{h}(u)$(Goodman 1996)。以间隔 Δ 采样像面和缩小的物面，式(2.7)可以近似成

$$g[l] \approx \sum_l f[s] h[l-s] \tag{2.8}$$

式中：$g[l] = g(l\Delta)\ l = 1,2,\cdots,m$；$f[s] = f(sM\Delta)\ s = 1,2,\cdots,n$；$h[l] = \Delta h(l\Delta)$。

为了与 2.2 节描述的模型联系起来，我们把感知矩阵的 i 和 j 列看成是 $h[l]$ 的平移：

$$\phi_i = h[l-i],\ \ \phi_j = h[l-j] \tag{2.9}$$

式(2.5)的相关参数由去掉规范化因子的内积给出：

$$\langle \phi_i, \phi_j \rangle = \sum_{l=1}^{n} h[l-i] h^*[l-j] = \sum_{l=1}^{n} h[l-j-p] h^*[l-j] \equiv h[p] h^*[p] \tag{2.10}$$

式中：$p \triangleq i-j$；$*$ 是卷积算子。

利用傅里叶对的卷积性质

$$h[p]h^*[p] = \Im_d^{-1}\{\hat{h}_d(\mathrm{e}^{\mathrm{j}\Omega})\hat{h}_d^*(\mathrm{e}^{-\mathrm{j}\Omega})\} \tag{2.11}$$

式中：$\mathrm{j}=\sqrt{-1}$；$\Im_d^{-1}$ 是在频率 Ω(rad/sample)处离散变量（“时间”）的傅里叶变换(DTFT)算子，对应的空间频率 $u=\Omega/2\pi\Delta$(1/m)；$\hat{h}_d$ 是 $h[l]$ 的 DTFT；$\hat{h}_d(\mathrm{e}^{\mathrm{j}\Omega}) = \Im_d\{h[l]\} \triangleq \sum_l h[l]\mathrm{e}^{-\mathrm{j}\Omega l}$，$\hat{h}_d$ 与连续变量（“时间”）的傅里叶变换 $\hat{h}(u)$ 有关

$$\hat{h}_d(\mathrm{e}^{\mathrm{j}\Omega}) = \sum_k \hat{h}\left(\frac{\Omega}{2\pi\Delta} + k2\pi\right) \tag{2.12}$$

因此，式(2.10)~式(2.12)给出了通过传递函数 $\hat{h}(u)$ 计算式(2.5)的相干参数的方法。

现在将前面的结果用于相干成像系统。假设系统显示的图像靠近图像的中心，CTF 可以由光瞳函数 P 近似(Goodman 1996)：

$$\hat{h}(u) = P(-\lambda z' u) \tag{2.13}$$

式中：λ 为波长；z' 为成像距离(图 2-1(a))；u 为空间频率。

将式(2.12)代入式(2.10)，得到

$$\langle \phi_i, \phi_j \rangle = \Im_d^{-1}\left\{\sum_k P\left(-\lambda z'\left(\frac{\Omega}{2\pi\Delta} + k2\pi\right)\right)\sum_k P^*\left(-\lambda z'\left(-\frac{\Omega}{2\pi\Delta} + k2\pi\right)\right)\right\} \tag{2.14}$$

现在考虑直径为 D 的圆孔径的一般成像系统，那么光瞳函数为

$$P(r) = \mathrm{cicr}\left(\frac{r}{D}\right) \tag{2.15}$$

式中：r 为径向坐标，其各自的相干 PSF 用 jinc(亦称“besinc”)函数表示(Goodman 1996)：

$$h(r) = \frac{D^2}{\lambda^2 z'^2}\mathrm{jinc}\left(\frac{r}{\frac{\lambda z'}{D}}\right) \tag{2.16}$$

这里 $\mathrm{jinc}(p) \triangleq J_1(\pi\rho)/\pi\rho$。为避免混叠，在采样间隔 Δ 足够小的情况下，图 2-2 中画出了 CTF、$\hat{h}(u)$ 和 DTFT $\hat{h}_d$，即式(2.12)的复制谱与图 2-2(c)的复制谱不重叠。注意在这种情况下，$\hat{h}_d(\mathrm{e}^{\mathrm{j}\Omega})\hat{h}_d^*(\mathrm{e}^{-\mathrm{j}\Omega}) = \hat{h}_d(\mathrm{e}^{\mathrm{j}\Omega})$，并且式(2.14)简化为

$$\langle \phi_i, \phi_j \rangle = \Im_d^{-1}\left\{\sum_k P\left(-\lambda z'\left(\frac{\Omega}{2\pi\Delta} + k2\pi\right)\right)\right\} = h(p\Delta) = \frac{D^2}{\lambda^2 z'^2}\mathrm{jinc}\left(\frac{D}{\lambda z'}(i-j)\Delta\right) \tag{2.17}$$

如果有足够多的样本 m，那么能量泄漏就可以忽略，则 $\|\boldsymbol{\Phi}_j\|_2 = \|h[l-j]\|_2 \approx D/\lambda z'$，

并且式(2.5)的相关参数为

$$\mu(\boldsymbol{\Phi}) \triangleq \max_{i \neq j} |\mu_{i,j}| = \max_{p \triangleq i-j \neq 0} \left| \mathrm{jinc}\left(\frac{D}{\lambda z'} p\Delta\right) \right| \tag{2.18}$$

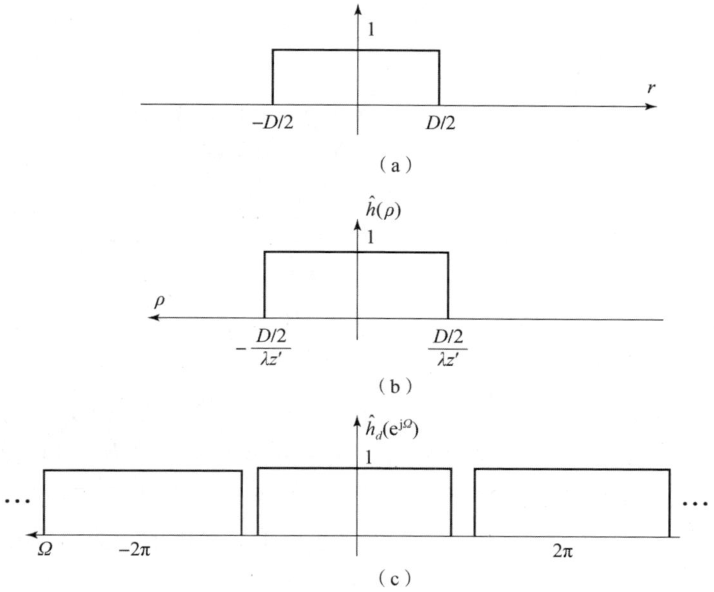

图 2－2　(a) 圆形透镜光瞳函数的径向截面,(b) 径向方向 ρ 沿着空间频率的 CTF,(c) 对应 PSF 采样的分离 DTFT $\hat{h}_d(e^{j\Omega})$ (注意$\hat{h}_d(e^{j\Omega})\hat{h}_d^*(e^{-j\Omega})=\hat{h}_d(e^{j\Omega})$)

当 Δ 足够小,式(2.18)随着 p 单调减小,因此当 $p=1$ 时,式(2.18)达到最大值(即毗邻的 PSF):

$$\mu(\boldsymbol{\Phi};\Delta) = \left| \mathrm{jinc}\left(\frac{D}{\lambda z'}\Delta\right) \right| \tag{2.19}$$

函数曲线见图 2－3。

现在已经评估了成像系统的相干参数,我们可以与其中任何一种基于 μ 的重构一起使用(Eldar and Kutyniok 2012)。例如,在忽略噪声的情况下,如果 $\boldsymbol{f}$ 的稀疏度 $K \leqslant \frac{1}{2}(1+1/\mu)$,就保证了 $\boldsymbol{g}=\boldsymbol{\Phi f}$ 重构有唯一解(onoho and Elad 2003, 2197－2202)。对于两个物点 $K=2$ 的情况,这意味着 $\mu \leqslant \frac{1}{3}$。图 2－3 画出了式(2.19)表示的系统相干参数,可以看到对于

$$\Delta \geqslant 0.85\,\frac{\lambda z'}{D} \tag{2.20}$$

满足 $\mu \leqslant 1/3$。

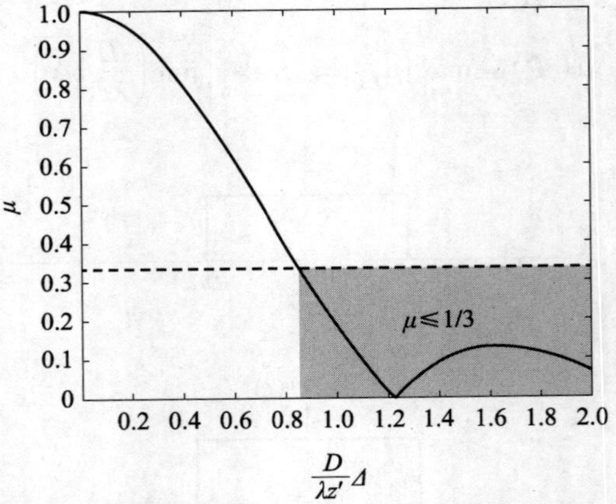

图 2-3 具有圆孔径成像系统的相干参数 μ。对于 $\Delta(D/\lambda z')\geqslant 0.85$，相干参数小于 1/3，并且能够保证两个物点的重构

方程式(2.18)意味着如果空间间隔大于 $0.85\lambda z'/D$(即角度的间隔大于 $0.85\lambda/D$ 弧度)，两个物点就能够分辨。这一分辨率极限约为 1.44，比经典的瑞利分辨率极限 $\Delta\geqslant 1.22\lambda z'/D$①宽松。约 1.44 倍事实上，由于实际应用中采用 μ 的 CS 重构是悲观的(Elad 2010)，式(2.20)不是最严格的约束。其中一种情况已经在 8.4.2 节中全息压缩部分得到证明。

对于突破经典的瑞利分辨率极限这一事实我们不应该感到惊奇。事实上，正如瑞利勋爵强调的瑞利准则仅是一个探索式定义，它可能依赖于系统或应用以及噪声的不确定性(RayLeigh 1879)。通常，分辨率取决于多种因素，例如噪声、先验信息、技术创新以及数值恢复工具等。这里导出的极限分辨率可以适用于考虑噪声的情况，例如采用式(1.8)。

在结束之前我们再次强调，在有些工作中，CS 技术被证明可以用于超出经典极限的光学信号的重构，例如，Gazit 等 (2009)、Rivenson 等(2010)以及 Shechtman 等(2011)。

参考文献

Barrett, H. H. and K. J. Myers. 2003. *Foundations of Image Science*. Wiley-VCH, 1584pp., October 2003.

Brady, D. J. 2009. *Optical Imaging and Spectroscopy*. John Wiley & Sons, Hoboken, NJ.

① 瑞利推导的非相干成像极限分辨率，通常也用于相干成像系统。

Donoho, D. L. and M. Elad. 2003. Optimally sparse representation in general (non-orthogonal) dictionaries via ℓ1 minimization. *Proceedings of the National Academy of Sciences of the United States of America* 100(5): 2197–2202.

Elad, M. 2010. *Sparse and Redundant Representations: From Theory to Applications in Signal and Image Processing*. Springer, New York.

Eldar, Y. C. and G. Kutyniok. 2012. *Compressed Sensing: Theory and Applications*. Cambridge University Press, New York.

Gazit, S., A. Szameit, Y. C. Eldar, and M. Segev. 2009. Super-resolution and reconstruction of sparse sub-wavelength images. *Optics Express* 17(25): 23920–23946.

Goodman, J. W. 1996. *Introduction to Fourier Optics*. McGraw-Hill, New York.

Rayleigh, L. 1879. XXXI. Investigations in optics, with special reference to the spectroscope. *The London, Edinburgh, and Dublin Philosophical Magazine and Journal of Science* 8(49): 261–274.

Rivenson, Y., A. Stern, and B. Javidi. 2010. Single exposure super-resolution compressive imaging by double phase encoding. *Optics Express* 18(14): 15094–15103.

Shechtman, Y., Y. C. Eldar, A. Szameit, and M. Segev. 2011. Sparsity based sub-wavelength imaging with partially incoherent light via quadratic compressed sensing. *Optics Express* 17: 23920–23946.

Stern, A. and B. Javidi. 2007. Random projections imaging with extended space-bandwidth product. *Journal of Display Technology* 3(3): 315–320.

第 3 章　连续模型描述的光学系统压缩感知理论

Albert Fannjiang

3.1　引言

在非均质介质中传输的单色波 u 由下面的 Helmholtz 方程决定：

$$\Delta u(\boldsymbol{r})+\omega^2(1+\nu(\boldsymbol{r}))u(\boldsymbol{r})=0,\boldsymbol{r}\in\mathbb{R}^d,d=2,3 \tag{3.1}$$

这里 $\nu\in\mathbb{C}$ 表示介质的不均匀性。为简单起见，我们选择的物理单位使得波的速度为单位 1，且波数等于频率 ω。

用于成像的数据是由下式决定的散射场 $u^s=u-u^i$

$$\Delta u^s+\omega^2 u^s=-\omega^2\nu u \tag{3.2}$$

或等价于 Lippmann – Schwinger 积分方程：

$$u^s(\boldsymbol{r})=\omega^2\int_{\mathbb{R}^3}\nu(\boldsymbol{r}')(u^i(\boldsymbol{r}')+u^s(\boldsymbol{r}'))G(\boldsymbol{r},\boldsymbol{r}')\mathrm{d}\boldsymbol{r}' \tag{3.3}$$

式中：

$$G(\boldsymbol{r},\boldsymbol{r}')=\begin{cases}\dfrac{\mathrm{e}^{\mathrm{i}\omega|\boldsymbol{r}-\boldsymbol{r}'|}}{4\pi|\boldsymbol{r}-\boldsymbol{r}'|}, & d=3\\ \dfrac{i}{4}H_0^{(1)}(\omega|\boldsymbol{r}-\boldsymbol{r}'|), & d=2\end{cases} \tag{3.4}$$

是后向传输算子$(\Delta+\omega^2)^{-1}$的格林函数，这里 $H_0^{(1)}$ 是第一类零阶 Hankel 函数。

我们考虑两种远场的成像几何：近轴和散射。对于近轴，物面和像面与光轴垂直；对于散射，光的发射和探测可以是任意方向。我们取 u^s 作为近轴的测量数据，散射的幅值（见方程(3.7)）作为散射的测量数据（图 3 – 1）。

（1）近轴几何：为简单起见，我们讨论二维情况。令$\{z=z_0\}$是物线，$\{z=0\}$是像线，而 $\boldsymbol{r}=(x,z_0)$，$\boldsymbol{r}'=(x',0)$，有

$$u^s(x,z_0)=C\mathrm{e}^{\frac{\mathrm{i}\omega x^2}{(2z_0)}}\int_{\mathbb{R}}\nu(x',0)(u^i(x',0)+u^s(x',0))\mathrm{e}^{\frac{\mathrm{i}\omega(x')^2}{(2z_0)}}\mathrm{e}^{-\frac{\mathrm{i}\omega xx'}{z_0}}\mathrm{d}x' \tag{3.5}$$

这里 C 是复数。

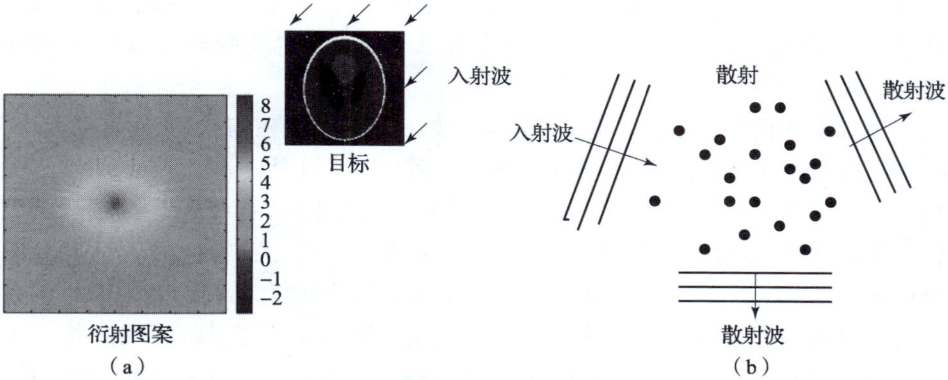

图 3－1　两种成像几何：衍射和散射

(2) 散射几何：散射场具有渐近性(Born and Wolf 1999)

$$u^s(\boldsymbol{r}) = \frac{\mathrm{e}^{\mathrm{i}\omega|\boldsymbol{r}|}}{|\boldsymbol{r}|^{\frac{(d-1)}{2}}}\left(A\left(\hat{\boldsymbol{r}},\hat{\boldsymbol{d}} + \mathcal{O}\left(\frac{1}{|\boldsymbol{r}|}\right)\right)\right), \hat{\boldsymbol{r}} = \frac{\boldsymbol{r}}{|\boldsymbol{r}|}, d = 2,3 \tag{3.6}$$

这里散射振幅 A 的形式与维数无关。

$$A(\hat{\boldsymbol{r}},\hat{\boldsymbol{d}}) = \frac{\omega^2}{4\pi}\int_{\mathbb{R}^d} \nu(\boldsymbol{r}')(u^i(\boldsymbol{r}') + u^s(\boldsymbol{r}'))\mathrm{e}^{-\mathrm{i}\omega\boldsymbol{r}'\cdot\hat{\boldsymbol{r}}}\mathrm{d}\boldsymbol{r}' \tag{3.7}$$

注意，由于多次散射，式(3.5)和式(3.7)中的 u 部分未知，逆问题是一个非线性问题。为了解决压缩感知中的多次散射效应，可以将逆问题的求解分成两个阶段：第一阶段，恢复粗糙的目标

$$V(x) = v(x,0)(u^i(x,0) + u^s(x,0))\mathrm{e}^{\mathrm{i}\omega x^2/(2z_0)} \quad \text{(近轴几何)}$$

$$V(\boldsymbol{r}) = v(\boldsymbol{r})(u^i(\boldsymbol{r}) + u^s(\boldsymbol{r})) \quad \text{(散射几何)}$$

将式(3.5)、式(3.7)的类傅里叶积分作为感知算子。第二阶段，由粗糙的目标恢复真实的目标。

然而，本章大部分将聚焦在第一阶段，即采用 Born 近似对成像问题线性化，只在 3.9 节讨论多次散射效应。

3.2　概述

在 3.3 节，我们回顾了压缩感知理论的基本原理，包括基追踪(BP)和贪婪算法(特别是正交匹配追踪(OMP))，我们将重点放在了非相干性质上，而不是严格的等距约束性，因为前者比后者更加容易估计。正如贯穿本章看到的，尽管后者在一些场合也能建立。关于非相干性有一点要牢记在心，即非相干性远远超出了相干参数的概念，是最坏情况的度量(见方程(3.17))。非相干性质用感

知矩阵的 Gram 矩阵完全表示，也称为相干模式。有关非相干值得注意的第二件事是依据相干参数表示的标准性能常常低估了算法的实际性能，其有效性主要在于提供了一种设计测量方案的指导。

在 3.4 节我们考虑像素基的菲涅耳衍射。像素基具有有限的、确定的大小，特别不适合于点目标。的确，为了在感知矩阵中建立非相干性，需要波长小于栅格的间距。换句话说，像素基仅仅适用于被分解成相对于波长是“平滑”的目标。稀疏性的先验知识有两种：①一部分使用 1 范数指标；②另一部分采用全变分指标（见 3.4.1 节）。在傅里叶测量部分，我们介绍联合稀疏约束概念以衔接这两类稀疏性的先验知识，并且讨论基追踪（见 3.9.1 节中的“联合稀疏的 BPDN”部分）以及联合稀疏的正交匹配追踪（见 3.9.1 节中的“联合稀疏的 BLOOMP”部分）。

与像素化目标相反，点目标自然不在栅格上。在应用中会存在这样的问题，例如离散谱估计。采用标准的压缩感知理论对利用栅格的点目标成像存在基本的折中：栅格越小，获得的点目标越好，但是相干参数变得越差。在 3.5 节中，我们利用相干带宽的概念来分析相干模式，并且对完全分开的、不在栅格上的点目标的成像设计新的压缩感知算法。除了不在栅格上的点目标外，相干带宽技术也用于高冗余字典稀疏表示的目标成像。一个著名的例子是在 3.5.4 节简要介绍的单像素相机（SPC）。

在 3.6 节中，我们用 Littlewood - Paley 基的稀疏表示来讨论菲涅耳衍射，Littlewood - Paley 基是慢速衰减的小波基，与像素基和点状目标形成鲜明的对比。采用 Littlewood - Paley 基的感知矩阵具有不同层级完全分离的分层结构。在 3.7 节中，我们讨论依据角谱的近场衍射，角谱与傅里叶基一起能够完美地解决这个问题。

在 3.8 节中，我们与像素化图像以及点目标一起考虑后向散射。这里，重点设计采样方案（见 3.8.2 节），以及不同方案的相干约束（见 3.8.3 节）。

在 3.9 节中，我们讨论点目标的多次逆散射以及适合求解非线性逆问题的技术，关键是将相干带宽与前面的联合稀疏技术结合在一起。在 3.10 节中，我们讨论用泽尼克基稀疏表示的扩展目标逆散射。在 3.11 节中，我们讨论天文学中的非相干源的干涉测量法。受著名先驱 Cittert - Zernike 理论的启发，最终的感知矩阵与多次输入和输出的散射具有类似的结构，两者的差异在于：对于干涉测量法，输入和输出必须是相关的，而对于散射输入和输出可以相互独立。因此，干涉测量法对（非）相干性质更加敏感，在天文学中寻找光学干涉测量的最佳传感器阵列是一个持续的问题。

3.3 压缩感知回顾

压缩感知的明显优势是利用目标域的恰当离散化来表示有限的、离散的真实测量。

用$\|\cdot\|_p$表示函数以及矢量的p范数($p\geqslant 1$),即

$$\|f\|_p = \left(\int |f(\boldsymbol{r})|^p \mathrm{d}\boldsymbol{r}\right)^{\frac{1}{p}},\ f \in \boldsymbol{L}^p \tag{3.8}$$

$$\|\boldsymbol{f}\|_p = \left(\sum_{j=1}^{N} |f_j|^p\right)^{\frac{1}{p}},\ \boldsymbol{f} \in \mathbb{C}^N \tag{3.9}$$

且$\|\boldsymbol{f}\|_0$(稀疏度)表示矢量$\boldsymbol{f}$中非零元素的个数。

通过对式(3.5)或式(3.7)方程右边进行离散化,并且选择左边的离散数据集,以线性反演形式重新书写连续模型

$$\boldsymbol{g} = \boldsymbol{\Phi f} + \boldsymbol{e} \tag{3.10}$$

这里误差矢量$\boldsymbol{e}\in\mathbb{C}^M$是外部噪声$\boldsymbol{n}$和模型失配导致的离散误差$\boldsymbol{d}$之和。根据定义,离散误差$\boldsymbol{d}$由下式给出

$$\boldsymbol{d} = \boldsymbol{g} - \boldsymbol{n} - \boldsymbol{\Phi f} \tag{3.11}$$

考虑基追踪去噪(BPDN)凸规划原理

$$\min\|\boldsymbol{h}\|_1,\ \mathrm{s.t.}\ \|\boldsymbol{g} - \boldsymbol{\Phi h}\|_2 \leqslant \|\boldsymbol{e}\|_2 = \epsilon \tag{3.12}$$

当$\epsilon=0$,式(3.12)称为基追踪。合理选择参数λ,BPDN 等价于无约束凸规划,也称为 Lasso(Tibshirani 1996)

$$\min_{z} \frac{1}{2}\|\boldsymbol{g} - \boldsymbol{\Phi z}\|_2^2 + \lambda\varepsilon\|\boldsymbol{z}\|_1 \tag{3.13}$$

BPDN(3.12)和 Lasso(3.13)都是凸规划,并且具有有效的数值解(Chen et al. 2001;Boyd and Vandenberghe 2004;Bruckstein et al. 2009)。

在压缩感知基本概念的指导下,BP 得到的唯一精确解满足有限等距性(RIP),这归功于 Candès 和 Tao(2005)。确切地说,令严格的等距常数(RIC)δ_s是满足下面不等式的最小非负数

$$\kappa(1-\delta_s)\|\boldsymbol{h}\|_2^2 \leqslant \|\boldsymbol{\Phi h}\|_2^2 \leqslant \kappa(1+\delta_s)\|\boldsymbol{h}\|_2^2$$

对大部分s和某些常数$\kappa>0$,适用于所有稀疏的$\boldsymbol{h}\in\mathbb{C}^N$。RIP 意味着$\delta_{2s}$足够小(见方程(3.14))。

现在回忆一下 RIP 下的标准性能保证。

定理 3.1(Candès 2008)假设当$\kappa=1$,$\boldsymbol{\Phi}$的 RIC 满足不等式

$$\delta_{2s} < \sqrt{2} - 1 \tag{3.14}$$

那么对某些常数 C_1 和 C_2,式(3.12)BPDN 的解 $\boldsymbol{f}_*$ 满足

$$\|\boldsymbol{f}_* - \boldsymbol{f}\|_2 \leqslant C_1 s^{-\frac{1}{2}} \|\boldsymbol{f} - \boldsymbol{f}^{(s)}\|_1 + C_2 \epsilon \tag{3.15}$$

这里 $\boldsymbol{f}^{(s)}$ 由 $\boldsymbol{f}$ 中幅值最大的元素组成。

讨论 3.1 通常对 $\kappa \neq 1$,我们认为式(3.10)的正则化形式为

$$\frac{1}{\sqrt{\kappa}}\boldsymbol{g} = \frac{1}{\sqrt{\kappa}}\boldsymbol{\Phi f} + \frac{1}{\sqrt{\kappa}}\boldsymbol{e}$$

并且由式(3.15)得

$$\|\boldsymbol{f}_* - \boldsymbol{f}\|_2 \leqslant C_1 s^{-\frac{1}{2}} \|\boldsymbol{f} - \boldsymbol{f}^{(s)}\|_1 + C_2 \frac{\epsilon}{\sqrt{\kappa}} \tag{3.16}$$

然而注意,BPDN 和 Lasso 本身都不是算法,但是有许多求解凸规划的不同算法,有些求解程序是在线可获得的。例如,YALL1 和开源代码 L1 - MAGIC (http://users.ece.gatech.edu/~justin/l lmagic/)。

除了凸规划,贪婪算法是稀疏恢复的一种替代方法。众所周知的贪婪算法是 OMP(Pati et al. 1993;Davis et al. 1997)。

算法 3.1 正交匹配追踪(OMP)

输入:$\boldsymbol{\Phi}, \boldsymbol{g}$

初始化:$\boldsymbol{f}^0 = 0, \boldsymbol{r}^0 = \boldsymbol{g}, S^0 = \varnothing$

迭代:For $j = 1, 2, \cdots, s$

(1) $i_{\max} = \arg\max_i |\langle \boldsymbol{r}^{j-1}, \boldsymbol{\Phi}_i \rangle|, i \notin S^{j-1}$

(2) $S^j = S^{j-1} \cup \{i_{\max}\}$

(3) $\boldsymbol{f}^j = \arg\min_h \|\boldsymbol{\Phi h} - \boldsymbol{g}\|_2 \, s.t.\ \mathrm{supp}(\boldsymbol{h}) \subseteq S^j$

(4) $\boldsymbol{r}^j = \boldsymbol{g} - \boldsymbol{\Phi f}^j$

输出:$\boldsymbol{f}^s$

依据下式定义的相干参数,OMP 性能能够得到保证

$$\mu(\boldsymbol{\Phi}) = \max_{k \neq l} \mu(k,l), \mu(k,l) \frac{|\boldsymbol{\Phi}_k^\dagger \boldsymbol{\Phi}_l|}{\|\boldsymbol{\Phi}_k\| \|\boldsymbol{\Phi}_l\|} \tag{3.17}$$

这里 $\boldsymbol{\Phi}_k$ 是 $\boldsymbol{\Phi}$ 的第 k 列,$\mu(k,l)$ 是相干参数对,而全部的$[\mu(k,l)]$是感知矩阵 $\boldsymbol{\Phi}$ 的相干模式。这里以及随后,用 † 表示共轭转置。

定理 3.2(Donoho et al. 2006)假设信号矢量 $\boldsymbol{f}$ 的稀疏性满足

$$\mu(\boldsymbol{\Phi})(2s-1) + 2\frac{\|\boldsymbol{e}\|_2}{f_{\min}} < 1 \tag{3.18}$$

这里$f_{\min}=\min_k |f_k|$，OMP 重构的输出由$\boldsymbol{f}_*$表示，那么
$\boldsymbol{f}_*$具有正确的支撑，即 $\mathrm{supp}(\boldsymbol{f}_*)=\mathrm{supp}(\boldsymbol{f})$，这里 $\mathrm{supp}(\boldsymbol{f})$是$\boldsymbol{f}$的支撑。
$\boldsymbol{f}_*$近似为感知中的目标矢量

$$\|\boldsymbol{f}_*-\boldsymbol{f}\|_2\leqslant\frac{\|\boldsymbol{e}\|}{\sqrt{1+\mu-\mu s}} \tag{3.19}$$

非相干或 RIP 常常需要感知矩阵的随机性，这种随机性可以来自采样以及照明。对于给定的感知矩阵，这两种约束之间，非相干更加灵活并且容易验证。然而，依据定理 3.2 的式(3.18)，相干参数的性能保证趋于保守。

3.4　像素基的菲涅耳衍射

正如第一个例子，我们认为成像方程(3.5)是菲涅耳衍射，通过对式(3.5)右边离散化并且选择左边的一组离散散射场数据，用式(3.10)的离散形式写出式(3.5)。

近似模糊的目标

$$V(x)=v(x)u(x,0)\mathrm{e}^{\frac{\mathrm{i}\omega x^2}{(2z_0)}} \tag{3.20}$$

通过尺度 ℓ 上的离散求和

$$V_\ell(x)=\sum_{k=1}^{N}b\left(\frac{x}{\ell}-k\right)V_\ell(\ell k),V(\ell k)=v(\ell k)u(\ell k,0)\mathrm{e}^{\frac{\mathrm{i}\omega\ell^2k^2}{(2z_0)}} \tag{3.21}$$

式中：

$$b(x)=\begin{cases}1,x\in\left[-\frac{1}{2},\frac{1}{2}\right]\\0,\text{其他}\end{cases} \tag{3.22}$$

是局部像素“基”。我们假设对于感知中满足$\lim_{\ell\to0}\|V-V_\ell\|_1=0$ 的足够小的 ℓ，V_ℓ是模糊目标的良好近似。

此外，我们假设 V_ℓ 在感知中是稀疏的，与栅格点数 N 相比只有少量的$V(k\ell)$元素是重要的。注意，在像素基中稀疏目标不是点状的。点目标通常会导致较大的网格误差，并且需要超出 3.3 节的标准压缩感知的技术(参考 3.5 节)。

继续做 Born 近似，并且令 $u^i(x,0)=1$(即正入射的平面波)。

令 $x_j,j=1,2,\cdots,M$ 是图像/线阵传感器上的采样点，并且定义

$$\xi_j=\frac{\omega\ell x_j}{2\pi z_0},j=1,2,\cdots,M \tag{3.23}$$

对未知矢量$\boldsymbol{f}\in\mathbb{C}^N$离散化

$$f_k=v(\ell k)\mathrm{e}^{\mathrm{i}\omega\ell^2k^2/(2z_0)},k=1,2,\cdots,N$$

以及数据矢量 $\boldsymbol{g} \in \mathbb{C}^M$ 离散化

$$g_j = \frac{u^s(x_j, z_0)}{C\ell \hat{b}(\xi_j)} \mathrm{e}^{-\mathrm{i}\omega x_j^2/(2z_0)}, j = 1, 2, \cdots, M$$

式中：

$$\hat{b}(\xi) = \int b(x) \mathrm{e}^{-\mathrm{i}2\pi x\xi} \mathrm{d}x = \frac{\sin(\pi\xi)}{\pi\xi} \tag{3.24}$$

结果，用式(3.10)表示式(3.5)且感知矩阵为

$$\boldsymbol{\Phi} = [\boldsymbol{\Phi}_1 \cdots \boldsymbol{\Phi}_N] \in \mathbb{C}^{M \times N}, \boldsymbol{\Phi}_k = [\mathrm{e}^{-\mathrm{j}\omega\xi_j k}]_{j=1}^{M}, k = 1, 2, \cdots, N \tag{3.25}$$

矩阵行具有相同 2 范数（见式(3.25)）的感知矩阵在压缩感知重构中具有更好的性能。

当 ξ_j 为 $[-1/2, 1/2]$ 区间的独立均匀分布随机变量时，式(3.25)是著名的局部随机傅里叶矩阵，正如下面给出的，该矩阵在一些例子中对 RIP 具有相当严格的约束。

定理 3.3 （Rauhut 2008）假设

$$\frac{M}{\ln M} \geqslant c\delta^{-2} k \ln^2 k \ln N \ln \frac{1}{\varepsilon}, \varepsilon \in (0, 1) \tag{3.26}$$

对给定的稀疏度 k，c 是绝对常数，而式(3.25)矩阵的严格等距常数满足约束

$$\delta_k < \delta$$

且概率至少为 $1 - \varepsilon$。

讨论 3.2 为了将定理 3.3 用于定理 3.1 中，可以令 $k = 2s$ 且 $\delta = \sqrt{2} - 1$，则方程(3.26)运算量约为 $\mathcal{O}(s)$，对 BPDN 采用式(3.15)总的测量数据量以对数因子取模。

换句话说，正如在定理 3.5 中看到的，相干参数 μ 的典型量级为 $\mathcal{O}(M^{-1/2})$，因此，考虑到定理 3.2 的条件式(3.18)，需要的数据量是 $\mathcal{O}(s^2)$，对 $1 \ll s \ll N$，$\mathcal{O}(s^2)$ 远远大于 $\mathcal{O}(s)$。

上述结论对 OMP 通常是有效的，它不需要采用其他贪婪算法，如子空间追踪(BP)，BP 的性能保证需要的数据量为 $\mathcal{O}(s)$，由对数因子决定(Dai and Milenkovic 2009)。

实际情况是 ξ_j 为 $[-1/2, 1/2]$ 区间的独立均匀分布随机变量，这意味着依据式(3.23)中 x_j 是 $[-A/2, A/2]$ 区间的独立均匀分布随机变量

$$A = \frac{2\pi z_0}{\omega \ell} \tag{3.27}$$

考虑 ℓ 为成像装置的分辨率步长，得到分辨率准则

$$\ell = \frac{2\pi z_0}{A\omega} \tag{3.28}$$

等于经典的阿贝或瑞利准则。

现在估计式(3.11)中的离散误差矢量 $\boldsymbol{d}$。参考式(3.7),定义变换 $\mathcal{T}$

$$(\mathcal{T}V)_j = \frac{1}{\ell\hat{b}(\xi_j)}\int V(x')\mathrm{e}^{-2\pi\mathrm{i}\xi_j x'/\ell}\mathrm{d}x'$$

通过定义

$$\boldsymbol{d} = \mathcal{T}V - \mathcal{T}V_\ell$$

有

$$\|\boldsymbol{d}\|_\infty \leqslant \frac{\|V - V_\ell\|_1}{\ell\min\limits_j|\hat{b}(\xi_j)|},\hat{b}(\xi) = \frac{\sin(\pi\xi)}{\pi\xi} \tag{3.29}$$

对于 $\xi\in[-1/2,1/2]$,$\min|\hat{b}(\xi)| = 2/\pi$ 且 $\max|\hat{b}(\xi)| = 1$,因此

$$\|\boldsymbol{d}\|_2 \leqslant \|\boldsymbol{d}\|_\infty\sqrt{M} \leqslant \frac{\pi\sqrt{M}}{2\ell}\|V - V_\ell\|_1 \tag{3.30}$$

并且

$$\frac{\|\boldsymbol{d}\|_2}{\|\boldsymbol{g}\|_2} \leqslant \frac{\pi C\sqrt{M}\|V - V_\ell\|_1}{2\sqrt{\sum\limits_{j=1}^{M}|u^s(x_j)|^2}}$$

通过设置 ℓ 足够小,可以使得上式达到任意小而同时保持 M 固定不变并且维持式(3.28)关系。

3.4.1　全变分最小化

如果模糊的目标 V 好于分段(超出尺度 ℓ)常系数函数 V_ℓ 的近似,那么先验的稀疏性可以由离散全变分决定

$$\|\boldsymbol{h}\|_{\mathrm{tv}} \equiv \sum_j|\Delta h(j)|,\Delta h(j) = h_{j+1} - h_j$$

考虑用差分凸规划替代式(3.12),这也称为全变分最小化(TV - min)

$$\min\|\boldsymbol{h}\|_{\mathrm{tv}},\mathrm{s.t.}\ \|\boldsymbol{g} - \boldsymbol{\Phi h}\|_2 \leqslant \varepsilon \tag{3.31}$$

请参考 Rudin 等(1992)、Rudin and Osher(1994)、Chambolle and Lions(1997)、Chambolle(2004)、Candès 等(2006)的相关文献。

对于二维目标 $h(i,j)$,$i,j = 1,2,\cdots,n$,令 $\boldsymbol{h} = (h_p)$ 为矢量形式,下标 $p = j + (i-1)n$。二维离散(各向同性)全变分由下式给出

$$\|\boldsymbol{h}\|_{\mathrm{tv}} = \sum_{i,j}\sqrt{|\Delta_1 h(i,j)|^2 + |\Delta_2 h(i,j)|^2}$$

$$\Delta_1 h(i,j) = h(i+1,j) - h(i,j),\Delta_2 h(i,j) = h(i,j+1) - h(i,j)$$

图 3 - 2 和图 3 - 3 是对 2D 目标(大脑)TV - min 重构的数值证明。图 3 - 2

显示原始图像以及图像的梯度，与原始维度相比图像的梯度是稀疏的。图 3－3(a) 显示 BPDN 重构图像，图 3－3(b) 显示 TV－min 重构图像。正如所预料的，TV－min 性能更好，这是因为对于目标来说 TV 的稀疏性是正确的先验知识，另外，BPDN 性能较差是因为 L1 的稀疏性较差。

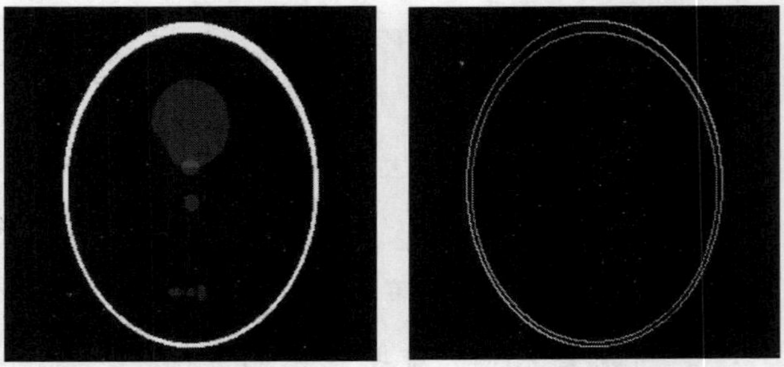

(a)　　　　　　　　(b)

图 3－2　(a) 原始的 256×256 Shepp－Logan 脑图，(b) Shepp－Logan 脑图和梯度图，稀疏度 $s=2184$（资料来源于 Fannjiang, A., Math. Mech. Complex Syst., 1, 81, 2013a。已授权）

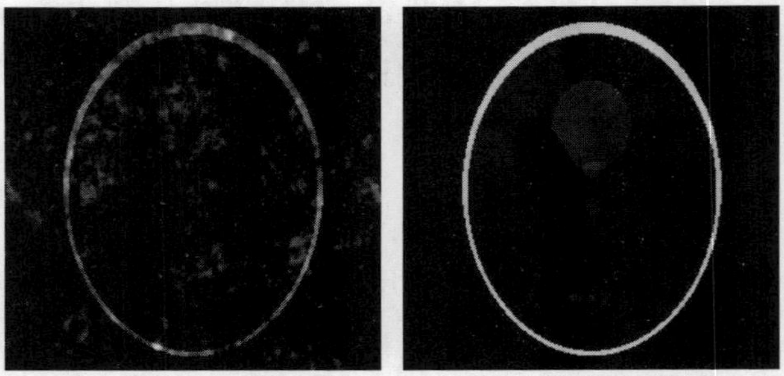

(a)　　　　　　　　(b)

图 3－3　(a) 没有外部噪声的 BPDN 重构结果，(b) 5% 噪声的最小 TV 重构结果（资料来源于 Fannjiang, A., Math. Mech. Complex Syst., 1, 81, 2013a。已授权）

3.4.2　联合稀疏 BPDN

对于一维情况，从下面的方程可以看出式(3.31)与式(3.12)之间的密切关系：

$$(e^{2\pi i\xi_j}-1)g_j=\sum_k e^{-2\pi i\xi_j k}(f_{k+1}-f_k)$$

换句话说，利用与 BPDN 相同的感知矩阵，新的数据矢量 $\tilde{\boldsymbol{g}}=((e^{2\pi i\xi_j}-1)g_j)$、噪声

矢量 $\tilde{\boldsymbol{e}}=((\mathrm{e}^{2\pi\mathrm{i}\xi_j}-1)e_j)$,以及新的目标矢量 $\tilde{\boldsymbol{f}}=(f_{k+1}-f_k)$是相关的。显然,$|\tilde{e}_j|\leqslant 2|e_j|,j=1,2,\cdots,M$。此外,如果 e_j 是独立且同分布的,那么 $\tilde{e}_j$也是独立且同分布的,当 ξ_j 是$[-1/2,1/2]$的均匀分布的随机变量,其方差为

$$\mathbb{E}\ |e_j|^2=\mathbb{E}\ |e^{2\pi\mathrm{i}\xi_j}-1|^2\times\mathbb{E}\ |e_j|^2=2\ \mathbb{E}\ |e_j|^2$$

因此,对于较大的 M,新的噪声幅度为 $\|\tilde{\boldsymbol{e}}\|_2\approx\sqrt{2}\|\tilde{\boldsymbol{e}}\|_2$。这里以及后面的章节中,$\mathbb{E}$ 表示期望值。

在2D情况下存在类似的关系。令 $\boldsymbol{f}_j=\Delta_j\boldsymbol{f}$ 满足线性约束

$$\Delta_1\boldsymbol{f}_2=\Delta_2\boldsymbol{f}_1 \tag{3.32}$$

定义

$$\boldsymbol{g}_1=[(\mathrm{e}^{2\pi\mathrm{i}\xi_j}-1)g_j],\ \boldsymbol{g}_2=[(\mathrm{e}^{2\pi\mathrm{i}\eta_j}-1)g_j]$$
$$\boldsymbol{e}_1=[(\mathrm{e}^{2\pi\mathrm{i}\xi_j}-1)e_j],\ \boldsymbol{e}_2=[(\mathrm{e}^{2\pi\mathrm{i}\eta_j}-1)e_j]$$

这里 $\xi_j,\eta_j,j=1,2,\cdots,M$ 是$[-1/2,1/2]$区间独立的均匀分布随机变量,那么 $\boldsymbol{F}=[\boldsymbol{f}_1,\boldsymbol{f}_2]\in\mathbb{C}^{N\times2}$,$\boldsymbol{G}=[\boldsymbol{g}_1,\boldsymbol{g}_2]\in\mathbb{C}^{M\times2}$和 $\boldsymbol{E}=[\boldsymbol{e}_1,\boldsymbol{e}_2]$通过下式关联起来

$$\boldsymbol{G}=[\boldsymbol{\Phi}\boldsymbol{f}_1,\boldsymbol{\Phi}\boldsymbol{f}_2]+\boldsymbol{E}$$

满足式(3.32)线性约束。这个公式要求 l_1 最小化(Fannjiang 2013a)

$$\min\ \|\boldsymbol{h}_1,\boldsymbol{h}_2\|_{2,1},\ \ \mathrm{s.t.}\ \|\boldsymbol{G}-[\boldsymbol{\Phi}\boldsymbol{h}_1,\boldsymbol{\Phi}\boldsymbol{h}_2]\|_\mathrm{F}\leqslant\|\boldsymbol{E}\|_\mathrm{F} \tag{3.33}$$

满足约束

$$\Delta_2\boldsymbol{h}_1=\Delta_1\boldsymbol{h}_2 \tag{3.34}$$

式中:$\|\cdot\|_\mathrm{F}$ 是 Frobenius 范数;$\|\cdot\|_{2,1}$是(2,1)混合范数(Benedek and Panzone 1961;Kowalski 2009)

$$\|\boldsymbol{X}\|_{2,1}=\sum_j\ \|\mathrm{row}_j(\boldsymbol{X})\|_2 \tag{3.35}$$

在式(3.33)中(2,1)混合范数最小化的原因是 $\boldsymbol{f}_1$ 和 $\boldsymbol{f}_2$ 需要强制共有相同的稀疏图案。

为了得到有关$\|\boldsymbol{E}\|_\mathrm{F}$ 的更多清晰概念,我们将运用前面同样的分析方法,对于足够大的 M 值得到

$$\|\boldsymbol{e}_i\|_2^2\approx\mathbb{E}\ \|\boldsymbol{e}_i\|_2^2=2\ \mathbb{E}\ \|\boldsymbol{e}\|_2^2,\ \ i=1,2$$

式(3.33)和式(3.34)凸规划是联合稀疏约束 BPDN 的例子。更一般的情况,假设未知的多个矢量 $\boldsymbol{F}\in\mathbb{C}^{N\times J}$列具有相同的支撑,并且利用式(3.36)与多个数据矢量 $\boldsymbol{G}\in\mathbb{C}^{M\times m}$和多个噪声矢量 $\boldsymbol{E}\in\mathbb{C}^{M\times J}$相关

$$\boldsymbol{G}=[\boldsymbol{\Phi}_1\boldsymbol{f}_1,\boldsymbol{\Phi}_2\boldsymbol{f}_2,\cdots,\boldsymbol{\Phi}_J\boldsymbol{f}_J]+\boldsymbol{E} \tag{3.36}$$

且满足线性约束 $\mathcal{L}\boldsymbol{F}=0$。

对于这种情况,下面的联合稀疏 BPDN 公式是必然的

$$\min \|\boldsymbol{H}\|_{2,1}, \text{s. t. } \|\boldsymbol{G}-[\boldsymbol{\Phi}_1 \boldsymbol{f}_1, \boldsymbol{\Phi}_2 \boldsymbol{f}_2, \cdots, \boldsymbol{\Phi}_J \boldsymbol{f}_J]\|_{\mathrm{F}} \leqslant \varepsilon, \ \text{s. t. } \mathcal{L}\boldsymbol{H}=0 \tag{3.37}$$

这里 $\varepsilon = \|\boldsymbol{E}\|_{\mathrm{F}}$。

3.4.3 联合稀疏 OMP

下面我们将联合稀疏 OMP 扩展算法(Cotter et al. 2005;Chen and Huo 2006; Tropp et al. 2006)用于式(3.36)多个感知矩阵的情况(Fannjiang 2013a)。

算法 3.2 联合稀疏 OMP

输入:$\{\boldsymbol{\Phi}_j\}, \boldsymbol{g}, \varepsilon > 0$

初始化:$\boldsymbol{f}^0 = 0, \boldsymbol{R}^0 = \boldsymbol{G}, S^0 = \varnothing$

迭代:For $k = 1, 2, 3, \cdots$

(1) $i_{\max} = \arg\max_i \sum_{j=1}^{J} |\boldsymbol{\Phi}_{j,i}^{\dagger} \boldsymbol{R}_j^{k-1}|$, 这里 $\boldsymbol{\Phi}_{j,i}^{\dagger}$ 是 $\boldsymbol{\Phi}_j$ 第 i 列的共轭转置;

(2) $\boldsymbol{S}^k = \boldsymbol{S}^{k-1} \cup \{i_{\max}\}$

(3) $\boldsymbol{F}^k = \arg\min \|[\boldsymbol{\Phi}_1 \boldsymbol{h}_1, \cdots, \boldsymbol{\Phi}_J \boldsymbol{h}_J] - \boldsymbol{G}\|_{\mathrm{F}} \text{s. t. } \mathrm{supp}(\boldsymbol{H}) \subseteq \boldsymbol{S}^k$

(4) $\boldsymbol{R}^k = \boldsymbol{G} - [\boldsymbol{\Phi}_1 \boldsymbol{f}_1^k, \cdots, \boldsymbol{\Phi}_J \boldsymbol{f}_J^k]$

(5) 如果 $\sum_j R_{j2}^k \leqslant \varepsilon$, 停止迭代

输出:$\boldsymbol{F}^k$

注意,在算法 3.2 中没有强制线性约束 $\mathcal{L}$,其目的是首先找到多矢量的支撑而不考虑线性约束,而在第二阶段采用最小二乘法支撑恢复

$$\boldsymbol{F}_* = \arg\min_{\boldsymbol{H}} \|\boldsymbol{G} - [\boldsymbol{\Phi}_1 \boldsymbol{h}_1, \cdots, \boldsymbol{\Phi}_J \boldsymbol{h}_J]\|_{\mathrm{F}} \text{s. t. } \mathrm{supp}(\boldsymbol{H}) \subseteq \mathrm{supp}(\boldsymbol{F}^{\infty}), \mathcal{L}\boldsymbol{H} = 0 \tag{3.38}$$

这里 $\boldsymbol{F}^{\infty}$ 是算法 3.2 的输出。

有关联合稀疏约束更多的讨论和应用,读者参考 Fannjiang(2013a),其性能保证类似于定理 3.1 和定理 3.2 中联合稀疏性约束证明。

3.5 点目标的菲涅耳衍射

当目标是点状时,离散目标域的主要问题暴露出来。这种情况下,由于强行对点目标与栅格进行匹配会产生不利的误差,因此假设目标恰好位于栅格上是不切实际的。没有附加的先验信息,点目标的位置与栅格点的失配带来的栅格误差与数据本身一样大,这导致了较低的信噪比(SNR)。

我们称式(3.28)中的栅格间距 ℓ 为分辨率步长(RL),分辨率步长是分辨

率分析的单位。采用 RL 单位，目标域栅格变成了整数栅格$\mathbb{Z}$ 的子集。

在点目标情况下，为了对标准栅格细化并且减小离散误差，我们考虑点阵栅格

$$\frac{\mathbb{Z}}{F}=\left\{\frac{j}{F}:J\in\mathbb{Z}\right\} \tag{3.39}$$

这里 $F\in\mathbb{N}$ 称为细分因子。式(3.25)的随机分数阶傅里叶矩阵现在采用如下形式

$$\boldsymbol{\Phi}=\left[\mathrm{e}^{-\frac{\mathrm{i}2\pi\xi_j k}{F}}\right] \tag{3.40}$$

这里 $\xi_j\in[-1/2,1/2]$ 是独立均匀分布随机变量。在下面的数值举例中，应该既要考虑确定性采样，也要考虑随机采样方法。

正如图 3－4 所显示的，相对栅格误差 $\|\boldsymbol{d}\|/\|\boldsymbol{\Phi f}\|$ 与细分因子 F 近似成反比。

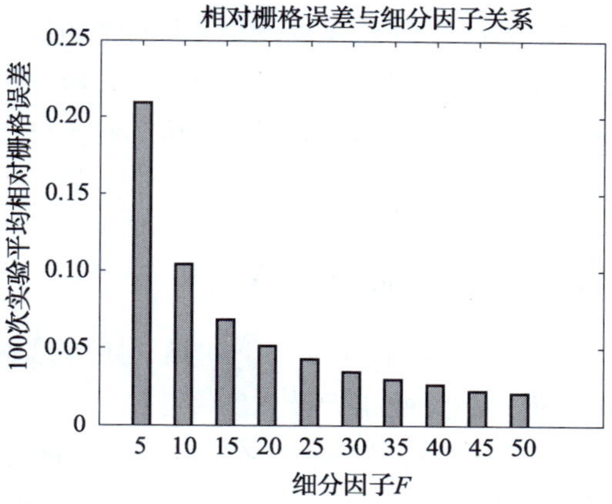

图 3－4　相对栅格误差与细分因子近似成反比（资料来源于 Fannjiang, A. and Liao, w., SIAM J. lmaging Sci., 5, 179, 2012a. Copyright @ 2012 Society for lndustrial and Applied Mathematics。已授权）

图 3－5 显示 100×4000 矩阵(3.40)、$F=20$（图 3－5(a)）的相干模式 $[\mu(j,k)]$。亮的对角线条带表示列矢量与其相邻两边的列矢量（大约 30）之间高度相关（相干对）。图 3－5(b)显示跨越两个 RL、100 次独立实验平均的相干带横截面的一半。对应于图 3－5 相干带，100×30 子矩阵的条件数明显地超过了 10^{15}，对于 F 值较大的常规稀疏复原超出了当前已知算法的能力。较大的条件数不可能有稳定的复原。图 3－5 是典型的一维感知矩阵的相干模式，对于二维或三维相干模式要复杂得多，其复杂程度取决于目标是如何矢量化的。

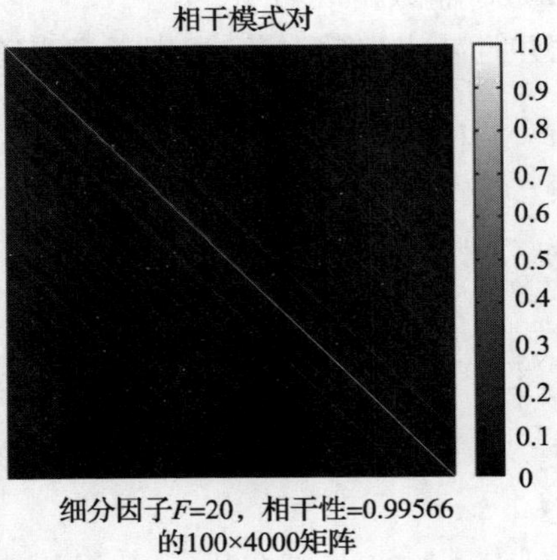

(a)

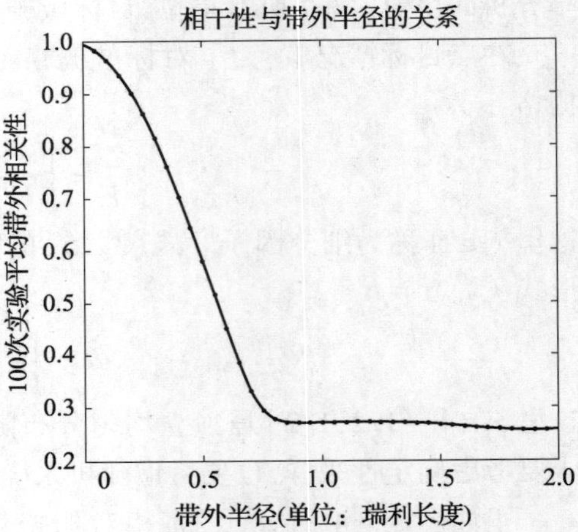

(b)

图 3-5 (a) 100 ×4000 矩阵、$F=20$ 的相干模式[$\mu(i,j)$]。(b) 当行数增加时，对角线外的元素趋于变小，然而接近对角线的相干带保留着，并且平均轮廓如图(b)所示。图(b)垂直轴是 100 次独立实验的相干对轮廓的平均，水平轴是两个目标点之间的距离(资料来源于 A. and Liao, w. , SlAM J. lmaging Sci. , 5, 179, 2012a. Copyright. 2012 Society for Industrial and Applied Mathematics。已授权)

3.5.1 带外的局部优化正交匹配追踪

为了克服由于栅格细分引起的高度相干的感知矩阵难题，我们不得不超出相干参数的范畴，研究感知矩阵的相干模式。

感知矩阵的相干模式可以依据下面定义的相干带的概念来描述。令 $\eta>0$，定义符号 k 的 η - 相干带为

$$B_\eta(k)=\{i\,|\,\mu(i,k)>\eta\} \tag{3.41}$$

二次相干带为

$$B_\eta^{(2)}(k)=B_\eta(B_\eta(k))=\cup_{j\in B_\eta(k)}B_\eta(j) \tag{3.42}$$

利用完全分离目标先验信息优势的第一个技术称为带外(band exclusion, BE)，而且可以很容易地嵌入贪婪算法 OMP。

为了将 BE 嵌入 OMP，我们对匹配步骤做了如下修改

$$i_{\max}=\arg\min_i|\langle \boldsymbol{r}^{n-1},\boldsymbol{\Phi}_i\rangle|, i\notin \boldsymbol{B}_\eta^{(2)}(S^{n-1}), n=1,2,\cdots$$

这意味着在现在的算法中避开了前面迭代中二次 η 带宽的估计支撑。如果目标的稀疏图案 $\boldsymbol{B}_\eta(j)$, $j\in \mathrm{supp}(\boldsymbol{f})$ 是成对分离的，自然有上面的结论。我们将修改的算法称为带外正交匹配追踪(BOMP)，见算法 3.3。

算法 3.3　带外正交匹配追踪(BOMP)

输入：$\boldsymbol{\Phi},\boldsymbol{g},\eta>0$

初始化：$\boldsymbol{f}^0=0,\boldsymbol{r}^0=\boldsymbol{g},S^0=\varnothing$

迭代：For $j=1,2,\cdots,s$

(1) $i_{\max}=\arg\max_i|\langle\boldsymbol{r}^{j-1},\boldsymbol{\Phi}_i\rangle|,i\notin\boldsymbol{B}_\eta^{(2)}(S^{j-1})$

(2) $\boldsymbol{S}^j=\boldsymbol{S}^{j-1}\cup\{i_{\max}\}$

(3) $\boldsymbol{f}^j=\arg\min\limits_h\|\boldsymbol{\Phi h}-\boldsymbol{g}\|_2 \text{ s. t. } \mathrm{supp}(\boldsymbol{h})\subseteq\boldsymbol{S}^j$

(4) $\boldsymbol{r}^j=\boldsymbol{g}-\boldsymbol{\Phi f}^j$

输出：$\boldsymbol{f}^s$

下面的定理给出了 BOMP 的(最差)性能保证。

定理 3.4　(Fannjiang and Liao 2012a)令 $\boldsymbol{f}$ 为 s 稀疏，$\eta>0$ 是确定的。假设

$$\boldsymbol{B}_\eta(i)\cap\boldsymbol{B}_\eta^{(2)}(j)=\varnothing,\ \forall i,j\in\mathrm{supp}(\boldsymbol{f}) \tag{3.43}$$

并且

$$\eta(5s-4)\frac{f_{\max}}{f_{\min}}+\frac{5\|\boldsymbol{e}\|_2}{2f_{\min}}<1 \tag{3.44}$$

式中：

$$f_{\max}=\max_k|f_k|,\ f_{\min}=\min_k|f_k|$$

令 $\boldsymbol{f}^s$ 是 BOMP 重构结果，那么 $\mathrm{supp}(\boldsymbol{f}^s)\subseteq\boldsymbol{B}_\eta(\mathrm{supp}(\boldsymbol{f}))$，而且 $\boldsymbol{f}^s$ 的每一个非零元素是在 $\boldsymbol{f}$ 的唯一非零元素的 η 相干带中。

讨论 3.3　约束条件(3.43)意味着 BOMP 能保证分辨 3RL 目标。实际上，当动态范围接近 1 时，BOMP 能够分辨间距接近 1RL 的目标。

讨论 3.4　定理 3.2 与定理 3.4 的主要不同在于动态范围 $f_{\max}/f_{\mathrm{mix}}$ 和式(3.43)间距条件。

另一个不同是定理 3.4 中支撑是近似恢复，而定理 3.2 中支撑是精确恢复。与近似支撑恢复与 F 无关相比，精确的支撑恢复可能对细分因子 F 高度敏感，也就是说，随着 F 的增加，支撑集中丢失某些点的机会也会增加，结果，重构误差 $\|f^s-f\|_2$ 随着 F 趋于增加(如图 3-7 显示)。

BOMP 的主要缺点是当动态范围略大于单位 1 时就不能完成重构。为了解决该问题，我们介绍第二种技术：局部最优(LO)，即将残差缩减技术用于现在目标支撑的 S^k 估计(Fannjiang and Liao 2012a)。

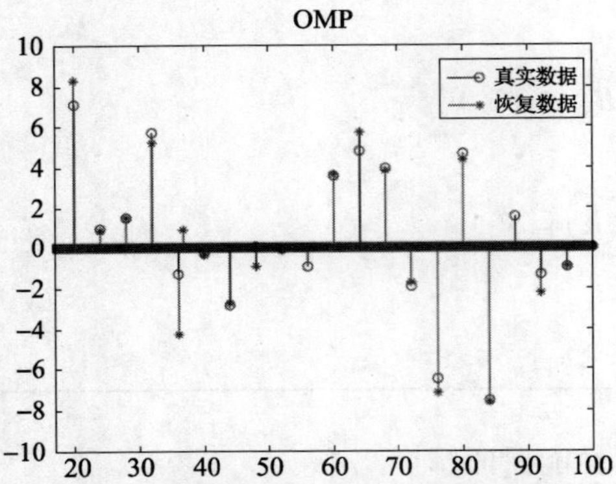

Dis=4.02，残差=9.2164%，L1误差=144.1423%，
0.1-滤波后误差=44.9929%

（a）

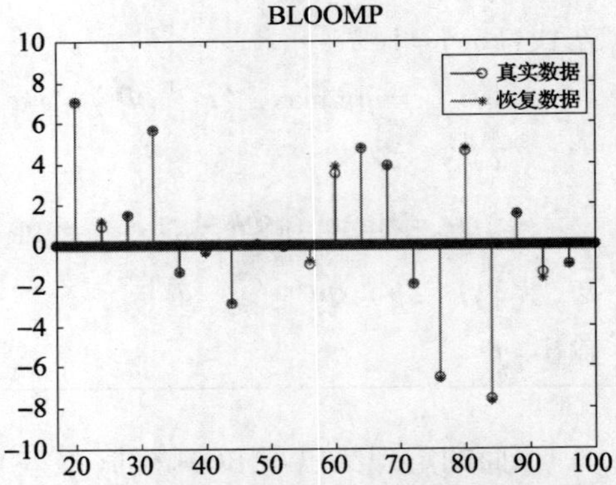

Dis=0.04，残差=4.4366%，L1误差=38.9837%，
0.1-滤波后误差=6.0039%

（b）

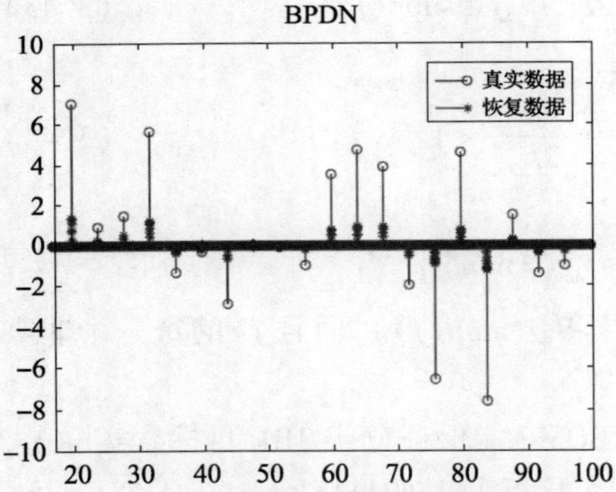

残差=5.0332%，L1误差=158.9065%，
0.1-滤波后误差=29.3316%

（c）

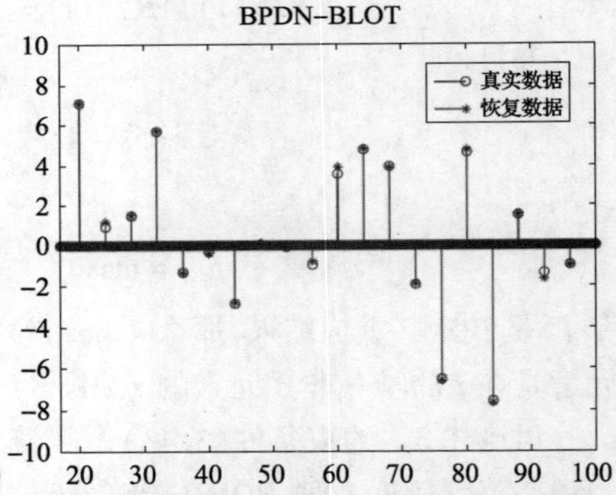

Dis=0.04，残差=4.4366%，L1误差=38.9837%，
0.1-滤波后误差=6.0039%

（d）

图 3-6 由 20 个 $F=50$、SNR = 20 的随机相位尖峰信号实部的重构（资料来源于 Fannjiang, A. and Liao, w., Super - resolution by compressive sensing algorithms, in IEEE Proceedings of Asilomar Conference on Signals, Systems and Computers, 2012b。已授权）

(a) OMP; (b) BLOOMP; (c) BPDN; (d) BPDN - BLOT。

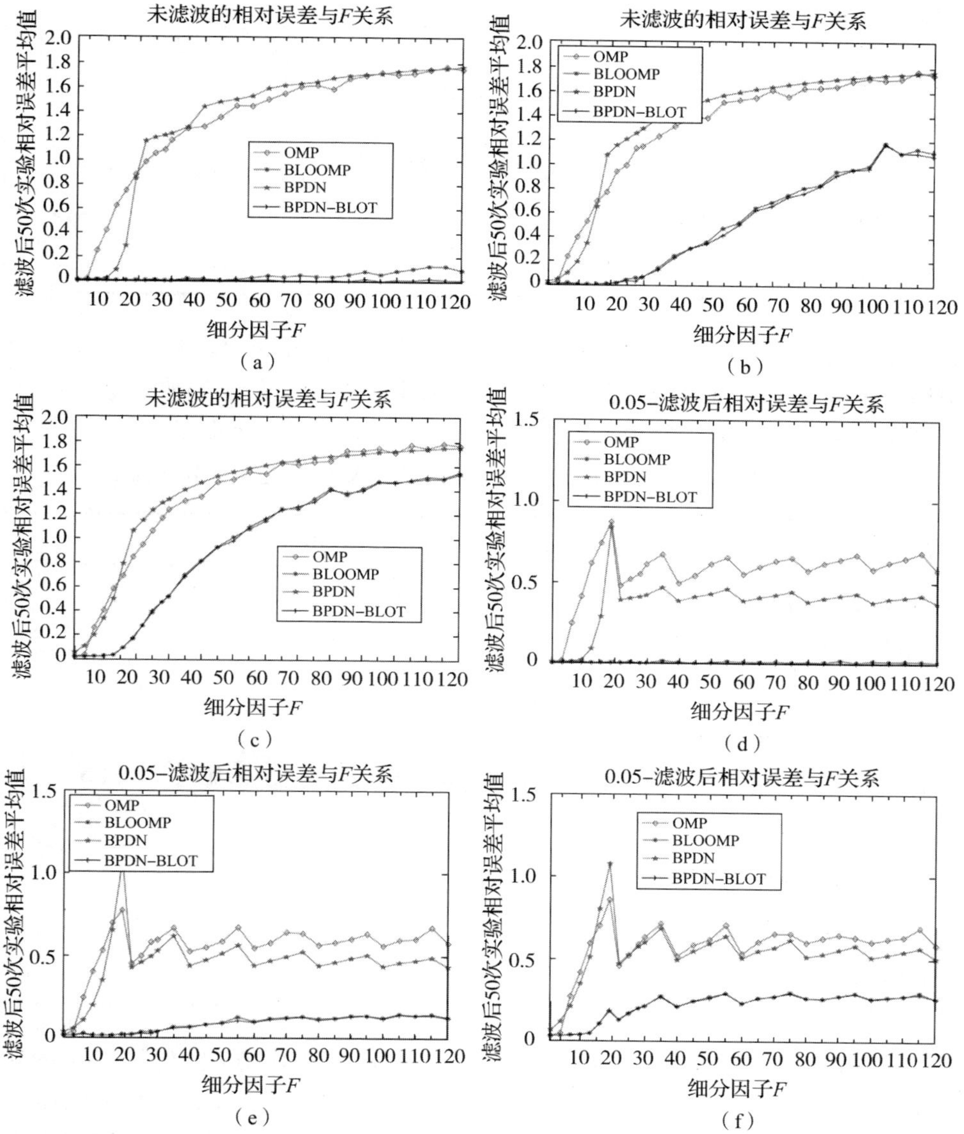

图 3-7 F 不随滤波变化(上面曲线)或 F 随滤波变化(下面曲线)时,OMP、BLOOMP、BP 和 BP-BLOT 重构的相对误差(资料来源于 Fannjiang, A. andLiao, W., Super-resolution by compressive sensing algorithms, in IEEE Proceedings of Asilomar Conference on Signals, Systems and Computers, 2012b。已授权)

(a) SNR = 100, $\eta=0$;(b) SNR = 20, $\eta=0$;(c) SNR = 10, $\eta=0$;

(d) SNR = 100, $\eta=0.05\ell$;(e) SNR = 20, $\eta=0.05\ell$;(f) SNR = 10, $\eta=0.05\ell$。

算法 3.4 局部最优(LO)

输入:$\boldsymbol{\Phi},\boldsymbol{g},\eta>0,S^0=\{i_1,i_2,\cdots i_k\}$

迭代:For $j=1,2,\cdots,k$

(1)$\boldsymbol{f}^j=\arg\min_h\|\boldsymbol{\Phi h}-\boldsymbol{g}\|_2$,$\mathrm{supp}(\boldsymbol{h})=(\boldsymbol{S}^{j-1}\backslash\{i_j\})\cup\{i'_j\},i'_j\in\boldsymbol{B}_\eta\{i_j\}$

(2)$\boldsymbol{S}^j=\mathrm{supp}(\boldsymbol{f}^j)$

输出:$\boldsymbol{S}^k$

换句话说,为了使残差极小化,对于给定的支撑估计 S^0,LO 通过调整 S^0 中相干带内的每一个元素,实现对支撑估计精细调节。通过最小二乘问题求解,得到改进支撑估计的目标幅值。因为 LO 的局部特性,计算是有效的。

将 LO 嵌入 BOMP,引出带外且局部优化的正交匹配追踪(BLOOMP)。

算法 3.5 带外且局部优化的正交匹配追踪(BLOOMP)

输入:$\boldsymbol{\Phi},\boldsymbol{g},\eta>0$

初始化:$\boldsymbol{f}^0=0,\boldsymbol{r}^0=\boldsymbol{g},S^0=\phi$

迭代:For $j=1,2,\cdots,s$

(1)$i_{\max}=\arg\max_i|\langle\boldsymbol{r}^{j-1},\boldsymbol{\Phi}_i\rangle|,i\notin\boldsymbol{B}_\eta^{(2)}(S^{j-1})$

(2)$\boldsymbol{S}^j=\mathrm{LO}(\boldsymbol{S}^{j-1}\cup\{i_{\max}\})$,这里($\boldsymbol{S}^{j-1}\cup\{i_{\max}\}$)作为输入,LO($\boldsymbol{S}^{j-1}\cup\{i_{\max}\}$)是算法 3.4 的输出。

(3)$\boldsymbol{f}^j=\arg\min_h\|\boldsymbol{\Phi h}-\boldsymbol{g}\|_2$ s.t. $\mathrm{supp}(\boldsymbol{h})\subseteq\boldsymbol{S}^j$

(4)$\boldsymbol{r}^j=\boldsymbol{g}-\boldsymbol{\Phi f}^j$

输出:$\boldsymbol{f}^s$

采用 BLO 相同的技术可以提升其他著名的迭代方法,如 SP、CoSaMP (Needell and Tropp 2009)以及压缩的迭代硬阈值(IHT)(Blumensath and Davies 2009, 2010),在下面的数值结果中最终的算法分别表示为 BLOSP、BLOCoSaMP 和 BLOIHT。我们为读者提供 Fannjiang 和 Liao(2012a)算法的详细描述。算法 3.5 的 MATLAB 代码在 https://www.math.ucdavis.edu/-fannjiang/home/codes/BLOOMPcode 在线获取。

3.5.2　带外阈值

可以用于提升偏离栅格目标的 BPDN/Lasso 相关技术称为带外局部优化阈值(BLOT)。

算法 3.6　带外局部优化阈值(BLOT)

输入:$\boldsymbol{f}=(f_1,f_2,\cdots,f_N)$,$\boldsymbol{\Phi}$,$\boldsymbol{g}$,$\eta>0$

初始化:$S^0=\varnothing$

迭代:For $j=1,2,\cdots,s$

(1) $i_j=\operatorname{argmax}|f_k|$,$k\notin \boldsymbol{B}_\eta^{(2)}(S^{j-1})$

(2) $S^j=S^{j-1}\cup\{i_j\}$

输出:$\boldsymbol{f}^s=\operatorname{argmin}\|\boldsymbol{\Phi h}-\boldsymbol{g}\|_2$,$\operatorname{supp}(\boldsymbol{h})\subseteq \mathrm{LO}(S^s)$,这里 LO 是算法 3.4 的输出。

3.5.3　数值验证

为了数值验证图 3-6 和图 3-7 的结果,我们采用确定的等间隔采样,采样间隔

$$\xi_j=-\frac{1}{2}+\frac{j}{M},j=1,2,\cdots,M \tag{3.45}$$

并且 $\boldsymbol{\Phi}\in\mathbb{C}^{M\times FM}$,$M=150$,$F=50$ 以恢复间距至少为 4RL、随机分布且随机相位的点目标(尖峰状)。

图 3-6(a)和(b)显示 BLO 技术是如何调整由于不可分辨栅格带来的 OMP 误差。实际上,有几个漏掉的目标被重新获得、错误的检测被删除。图 3-6(c)和(d)显示 BLOT 技术是如何提升 BPDN 估计的。特别是,BLOT 具有“修剪灌木”和“长出真正的树林”的效果。图 3-7(a)~(c)显示重构的相对误差与 F 的函数曲线,包括 OMP、BPDN、BLOOMP 以及 BPDN-BLOT,算法具有相同的设置以及三种不同的信噪比。所有信噪比条件下,BLOOMP 和 BPDN-BLOT 与 OMP 和 BPDN 相比明显显示出更小的误差。

随着 F 增加相对误差的升高反映了讨论 3.4 中提到的重构误差敏感性。注意,在离散域,重构误差不能分辨恢复的支撑与真实目标支撑的偏离程度。在离散域,任意大小的支撑偏离是同等对待的。对支撑偏离同等对待的简单补救方法是采用滤波误差范数 $\|\boldsymbol{f}_\eta^s-\boldsymbol{f}_\eta\|_2$ 来替代,这里 $\boldsymbol{f}_\eta$ 和 $\boldsymbol{f}_\eta^s$ 分别是 $\boldsymbol{f}$ 和 $\boldsymbol{f}^s$ 与宽度为 2η 的近似德尔塔函数的卷积。

显然,滤波误差范数对于支撑偏离更稳健,特别是偏离小于 η 的时候。如果每一个 f^s 的尖峰与 f 的尖峰距离在 η 之内,并且假设幅度的差异很小,那么 η 滤波误差就小。正如图 3-7(d)~(f)所示,相对于外部噪声而言,当平均超过 $\eta=5\%$ RL,任何细化因子都呈现出可接受的滤波误差。这表明 BPDN-BLOT 和 BLOOMP 在平均 1RL 的 5% 以内都恢复了目标支撑,显著改善了定理 3.4 的理论保证。

为了证明该技术的适应性,下面用随机采样点来思考未求解的局部傅里叶矩阵(3.40)。令 $\xi_j \in [-1/2, 1/2]$, $j=1,2,\cdots,M$ 是 $M=100$、$N=4000$、$F=20$ 的独立均匀分布随机变量。测试目标是 10 个随机相位且分散的目标,目标间距至少为 3RL。与定理 3.4 一样,如果每一个恢复的目标在 1RL 目标支撑内,那么目标恢复就认为是成功的。

图 3-8 比较了 BLO 增强方法(BLOOMP、BLOSP、BLOCoSaMP 和 BLOIHT)以及 BLOT 增强方法(Lasso-BLOT)的成功率(200 次实验的平均)。Lasso-BLOT 是采用正则参数实现的(Chen et al. 2001)。

$$\lambda = 0.5\sqrt{\log N}\text{(菱形曲线)} \tag{3.46}$$

或者

$$\lambda = \sqrt{2\log N}\text{(星形曲线)} \tag{3.47}$$

以经验为主的最佳选择式(3.46)(标注为 Lasso-BLOT (0.5))比式(3.47)具有更好的性能改善。显然,在所有的测试算法中,BLOOMP 在噪声稳健性和动态范围方面是性能最好的。

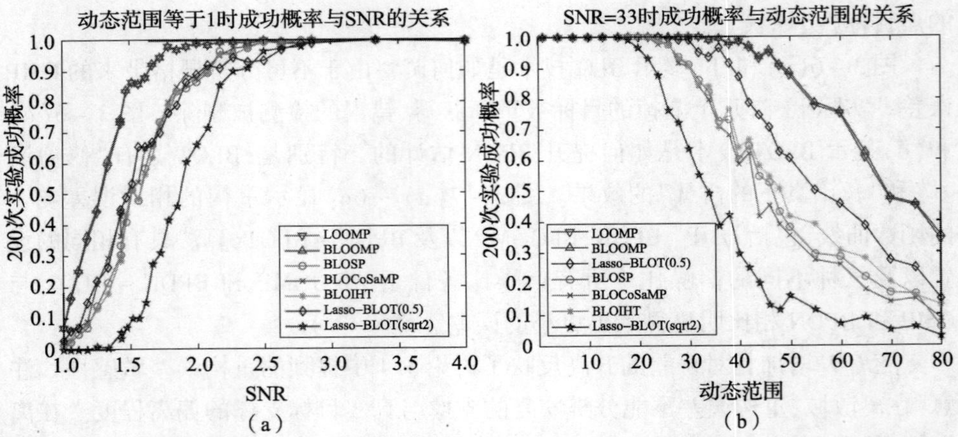

图 3-8 (a) 成功概率与 SNR 的关系,动态范围为 1。(b) 成功概率与动态范围的关系,SNR=33。这里,LOOMP 是 BLOOMP 的简化版,并且具有几乎一样的性能曲线(资料来源于 Fannjiang, A. and Liao, w., SIAM J. Imaging Sci., 5, 179, 2012a。已授权)

3.5.4 高度冗余字典

到目前为止,我们在 3.5 节的讨论局限在点状目标,但是前面提到的方法也适用于各种用冗余字典而不是正交基稀疏表示的目标情况。

假设目标在高度冗余字典中是稀疏的,根据定义这表示目标用比非冗余字典更少的元素表示。例如,可以将不同的正交基与字典相结合,这样相比任何单独的正交基能够使得很大一类目标具有稀疏性。换句话说,冗余字典可以产生更大的相干参数,这不适合于压缩感知,这一点与偏离栅格的点状目标的难题是一样的。

光学压缩感知最著名的例子之一是图 3-9 所示的单像素相机(SPC)。在 SPC 中,多样性的测量结果完全是由于数字微镜器件(DMD)替代了传感器阵列。DMD 是由电驱动的微镜阵列组成的,每一个反射镜可以处在(±12°)两个状态之一的位置。只有在 +12°状态反射镜反射的光线被接收,并且通过透镜汇聚,随后由单个光学传感器接收。对于每一次测量,DMD 是随机且独立重新配置的,结果测量矩阵 $\boldsymbol{A}$ 具有完全独立且一致的分布。

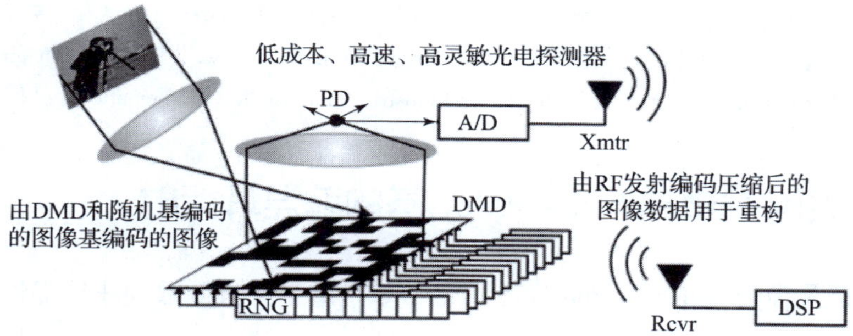

图 3-9 单像素相机框图(Courtesy of Rice Single-Pixel Camera Project,http://dsp.rice.edu/cscamera)

假设目标依据高度冗余字典是稀疏的,为简单起见,在超完备傅里叶框架下考虑 1D 目标的稀疏性(即满足框架约束的字典(Daubechies 1992)),超完备傅里叶框架 $\boldsymbol{\Psi}$ 的项为

$$\Psi_{k,j}=\frac{1}{\sqrt{R}}\mathrm{e}^{-2\pi\mathrm{i}\left(\frac{(k-1)(j-1)}{RF}\right)},k=1,2,\cdots,R,j=1,2,\cdots,RF \tag{3.48}$$

式中:F 为冗余因子;R 为大的整数。作为其列,上式包含谐波和非谐波模式。换句话说,目标可以用足够稀疏的矢量 $\boldsymbol{f}$ 重新写为 $\boldsymbol{\Psi f}$,最终感知矩阵变为

$$\boldsymbol{\Phi}=\boldsymbol{A\Psi} \tag{3.49}$$

$\boldsymbol{\Psi}$ 和 $\boldsymbol{\Phi}$ 的相干带显示在图 3-10 中,从图中可以看到与图 3-5 一样,相干

半径小于1RL。基于 BLO 和 BLOT 的技术都可以用于式(3.49),见 Fannjiang and Liao(2012a)数值结果以及与偏离栅格目标的其他技术的性能比较(Candès et al. 2011; Candès and Fernandez - Granda 2013, 2014; Duarte and Baraniuk 2013;Tang et al. 2013)。

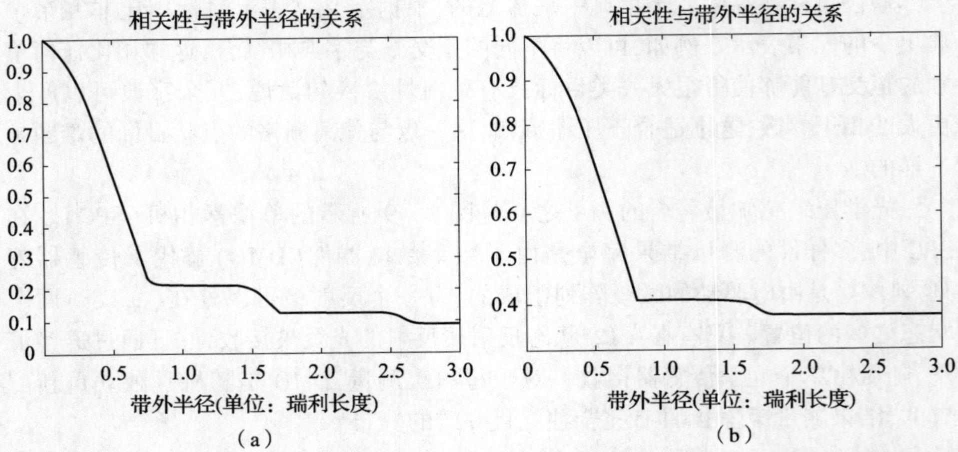

图 3-10 (a)冗余傅里叶框架 $\boldsymbol{\Psi}$ 的相干带、(b)冗余傅里叶框架 $\boldsymbol{\Phi}=\boldsymbol{A\Psi}$ 的相干带,图(b)是100 次不同 $\boldsymbol{A}$ 的实现平均(资料来源于 Fannjiang, A. and Liao, w., SIAM J. Imaging Sci., 5, 179, 2012a. Copyright @ 2012 Society for Industrial and Applied Mathematics。已授权)

3.6 采用 Littlewood - Paley 基的菲涅耳衍射

与局部像素基相反,Littlewood - Paley 基是基于小波函数的非局部慢速衰减模式

$$\Psi(x)=(\pi x)^{-1}(\sin(2\pi x)-\sin(\pi x)) \tag{3.50}$$

Littlewood - Paley 基具有紧致支撑的傅里叶变换

$$\hat{\Psi}(\xi)=\int\Psi(x)\,\mathrm{e}^{-2\pi i\xi x}\mathrm{d}x=\begin{cases}1, & \frac{1}{2}\leqslant|\xi|\leqslant 1\\ 0, & \text{其他}\end{cases} \tag{3.51}$$

下面的函数

$$\Psi_{p,q}(x)=2^{-\frac{p}{2}}\Psi(2^{-p}x-q),p,q\in\mathbb{Z} \tag{3.52}$$

在 $L^2(\mathbb{R})$ 域形成正交小波基(Daubechies 1992)。用 Littlewood - Paley 基展开式(3.20)表示的模糊目标 V,写成

$$V(x)=\sum_{p,q\in\mathbb{Z}}V_{p,q}\Psi_{p,q}(x) \tag{3.53}$$

下面讨论的主要问题是设计采样策略，通过采样得到具有希望的压缩感知属性的感知矩阵(Fannjiang 2009)。

令$\{2^p:p=-p_*,-p_*+1,\cdots,p_*\}$是式(3.53)表示的二进尺度，$\{q:|q|\leqslant N_p\}$是尺度$2^p$上的模，$2M_p+1$对应于尺度$2^p$的测量次数。令

$$k=\sum_{j=-p^*}^{p'-1}(2M_j+1)+q',\quad |q'|\leqslant M_{p'},\quad |p'|\leqslant p^* \tag{3.54}$$

为采样点的索引。在这部分中，k是由式(3.54)的p'、q'确定的。令x_k为采样点，并且设置归一化的坐标

$$\frac{x_k\omega\ell}{2\pi z_0}=\xi_k,k=1,2,\cdots,M \tag{3.55}$$

正如下面看到的，这里ℓ是分辨率参数，$\xi_k\in[-1/2,1/2]$随后确定，可以参考式(3.23)。这意味着孔径(即x_k的采样范围)再次由式(3.27)给出。

令$\boldsymbol{g}=(g_k)$是数据矢量，且有

$$g_k=C^{-1}u^s(x_k,z_0)\mathrm{e}^{-\mathrm{i}\omega x_k^2/(2z_0)}$$

用式(3.5)和式(3.55)直接计算，得到

$$g_k=\sum_{p,q\in\mathbf{Z}}2^{\frac{p}{2}}V_{p,q}\mathrm{e}^{-\mathrm{i}2\pi\xi_k l^{-1}2^p q}\hat{\psi}(\xi_k\ell^{-1}2^p),k=1,2,\cdots,M \tag{3.56}$$

令$\boldsymbol{f}=(f_l)$是目标矢量，且

$$f_l=(-1)^q2^{p/2}V_{p,q}$$

这里索引由下式确定

$$l=\sum_{j=-p^*}^{p-1}(2N_j+1)+q$$

假设

$$\ell\leqslant2^{-p^*-1} \tag{3.57}$$

即2ℓ是小于或等于小波表达式(3.53)的最小尺度。

令$\zeta_{p',q'}$是$[-1/2,1/2]$区间的独立均匀分布随机变量，令

$$\xi_k=\frac{l}{2^{p'}}\cdot\begin{cases}\dfrac{1}{2}+\zeta_{p',q'},\zeta_{p',q'}\in\left[\dfrac{0,1}{2}\right]\\[2ex]-\dfrac{1}{2}+\zeta_{p',q'},\zeta_{p',q'}\in\left[-\dfrac{1}{2,0}\right]\end{cases} \tag{3.58}$$

式中k由式(3.54)确定。根据式(3.57)假设，有

$$\xi_k\in[-1/2,1/2],\forall p'\geqslant-p^*$$

特别是，根据式(3.55)，有

$$x_k\in\frac{2\pi z_0}{\omega2^{p'}}\left(\left[-1,-\frac{1}{2}\right]\cup\left[\frac{1}{2},1\right]\right)$$

即,对于 p' 索引的不同二进尺度采样区域与孔径外围边缘上更小尺度的采样区域是不相交的,采样区域占据孔径的更大一部分。结果采样点集中在孔径中心附近(没有正好在孔径中心处)。

令感知矩阵元素为

$$\boldsymbol{\Phi}_{k,l}=(-1)^{q}\hat{\psi}(\xi_k 2^p \ell^{-1})\mathrm{e}^{-\frac{\mathrm{i}2\pi\xi_k 2^p q}{\ell}} \tag{3.59}$$

对于 $p\neq p'$,我们要求 $\boldsymbol{\Phi}_{k,l}=0$。这可以从式(3.58)以及下面的计算中看出:

$$\ell^{-1}\xi_k 2^p=2^{p-p'}\cdot\begin{cases}\dfrac{1}{2}+\zeta_{p',q'},\zeta_{p',q'}\in\left[\dfrac{0,1}{2}\right]\\-\dfrac{1}{2}+\zeta_{p',q'},\zeta_{p',q'}\in\left[-\dfrac{1}{2,0}\right]\end{cases} \tag{3.60}$$

对于 $p\neq p'$,式(3.60)的绝对值或者是大于1,或者是小于1/2,因此式(3.60)是在支撑 $\hat{\psi}$ 之外。

另外,对于 $p=p'$,式(3.60)是在支撑 $\hat{\psi}$ 之内,因此

$$\boldsymbol{\Phi}_{k,l}=\mathrm{e}^{-\mathrm{i}2\pi q\zeta_{p,q'}},\quad |q'|\leqslant M_p,\quad |q|\leqslant N_p \tag{3.61}$$

上式构成与前面一样的随机局部傅里叶矩阵。换句话说,在式(3.57)假设下,感知矩阵 $\boldsymbol{\Phi}=[\boldsymbol{\Phi}_{k,l}]\in\mathbb{C}^{M\times N}$ 是块对角矩阵,其中 $N=\sum_{|p|\leqslant p^*}(2N_p+1)$,$M=\sum_{|p|\leqslant p^*}(2M_p+1)$,每一个块(由 p 索引)具有随机局部傅里叶矩阵的形式,以二元尺度 2^p 表示感知矩阵。

3.7 采用傅里叶基的近场衍射

考虑周期性、扩展目标(如衍射光栅)的近场衍射,这里考虑隐失模式和传输模式。由于不能应用傍轴近似,我们采用 Lippmann - Schwinger 等式(3.3)。

假设模糊目标函数的傅里叶基是稀疏的

$$V(x)=\sum_{j=-\infty}^{\infty}\hat{V}_j\mathrm{e}^{\frac{\mathrm{i}2\pi jx}{L}} \tag{3.62}$$

这里 L 是周期性的且只有 s 模式具有非零幅值。假设 $\hat{V}_j=0,j=1,2,\cdots,N$。

二维格林函数可以由 Sommerfeld 积分公式表示(Born and Wolf 1999)

$$G(\boldsymbol{r})=\frac{i}{4\pi}\int\mathrm{e}^{\mathrm{i}\omega(|z|\beta(\alpha)+x\alpha)}\frac{\mathrm{d}\alpha}{\beta(\alpha)},\quad\boldsymbol{r}=(z,x) \tag{3.63}$$

这里

$$\beta(\alpha)=\begin{cases}\sqrt{1-\alpha^2},|\alpha|<1\\i\sqrt{\alpha^2-1},|\alpha|>1\end{cases} \tag{3.64}$$

对式(3.63)中实数β(即$|\alpha|<1$)的积分对应于齐次波,而虚数β(即$|\alpha|>1$)的积分对应于指数衰减因子为$e^{-\omega|z|\sqrt{\alpha^2-1}}$的隐失(非齐次)波。同样地,三维格林函数可以用 Weyl 积分公式表示(Born and Wolf 1999)。

到达传感器位置$(0,x)$的信号是由式(3.63)Lippmann - Schwinger 等式给出

$$\int G(z_0,x-x')V(x')\mathrm{d}x' = \frac{i}{2\omega}\sum_j \frac{\hat{V}_j}{\beta_j}e^{i\omega z_0\beta_j}e^{i\omega\alpha_j x} \tag{3.65}$$

式中:

$$\alpha_j=\frac{2\pi j}{L\omega},\ \beta_j=\beta(\alpha_j) \tag{3.66}$$

被编码到$\hat{V}_j$中并且$\alpha_j>1$的亚波长结构对应于隐失模式。

令$(0,x_k)$,$x_k=\xi_k L,k=1,2,\cdots,M$是采样点的坐标,这里$\xi_k\in[-1/2,1/2]$。换句话说,$L$也是孔径(即$x_k$的采样范围)。为了将问题置于压缩感知框架下,我们令矢量$\boldsymbol{f}=(f_j)\in\mathbb{C}^N$为

$$f_j=\frac{i e^{i\omega z_0\beta_j}}{2\omega\beta_j}\hat{V}_j \tag{3.67}$$

为了避免式(3.67)中分母为零,假设$\alpha_j\neq 1$,因此$\beta_j\neq 0,\ \forall j\in\mathbb{Z}$。例如,当$L\omega/(2\pi)$是无理数时就是这种情况。

这就得到了感知矩阵的元素为

$$\Phi_{kj}=e^{i\omega\alpha_j x_k}=e^{i2\pi j\xi_k},k=1,2,\cdots,M,\quad j=1,2,\cdots,N \tag{3.68}$$

这也是随机局部傅里叶矩阵。

对于隐失模式,表达式(3.67)中复数β_j可能是潜在的不稳定源。式(3.67)逆向关系的稳定性需要限制式(3.67)中隐失模式的个数。这两种模式的转换是不确定的。例如,如果要求

$$|e^{i\omega z_0\beta_j}|\geqslant e^{-2\pi} \tag{3.69}$$

作为稳定模式的判断标准,那么稳定模式包括$|\alpha_j|\leqslant 1$以及$|\alpha_j|>1$,这样

$$\omega|\beta_j|z_0\leqslant 2\pi \tag{3.70}$$

或相当于

$$\frac{|j|}{L}\leqslant\sqrt{\frac{\omega^2}{4\pi^2}+\frac{1}{z_0^2}} \tag{3.71}$$

换句话说,稳定的可求解模式个数与探测频率成正比,与传感器阵列与目标之间的距离z_0成反比。当z_0小于波长,目标的子波长傅里叶模式可以稳定地恢复,这是近场成像系统如扫描显微镜的思想。

3.8 逆散射

在逆散射理论中，散射幅度是可观测数据，而主要的目的是从散射幅度中重构 ν。

3.8.1 像素基

为了获得具有压缩感知属性的感知矩阵，首先对式(3.7)式做了 Born 近似，并且忽略式(3.7)右边的散射场 u^s。在这里我们的目的是证明如何使入射光方向与采样方向一致，并且产生令人满意的感知矩阵。

考虑入射场

$$u^i(\boldsymbol{r}) = \mathrm{e}^{\mathrm{i}\omega \boldsymbol{r}\cdot\hat{\boldsymbol{d}}} \tag{3.72}$$

这里 $\hat{\boldsymbol{d}}$ 是入射方向。在 Born 近似下，由式(3.7)得

$$A(\hat{\boldsymbol{r}},\hat{\boldsymbol{d}}) = A(\boldsymbol{s}) = \frac{\omega^2}{4\pi}\int_{\mathbb{R}^d} v(\boldsymbol{r}')\mathrm{e}^{-\mathrm{i}\omega\boldsymbol{r}'\cdot\boldsymbol{s}}\mathrm{d}\boldsymbol{r}' \tag{3.73}$$

式中：$\boldsymbol{s}=\hat{\boldsymbol{r}}-\hat{\boldsymbol{d}}$ 是散射矢量。

与前面一样，我们着手对连续系统散射幅度表达式(3.73)离散化。考虑到扩展目标 ν 的离散近似：

$$\nu_\ell(\boldsymbol{r}) = \sum_{\boldsymbol{q}\in\mathbb{Z}_N^2} b\left(\frac{\boldsymbol{r}}{\ell}-\boldsymbol{q}\right)\nu(\ell\boldsymbol{q}) \tag{3.74}$$

式中：

$$b(\boldsymbol{r}) = \begin{cases}1, \boldsymbol{r}\in\left[-\dfrac{1}{2},\dfrac{1}{2}\right]^2\\ 0,\text{其他}\end{cases} \tag{3.75}$$

是像素基。

定义目标矢量 $\boldsymbol{f}=(f_j)\in\mathbb{C}_N$，其中 $f_j=\nu(\ell\boldsymbol{p})$，$\boldsymbol{p}=(p_1,p_2)\in\mathbb{Z}_N^2$，$j=(p_1-1)\sqrt{N}+p_2$，令 ω_l 和 $\hat{\boldsymbol{d}}_l$ 分别是探测频率和方向，$\hat{\boldsymbol{r}}_l$ 是采样方向，其中 $l=1,2,\cdots,M$。令 $\boldsymbol{g}$ 为数据矢量

$$g_l = \frac{4\pi A(\hat{\boldsymbol{r}}_l-\hat{\boldsymbol{d}}_l)}{\omega^2\hat{b}((\ell\omega_l/2\pi)(\hat{\boldsymbol{r}}_l-\hat{\boldsymbol{d}}_l))}$$

那么采样矩阵具有如下形式

$$\boldsymbol{\Phi}_{lj} = \mathrm{e}^{\mathrm{i}\omega_l\ell\boldsymbol{q}\cdot(\hat{d}_l-\hat{r}_l)},\quad \boldsymbol{q}=(q_1,q_2)\in\mathbb{Z}_N^2, j=(q_1-1)\sqrt{N}+q_2 \tag{3.76}$$

3.8.2 采样方案

我们的策略是构建类似于随机局部傅里叶矩阵的感知矩阵。为了这个目的,我们用下面的形式书写感知矩阵的(l,j)项

$$e^{i\pi(j_1\xi_l+j_2\zeta_l)}, \ j=(j_1-1)\sqrt{N}+j_2, \ j_1,j_2=1,2,\cdots,\sqrt{N}, l=1,2,\cdots,M$$

这里ξ_l,ζ_l是在$[-1,1]$区间独立均匀分布。用极坐标ρ_l,ϕ_l书写(ξ_l,ζ_l),有

$$(\xi_l,\zeta_l)=\rho_l(\cos\phi_l,\sin\phi_l),\rho_l=\sqrt{\xi_l^2+\zeta_l^2}\leqslant\sqrt{2} \tag{3.77}$$

并且令

$$\omega_1(\cos\theta_l-\cos\tilde{\theta}_l)=\sqrt{2}\rho_l\Omega\cos\theta_l$$

$$\omega_1(\sin\theta_l-\sin\tilde{\theta}_l)=\sqrt{2}\rho_l\Omega\sin\theta_l$$

这里Ω是由表达式(3.91)确定的参数。同样的,我们有

$$-\sqrt{2}\omega_l\sin\frac{\theta_l-\tilde{\theta}_l}{2}\sin\frac{\theta_l+\tilde{\theta}_l}{2}=\Omega\rho_l\cos\phi_l \tag{3.78}$$

$$-\sqrt{2}\omega_l\sin\frac{\theta_l-\tilde{\theta}_l}{2}\cos\frac{\theta_l+\tilde{\theta}_l}{2}=\Omega\rho_l\sin\phi_l \tag{3.79}$$

这一组方程式确定了单输入(θ_l,ω_l)—单输出$\tilde{\theta}_l$采样模式。

自然有了下面对式(3.78)和式(3.79)的实现。通过下式,采样角度$\tilde{\theta}_l$与入射角度θ_l相关

$$\theta_l+\tilde{\theta}_l=2\phi_l+\pi \tag{3.80}$$

并且令频率为

$$\omega_l=\frac{\rho_l\Omega}{\sqrt{2}\sin((\theta_l-\tilde{\theta}_l)/2)} \tag{3.81}$$

式(3. 76)感知矩阵$\boldsymbol{\Phi}$的项具有如下形式

$$e^{i\sqrt{2}\Omega\ell(j_1\xi_l+j_2\xi_l)}, \ l=1,2,\cdots,n,j_1,j_2=1,2,\cdots,\sqrt{N} \tag{3.82}$$

依据求解的平方对称性,显然式(3.80)关系式可以推广为

$$\theta_l+\tilde{\theta}_l=2\phi_l+\eta\pi, \ \eta\in\mathbb{Z} \tag{3.83}$$

另外,正方形栅格的对称性不会起主要作用,因此我们希望结果对任意固定的$\eta\in\mathbb{R}$不敏感、与l无关、只要式(3.81)有效。的确,这一点通过数值仿真得到证实。

下面聚焦两个具体的测量方案。

(1) 后向采样。

该方案采用Ω-带限探测,即$\omega_l\in[-\Omega,\Omega]$,该条件与式(3.81)导致下面的约束

$$\left|\sin\frac{\theta_l-\tilde{\theta}_l}{2}\right|\geqslant\frac{\rho_l}{\sqrt{2}} \tag{3.84}$$

为了满足式(3.80)和式(3.84),最简单的方法是令

$$\phi_l=\tilde{\theta}_l=\theta_l+\pi \tag{3.85}$$

$$\omega_l=\frac{\rho_l\Omega}{\sqrt{2}} \tag{3.86}$$

$l=1,2,\cdots,n$。在这种情况下,散射幅度永远是在逆散射方向采样。这类似于合成孔径成像,Fannjiang 等(2010)在前面已经在傍轴近似条件下对合成孔径成像进行了分析。与此相反,前向散射方向有 $\tilde{\theta}_l=\theta_l$,毫无疑问永远不满足式(3.84)的约束。

(2) 前向采样。

前向采样方案采样大于 Ω 的单频探测:

$$\omega_l=\gamma\Omega,\ \gamma\geqslant 1,l=1,2,\cdots,n \tag{3.87}$$

为了满足式(3.83)和式(3.81),我们令

$$\theta_l=\phi_l+\frac{\eta\pi}{2}+\arcsin\frac{\rho_l}{\gamma\sqrt{2}} \tag{3.88}$$

$$\tilde{\theta}_l=\phi_l+\frac{\eta\pi}{2}-\arcsin\frac{\rho_l}{\gamma\sqrt{2}} \tag{3.89}$$

其中 $\eta\in\mathbb{Z}$。入射角与采样角度的差为

$$\theta_l-\tilde{\theta}_l=2\arcsin\frac{\rho_l}{\gamma\sqrt{2}} \tag{3.90}$$

随着 $\gamma\to\infty$,入射角度与采样角度的差趋于零。换句话说,在极高频率条件下,采样角度近似入射角度,这类似于 X 射线层析成像装置。

总之,令 ξ_l,ζ_l 在[$-1,1$]区间独立均匀分布,并且令(ρ_l,ϕ_l)是(ξ_l,ζ_l)的极坐标,即

$$(\xi_l,\zeta_l)=\rho_l(\cos\phi_l,\sin\phi_l)$$

那么,当

$$\Omega\ell=\frac{\pi}{\sqrt{2}} \tag{3.91}$$

前向和后向采样都得到了随机局部傅里叶矩阵。

3.8.3 单一频率的相干约束

正如 3.5 节中,我们令散射点在有限区域连续分布,而不需要落在栅格上。

任何计算成像都是以细化的栅格为基础。因此,假设存在可能是极细化的、不可分辨的栅格,栅格间距 $\ell \ll \omega_l^{-1}$(探测频率的倒数)。

我们将重点放在 $\omega_l = \omega, l = 1,2,\cdots,M$ 的单色情况。前面感知矩阵是如式(3.76)的连续形式,式(3.76)现在变为

$$\phi_{lj} = \mathrm{e}^{\mathrm{i}\omega\ell\boldsymbol{p}\cdot(\hat{\boldsymbol{d}}_l - \hat{\boldsymbol{r}}_l)},\ j = (p_1 - 1)\sqrt{N} + p_2,\ \boldsymbol{p} \in \mathbb{Z}_N^2 \tag{3.92}$$

换句话说,测量的差异完全来自入射方向和探测方向的变化。假设 n 为入射方向,而 m 为探测方向,入射方向和探测方向是依据某种分布独立选择的,且数据总数 $M = mn$ 一定。

定理 3.5(二维情况)　假设入射角度和采样角度分别服从概率密度函数 $f^i(\theta) \in C^l$ 和 $f^s(\theta) \in C^l$ 的随机独立同分布。假设

$$N \leqslant \frac{\varepsilon}{8}\mathrm{e}^{K^2/2},\ \varepsilon, K > 0 \tag{3.93}$$

对于任意 $\boldsymbol{p},\boldsymbol{q} \in \mathbb{Z}_N^2$,令 $L = \ell|\boldsymbol{p} - \boldsymbol{q}|$,那么感知矩阵满足相干约束对①

$$\mu_{\boldsymbol{p},\boldsymbol{q}} < \left(\bar{\mu}^i + \frac{\sqrt{2}K}{\sqrt{m}}\right)\left(\bar{\mu}^s + \frac{\sqrt{2}K}{\sqrt{m}}\right) \tag{3.94}$$

且概率大于 $(1 - \varepsilon)^2$,式中:

$$\bar{\mu}^i \leqslant c(1 + \omega L)^{-\frac{1}{2}}\sup_\theta\left\{|f^i(\theta)|, \left|\frac{\mathrm{d}}{\mathrm{d}\theta}f^i(\theta)\right|\right\} \tag{3.95}$$

$$\bar{\mu}^s \leqslant c(1 + \omega L)^{-\frac{1}{2}}\sup_\theta\left\{|f^s(\theta)|, \left|\frac{\mathrm{d}}{\mathrm{d}\theta}f^s(\theta)\right|\right\} \tag{3.96}$$

且 c 为常数。

根据下面阐述的,在 3D 情况下,当 $\omega L \gg 1$ 时相干约束以较快的衰减速率得到改善。

定理 3.6(三维情况)　采用式(3.93)。假设通过极角 $\theta \in [0,\pi]$ 和方位角 $\phi \in [0,2\pi]$ 的参数化,入射方向和采样方向是随机独立同分布的。令 $f^l(\theta) \in C^l$ 且 $f^s(\theta) \in C^l$ 分别是入射极角和采样极角的边缘密度函数。

令 $L = \ell|\boldsymbol{p} - \boldsymbol{q}|$②,那么感知矩阵满足相干约束对

$$\mu_{\boldsymbol{p},\boldsymbol{q}} < \left(\bar{\mu}^i + \frac{\sqrt{2}K}{\sqrt{n}}\right)\left(\bar{\mu}^s + \frac{\sqrt{2}K}{\sqrt{m}}\right) \tag{3.97}$$

且概率大于 $(1 - \varepsilon)^2$,这里

---

① 译者注:原著为 $\mu_{\boldsymbol{p},\boldsymbol{q}} < \left(\bar{\mu}^i + \frac{\sqrt{2K}}{\sqrt{n}}\right)\left(\bar{\mu}^s + \frac{\sqrt{2K}}{\sqrt{m}}\right)$。

② 译者注:原著为 $L = \ell|\boldsymbol{p} - \boldsymbol{p}|$。

$$\bar{\mu}^{i} \leqslant c(1+\omega L)^{-1}\sup_{\theta}\left\{|f^{i}(\theta)|, \left|\frac{\mathrm{d}}{\mathrm{d}\theta}f^{i}(\theta)\right|\right\} \tag{3.98}$$

$$\bar{\mu}^{s} \leqslant c(1+\omega L)^{-1}\sup_{\theta}\left\{|f^{s}(\theta)|, \left|\frac{\mathrm{d}}{\mathrm{d}\theta}f^{s}(\theta)\right|\right\} \tag{3.99}$$

讨论 3.5 原始的理论阐述(Fannjiang 2010b, Theorems1 and 6)已经在本书偏离栅格的目标中采用,这里除了符号的修改,完整地保留了原始的证明。

讨论 3.6 当采样方向是随机的,而入射方向是确定的,那么式(3.94)和式(3.97)的相干约束可以将方程式右边第一个因子移除。

根据讨论 3.6,由相干约束对:

$$(2D)\quad \mu_{p,q} \leqslant c(1+\omega L)^{-\frac{1}{2}}\sup_{\theta}\left\{|f^{s}(\theta)|, \left|\frac{\mathrm{d}}{\mathrm{d}\theta}f^{s}(\theta)\right|\right\}+\frac{\sqrt{2}K}{\sqrt{M}} \tag{3.100}$$

$$(3D)\quad \mu_{p,q} \leqslant c(1+\omega L)^{-1}\sup_{\theta}\left\{|f^{s}(\theta)|, \left|\frac{\mathrm{d}}{\mathrm{d}\theta}f^{s}(\theta)\right|\right\}+\frac{\sqrt{2}K}{\sqrt{M}} \tag{3.101}$$

这是感知矩阵相干模式的估计。因此,如果 L 是不可分辨的(即 $\omega L \ll 1$),对应的相干参数对较大;如果 L 是很好分辨的(即 $\omega L \gg 1$),对应的相干参数对较小。根据式(3.100)和式(3.101),典型的相干约束具有相干半径 $\mathcal{O}(\omega^{-1})$。

因此,如果点目标是完全分开的,即任何一对目标分开的角度大于 ω^{-1},那么,在 3.5 节讨论的基于 BLO 和 BLOT 一样的技术可以用于恢复目标的近似支撑和幅度。为了简要说明,图 3-11 显示了两个由 BOMP 重构实例。恢复的目标(星形)靠近真实目标(圆圈)并且落在相干约束区域内(椭圆片)。

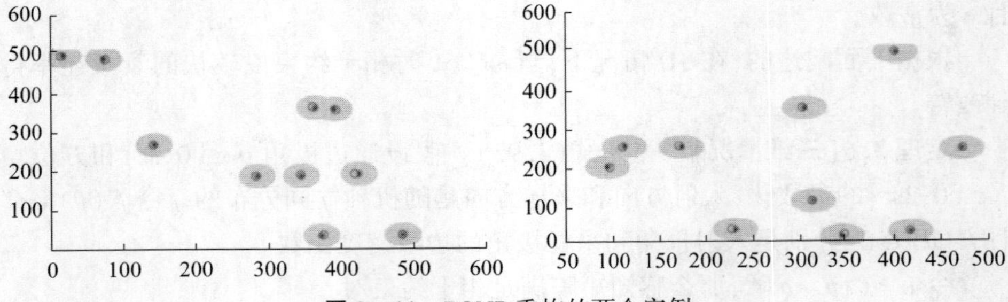

图 3-11 BOMP 重构的两个实例

(圆圈是目标确切的位置,星形是恢复的位置,椭圆片是目标周围的相干约束区域)

3.9 多次逆散射

在这部分,我们给出点散射源的多次散射压缩成像方法。首先考虑只有单个照明的多次散射效应,即 $n=1, M=10$。

注意,原始的目标支撑与近似的目标支撑一样,有了精确恢复的支撑,我们考虑如何去除目标的模糊并且恢复真实的目标。

定义目标处的入射矢量和全部的场矢量:

$$\boldsymbol{u}^i=(u^i(\boldsymbol{r}_1),\cdots,u^i(\boldsymbol{r}_s))^{\mathrm{T}}\in\mathbb{C}^s$$

$$\boldsymbol{u}=(u(\boldsymbol{r}_1),\cdots,u(\boldsymbol{r}_s))^{\mathrm{T}}\in\mathbb{C}^s$$

令 $\boldsymbol{\Gamma}$ 为 $s\times s$ 的矩阵

$$\boldsymbol{\Gamma}=[(1-\delta_{jl})G(\boldsymbol{r}_j,\boldsymbol{r}_l)]$$

且 $\boldsymbol{\nu}$ 是对角矩阵

$$\boldsymbol{\nu}=\mathrm{diag}(\nu_1,\nu_2,\cdots,\nu_s)$$

全部场是由 Foldy – Lax 方程确定的(Mishchenko et al. 2006)

$$\boldsymbol{u}=\boldsymbol{u}^i+\omega^2\boldsymbol{\Gamma\nu}u \tag{3.102}$$

由上式得到全部场

$$\boldsymbol{u}=(\boldsymbol{I}-\omega^2\boldsymbol{\Gamma\nu})^{-1}\boldsymbol{u}^i \tag{3.103}$$

并且模糊目标为

$$\boldsymbol{f}=\boldsymbol{\nu u}=\boldsymbol{\nu}(\boldsymbol{I}-\omega^2\boldsymbol{\Gamma\nu})^{-1}\boldsymbol{u}^i=(\boldsymbol{I}-\omega^2\boldsymbol{\nu\Gamma})^{-1}\boldsymbol{\nu u}^i \tag{3.104}$$

假如 ω^{-2} 不是 $\boldsymbol{\Gamma\nu}$ 的特征值。

因此,通过式(3.104)的求解有

$$(\boldsymbol{I}-\omega^{-2}\boldsymbol{\nu\Gamma})\boldsymbol{f}=\nu\boldsymbol{u}^i \tag{3.105}$$

真实的目标 ν 可以通过求解式(3.105)恢复

$$\nu=\frac{\boldsymbol{f}}{\omega^2\boldsymbol{\Gamma f}+\boldsymbol{u}^i} \tag{3.106}$$

这里除法用元素乘积(Hadamard 乘积)实现。

3.9.1　联合稀疏

当固定总的数据个数 $M=mn$,式(3.94)和式(3.97)的相干约束随 $n\sim m\sim\sqrt{M}$ 优化。为了利用这一结果,应该利用多个入射场,因为方程式(3.106)不再有效。

多个散射点会产生多个数据矢量 $\boldsymbol{g}_j$,以及多个模糊的目标矢量 $\boldsymbol{f}_j$,$j=1,2,\cdots,n$,其中每一个矢量是被未知场 $\boldsymbol{u}_j$ 模糊的,尽管如此,全部的模糊目标矢量都有相同的感知矩阵

$$\boldsymbol{\Phi}_{ij}=\mathrm{e}^{-\mathrm{i}\omega\ell\boldsymbol{p}\cdot\hat{\boldsymbol{r}}l},\ j=(p_1-1)\sqrt{N}+p_2,\ \boldsymbol{p}\in\mathbb{Z}_N^2$$

由于每一个模糊目标矢量拥有与真实目标矢量相同的支撑,因此对于 3.9.1 节的“联合稀疏的 BPDN”以及“联合稀疏的 BLOOMP”部分讨论的联合稀疏技术是合适的。

将全部的模糊目标矢量记为 $\boldsymbol{F}=[\boldsymbol{f}_1,\boldsymbol{f}_2\cdots,\boldsymbol{f}_n]\in\mathbb{C}^{m\times n}$，数据矢量记为 $\boldsymbol{G}=[\boldsymbol{g}_1,\boldsymbol{g}_2\cdots,\boldsymbol{g}_n]\in\mathbb{C}^{m\times n}$，得到成像方程

$$\boldsymbol{G}=\boldsymbol{\Phi F}+\boldsymbol{E} \tag{3.107}$$

这里 $\boldsymbol{E}$ 为噪声。当真实目标是分得很开时，我们有如下两种处理方法。

(1) 联合稀疏的 BPDN – BLOT。

在第一种方法中，利用式(3.37)的联合稀疏 BPDN，其中 $\boldsymbol{\Phi}_j=\boldsymbol{\Phi},\ \forall\,\mathrm{j},\mathcal{L}=0$ 来求解成像方程(3.107)。令 $\boldsymbol{F}_*=[\boldsymbol{f}_{1*},\cdots,\boldsymbol{f}_{n*}]$ 是求解答案。然后运用 BLOT 技术(算法 3.5)来提升 $\boldsymbol{F}_*$(即剪枝)。为了服从联合稀疏架构，按照如下步骤修改了算法 3.5。

首先，考虑到联合稀疏，我们修改了 LO 算法。

算法 3.7 联合稀疏 LO

输入：$\boldsymbol{\Phi}_1,\cdots,\boldsymbol{\Phi}_n,\boldsymbol{G},\eta>0,S^0=\{i_1,\cdots,i_s\}$

迭代：For $k=1,2,\cdots,s$

(1) $\boldsymbol{F}^k=\operatorname{argmin}\|[\boldsymbol{\Phi}_1\boldsymbol{h}_1,\cdots,\boldsymbol{\Phi}_n\boldsymbol{h}_n]-\boldsymbol{G}\|_F\ \mathrm{s.t.}\ \cup_j,\operatorname{supp}(\boldsymbol{h}_j)\subseteq(S^{k-1}\setminus\{i_k\})\cup\{i_k'\},i_k'\in B_\eta(\{i_k\})$.

(2) $S^k=\operatorname{supp}(\boldsymbol{F}^k)$

输出：$\boldsymbol{S}^s$

下一步，考虑联合稀疏性，修改 BLOT 算法。

算法 3.8 联合稀疏 BLOT

输入：$\boldsymbol{f}_1,\cdots,\boldsymbol{f}_n,\boldsymbol{\Phi}_1,\cdots,\boldsymbol{\Phi}_n,\boldsymbol{G},\eta>0$

初始化：$S^0=\varnothing$

迭代：For $k=1,2,\cdots,s$

(1) $i_k=\arg\max\limits_j\|\boldsymbol{f}_j\|_2,k\notin\boldsymbol{B}_\eta^2(S^{k-1})$

(2) $S^k=S^{k-1}\cup\{i_k\}$

输出：$\boldsymbol{F}_*=\operatorname{argmin}\|[\boldsymbol{\Phi}_1\boldsymbol{h}_1,\cdots,\boldsymbol{\Phi}_n\boldsymbol{h}_n]-\boldsymbol{G}\|_F,\cup_j\operatorname{supp}(\boldsymbol{h}_j)\subseteq\mathrm{JLO}(S^s)$，这里 JLO$(S^s)$ 是算法 3.7 的输出，BLOT 的第 s 次迭代 S^s 作为输入。

---

(2) 联合稀疏的 BLOOMP。

在第二种实现方法中，我们提出下面的联合稀疏版本 BLOOMP。

算法 3.9 联合稀疏 BLOOMP

输入：$\boldsymbol{\Phi}_1,\cdots,\boldsymbol{\Phi}_n,\boldsymbol{G},\eta>0$

初始化：$\boldsymbol{F}^0=0,\boldsymbol{R}^0=\boldsymbol{G},S^0=\varnothing$

迭代：For $k=1,2,\cdots,s$

(1) $i_{\max}=\arg\max_i \sum_{j=1}^{J}|\boldsymbol{\Phi}_{j,i}^{\dagger}\boldsymbol{r}_j^{k-1}|,i\notin B_\eta^{(2)}(S^{k-1})$，这里 $\boldsymbol{\Phi}_{j,i}^{\dagger}=\mathrm{col}_i(\boldsymbol{\Phi}_j)$，表示共轭转置。

(2) $S^k=\mathrm{JLO}(S^{k-1}\cup\{i_{\max}\})$，这里 JLO 是算法 3.7 的输出。

(3) $[\boldsymbol{f}_1^k,\cdots,\boldsymbol{f}_n^k]=\arg\min_{\boldsymbol{H}}\|[\boldsymbol{\Phi}_1\boldsymbol{h}_1,\cdots,\boldsymbol{\Phi}_n\boldsymbol{h}_n]-\boldsymbol{G}\|_{\mathrm{F}}\mathrm{s.t.}\cup_j\mathrm{supp}(\boldsymbol{h}_j)\subseteq S^k$

(4) $[\boldsymbol{r}_1^k,\cdots,\boldsymbol{r}_n^k]=\boldsymbol{G}-[\boldsymbol{\Phi}_1\boldsymbol{f}_1^k,\cdots,\boldsymbol{\Phi}_n\boldsymbol{f}_n^k]$

输出：$\boldsymbol{F}_*=[\boldsymbol{f}_1^s,\cdots,\boldsymbol{f}_n^s]$。

这两种方法的第一阶段之后，得到近似的目标支撑以及目标幅度的估计；在第二阶段，估计真实目标的幅度。如果对每一个入射波 $\boldsymbol{u}_j^i$ 都利用公式(3.106)，以 n 次幅度的估计作为结束

$$\frac{\boldsymbol{f}_{j*}}{\omega^2\boldsymbol{\Gamma}\boldsymbol{f}_{j*}+\boldsymbol{u}_j^i},\ j=1,2,\cdots,n$$

这显然是不成立的。最小均方是解决这种超定系统并且获得目标估计的自然之道。

$$\boldsymbol{\nu}_*=\underset{\nu}{\mathrm{argmin}}\sum_{j=1}^{n}\|(\omega^2\boldsymbol{\Gamma}\boldsymbol{f}_{j*}+\boldsymbol{u}_j^i)\boldsymbol{\nu}-\boldsymbol{f}_{j*}\|_2^2$$

3.10 采用泽尼克基的逆散射

这部分讨论在散射几何中表示扩展目标的基本原理以及在逆散射压缩中的应用。我们需要做 Born 近似。

用于表示具有紧支撑（例如单位圆）扩展目标的著名正交基是泽尼克多项式 R_n^m 与三角函数的乘积。

$$V_n^m(x,y)=V_n^m(\rho\cos\theta,\rho\sin\theta)=R_n^m(\rho)\mathrm{e}^{\mathrm{i}m\theta},\ x^2+y^2\leqslant1 \tag{3.108}$$

这里 $m\in\mathbb{Z},n\in\mathbb{N},n\geqslant|m|$，且 $n-|m|$ 是偶数。我们把 V_n^m 称为 (m,n) 阶泽尼克函数（Born and Wolf 1999）。这些泽尼克函数在光学中非常有用，因为最低几项泽尼克展开式具有简单的光学含义（Dai and Milenkovic 2008）。此外，与其他展开式相比，比如贝塞尔－傅里叶展开式或者切比雪夫－傅里叶展开式，泽尼克

展开式通常具有优良的收敛速度(因此是稀疏的)(Boyd and Yu 2011, Boyd and Petschek 2014)。

我们现在看到泽尼克基比像素基有更好的相干参数(因此有更好的分辨率)。泽尼克多项式由下面的公式给出

$$R_n^m(\rho)=\frac{1}{\left(\frac{n-|m|}{2}\right)\rho^{|m|}}\left[\frac{\mathrm{d}}{\mathrm{d}(\rho^2)}\right]^{\frac{n-|m|}{2}}\left[(\rho^2)^{\frac{n+|m|}{2}}(\rho^2-1)^{\frac{n-|m|}{2}}\right] \tag{3.109}$$

上式是 ρ 的第 n 级多项式,且对于所有允许的 m、n 具有标准化 $R_n^m(1)=1$。泽尼克多项式满足下面的性质:

$$\int_0^1 R_n^m(\rho)R_{n'}^m(\rho)\rho\mathrm{d}\rho=\frac{\delta_{nn'}}{2(n+1)} \tag{3.110}$$

$$\int_0^1 R_n^m(\rho)J_m(u\rho)\rho\mathrm{d}\rho=(-1)^{\frac{n-m}{2}}\frac{J_{n+1}(u)}{u} \tag{3.111}$$

式中:J_{n+1} 是第一类的 $(n+1)$ 阶贝塞尔函数。作为式(3.110)的推论,泽尼克函数满足正交性质

$$\int_{x^2+y^2\leqslant 1}\overline{V_n^m(x,y)}V_{n'}^{m'}(x,y)\mathrm{d}x\mathrm{d}y=\frac{\pi}{n+1}\delta_{mm'}\delta_{nn'} \tag{3.112}$$

记 $\boldsymbol{s}=s(\cos\phi,\sin\phi)$,式(3.73)散射幅度的矩阵元素计算如下:

$$\begin{aligned}\int_{x^2+y^2\leqslant 1}\overline{V_n^m(x,y)}\mathrm{e}^{-\mathrm{i}\omega\boldsymbol{s}\cdot(x,y)}\mathrm{d}x\mathrm{d}y&=\int_0^1\int_0^{2\pi}\mathrm{e}^{\mathrm{i}\omega s\rho\cos(\phi+\theta)R_n^m(\rho)\mathrm{e}^{-\mathrm{i}m\theta}}\mathrm{d}\theta\rho\mathrm{d}\rho\\&=\int_0^1\int_0^{2\pi}\mathrm{e}^{\mathrm{i}\omega s\rho\cos\theta}\mathrm{e}^{\mathrm{i}m\theta}\mathrm{d}\theta R_n^m(\rho)\rho\mathrm{d}\rho\mathrm{e}^{\mathrm{i}m\phi}\\&=2\pi i^n\mathrm{e}^{\mathrm{i}m\phi}\int_0^1 J_m(\omega s\rho)R_n^m(\rho)\rho\mathrm{d}\rho\end{aligned} \tag{3.113}$$

根据贝塞尔函数定义

$$J_m(z)=\frac{1}{\pi i^m}\int_0^\pi \mathrm{e}^{\mathrm{i}z\cos\theta}\cos(m\theta)\mathrm{d}\theta$$

利用式(3.111)的性质,由式(3.113)得到

$$\int_{x^2+y^2\leqslant 1}\overline{V_n^m(x,y)}\mathrm{e}^{-\mathrm{i}\omega\boldsymbol{s}\cdot(x,y)}\mathrm{d}x\mathrm{d}y=2\pi i^m(-1)^{\frac{n-m}{2}}\mathrm{e}^{\mathrm{i}m\phi}\frac{J_{n+1}(\omega s)}{\omega s} \tag{3.114}$$

该式适用于所有允许的 m、n 感知矩阵元素。注意,感知矩阵的列由允许的 $m\in\mathbb{Z}$, $n\in\mathbb{N}$ 索引,且满足 $n\geqslant|m|$ 和 $n-|m|$ 为偶数的约束条件。

令散射矢量 $\boldsymbol{s}=\hat{\boldsymbol{r}}-\hat{\boldsymbol{d}}$ 参数化为

$$\boldsymbol{s}_{jk}=s_j(\cos\phi_k,\sin\phi_k),\ j,k=1,2,\cdots,\sqrt{M}$$

$\{\phi_k\}$ 是 $[0,2\pi]$ 区间服从均匀分布的独立同分布随机变量，$\{s_j\}$ 是 $[0,2\omega]$ 区间服从线性密度函数 $f(r)=r/2$ 的独立分布。结果，$z_j=\omega s_j$ 是 $[0,2\omega]$ 区间服从线性密度函数的独立同分布。

对应于 $(m,n)\neq(m',n')$ 的各列之间相干参数的计算，给出如下表达式：

$$\frac{1}{\sqrt{M}}\sum_{j=1}^{\sqrt{M}}\frac{J_{n+1}(\omega s_j)}{\omega s_j}\frac{J_{n'+1}(\omega s_j)}{\omega s_j}\left(\frac{1}{\sqrt{M}}\sum_{k=1}^{\sqrt{M}}\mathrm{e}^{\mathrm{i}(m-m')\phi_k}\right)$$

回忆一下，对于 $p,q\in\mathbb{N}$（Abramowitz and Stegun 1972，式(11.4.6)）

$$\int_0^\infty J_p(z)J_q(z)\frac{\mathrm{d}z}{z}=\begin{cases}0, p\neq q\\ \dfrac{1}{2p}, p=q\end{cases}\tag{3.115}$$

对于 $M\gg1$，根据大数定理有

$$\begin{aligned}\frac{1}{\sqrt{M}}\sum_{j=1}^{\sqrt{M}}\frac{J_{n+1}(\omega s_j)}{\omega s_j}\frac{J_{n'+1}(\omega s_j)}{\omega s_j}&\sim\mathbb{E}\left[\frac{J_{n+1}(\omega r)}{\omega r}\frac{J_{n'+1}(\omega r)}{\omega r}\right]\\&=\frac{1}{2\omega^2}\int_0^{2\omega}J_{n+1}(z)J_{n'+1}(z)\frac{\mathrm{d}z}{z}\end{aligned}\tag{3.116}$$

且

$$\frac{1}{\sqrt{M}}\sum_{k=1}^{\sqrt{M}}\mathrm{e}^{\mathrm{i}(m-m')\phi_k}\sim\mathbb{E}\,\mathrm{e}^{\mathrm{i}(m-m')\phi}=\int_0^{2\pi}\mathrm{e}^{\mathrm{i}(m-m')\phi}g(\phi)\mathrm{d}\phi=\delta_{mm'}\tag{3.117}$$

当 $m\neq m'$，这两列正交，相干参数对为零。当 $n\neq n'$，考虑到式(3.115)以及对于 $z\gg1$ 时贝塞尔函数 $J_n(z)$ 以 $z^{-1/2}$ 衰减，式(3.116)的右边变成 $\mathcal{O}(\omega^{-3})$。当 $n=n'$，从式(3.115)和式(3.116)看出列的 2 范数是 $\mathcal{O}(\omega^{-2})$。在 $n\neq n'$ 情况下，用式(3.116)除以列的 2 范数，相干参数最坏情况为 ω^{-1}（对 $m=m', n\neq n'$ 情况）。

注意，在式(3.94)和式(3.95)中，相干参数的这种衰减比 ω^{-2} 快，因此，采用泽尼克基的成像比像素基拥有更好的分辨率，其他情况分辨率相等。

3.11　非相干源的干涉测量法

在最后部分，讨论压缩感知用于天文学中的光学干涉测量法。在 Born 近似条件下，天文学中的光学干涉测量法具有与式(3.92)逆散射类似的数学结构。

在天文学中，干涉测量法常用来处理非相干源发射的信号。在这部分，给出该问题的压缩感知方法。利用 Cittert – Zernike 理论的帮助，感知矩阵的结构与前面讨论的一样。

假设视场小到足以分辨天球上的二维平面 $\mathcal{P}\subset\mathbb{R}^2$,该平面称为物面。令 $I(s)$ 是物面 $\mathcal{P}$ 上点 s 的辐射强度。令天线 n 位于传感器面大小为 L 的正方形上,传感器面与物面 $\mathcal{P}$ 平行,且距离物面 $L\boldsymbol{r}_j, j=1,2,\cdots,n$ 处(这里 $\boldsymbol{r}_j\in[0,1]^2$)。然后利用 Cittert – Zernike 理论(Born and Wolf 1999),测量的清晰程度 $\nu(\boldsymbol{r}_j-\boldsymbol{r}_k)$ 由傅里叶积分给出

$$\nu(\boldsymbol{r}_j-\boldsymbol{r}_k)=\int_{\mathcal{P}}I(\boldsymbol{s})\mathrm{e}^{\mathrm{i}\omega s\cdot(r_j-r_k)L}\mathrm{d}\boldsymbol{s} \tag{3.118}$$

考虑用栅格 $\ell\mathbb{Z}_N^2$上像素基进行扩展目标 I 的离散近似:

$$I_\ell(\boldsymbol{r})=\sum_{\boldsymbol{q}\in\mathbb{Z}_N^2}b\left(\frac{\boldsymbol{r}}{\ell}-\boldsymbol{q}\right)I(\ell\boldsymbol{q}) \tag{3.119}$$

这里 b 由式(3.75)给出,且

$$\mathbb{Z}_N^2=\{\boldsymbol{p}=(p_1,p_2):p_1,p_2=1,2,\cdots,\sqrt{N}\} \tag{3.120}$$

将式(3.119)代入式(3.118),得到离散和

$$\nu(\boldsymbol{r}_j-\boldsymbol{r}_k)=\ell^2\hat{b}\left(\frac{\omega\ell L}{2\pi}(\boldsymbol{r}_k-\boldsymbol{r}_j)\right)\sum_{l=1}^{N}I_l\mathrm{e}^{\mathrm{i}\omega p\cdot(r_j-r_k)\ell L} \tag{3.121}$$

这里 l、$\boldsymbol{p}$ 通过 $l=(p_1-1)\sqrt{N}+p_2$ 关联起来,并且

$$\hat{b}(\xi,\eta)=\frac{\sin(\pi\xi)}{\pi\xi}\frac{\sin(\pi\eta)}{\pi\eta}$$

对于传感器的每一对(j,k),测量并且采集干涉测量数据 $\nu(\boldsymbol{r}_j-\boldsymbol{r}_k)$,我们希望从采集的 $n(n-1)$ 个实数确定 l。

用式(3.10)的形式重新书写方程式(3.121)。为了与式(3.28)对比,考虑成像方程(3.121)的“双路”结构,令

$$\ell=\frac{\pi}{\omega L} \tag{3.122}$$

注意,ℓ 是天球的分辨率长度,因此是无量纲的。

令 $\boldsymbol{f}=(f_i)\in\mathbb{R}^N$是未知目标矢量,即 $f=\ell^2I_i$。令 $\boldsymbol{g}=(g_l)\in\mathbb{R}^M, M=n(n-1)/2$

$$g_l=\frac{1}{\hat{b}(\boldsymbol{r}_k-\boldsymbol{r}_j)/2}\times\begin{cases}\Re[\boldsymbol{\nu}(\boldsymbol{r}_j-\boldsymbol{r}_k)], l=(2n-j)(j-1)/2+k, j<k=1,2,\cdots,n\\ \Im[\boldsymbol{\nu}(\boldsymbol{r}_j-\boldsymbol{r}_k)], l=n(n-1)/2+(2n-j)(j-1)/2+k, j<k=1,2,\cdots,n\end{cases}$$

是数据矢量,这里 $\Re$ 和 $\Im$ 分别代表实部和虚部。现在感知矩阵 $\boldsymbol{\Phi}\in\mathbb{R}^{M\times N}$具有下面形式

$$\boldsymbol{\Phi}_{il}=\begin{cases}\cos[2\pi \boldsymbol{p}_i\cdot(\boldsymbol{r}_j-\boldsymbol{r}_k)],i=(2n-j)(j-1)/2+k,j<k\\ \sin[2\pi \boldsymbol{p}_l\cdot(\boldsymbol{r}_j-\boldsymbol{r}_k)],i=n(n-1)/2+(2n-j)(j-1)/2+k,j<k\end{cases}\tag{3.123}$$

由于基线 $\boldsymbol{r}_j-\boldsymbol{r}_k$ 是相互相关的，上式不再是简单的 2D 随机局部傅里叶矩阵。然而，当发射端与接收端在同一位置，式(3.123)具有与式(3.92)逆散射类似的结构。注意，当$(\boldsymbol{r}_j-\boldsymbol{r}_k)/2\in[-1/2,1/2]^2$，$g_l$ 定义式中的分母 $\hat{b}(\boldsymbol{r}_j-\boldsymbol{r}_k)/2$ 不会成为零。

接下来给出相干参数的上限。对应于 $\boldsymbol{p}(\boldsymbol{p}\in\mathbb{Z}_N^2)$ 的成对列 i,i的相干，有下面的计算：

$$\begin{aligned}\mu(i,i')&=\frac{2}{n(n-1)}\left|\sum_{j<k}\cos[2\pi\boldsymbol{p}\cdot(\boldsymbol{r}_j-\boldsymbol{r}_k)]\cos[2\pi\boldsymbol{p}'\cdot(\boldsymbol{r}_j-\boldsymbol{r}_k)]\right.\\&\quad\left.+\sin[2\pi\boldsymbol{p}\cdot(\boldsymbol{r}_k-\boldsymbol{r}_j)]\sin[2\pi\boldsymbol{p}'\cdot(\boldsymbol{r}_j-\boldsymbol{r}_k)]\right|\\&=\frac{2}{n(n-1)}\left|\sum_{j<k}\cos[2\pi(\boldsymbol{p}-\boldsymbol{p}')\cdot(\boldsymbol{r}_j-\boldsymbol{r}_k)]\right|\\&=\frac{1}{n(n-1)}\left|\sum_{j\neq k}\cos[2\pi(\boldsymbol{p}-\boldsymbol{p}')\cdot(\boldsymbol{r}_j-\boldsymbol{r}_k)]\right|\end{aligned}$$

首先，要求

$$\mu(i,i')=\left|\left|\sum_{j=1}^{n}\mathrm{e}^{\mathrm{i}2\pi(\boldsymbol{p}-\boldsymbol{p}')\cdot\boldsymbol{r}_j}\right|^2-n\right|$$

这是由下面的计算得到的

$$\begin{aligned}\left|\sum_{j=1}^{n}\mathrm{e}^{\mathrm{i}2\pi(\boldsymbol{p}-\boldsymbol{p}')\cdot\boldsymbol{r}_j}\right|^2-n&=\sum_{j\neq k}\mathrm{e}^{\mathrm{i}2\pi(\boldsymbol{p}-\boldsymbol{p}')\cdot(\boldsymbol{r}_j-\boldsymbol{r}_k)}\\&=\sum_{j\neq k}\cos[2\pi(\boldsymbol{p}-\boldsymbol{p}')\cdot(\boldsymbol{r}_j-\boldsymbol{r}_k)]+\mathrm{i}\sin[2\pi(\boldsymbol{p}-\boldsymbol{p}')\cdot(\boldsymbol{r}_j-\boldsymbol{r}_k)]\\&=\sum_{j\neq k}\cos[2\pi(\boldsymbol{p}-\boldsymbol{p}')\cdot(\boldsymbol{r}_j-\boldsymbol{r}_k)]\end{aligned}$$

对定理 3.5 和定理 3.6 变量的修改引出了下面的相干约束。

定理 3.7　对于常数 δ 和 K，假定栅格点的总数 N 满足约束

$$N\leqslant\frac{\varepsilon}{2}\mathrm{e}^{\frac{K2}{2}}\tag{3.124}$$

假设传感器的位置 $\boldsymbol{r}_j(j=1,2,\cdots,n)$是$[0,1]^2$ 区间独立均匀的随机变量，那么相干参数 μ 满足约束

$$\mu(\boldsymbol{\Phi})\leqslant\frac{|2K^2-1|}{n-1}\tag{3.125}$$

的概率大于 $1-2\varepsilon$。

换句话说，随着概率的升高，均匀分布的相干参数以 n^{-1}衰减。干涉测量法

的中心问题是设计最优阵列，见 Fannjiang(2013b)从压缩感知角度的讨论。

致谢

研究结果部分得到 NSF DMS－1413373 和 Sirnons 基金 275037 的支持。

参 考 文 献

Abramowitz, M. and I. Stegun, *Handbook of Mathematical Functions* (New York: Dover, 1972).

Benedek, P. and R. Panzone, The space ℓ^p with mixed norm, *Duke Math. J.* 28 (1961): 301–324.

Blumensath, T. and M.E. Davies, Iterative hard thresholding for compressed sensing, *Appl. Comput. Harmon. Anal.* 27 (2009): 265–274.

Blumensath, T. and M.E. Davies, Normalized iterative hard thresholding: Guaranteed stability and performance, *IEEE J. Sel. Top. Signal Process.* 4 (2010): 298–309.

Born, M. and E. Wolf, *Principles of Optics*, 7th edn. (Cambridge, U.K.: Cambridge University Press, 1999).

Boyd, J.P. and R. Petschek, The relationships between Chebyshev, Legendre and Jacobi polynomials: The generic superiority of Chebyshev polynomials and three important exceptions, *J. Sci. Comput.* 59 (2014): 1–27.

Boyd, J.P. and F. Yu, Comparing six spectral methods for interpolation and the Poisson equation in a disk: Radial basis functions, Logan-Shepp ridge polynomials, Fourier-Bessel, Fourier-Chebyshev, Zernike polynomials, and double Chebyshev series, *J. Comput. Phys.* 230 (2011): 1408–1438.

Boyd, S. and L. Vandenberghe, *Convex Optimization*. (Cambridge, U.K.: Cambridge University Press, 2004).

Bruckstein, A.M., D.L. Donoho, and M. Elad, From sparse solutions of systems of equations to sparse modeling of signals, *SIAM Rev.* 51 (2009): 34–81.

Candès, E.J., The restricted isometry property and its implications for compressed sensing, *C. R. Acad. Sci., Paris, Ser. I.* 346 (2008): 589–592.

Candès, E.J., Y.C. Eldar, D. Needell, and P. Randall, Compressed sensing with coherent and redundant dictionaries, *Appl. Comput. Harmon. Anal.* 31 (2011): 59–73.

Candès, E.J. and C. Fernandez-Granda, Super-resolution from noisy data, *J. Fourier Anal. Appl.* 19(6) (2013): 1229–1254.

Candès, E.J. and C. Fernandez-Granda, Towards a mathematical theory of super-resolution, *Commun. Pure Appl. Math.* 67(6) (2014): 906–956.

Candès, E.J., J. Romberg, and T. Tao, Robust uncertainty principles: Exact signal reconstruction from highly incomplete frequency information, *IEEE Trans. Inf. Theory* 52 (2006): 489–509.

Candès, E.J. and T. Tao, Decoding by linear programming, *IEEE Trans. Inf. Theory* 51 (2005): 4203–4215.

Chambolle, A., An algorithm for total variation minimization and applications, *J Math Imaging Vis* 20 (2004): 89–97.

Chambolle, A. and P.-L. Lions, Image recovery via total variation minimization and related problems, *Numer. Math.* 76 (1997): 167–188.

Chen, J. and X. Huo, Theoretical results on sparse representations of multiple-measurement vectors, *IEEE Trans. Signal Process.* 54 (2006): 4634–4643.

Chen, S.S., D.L. Donoho, and M.A. Saunders, Atomic decomposition by basis pursuit, *SIAM Rev.* 43 (2001): 129–159.

Cotter, S.F., B.D. Rao, K. Engan, and K. Kreutz-Delgado, Sparse solutions to linear inverse problems with multiple measurement vectors, *IEEE Trans. Signal Process.* 53 (2005): 2477–2488.

Dai, G.-M. and V.N. Mahajan, Orthonormal polynomials in wavefront analysis: error analysis, *Appl. Opt.* 47 (2008): 3433–3445.

Dai, W. and O. Milenkovic, Subspace pursuit for compressive sensing: Closing the gap between performance and complexity, *IEEE Trans. Inf. Theory* 55 (2009): 2230–2249.

Davis, G.M., S. Mallat, and M. Avellaneda, Adaptive greedy approximations, *J. Construct. Approx.* 13 (1997): 57–98.

Daubechies, I., *Ten Lectures on Wavelets.* (Philadelphia, PA: SIAM, 1992).

Donoho, D.L., M. Elad, and V.N. Temlyakov, Stable recovery of sparse overcomplete representations in the presence of noise, *IEEE Trans. Inf. Theory* 52 (2006): 6–18.

Duarte, M.F. and R.G. Baraniuk, Spectral compressive sensing, *Appl. Comput. Harmon. Anal.* 35 (2013): 111–129.

Fannjiang, A., Compressive imaging of subwavelength structures, *SIAM J. Imaging Sci.* 2 (2009): 1277–1291.

Fannjiang, A., Compressive inverse scattering Ⅰ. High-frequency SIMO/MISO and MIMO measurements, *Inverse Probl.* 26 (2010a): 035008.

Fannjiang, A., Compressive inverse scattering Ⅱ. SISO measurements with Born scatterers, *Inverse Probl.* 26 (2010b): 035009.

Fannjiang, A., TV-min and greedy pursuit for constrained joint sparsity and application to inverse scattering, *Math. Mech. Complex Syst.* 1 (2013a): 81–104.

Fannjiang, A. and W. Liao, Coherence-pattern guided compressive sensing with unresolved grids, *SIAM J. Imaging Sci.* 5 (2012a): 179–202.

Fannjiang, A. and W. Liao, Super-resolution by compressive sensing algorithms, in *IEEE Proceedings of Asilomar Conference on Signals, Systems and Computers*, 2012b.

Fannjiang, A., T. Strohmer, and P. Yan, Compressed remote sensing of sparse objects, *SIAM J. Imaging Sci.* 3 (2010): 596–618.

Fannjiang, C., Optimal arrays for compressed sensing in snapshot-mode interferometry, *Astron. Astrophys.* 559 (2013b): A73–A84.

Kowalski, M., Sparse regression using mixed norms, *Appl. Comput. Harmon. Anal.* 27 (2009): 303–324.

Mishchenko, M.I., L.D. Travis, and A.A. Lacis, *Multiple Scattering of Light by Particles: Radiative Transfer and Coherent Backscattering*. (Cambridge, U.K.: Cambridge University Press, 2006).

Needell, D. and J.A. Tropp, CoSaMP: Iterative signal recovery from incomplete and inaccurate samples, *Appl. Comput. Harmon. Anal.* 26 (2009): 301–329.

Pati, Y.C., R. Rezaiifar, and P.S. Krishnaprasad, Orthogonal matching pursuit: Recursive function approximation with applications to wavelet decomposition, in *Proceedings of the 27th Asilomar Conference in Signals, Systems and Computers*, 1993.

Rauhut, H., Stability results for random sampling of sparse trigonometric polynomials, *IEEE Trans. Inf. Theory* 54 (2008): 5661–5670.

Rudin, L. and S. Osher, Total variation based image restoration with free local constraints, in *Proceedings of IEEE ICIP*, Vol. 1, 1994, pp. 31–35.

Rudin, L.I., S. Osher, and E. Fatemi, Nonlinear total variation based noise removal algorithms, *Phys. D* 60 (1992): 259–268.

Tang, G., B. Bhaskar, P. Shah, and B. Recht, Compressed sensing off the grid, *IEEE Trans. Inf. Theory* 59 (2013): 7465–7490.

Tibshirani, R., Regression shrinkage and selection via the lasso, *J. R. Stat. Soc. Ser. B* 58 (1996): 267–288.

Tropp, J.A., Greed is good: Algorithmic results for sparse approximation, *IEEE Trans. Inf. Theory* 50 (2004): 2231–2242.

Tropp, J.A., A.C. Gilbert, and M.J. Strauss, Algorithms for simultaneous sparse approximation. Part I: Greedy pursuit, *Signal Process* (*Special Issue on Sparse Approximations in Signal and Image Processing*) 86 (2006): 572–588.

第4章 压缩感知在光学成像与感知应用中的特殊问题

挑战、解决方案和开放性问题

Adrian Stern

4.1 引言

压缩感知(CS)理论在光学感知和成像领域已经展示出新机遇。然而,在该领域CS的实现往往并不一帆风顺。本章讨论CS在实际光学系统集成中遇到的具体问题,以及在设计光学CS系统时可能遇到的实现挑战,并且提供一些解决这些问题的方法。

光学CS系统设计原理可能与用于常规的光学感知与成像原理完全不同。例如,传统的非相干成像追求实现同构映射(见2.2节),即生成精确复制目标(恰当比例因子)的图像。理想情况下,目标的每一个点映射到传感器的一个像素上,因此除了简单的几何变换(如镜像)外,获得的图像是目标的精确复制。与此相反,CS采样的指导思想是要求某种程度地混叠信息,因此多个图像点投射到传感器的一个像素上。在这种情况下,经典的光学工程分析工具和器件不是最合适的。

将CS框架应用在光学成像与感知中,人们需要考虑光学数据采集系统的特殊性。本章的主要目的是强调CS在光学成像与感知应用中的特殊问题,并且指出在光学CS系统设计中面对的主要挑战。在4.2节中,概述了CS在光学成像与感知应用中遇到的特殊问题和实现困难。在4.3节中,我们给出了在CS矩阵实现中克服某些限制的实例。在4.4节中,我们归纳了一些实现中的特殊问题,并且列出了光学设计者遇到的10个开放性问题,问题涵盖从理论到实现,对这些问题的回答将会极大地丰富光学设计者的经验。

正式开始前,我们想提醒一句:受限于作者的经验和观念,下面的讨论也许有些偏颇,正因为如此才更需要讨论。

4.2 CS 在光学感知应用中的特殊问题

4.2.1 压缩感知与光学物理模型

我们考虑 1.1 节介绍的基本 CS 感知模型：

$$\boldsymbol{g} = \boldsymbol{\Phi f} \tag{4.1}$$

这是离散－离散(D－D)线性模型，即该模型通过线性变换将离散的有限输入与离散的有限测量联系起来。这样的模型只能用于光学感知系统的近似，因为大部分的光学系统和测量不是线性的，而且模型不能将离散光学输入与离散输出联系起来。

1. 线性

首先考虑光学感知系统的线性。由于系统的光学、光电或声光器件的非线性，大部分的光学系统在一定程度上是非线性的，而且固有的非线性是由光学输入与输出，以及输入与输出之间关系引起的，唯一的光学可观测量是电磁场的二阶统计特征(辐照度、互强度以及更为一般的互相干)，这些量与输入光场成平方关系。幸运的是，线性关系可以实际应用到两个普遍的极端相干情况，即(完全的)空间非相干感知和相干感知。非相干成像指的是从任意不同的两点输入的光是不相关的。实际上，这适用于输入空间相干截面远小于输入特征的情况。在空间非相干场合，线性关系可以表示为输入强度 f_{ic} 与输出强度 g_{ic} 的关系：

$$g_{ic}(\boldsymbol{u}) = \int h_{ic}(\boldsymbol{u},\boldsymbol{x}) f_{ic}(\boldsymbol{x})\,\mathrm{d}x \tag{4.2}$$

这里，h_{ic} 是非相干输入脉冲响应，也称为“点扩散函数”。

另一种极端相干指的是空间相干截面远大于输入特征，在这种情况下，输入场($f_c(\boldsymbol{x})$)和输出场($g_c(\boldsymbol{u})$)之间存在线性关系，并且有

$$g_c(\boldsymbol{u}) = \int h_c(\boldsymbol{u},\boldsymbol{x}) f_c(\boldsymbol{x})\,\mathrm{d}x \tag{4.3}$$

这里，h_c 是相干输入脉冲响应。虽然相干系统的输出场 $g_c(\boldsymbol{u})$ 不能直接测量，但是可以通过相干测量仪间接测量(例如，可以用第 8 章的数字全息成像测量)。

在部分相干照明的情况下，仍然可能用线性模型表示输入－输出光场的二阶统计量：

$$G(\boldsymbol{x}_1,\boldsymbol{x}_2) = \iint h_c^*(\boldsymbol{x}_1,\boldsymbol{x}_1') h_c(\boldsymbol{x}_2,\boldsymbol{x}_2') F(\boldsymbol{x}_1',\boldsymbol{x}_2')\,\mathrm{d}\boldsymbol{x}_1'\mathrm{d}\boldsymbol{x}_2' \tag{4.4}$$

这里，$F(\boldsymbol{x}_1',\boldsymbol{x}_2')$、$G(\boldsymbol{x}_1,\boldsymbol{x}_2)$ 是准单色输入场与输出场在位于输入面与输出面上 $(\boldsymbol{x}_1',\boldsymbol{x}_2')$、$(\boldsymbol{x}_1,\boldsymbol{x}_2)$ 处的互强度(Goodman 1996; Brady 2009)。相比式(4.1)模型，

式(4.4)是更为一般的CS模型,是可用于低秩矩阵的CS模型(Recht et al. 2010, 471 -501;Shechtman et al. 2011 , 23920 -23946)。这类问题在13章讨论。

2. 离散-离散模型

大部分的物理光学系统继承了连续-连续(C-C)模型,如方程式(4.2)和式(4.3)。实际中输出也常是由像素化的光电探测器离散,因此一般的光学感知系统用连续-离散(C-D)感知过程来描述。现在重点观察用C-D或C-C模型而不是以CS理论为基础的D-D模型描述的实际光学系统。为了实现D-D,需要对输入人为采样(离散化),通常是由常规的均匀采样完成,即以恒定的采样速率获取输入$f(x)$的离散值。这是离散化最常用的方法,通常是自动完成的,然而,这不是最有效的离散方法(Brady 2009)。这种离散方法的缺点之一是它会导致第3章讨论过的栅格误差。

3. 数值和维度

在D-D模型(4.1)中矩阵和矢量的项取决于被测光学信号类型。例如,在非相干成像和光谱学中,测量光的强度,因此$\boldsymbol{f} \in \Re^N$,$\boldsymbol{g} \in \Re^M$以及$\boldsymbol{\Phi} \in \Re^{M \times N}$,所有的矩阵项是非负的且为实数,$g_i, f_i, \phi_i \geqslant 0, i=1,2,\cdots,M, j=1,2,\cdots,N$。另外,在相干成像中测量复数场的振幅,因此$\boldsymbol{f} \in C^N$,$\boldsymbol{g} \in C^M$以及$\boldsymbol{\Phi} \in C^{M \times N}$。

接下来,将考虑在光学成像与感知中,模型(4.1)的D-D方法各部分特征。

4.2.2 输入信号

在光学感知中,输入信号$\boldsymbol{f}$代表“目标”特征,如空间、空时、光谱、电磁场或辐射功率的偏振分布。下面将列出$\boldsymbol{f}$的特征以及相关的结论。

(1) 稀疏性。

正如CS所要求的,在大多数的光学感知与成像场合,当目标分解到另一个域之后的确是稀疏的或高度可压缩的(如离散余弦变换、小波或其他变换、特定方法、字典)。例如,以我们在一般的数据压缩应用中经验(例如,JEPF、JEPG200),在可见光波段的2D成像可以压缩10~50倍,而3D成像和高光谱成像有更高的压缩倍数。

(2) 物理表示维度。

目标通常表示为多维图像或多维阵列。平面目标是2D的,而立体目标或视频序列通常以3D分布形式排列。高光谱数据以3D数据立方(两个空间维度,一个光谱维度)排列。更为一般的情况,光学信息可以用“全光”或“光线相空间”表示(Stern and Javidi 2005, 141 -150),这种表示方法多达七维,包括光线的空间位置(3D)、光线的方向(2D)、光线与时间的关系(1D)以及光线的光谱组成(1D)。因此,为了适应模型(4.1)的矩阵矢量形式,信号需要转换成字典排序的矢量形式。一旦重新排列成矢量形式,大量的理论和现成的计算方法就可以用于式(4.1)的矩阵-矢量模型,例如,重构保证和约束、噪声鲁棒性分析以及特定算法的指南。不幸的是,采用字母次序重排,会丢失信号内部结构固有的先验信息。例如,平面图像的局部2D相关减少到仅是字母次序矢量的1D相关。通常,多维信号模型比1D信号模型信息丰富。没有记录结构信息并且在重构中加以利用,总的性能预期会更差。因此,为了有效地实现CS,人们应该尝试定义稀疏算子 $\boldsymbol{\Psi}$,稀疏算子考虑了存在于原始图像中的内部结构和局部相关性。换句话说,考虑到输入信号的结构,稀疏性和稀疏化的概念需要推广。在这方面有些方法考虑了结构的稀疏支撑,更为一般的是信号子空间的并集(Stern and Javidi 2005, 141-150)。

(3) 数据规模。

信号 $\boldsymbol{f}$ 和测量值 $\boldsymbol{g}$ 数据规模通常较大。例如,在可见光谱段的非相干成像中,N 很容易达到 10^7 量级,而在多维成像中(如3D图像、高光谱图像和视频),N 可以达到更高的数量级。现在的成像性能与千兆像素(10^{12})规模的像面、超光谱图像(10^3 个谱带),以及每秒几千亿帧的帧频有关(Gao et al. 2014, 74-77),这意味着每秒 $10^{11} \sim 10^{14}$ 量级的信号表示。显然这样的计算量涉及存储器需求和重构速度。

(4) 非负性。

在许多光学应用中(例如,非相干成像、光谱测量仪),我们对输入光强度的测量感兴趣。在所有这些应用中,信号 $\boldsymbol{f}$ 是非负的。常规的CS框架假设输入信号是可正可负的。为了实现CS,非负性应该在重构过程中加以重视,具体方法是在重构问题中引入适当的约束或者采用信号中心化(减去了平均值的信号)。

4.2.3 系统矩阵

(1) 矩阵的规模。

在模型(4.1)D-D方案中,系统矩阵的规模是 $N \times M$,在常规成像任务中,N 和 M 可能在 $10^5 \sim 10^9$ 量级。因此,系统矩阵的规模是巨大的,有十亿(10^{12})到一千兆(10^{15})项。此外,如果希望通过采用偏离栅格技术(见第3章)来更好地近似连续感知过程,对每一个信号坐标,就需要增加约 10^4 倍的系统矩阵规模的代价,这样的矩阵规模带来如下重大的挑战:

- 计算量。$\boldsymbol{\Phi}$ 可能需要几千兆字节存储器;采用如此大规模矩阵实现重构算法是非常困难而且是耗时的。

- 光学实现。常规CS测量模型通常包括随机测量矩阵,试图实现该模型可能面临极大的挑战。首先,可实现的矩阵项分布明显地局限于有限的范围,因此不是标准的独立同分布(i.i.d)项的常规CS矩阵。此外随机矩阵 $\boldsymbol{\Phi}$ 的实现需要建立在空间带宽积(SBP)大于 $N \times M$ 的成像系统上。因此,光学系统需要具有 $N \times M$ 个几乎独立的模式或自由度。设计一个具有这种大的 SBP 系统是非常难的。例如,压缩成像中常用的空间光调制器的 SBP 为 $O(N)$。因此,为了实现大约是 M 倍的 SBP,需要约 M 次连续测量(见第 5 章),这明显地影响系统的性能(采样时间、有限的帧频)和复杂度。

• 光学校准。具有较大 SBP 的感知系统通常需要全面且耗时的校准过程。校准过程指的是通过测量系统的高分辨率响应来确定 $\boldsymbol{\Phi}$。典型情况下,为了校准 $\boldsymbol{\Phi}$,需要测量 N 次输入脉冲响应(每一次测量确定 $\boldsymbol{\Phi}$ 的一列),每一列有 M 个样本。

(2) 非负性。

在许多光学应用中(例如非相干成像),不可能实现具有负数项的系统矩阵 $\boldsymbol{\Phi}$。这意味着 $\boldsymbol{\Phi}$ 的范围只能涵盖正象限,结果在 1.4 节定义的 $\boldsymbol{\Phi}$ 的相干参数是低的,这表明较低的压缩率。这个问题可以通过将预调整用于重构过程中(Bruckstein et al. 2008, 4813 – 4820)或者通过测量次数翻倍以得到与双极性系统矩阵相等的测量值(Goodman 1996)。

(3) 具有稳定响应的传感器实现。

CS 的性能也许对测量矩阵的精度高度敏感。如果系统感知矩阵需要校准过程,那么物理实现应该是尽可能地稳定不变,即系统感知矩阵应该对机械振动、热变化等不敏感。

4.2.4 测量信号

(1) 测量信号规模。

虽然测量图像 $\boldsymbol{g}$ 的维度小于信号 $\boldsymbol{f}(M < N)$,但在典型的光学 CS 系统中 M 仍然较大。因此类似的计算问题与输入信号 $\boldsymbol{f}$ 中已经讨论过的一样也与测量信号 $\boldsymbol{g}$ 有关。

(2) 实数和非负性。

光电传感器通常测量辐照度(单位面积的功率),辐照度是实数并且是非负的。负数和复数值只能间接测量,通常是通过多次测量获取。例如,在压缩层析成像中(第 8 章),复数场的振幅是利用时间或空间多路复用来测量的。

(3) 动态范围和量化。

光学传感器的动态范围总是有限的。例如,通常在可见光波段非制冷光电传感器的动态范围是 8 ~ 12bit。在更长的波段,动态范围也许更小。这可能是个严重的缺陷,特别是在非负矩阵 $\boldsymbol{\Phi}$ 的非相干成像中。在非相干成像情况下,实际上是测量围绕某个恒定偏移量(由 $\|\boldsymbol{f}\|_1$ 确定)的小的波动(由 $\boldsymbol{\Phi f}$ 确定)。因此,设计成线性的且线性量化的常规光电传感器不适合于围绕某个偏移量波动范围相对小的输出信号 $\boldsymbol{g}$。如果光电传感器的范围设置得太小,$\boldsymbol{g}$ 的元素可能

溢出。另外,如果传感器范围设置得太大,那么由于覆盖信号 $\boldsymbol{g}$ 的量化级数太小会损失精度。Stern 等的文献(2013b, 1069 - 1077)显示,在成像系统中直接应用模型(4.1)CS 感知框架需要传感器具有比传统成像系统的传感器多 $O(\log_2 2\sqrt{N})$ 比特才能获得类似的图像质量。实际上,在许多应用中这也许是过高的要求。虽然已有一些显著减少这种量化深度开销的方法(Stern et al. 2013b,1069 - 1077),但是需要不同于常规的光学实现手段。

4.3 可行的 CS 采样矩阵实现方法

光学 CS 系统设计的第一步是 CS 感知算子的光学实现。从技术上来说,光学工程师不得不设计实现 CS 感知矩阵 $\boldsymbol{\Phi}$ 的光学方案。虽然设计的感知矩阵在 CS 理论中已经做了详细的说明,但是实际上光学工程师很难选择他满意的 $\boldsymbol{\Phi}$。实际上,感知矩阵通常由感知过程和光学器件的物理属性决定。

CS 矩阵主要可以分为两类:由随机基组合(RBE)生成的矩阵和随机调制矩阵(例如,见第 1 章以及 Eldar and Kutyniok 2012)。从分析的角度来说,随机化的测量方案是一种首选的方法,因为这种方法提供了理论保证,但同时这种保证很难达到。随机基集合是通过 $N \times N$ 的正交矩阵以及对其行的 M 次随机采样得到的。适用于光学的 RBE 例子是部分傅里叶集、部分菲涅耳集和部分哈达玛集。幸运的是,光学工程师的手段包括光学元器件以及能够模型化的方法,或者至少是 RBE 的近似方法。有两个这样的例子,一个是用于全息成像的自由空间传输,有关全息成像将在第 8 章讨论;另一个是采用可调谐薄膜器件的光谱调制,这种方法将在 9.2.3 节讨论。

第二类 CS 感知途径是采用随机调制矩阵。在这种实现方法中,矩阵是从 i. i. d 分布中抽取矩阵项生成的,这里的 i. i. d 分布可以是高斯、拉特(±1)、伯努利(0/1)或者更一般的任何其他亚高斯分布[①]。这类感知模型对光学实现不友好。在 4.2.3 节提到的实现挑战主要是针对这种类型的 CS 传感器。

受到最佳通用 CS 指导思想所做出的明智妥协的影响,2.3 节描述的常规 CS 感知算子可以部分缓解挑战。例如,作为随机投影的替代,可以采用一些结构化的伪随机投影方法(Duarte and Eldar 2011, 4053 - 4085)。在 4.3.2 节和 4.3.3 节给出这类光学实现的两个例子。如果设计特定的任务系统,也许可以避开 CS 实现挑战。例如,如果任务是跟踪场景中的运动,可以充分运用在 4.3.3 节描述的技术。

---

① 如果对于所有实数 t 存在 $c>0$,使得 $\mathrm{E}[\mathrm{e}^{Xt}] \leqslant \mathrm{e}^{(ct)^2/2}$,那么随机变量 X 服从亚高斯分布。

4.3.1　可分离的感知矩阵

降低随机投影矩阵实现 CS 系统复杂性的方法之一是设计在光学信号自然坐标系中可分离的感知矩阵 $\boldsymbol{\Phi}$(Rivenson and Stern 2009a, 449 – 452)。光学系统和器件在光场的空间维度、光谱分量、偏振态以及时间中通常是分别起作用的。例如,为了获得典型的 2D 图像,可以利用在 $x-y$ 方向可分离的采样算子,如图 4 – 1 所示。数学上,这样的感知算子可以用每一个笛卡儿方向感知算子的克罗内克积表示:$\boldsymbol{\Phi}=\boldsymbol{\Phi}_x \otimes \boldsymbol{\Phi}_y$(图 4 – 1)。对于 CS,每一个方向的感知算子 $\boldsymbol{\Phi}_x$、$\boldsymbol{\Phi}_y$ 可以设计为完成某一个随机投影。显然,由于可实现系统的有限动态范围,这些矩阵项不具有高斯分布,但是可以选择具有近似亚高斯分布的矩阵项。通常选择伯努利分布和哈达玛码。

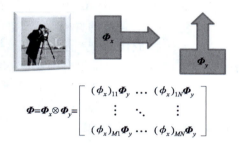

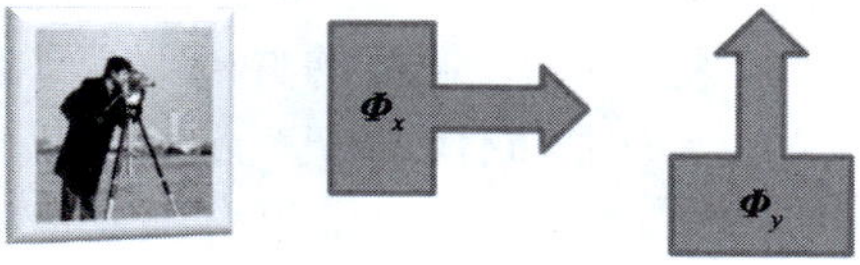

$$\boldsymbol{\Phi}=\boldsymbol{\Phi}_x \otimes \boldsymbol{\Phi}_y=\begin{bmatrix} (\phi_x)_{11}\boldsymbol{\Phi}_y & \cdots & (\phi_x)_{1N}\boldsymbol{\Phi}_y \\ \vdots & \ddots & \vdots \\ (\phi_x)_{M1}\boldsymbol{\Phi}_y & \cdots & (\phi_x)_{MN}\boldsymbol{\Phi}_y \end{bmatrix}$$

图 4 – 1　由克罗内克积 $\boldsymbol{\Phi}=\boldsymbol{\Phi}_x \otimes \boldsymbol{\Phi}_y$ 描述的可分离图像处理,这里 $(\phi_x)_{i,j}$ 表示矩阵 $\boldsymbol{\Phi}_x$ 的 i,j 位置的元素

$x-y$ 可分离算子 $\boldsymbol{\Phi}$ 的 SBP 是 $O(\sqrt{N \cdot M})$,因此矩阵的存储器需求和光学感知的复杂度由 $O(N \cdot M)$ 降低到 $O(\sqrt{N \cdot M})$。这种系统的校准过程(见 4.2.3 节)按同样的比例减小。采用可分离 $\boldsymbol{\Phi}$ 在重构步骤中也是有用的,因为这样允许采用快速的块迭代算法。

然而,优势伴随着代价。前面提到的采用分离式感知算子的优势是以较低的压缩率性能为代价。例如,Rivenson and Stern (2009a, 449 – 452)的理论分析表明,2D 图像需要大约 $\log(\sqrt{N})$ 倍的采样以获得与不可分离随机系统矩阵相似的性能。然而,Rivenson and Stern(2009c, 1 – 8)以实验为依据的研究显示出更加宽松的采样要求。在 Rivenson and Stern(2009b)文献中可以发现两维以上的可分离算子对信号过采样要求的分析。

Rivenson and Stern (2009a, 449 – 452)和 August 等 (2013, D46)在高光谱成像中,利用可分离感知算子的压缩成像已经在 2D 图像中得到验证。

4.3.2 压缩成像的光学 radon 投影

在创新的 CS 论文中(Candes and Romberg 2006, 227 - 254),作者首先通过 radon 投影恢复图像的实例证明了 CS 概念。Stern(2007, 3077 - 3079)验证了采用 radon 投影的压缩成像光学的实现。光在失真的光学器件(如柱透镜)中传播可以实现物面在线阵传感器上的光学 radon 投影(图 4 - 2(a))。该系统完成旋转扫描,在扫描过程中以不同的角度捕获多个 radon 投影。通过应用基于最小 l_1 范数的重构算法,图像可以从多个比常规方法(例如,滤波的后向投影算法)更少的投影中重建。

Stern(2007, 3077 - 3079)基于光学 radon 投影的压缩成像方法展示了一种采样时间与系统复杂度之间非常好的折中。参照主要的压缩成像架构(见第 5 章),系统允许比顺序扫描系统(例如,采用"单像素相机")(图 3 - 9)更快的扫描速度,另外,系统实现的复杂度比典型的并行装置(例如,Stern and Javidi (2007,315 - 320)中的"单次压缩成像相机")低得多。Stern(2007, 3077 - 3079)提出的成像方法进一步改进了 Evladov 等(2012, 4260 - 4271)的方法,前者的文献显示采用 golden 角度步长对角度采样允许图像渐进压缩采集。重构图像的渐进改善是通过在现有投影上增加新的投影获得,而不需要重新采样和重新计算。每一次新的测量提高了前一次的重构图像质量,如图 4 - 2(b)所示。

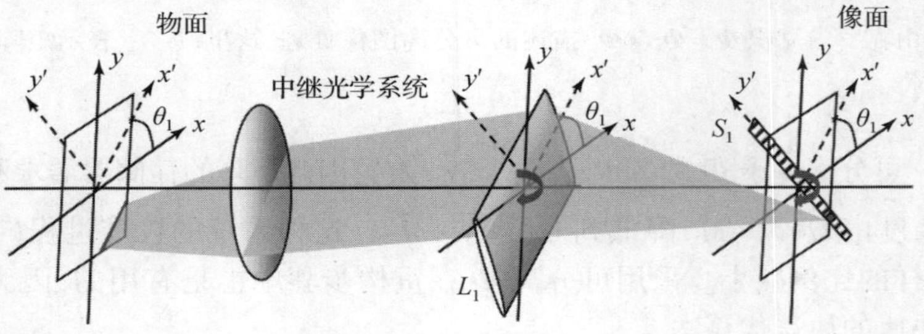

(a)

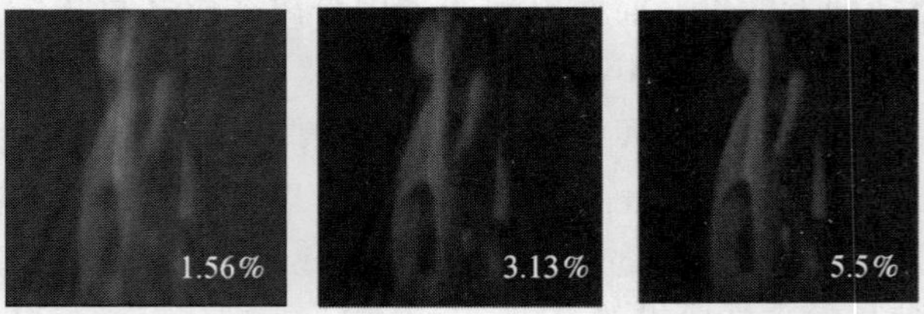

(b)

图 4 - 2 (a) 光学 radon 成像器示意图。利用柱透镜 $\boldsymbol{L}_1$,像面的 radon 投影由线阵矢量 $\boldsymbol{S}_1$ 探测。(b) 标准采样(奈奎斯特采样)的 1.56%(左图)、3.13%(中间图)和 5.5%(右图)获得的重构图像。图像大小为 1280 × 1280 像素

在没有良好重构图像所需采样次数的先验信息时,这种渐进压缩成像方法特别有用。这意味着渐进 radon 采集方法对目标图像类型具有天然的调节能力。该方法也显示出它不受扫描过程突然停止的影响,另外这种方法不能忍受均匀的角度采样。这种方法的其他优点是通过对数据子集采用重构算法的“ordered sets”,能够胜任大尺寸图像的压缩成像,因此改善了严重的计算问题(Evladov et al. 2012, 4260 -4271)。例如,图 4 -2 中的图像有百万像素的大小。

4.3.3　运动跟踪的光学 radon 投影

当采集系统的任务是变化检测或运动跟踪时,信号是非常稀疏的。例如,考虑 1M 像素的视场、以 20ms 的时间分辨率对点目标进行 10s 的跟踪。对于常规的成像系统,要完成这样的任务需要采集 500M 像素,同时运动点的轨迹可以只用 500 对笛卡儿坐标描述,因此 $k/N = 2 \times 10^{-6}$。运动目标的笛卡儿坐标可以通过测量两次正交 radon 投影的差异获得。正如前面提到的,radon 投影可以采用失真的光学元件如柱透镜(图 4 -2(a))这一光学手段获得。图 4 -3 描述了两次 radon 投影的变化检测概念。前后两次投影相减,指示变化的投影位置(图 4 -3(b)和(c)),然后投影可以反向投射,给出笛卡儿栅格上的变化位置。由于信号是非常稀疏的,l_1 极小算子特别有效。

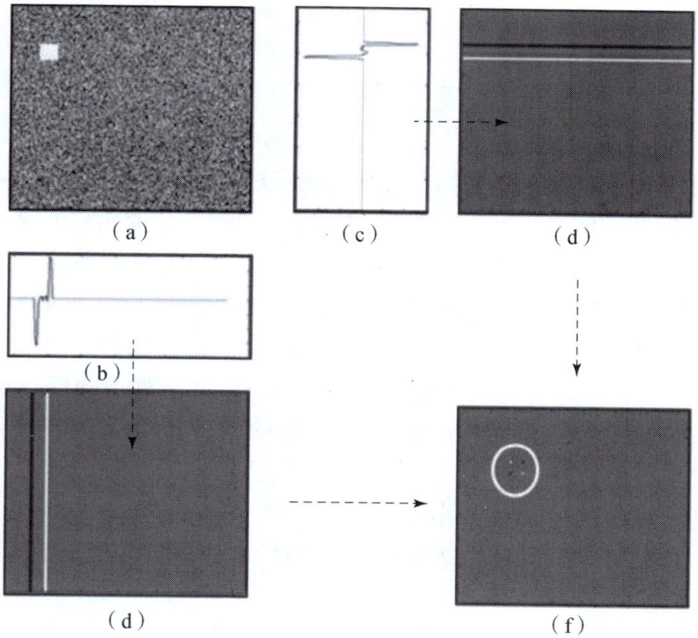

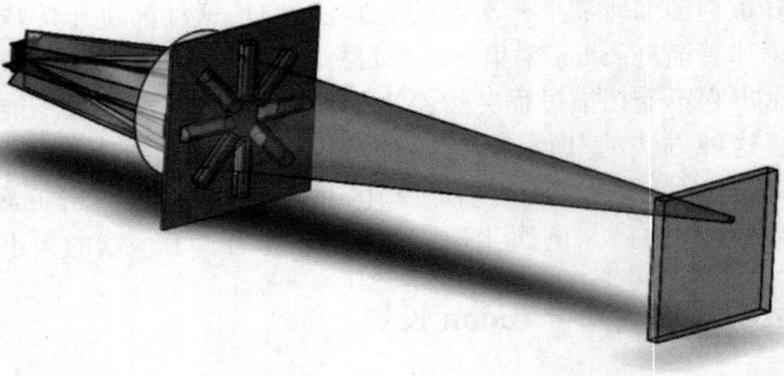

(g)

图 4-3 利用投影的运动检测

(a) 连续两帧的原始帧输出;(b) 和(c) 连续两帧的投影差;(d) 和(e) 帧差的反向投影;(f) x,y 的反向投影交集,被探测目标用白色圆圈标出;(g) 变化检测和运动跟踪的光学系统。

实际应用中,对于任意方向的多个运动目标检测,两次投影是不够的。为了跟踪任意方向的运动目标,至少需要三次投影。Kashter 等(2012, 2491 - 2496)提出的图 4-3(g)所示系统利用了四次投影的叠加。Kashter 等(2012, 2491 - 2496)的模拟实验显示,该系统能够跟踪多达 10 个运动目标点。实验说明能够跟踪的目标在 500 × 500 像素的视场内,采样次数比相同任务下常规相机需要的采样次数少约 250 倍。

4.4 十个挑战和待解决问题

在 4.2 节中,我们综述了常规 CS 理论用于光学感知应用中的特殊问题,我们也提到有些特殊问题导致了光学感知系统的实际设计者面临的重大技术和理论挑战。本节我们总结光学 CS 设计者通常面临的一些理论和计算方面待解决问题。有些列出的问题相当普遍而且是众所周知的(Elad 2012, 922 - 928; Strohmer 2012,87 - 893;Stern et al. 2013a, 69 - 72),然而仍然在这里列出是因为这些问题在光学感知领域是特别重要的。此外,许多列出的问题虽然已经讨论,但近几年在解决这些问题方面又取得了新的进展,仍然需要进一步促进光学 CS 的工程化。

光学 CS 受到以下待解决问题的挑战:

(1) 如何处理维度问题?如何针对大尺度设计在计算上和光学上可行的通用 CS 算子(见 4.2.2 节)?

(2) “经典的”CS 框架认为信号是 1D 矢量形式,因此,不能直接反映光学信号的固有性质,如 4.2.2 节“维度的物理表示”部分讨论的。这意味着稀疏性和稀疏化的概念需要考虑输入信号的结构。应该设计恰当的稀疏化、感知算子和各自的算法。例如,考虑 3D 目标成像的例子。最可能的是,简化信号表达最有效的方法不是将稀疏算子用于字母顺序记录的 3D 点。此外,感知过程在横向和纵向方向不应该一样对待。最后,最好不要将算法用在高维度的矢量化 3D 数据上。由此带来的问题是:除了稀疏性,如何利用光学信号的固有结构?合适的稀疏器和感知算子是什么?这类信号的 CS 信息理论保证是什么?最后,除了稀疏性,算法如何更好地利用额外的先验数据?虽然有些问题在过去的几年已经得到解答,我们相信还有进一步的研究空间。

(3) 用于光学成像和感知以及重构保证的感知算子需要切实可行的性能指标。通过严格等距性(RIP)(第 1 章到第 3 章)或其改进(Eldar and Kutyniok 2012),CS 矩阵的 CS 性能可能是最好的评价。不幸的是,对于大多数可实现的光学感知算子,RIP 约束是不实用的。更加实用的方法是计算"相关参数"μ(见第 1 章到第 3 章)。然而,基于相关参数的理论结果只给出了最坏情况的估计。我们都知道,基于互相关的重构限制是过度悲观的(Elad 2010),这导致理论预测与实际性能之间的巨大差异。例如,在 4.3.2 节描述的相关参数应用中,相关参数大约是 0.7(Farber et al. 2013, 87500L－1－87500L－9),这显然不能保证 ×10 倍量级的压缩,这是我们在实际中得到的结果。在 CS 理论中,探索 RIP(以及其改进)和相关参数以外的系统特性通常是亟待解决的问题(Elad 2010)。与一般的待解决问题相比,光学工程师从可实现的光学感知矩阵性能指标中获益匪浅,例如矩阵项具有非负性或特定结构的感知矩阵。

(4) 主流 CS 是对 D－D 顺序系统模型的公式化,正如在 4.2.1 节"离散－离散模型"部分阐述的。然而,大部分的光学感知算子是由 C－C 模型或 C－D 算子描述的,即通过模型将连续的物理输入与连续或离散输出联系起来。因此,为了实现 CS,通常通过等间隔的均匀采样将连续的光学系统模型转换成 D－D 算子 $\boldsymbol{\Phi}$。例如,在 9.2.3 节"压缩液晶成像光谱仪"部分,系统的线性 D－D 光谱感知矩阵是通过对波长 λ 的等间距采样得到的。这带来了下面的问题:对于 CS,将物理 C－C 模型转换成 D－D 模型最好的方法是什么?换句话说,连续感知算子离散化最好的方法是什么?或者,更为一般的问题:是否存在将 C－C 或 C－D 感知模型用于 CS 的更好方法?Xampling 理论(Mishali et al. 2011,4719－4734)给出了肯定的回答,该理论证明了 C－D 模型的 CS 应用。通常,具备 C－C 感知模型的严格 CS 框架会有很大的益处,严格的 CS 框架可用于一大类信号,同时还能够保留标准 D－D 方法的简洁性和有效性。

(5) 已经证明 CS 对超越传统光学分辨率极限是有利的。例如,CS 用于增加光学系统的 SBP(Stern and Javidi 2007, 315－320)、获得空间(Fannjiang 2009,

1277－1291；Gazit et al. 2009，23920－23946；Shechtman et al. 2010，1148－1150，2011，23920－23946）和时间（Llull et al. 2013，10526－10545；Gao et al. 2014，74－77）超分辨率成像。在光学感知领域，超分辨率是一个长期存在的问题。CS 已经将新的且有效的方法用于解决超分辨率问题。概略地说，CS 具有这样的能力可以归因于以下事实，即其表现得类似于插值方法而不是外推方法（Gehm and Brady 2015，C14－C22）。传统的超分辨试图在非采样区域外推信号值（例如，频带以外的傅里叶空间），而大多数 CS 系统试图对属于稀疏采样区域测量值之间的信号值进行内插。然而，所有这些方法都包含光学问题到D－D的转换，这会引起栅格误差（第 3 章）和模型误差。拥有分析和算法理论，对避免由于转换到离散域而出现的误差是有帮助的。

（6）在光学信号中涉及较大的 N，这需要在计算上有高效的算法。CS 重构算法本质上是非线性的，需要大量计算和大容量存储器，特别是在高维光学信号情况下。我们注意到，大部分 CS 恢复算法是为模型（4.1）中矢量感知问题而定义的，特别是定制的算法应该强调这样一个事实：光学表达出的数据具有固有的结构（典型情况是 2D 或 3D），考虑信号结构，可以采用更快、存储效率更高的算法。已经开发出的大量算法，有些算法适用于我们的目的，有些不适用。人们可能会问：在 4.2 节给出了光学信号的属性，从各种熟悉算法中选择恰当算法用于 CS 的指导思想是什么？当存在很多的算法需要选择，而且最近已经公开发表了一些综述性论文时，就需要以性能为准则对算法分类。光学工程师很少对算法（例如，贪婪、凸松弛、阈值）的工作原理感兴趣，相反，他需要考虑感知算子类型（随机调制器、随机基集合、结构形式）、感知条件（例如，N 和 k）以及清楚地给出信号重构保真度与运行时间之间折中的简单指南。

（7）现在的 CS 是脆弱的（Gehm and Brady 2015，C14－C22），CS 建立在自然信号是高度冗余之上，并且追求获得的测量值含有尽可能少的冗余。然而，从工程的角度，为了保证可靠性往往需要冗余性。CS 测量值对加性噪声的鲁棒性是众所周知的。然而，很少人研究由于设计过程不同造成的可靠性降低。这点非常重要，因为光学系统性能往往对环境的变化（例如，温度、机械振动、湿度）敏感，最好有一个包括以往类似系统变化的 CS 设计方法指南。某种意义上，这类似于通信应用程序中设计的保证从大多数常见错误类型中可恢复性的编码设计方法。

（8）校准。正如 4.2.3 节提到的，光学系统校准可能是个艰巨的过程。未来关注的研究点是如何由现有测试信号集设计最小信号测试集（校准输入），这样才能获得对给定环境下系统测量矩阵最可行的理解。

（9）非线性 CS。绝大多数的 CS 理论聚焦在线性感知模型（4.1），虽然许多光学系统可以近似为线性系统,但是正如“4.2.1 节压缩感知与光学物理模型”“线性性”部分讨论的,仍然有许多系统是非线性的。光学中最重要的一个例子是从强度测量中恢复相位,这是一个典型的二次方问题,在第 13 章中将讨论这个问题。其他的非线性光学系统包括纯粹的量化系统(例如,1bit 系统)、光子计数系统和依赖非线性光学器件的系统(例如,非线性晶体),这里仅举几个例子。

(10)利用非线性的超分辨 CS。经典的分辨率极限是对线性系统定义的。众所周知,通过设计恰当的非线性系统,可以跨越这样的分辨率极限。我们相信,通过对冗余信号设计合理的非线性系统会好于已经成熟的 CS 超分辨率体制,如前面提到的那些系统。

4.5 结论

在光学应用中充分利用 CS 数学模型是非常重要的。为了防止直接将 CS 理论用于成像和光学感知,我们已经综述了光学成像的特性。在很多场合,实际的和物理的限制迫使光学 CS 设计者偏离基本的 CS 指导原则。例如,通过采用大量的装置,他/她不得不对通用的 CS 感知算子的随机性做出妥协。我们已经给出了两个例子来证明这一观点。在某些情况下,如果明确了特定的任务,那么实现限制就没有那么严格,就像压缩运动检测和跟踪系统,而在另一些场合,特殊的光学感知机制与 CS 指导方针契合度很好。

考虑 CS 在光学成像应用中的特殊情况,我们总结了光学 CS 实现上普遍遇到的一些主要理论和实用问题。我们相信对这些问题做出的解答将会开启拥抱新的光学 CS 应用的大门。

参考文献

August, Y., C. Vachman, Y. Rivenson, and A. Stern. 2013. Compressive hyperspectral imaging by random separable projections in both the spatial and the spectral domains. *Applied Optics* 52: D46.

Brady, D. J. 2009. *Optical Imaging and Spectroscopy*. Wiley-Interscience.

Bruckstein, A. M., M. Elad, and M. Zibulevsky. 2008. On the uniqueness of nonnegative sparse solutions to underdetermined systems of equations. *IEEE Transactions on Information Theory* 54(11): 4813–4820.

Candes, E. J. and J. Romberg. 2006. Quantitative robust uncertainty principles and optimally sparse decompositions. *Foundations of Computational Mathematics* 6(2): 227–254.

Duarte, M. F. and Y. C. Eldar. 2011. Structured compressed sensing: From theory to applications. *IEEE Transactions on Signal Processing* 59(9): 4053–4085.

Elad, M. 2010. *Sparse and Redundant Representations: From Theory to Applications in Signal and Image Processing*. Springer.

Elad, M. 2012. Sparse and redundant representation modeling—What next? *IEEE Signal Processing Letters* 19(12): 922–928.

Eldar, Y. C. and G. Kutyniok. 2012. *Compressed Sensing: Theory and Applications*. Cambridge University Press.

Evladov, S., O. Levi, and A. Stern. 2012. Progressive compressive imaging from radon projections. *Optics Express* 20(4): 4260–4271.

Fannjiang, A. C. 2009. Compressive imaging of subwavelength structures. *SIAM Journal on Imaging Sciences* 2: 1277–1291.

Farber, V., E. Eduard, Y. Rivenson, and A. Stern. 2013. A study of the coherence parameter of the progressive compressive imager based on radon transform. *Proc. SPIE*. 9117–10, p. 87500L.

Gao, L., J. Liang, C. Li, and L. V. Wang. 2014. Single-shot compressed ultrafast photography at one hundred billion frames per second. *Nature* 516(7529): 74–77.

Gazit, S., A. Szameit, Y. C. Eldar, and M. Segev. 2009. Super-resolution and reconstruction of sparse sub-wavelength images. *Optics Express* 17(25): 23920–23946.

Gehm, M. E. and D. J. Brady. 2015. Compressive sensing in the EO/IR. *Applied Optics* 54(8): C14–C22.

Goodman, J. W. 1996. *Introduction to Fourier Optics*. McGraw-Hill.

Kashter, Y., O. Levi, and A. Stern. 2012. Optical compressive change and motion detection. *Applied Optics* 51(13): 2491–2496.

Llull, P., X. Liao, X. Yuan, J. Yang, D. Kittle, L. Carin, G. Sapiro, and D. J. Brady. 2013. Coded aperture compressive temporal imaging. *Optics Express* 21(9): 10526–10545.

Mishali, M., Y. C. Eldar, and A. J. Elron. 2011. Xampling: Signal acquisition and processing in union of subspaces. *IEEE Transactions on Signal Processing* 59(10): 4719–4734.

Recht, B., M. Fazel, and P. A. Parrilo. 2010. Guaranteed minimum-rank solutions of linear matrix equations via nuclear norm minimization. *SIAM Review* 52(3): 471–501.

Rivenson, Y. and A. Stern. 2009a. Compressed imaging with a separable sensing operator. *IEEE Signal Processing Letters* 16(6): 449–452.

Rivenson, Y. and A. Stern. 2009b. An efficient method for multi-dimensional compressive imaging. In *Computational Optical Sensing and Imaging, OSA Technical Digest (CD)* (Optical Society of America, 2009), paper CTuA4.

Rivenson, Y. and A. Stern. 2009c. Practical compressive sensing of large images. In *2009 16th International Conference on Digital Signal Processing*, pp. 1–8. IEEE.

Shechtman, Y., Y. C. Eldar, A. Szameit, and M. Segev. 2011. Sparsity based sub-wavelength imaging with partially incoherent light via quadratic compressed sensing. *Optics Express* 17: 23920–23946.

Shechtman, Y., S. Gazit, A. Szameit, Y. C. Eldar, and M. Segev. 2010. Super-resolution and reconstruction of sparse images carried by incoherent light. *Optics Letters* 35(8): 1148–1150.

Stern, A. 2007. Compressed imaging system with linear sensors. *Optics Letters* 32(21): 3077–3079.

Stern, A., Y. Auguts, and Y. Rivenson. 2013a. Challenges in optical compressive imaging and some solutions. In *10th international conference on Sampling Theory and Applications SampTa*, Vol. 24, pp. 69–72.

Stern, A. and B. Javidi. 2005. Ray phase space approach for 3-D imaging and 3-D optical data representation. *Journal of Display Technology* 1(1): 141–150.

Stern, A. and B. Javidi. 2007. Random projections imaging with extended space-bandwidth product. *Journal of Display Technology* 3(3): 315–320.

Stern, A., Y. Zeltzer, and Y. Rivenson. 2013b. Quantization error and dynamic range considerations for compressive imaging systems design. *Journal of the Optical Society of America A, Optics, Image Science, and Vision* 30(6): 1069–1077.

Strohmer, T. 2012. Measure what should be measured: Progress and challenges in compressive sensing. *IEEE Signal Processing Letters* 19(12): 887–893.

第二部分

压缩成像系统

第5章　压缩成像光学架构

Mark A. Neifeld and Jun Ke

5.1　引言

本章将比较压缩成像的三种光学架构:顺序架构、并行架构和光子共享架构。每一种架构采用两种不同类型的投影方法来分析:主成分(PC)投影和伪随机(PR)投影,给出线性和非线性重构方法,每一种架构－投影组合的性能根据重构图像质量的噪声强度来定量测量。我们采用线性重构算子,给出了主成分投影的所有可能的情况:超过测量噪声水平时压缩成像优于传统成像。通过对目标像素亮度平均值的归一化,顺序架构、并行架构和光子共享(PS)架构的噪声标准方差阈值分别为6.4、4.9和2.1。我们也得出了当采用线性重构方法时,传统成像性能优于采用PR投影的压缩成像。在所有情况下,PS架构比其他两种光学方案有更高的光子效率,在讨论的三种压缩方法中具有最高的性能。例如,当噪声强度是目标平均亮度的1.6倍时,采用PC投影和线性重构算子,PS架构比另外两种架构中的任何一种的重构误差至少减小了17.6%。我们也证明了在噪声较低时,非线性重构方法能够对所有架构提供额外的性能改进。

本章是基于文献[1]在2007年首次报道的工作,此后大量的关注点集中在创新压缩感知数学框架以及由此产生的新型测量样式上[1-3]。正如本书其他部分所描述的,在这里"压缩"一词指的是测量过程中测量次数明显地小于被测信号的固有维度的任何测量过程。许多/绝大多数感兴趣信号的冗余性能够从这些压缩测量中获得高精度重建。本书主要聚焦在压缩成像,因此包括物理测量次数远小于期望/重构图像像素数量的任何成像器件[4]。做成像硬件的人有时候把那些压缩技术归为特征成像(featurespecific imaging,FSI)[4-6]。众所周知,由于典型的图像是冗余的(也就是具有易压缩性),压缩成像已经成为压缩感知样式运用最容易实现的平台。与传统成像相比,压缩成像具有以下优点:①成本低。因为减少了光电探测器数量,进而减小了相机尺寸、重量、功耗等。②探测器噪声限的测量精度得到改善,因为总数量相同的光子能够被更少的光电探测器测量。

压缩成像测量的是目标空间的简单投影,因此,所有压缩成像技术的共性是采用能够将高维目标空间投影到低维测量空间的某种光学硬件,虽然这方面已经有了大量可用的投影方法(例如,小波、PC、哈达玛、离散余弦、PR),但是用于压缩成像的光学架构却很少。本章将给出三种不同压缩成像光学实现的定量性能。这里需要强调的是,本章的目的不是比较实现压缩感知的各种算法,而是提供几种光学架构性能的定量比较。本章的结构安排如下:5.2 节给出两类经典投影(PC 和 PR)算法,在我们的研究以及相关的最佳线性重构算子中将采用这两种算法。5.3 节给出三种光学压缩架构的工作原理:顺序架构、并行架构和光子共享架构。5.4 节给出各种架构 - 投影组合采用线性重构的定量比较。5.5 节将这些结果扩展到非线性重构算法。5.6 节给出散粒噪声限的一些新结果。5.7 节给出我们研究的结论。

5.2 算法描述

压缩成像是计算成像的特例[7-8]。在测量过程的输出中,计算成像系统不一定生成视觉上令人满意的图像,相反,为了实现某些系统总体目标,计算成像会生成一组数字(例如,线性投影),这些数字能够在后处理算法中使用。系统也许需要或不需要传统的"完美图像"来表示目标信息。这样,在完成特定任务测量过程中,计算成像设备也许比传统的成像设备更通用、更灵活。因此,在压缩成像框架中,成像系统的任务必须定义测量投影类型和投影次数以及必要的后处理。在其他章节已经讨论了压缩成像用于人脸识别[9],本章将会关注重构图像质量(即完美图像),图像质量采用均方根误差(RMSE)评价准则来评价。接下来,将描述两种不同的投影基以及相关的线性后处理算法,这些算法能够用来获得高质量的重构图像。这两种算法的差异在于对目标空间先验知识类型/数量的假设。

我们研究的第一种算法(A1)采用 PC 特征以及最小线性均方误差(LMMES)重构算子。首先定义测量过程是从 N 维目标空间到 M 维测量空间的线性投影($M<N$),测量空间存在加性高斯白噪声(AWGN),因此测量矢量可以写为

$$\boldsymbol{m} = \boldsymbol{F}\boldsymbol{x} + \boldsymbol{n} \tag{5.1}$$

式中:$\boldsymbol{F}$ 为 $M \times N$ 的投影矩阵;$\boldsymbol{x}$ 为 $\sqrt{N} \times \sqrt{N}$ 个目标像素字典序排列的 N 维矢

量；$\boldsymbol{n}$ 是均值为零、方差为 σ^2 的独立同分布（i. i. d）AWGN 随机变量组成的 M 维矢量。根据 $\hat{\boldsymbol{x}}=\boldsymbol{W}\boldsymbol{m}$，通过 LMMSE 重构算子 $\boldsymbol{W}$ 获得重构图像，这里 $\boldsymbol{W}$ 是由下式 $N\times M$ 矩阵给出

$$\boldsymbol{W}=\boldsymbol{R}_x\boldsymbol{F}^{\mathrm{T}}(\boldsymbol{F}\boldsymbol{R}_x\boldsymbol{F}^{\mathrm{T}}+\boldsymbol{D}_n)^{-1} \tag{5.2}$$

其中，$\boldsymbol{R}_x$ 是目标的自相关矩阵；$\boldsymbol{D}_n$ 是噪声协方差矩阵，采用奇异值分解对矩阵 $\boldsymbol{F}\boldsymbol{R}_x\boldsymbol{F}^{\mathrm{T}}+\boldsymbol{D}_n$ 求逆。重构图像的 RMSE 与投影矩阵 $\boldsymbol{F}$ 有关，$\mathrm{RMSE}=\sqrt{E\{|\boldsymbol{x}-\hat{\boldsymbol{x}}|^2\}}$，这里 E{ } 表示统计学的数学期望，包含了噪声的统计信息和目标类 $\boldsymbol{X}_1$。众所周知，对于 $\sigma=0$，通过设置矩阵 $\boldsymbol{F}$ 的行等于目标类 $\boldsymbol{X}_1$ 的 M 个最大 PC 可以达到 RMSE 最小化[10]，这样 PC 基矢量只是与 $\boldsymbol{X}_1$ 有关的自相关矩阵中 M 个最大特征矢量（即那些具有 M 个最大特征值的矢量）。这里给出的所有结果都是基于算法 A1，该算法采用 PC 特征以及方程（5.2）给出的 LMMSE 重构算子，尽管在有噪声存在（即 $\sigma\neq0$）时 PC 特征是次优的。

我们已经采用大量商用人脸图像集，定义为 $\boldsymbol{X}_1$ 类[4,10-11]，图 5-1(a) 显示 $\boldsymbol{X}_1$ 中部分人脸图像，每一幅图像大小 80×80，包含 $N=6400$ 个像素，总共有 110241 幅这样的图像用于定义目标自相关矩阵和最终的 PC 基矢量。图 5-1(b) 显示源于该图像集的前 5 个 PC。这些 PC 基定义投影矩阵 $\boldsymbol{F}$ 的行，$\boldsymbol{F}$ 反过来定义光学掩膜（进一步在 5.3 节阐述），光学掩膜对实现压缩成像是必备的。

我们研究的第二种算法（A2）采用 PR 特征以及最优的 LMMSE 重构算子。这里再次假设测量模型由方程式（5.1）给出，然而在该算法中，投影矩阵 $\boldsymbol{F}$ 的行由 PR 基矢量定义，PR 基矢量只是 N 维多元高斯随机变量的正则化采样。要特别注意一点的是，这些 PR 投影没有使用图像目标的显性知识，而重构算法却需要目标集信息。在算法 A2 中，假设目标从小波稀疏图像集 $\boldsymbol{X}_2$ 中提取，我们特别定义 $\boldsymbol{X}_2$ 由所有目标矢量 $\boldsymbol{x}$ 组成，$\boldsymbol{x}$ 的 Haar 小波变换 $\boldsymbol{v}=\boldsymbol{H}\boldsymbol{x}$ 具有少量的非零元素（例如，$K\ll N$），这里 $\boldsymbol{H}$ 是 $N\times N$ 的 Haar 小波变换矩阵[12]。

在这部分工作中，通过对人脸图像集 $\boldsymbol{X}_1$ 的处理，已经生成了小波稀疏目标集 $\boldsymbol{X}_2$。元素 $\boldsymbol{x}_2\in\boldsymbol{X}_2$ 是从元素 $\boldsymbol{x}_1\in\boldsymbol{X}_1$ 得到的，计算过程如下：①计算小波变换 $\boldsymbol{v}_1=\boldsymbol{H}\boldsymbol{x}_1$；②令 $\boldsymbol{v}_1$ 中最小的 $N-K$ 个元素为零，得到稀疏小波矢量 $\boldsymbol{v}_2$；③进行小波逆变换得到 $\boldsymbol{x}_2=\boldsymbol{H}^{-1}\boldsymbol{v}_2$。根据上述步骤得到 $K=1600$ 的小波稀疏目标如图 5-1(c) 所示，$K=400$ 的小波稀疏目标如图 5-1(d) 所示。我们对这两种情况都将进行研究。我们注意到，通过目标自相关矩阵 $\boldsymbol{R}_x$，在 LMMSE 算子中几乎不包含目标稀疏性的先验知识，而在 5.5 节描述的非线性重构方法中我们将对先验知识的使用做更详细、更充分的论述。

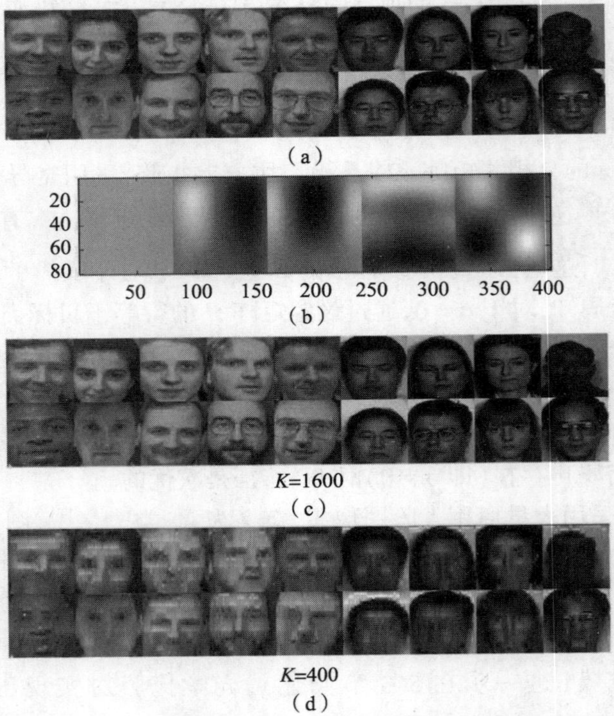

图 5-1 用于本研究的样本

(a) 来自 X_1 的样本;(b) X_1 的前五个主成分(PC)基矢量;(c) 来自 X_2 的样本,$K=1600$;(d) 来自 X_2 的样本,$K=400$。

5.3 架构描述

我们已经研究了压缩成像的三种不同架构:串行架构、并行架构和光子共享架构。这些架构有以下不同:①用于计算线性投影的光子效率。②导致测量恶化的噪声带宽。PS(光子共享)架构凭借最高的光子效率和最低的噪声带宽显示出优异的重构精度。需要注意的一点是,每一种架构都可能具有多种不同的实现方法。本研究中,我们只对架构本身的性能极限感兴趣,而不关注由于个别器件可能导致的性能退化,因此假设采用理想器件并计算可以达到的性能上限。

5.3.1 串行架构

串行架构的原理描述如图 5-2(a)所示,这种架构以著名的"莱斯单像素相机"而闻名,莱斯单像素相机采用了单孔径、单个探测器以及自适应光学掩膜定

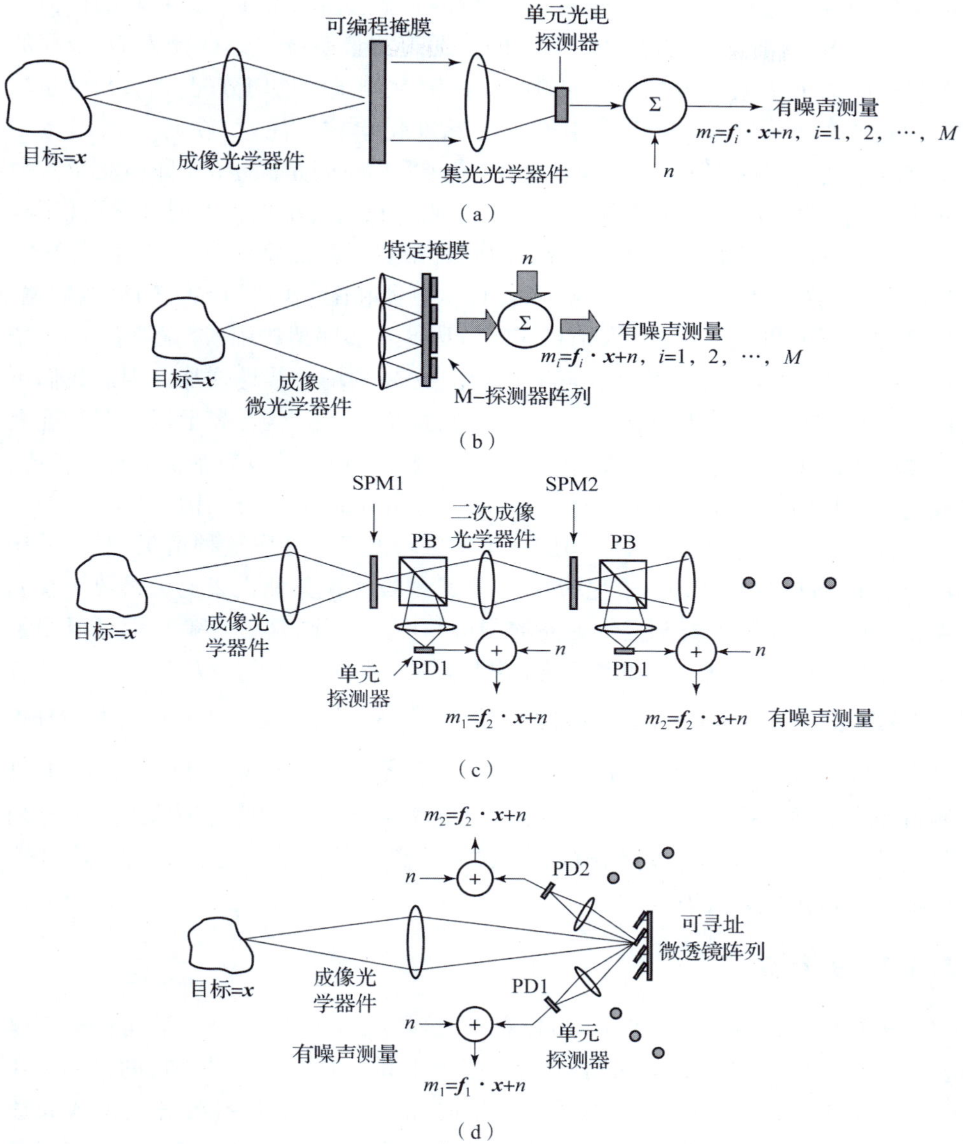

图 5－2　不同压缩成像架构的光学系统原理框图

(a) 串行架构；(b) 并行架构；(c) 空域光子共享架构；(d) 时域光子共享架构。

义其投影矩阵。在这种架构中，测量矢量 $\boldsymbol{m}$ 的每个数值 m_i 是在每一次测量中得到的。在第 i 步，掩膜的透射由 $\boldsymbol{f}_i$ 定义，也就是 $\boldsymbol{F}$ 的第 i 行。由于光电探测器在空间上对透过掩膜的入射光线全部接收，测量到的光电流由内积和噪声给出：

$m_i = \boldsymbol{f}_i \cdot \boldsymbol{x} + n$,这里 n 是方差为 σ^2 的 AWGN 随机变量。注意,如果 $\boldsymbol{F}$ 的任何一个元素为负,就要采用文献[4,12]中的双通道测量系统。令孔径为 D,全部的测量时间为 T,并且假设光子和测量时间在 M 次测量中均匀分配,则参与测量的有效光子数为 D^2T/M,这里采用恰当的标准化单位。注意,在每一次测量中 AWGN 也受测量时间的影响。如果总的数据采集时间是固定的(即与测量次数 M 无关),那么当 M 增加时,顺序架构每次测量只能分配更少的时间,这既影响了每次测量的光子数,又影响了所需的测量带宽。我们将带宽定义为“每次测量时间的倒数”,因为这是与测量装置(即探测器和配套电路)相关的近似带宽,也是实现要求测量速率必须具有的带宽。因此在顺序架构中,带宽随着 M/T 增加,这样在顺序架构中测量噪声随着测量次数 M 的增加线性增加。因此我们可以写出每一次测量带来的噪声 $\sigma^2 = \sigma_0^2 M/T$,这里 σ_0 为常数,表示探测器和配套电路噪声的单位带宽标准方差,因此也与探测器的噪声等效功率(NEP)成正比。我们将这种原理称作均匀-串行(uniform-sequential,U. S.)架构。

为了改善重构精度,可以对 U. S. 架构进行改进。考虑这种情况:对于重构图像的 RMSE,我们已经有了先验知识,即某些投影比其他投影更为重要。我们希望为那些更重要的投影提供更高的测量精度。因此,这些先验知识可以用于定义非均匀测量间隔。现在参与第 i 次测量的有效光子数为 $\eta_i D^2 T$,这里选择分配系数$\{\eta_i, i = 1, 2, \cdots, M\}$,且满足约束条件 $\sum \eta_i = 1$,使得重构图像的 RMSE 极小。注意,现在光电探测器和配套电路的带宽必须满足 $\max[1/(\eta_i T)]$,而且测量噪声必须根据 $\sigma^2 = \sigma_0^2 \max[1/(\eta_i T)]$ 比例调整。我们将这种原理称为非均匀-顺序(NS)架构。这里给出的所有结果的最优能量分配已经采用文献[14]中随机通道优化算法确定。

5.3.2 并行架构

并行架构的例子如图 5-2(b)所示。这种架构采用 M 个光学孔径阵列以及与阵列对应的 M 个光电探测器,每一路采用固定的掩膜测量各自的投影。在这种架构中,所有的投影在一次测量中同时完成。与第 i 路孔径相关的掩膜透射函数由 $\boldsymbol{f}_i$ 定义。再次,我们定义系统总的直径为 D,总的测量时间为 T,这样便于对整个架构光子利用率的公平比较。如果我们假设并行架构中的所有孔径具有相同的直径 $D/\sqrt{M}$,那么参与第 i 路计算的光子数为 D^2T/M,这与 U. S. 架构得到的结果一样。然而,在这种并行架构中,光电探测器和配套电路的工作带宽只需要 $1/T$,因此 $\sigma^2 = \sigma_0^2/T$。注意,这种均匀-并行(UP)架构与 U. S. 架构相比能够提供更低的噪声,而且我们已经将分析局限在几何光学范畴,因此不包

括由于 M 较大而带来的衍射效应影响。

这里再次采用非均匀光子分配策略以提高并行架构的性能(即借助不同的子孔径),虽然这会显著增加实现难度。对于非均匀-并行(NP)架构,参与第 i 次测量的有效光子数仍然为 $\eta_i D^2 T$,这里选择分配系数$\{\eta_i, i=1,2,\cdots,M\}$,且满足约束条件 $\sum \eta_i = 1$,使得重构图像的 RMSE 极小。注意,对光子数进行非均匀分配并没有影响 NP 架构中与测量相关的带宽或噪声强度。

5.3.3　光子共享架构

图 5-2(c)的 PS 架构采用了基于偏振的共享流水线处理器形式,其工作过程在文献[5]中有详细论述。为了完整性,这里给出文献的概要。PS 流水线处理器有 M 级,流水线的第 i 级负责计算 $\boldsymbol{x}$ 向 $\boldsymbol{F}$ 的第 i 行投影。第一级的操作如下:图像 $\boldsymbol{x}$ 被第一个空间偏振调制器(SPM1)调制,SPM1 的第 j 个像素对入射光旋转偏振角度 $\theta_{1j} = \arccos\sqrt{F_{1j}/C}$,这里 F_{1j}是 $\boldsymbol{F}$ 第一行的第 j 个元素,C 是 $\boldsymbol{F}$ 绝对值最大的那一列元素之和,这样偏振旋转被偏振光束分光器(BPS)分解为两个正交分量,其中一路正交分量被 BPS 偏转并且合并入射到光电探测器 PD1,如图 5-2(c)所示。正如所希望的,这个过程得到了与 $m_1 = \boldsymbol{x} \cdot \boldsymbol{f}_1 + n_1 = \sum_j x_j \cos^2(\theta_{1j}) + n_1$ 成正比的一次测量。离开 PBS 的其他偏振分量重新成像在 SPM2 上,而且第二级的工作与第一级完全一样;但是,考虑经过第一级偏转的光子数,旋转角度 θ_2 必须修正。这里令 $\theta_{2j} = \arccos\sqrt{F_{2j}/(C-F_{1j})}$,这样第二级的测量将与 $m_2 = \boldsymbol{x} \cdot \boldsymbol{f}_2 + n_2 = \sum_j x_j[1-\cos^2(\theta_{1j})]\cos^2(\theta_{2j}) + n_2$ 成正比。其他各级的工作方式类似。注意,这个简单的描述中假设了 $\boldsymbol{F}$ 的所有元素为正值。为了考虑 $\boldsymbol{F}$ 的元素可以为负值的投影情况(即 PC 投影),我们假设采用双臂架构。注意这种方式会增加一倍的光电探测器数量(因此噪声也增加一倍)。想要对双臂架构有更详细了解的读者可参见 Takhar et al 和 Barrett and Myers[4,12]。

与串行架构和并行架构相比,PS 架构不丢弃有用光子,并不采用吸收型掩膜。因为我们希望吸收型掩膜有 0.5 的平均透过率,所以 PS 架构比并行架构大约多两倍的光子效率。我们也注意到 PS 架构在单次测量中对所有的投影都进行了测量,结果噪声测量强度为 $\sigma^2 = \sigma_0^2/T$,这与 UP 和 NP 架构的噪声相同。然而,不同于并行架构的是,PS 架构在改变进入 SPM 的角度$\{\theta_i, i=1,2,\cdots,M\}$之前,通过最优配置系数$\{\eta_i, i=1,2,\cdots,M\}$对 $\boldsymbol{F}$ 行的简单加权从而实现了非均匀光子数分配。因此,只要有可能,在下面章节中 PS 的全部结果都是采用最优光子分配以获得重构图像的最小 RMSE。

PS 架构显示在图 5-2(c)中,并且描述了早期采用的“空域光子共享”,

这里也可以采用“时域光子共享”设计 PS 架构。“时域光子共享”架构显示在图 5－2(d)中。这里描述了 N 个可独立寻址的微透镜阵列，每一个微透镜可以指向 M 个方向之一。通过这个微透镜阵列形成图像 $\boldsymbol{x}$，第 j 个微透镜通过编程在第 i 个方向的停留时间间隔正比于投影矩阵$\boldsymbol{F}_{ij}$的第(i,j)个元素。这样，正如所希望的，第 i 个探测器上累计的光子总数正比于$(\boldsymbol{f}_i \cdot \boldsymbol{x})$。再次采用非吸收型掩膜（提供更高的光子效率），并且要求的测量带宽是 $1/T$（其结果是噪声低）。虽然在实现方面或具体应用中可能会优先选择空域或时域架构，但是这两种 PS 架构的基本性能极限是一样的。

5.4 线性重构结果

这部分我们将对比前面描述的不同压缩成像架构每个像素的重构 RMSE。非压缩成像（即传统成像）作为基准也包含在比较中。为了得到 N 像素图像 $\boldsymbol{m}=\boldsymbol{x}+\boldsymbol{n}$，这里假设传统相机（conventional camera，CC）的孔径为 D，积分时间为 T（即传统相机接收的光子数与压缩成像设备相同），这里再次假设噪声 $\boldsymbol{n}$ 是与探测器带宽 $1/T$ 相关的 AWGN，因此 $\sigma^2=\sigma_0^2/T$。具体来说，假如 $\boldsymbol{x}$ 是 80×80 像素的光学图像，CC 采用 $80\times80=6400$ 个光子探测器来探测含有 80×80 个 AWGN 噪声 $\boldsymbol{n}$ 的测量值 $\boldsymbol{m}$。由于压缩成像设备已经具有强大的后处理能力，因此公平起见需要作为基准的 CC 也采用后处理。为了得到估计值 $\hat{\boldsymbol{x}}=\boldsymbol{W}_c\boldsymbol{m}$，我们已经将 LMMSE 去噪算子 $\boldsymbol{W}_c$ 用于测量值 $\boldsymbol{m}$，这里，$\boldsymbol{W}_c=\boldsymbol{R}_x(\boldsymbol{R}_x+\boldsymbol{D}_n)^{-1}$[13]。

在任何压缩成像系统中都有两种重构误差源：第一种是由于没有测量足够数量的投影导致的，这种误差有时也称为截断误差。注意，对 CC 来说没有截断误差，因为 CC 没有测量、计算以及以任何形式的特征利用，因此 CC 的 RMSE 与 M 无关。第二种重构误差来源于测量过程中的噪声，测量噪声产生测量投影误差以及随后的重构误差。在没有噪声的情况下，三种压缩成像架构性能都相当好。这是因为没有噪声的情况下就没有对光学投影造成退化的基础。这就意味着在相同条件下，所有三种架构进行了完全相同的测量，因此性能完全一样好。注意，当噪声为零时，三种压缩成像架构可以得到重构 RMSE＝0，并且采用 PC 投影时 $M=N$。传统的相机在无噪声情况下也会得到 RMSE＝0。在更实际的情况下，$\sigma\neq0$，就得不到 RMSE＝0 的极限性能。

所有的压缩成像架构是在截断误差和测量噪声之间的折中。例如，在 UP 架构中，与每一个探测器有关的光学孔径大小决定了计算单次投影的有效光子数，因为孔径与 D^2/M 相关，每一个探测器的信噪比（SNR）与 M 成反比，这就导致了与测量噪声有关的重构误差随着 M 增加。结果发现，当 M 较小时截断误差决定 RMSE 大小;而 M 较大时测量噪声占 RMSE 的主要部分。正如下面将看到的,这种情况同样适用于另外两种压缩成像架构。

5.4.1 PC 投影与线性重构

我们从采用 PC 投影的压缩成像结果开始。对这里给出的所有结果,我们取 $T=1, D=1$,并且认为所有的目标像素亮度都落在 0 ~ 255 之间,PC 投影的训练集包括 5.2 节中的人脸样本集 $\mathbf{X}_1$,测试样本来源于同一样本集,噪声标准方差 $\sigma_0=1$,相当于 $\text{NEP}_0=0.025\text{pW}/\sqrt{\text{Hz}}$。为了将这一标准化参数与真实探测器联系起来,记 $\sigma_0=133.5$ 对应于 $\text{NEP}=3.3\text{pW}/\sqrt{\text{Hz}}$,这是 900nm 的 New Focus 2031 大面积光接收器在高增益下的平均 NEP,而 $\sigma_0=222.5$ 对应于 $\text{NEP}=5.5\text{pW}/\sqrt{\text{Hz}}$,是工作在 970nm、增益 40dB 的 Thorlabs PDA100A 放大型硅探测器的 NEP。

图 5－3 给出了不同噪声水平下的重构图像 RMSE 数据。图 5－3(a)是噪声水平 $\sigma_0=1335$ 的数据,而图 5－3(b)和 5－3(c)分别对应于噪声水平为 $\sigma_0=751$ 和 422。每一幅图展现了前面章节已经讨论过的全部六种成像相机性能:US、NS、UP、NP、PS 和 CC。基于这些数据可以做出如下讨论:①我们注意到,当截断误差和测量噪声取得平衡时,均匀分配光子得到了最优测量次数 M_{opt}。例如,采用 UP 架构、$\sigma_0=422$,当 $M_{\text{opt}}=20$ 时达到最优性能。当 $M<M_{\text{opt}}$,RMSE 以截断误差为主;当 $M>M_{\text{opt}}$,RMSE 以测量噪声为主。注意,M_{opt} 随着 σ_0 的减小单调增加。②非均匀光子分配提升了性能,并且不存在最佳测量次数。这是因为对 $\{\eta_i, i=1,2,\cdots,M\}$ 的最优处理会自动将零能量分配给任何导致 RMSE 增加的测量,从图 5－4 中 η_i 与 i 的曲线可以很清楚地看出这点。这些数据是采用 NP 架构得到的,且 $M=N$。注意,正如所预料的那样,当噪声增加时,非零值 η_i 的个数将会减少。③在低噪声条件下($\sigma_0<550$ 时),CC 永远得到最佳图像性能。④在高噪声条件下,压缩成像架构优于 CC。⑤在压缩成像相机中,PS 具有最好的 RMSE 性能。

通过提取图 5－3(a)~(c)中每条曲线的最优性能,并且画出最小 RMSE 与噪声强度 σ_0^2 的关系曲线,可以对 RMSE 数据做出总结,结果显示在图 5－5 中。注意,对于非均匀光子分配(即 NS 和 NP 架构),RMSE 曲线并没有延伸到 $\sigma_0<133.5$,这是因为当 η_i 的非零值数量增多时,最优处理并没有很好地收敛。因为非均匀方案的 RMSE 性能非常接近于均匀方案的最小 RMSE 性能,我们确信图 5－5 曲线是 RMSE 性能的合理上限。注意,每一个压缩成像相机的 σ_0^2 不同,大于 σ_0^2 时其性能优于 CC,这个噪声强度阈值在表 5－1 中给出。有趣的是,对每一个高噪声环境,压缩成像的图像保真度优于 CC 获得的图像。在低噪声

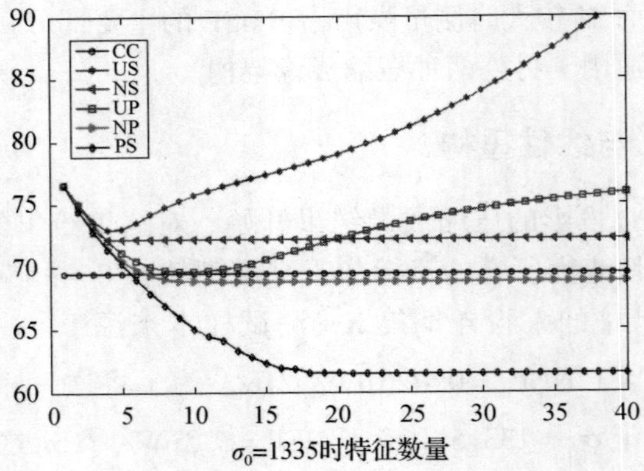

（a）

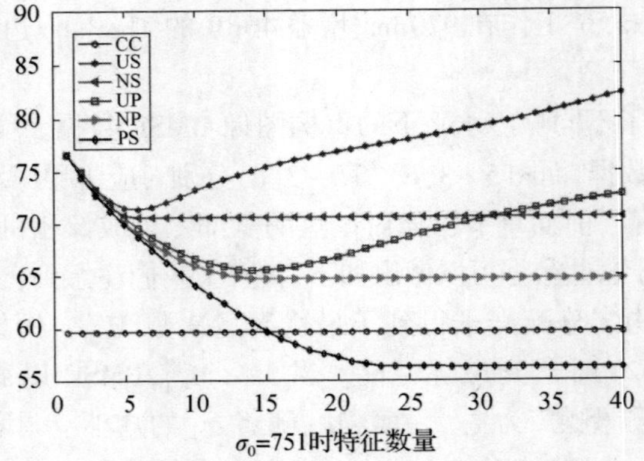

（b）

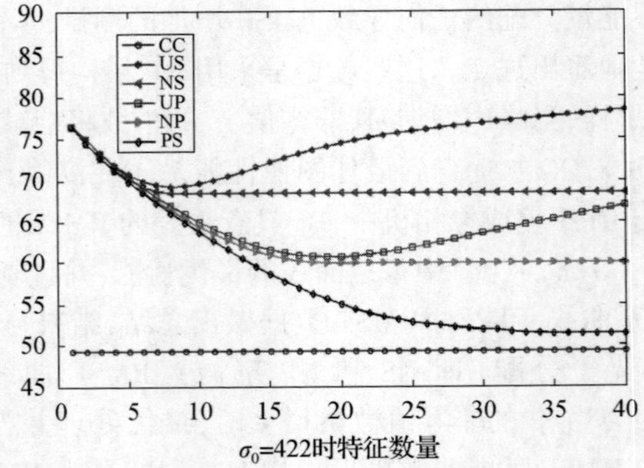

（c）

图 5-3 基于 PC 投影和几种不同噪声值的压缩成像重构均方根误差(RMSE)与特征数的关系曲线

环境下，在所有三种架构中 PS 架构永远总是获得最佳 RMSE 性能，而顺序架构的性能最差。图 5－6 显示了 US、UP 和 PS 架构在 $\sigma_0 = 0.21$，M_{opt}分别为 207、941 和 2601 时的重构结果，对 US、UP 和 PS 架构这些重构图像质量分别是 RMSE＝13.96、10.86 和 7.22。

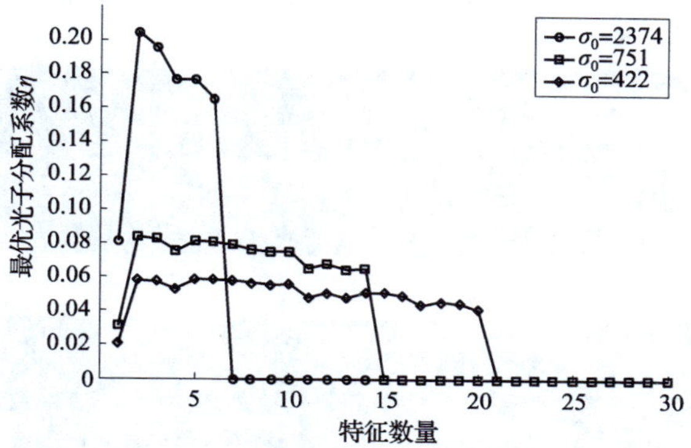

图 5－4　非均匀并行（NP）架构以及三种噪声大小时最优能量分配系数 η 与特征数量的关系曲线

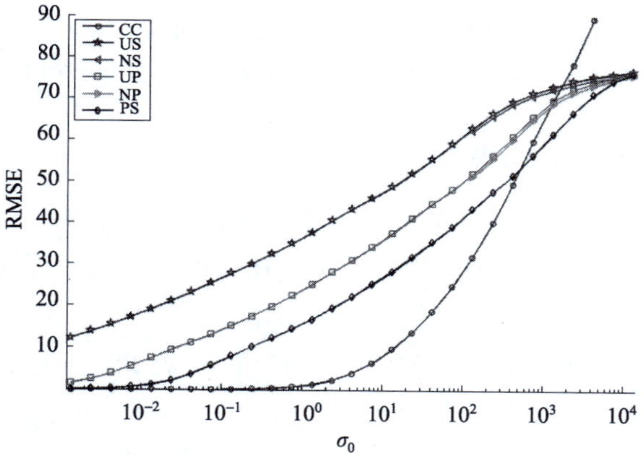

图 5－5　对所有压缩成像架构采用 PC 投影的最小重构 RMSE 与 σ_0 关系曲线

表 5－1　压缩成像优于传统成像的噪声强度阈值

成像方法	噪声阈值（σ_0）
PS	530
NP	1250
UP	1290
NS	1640
US	1670

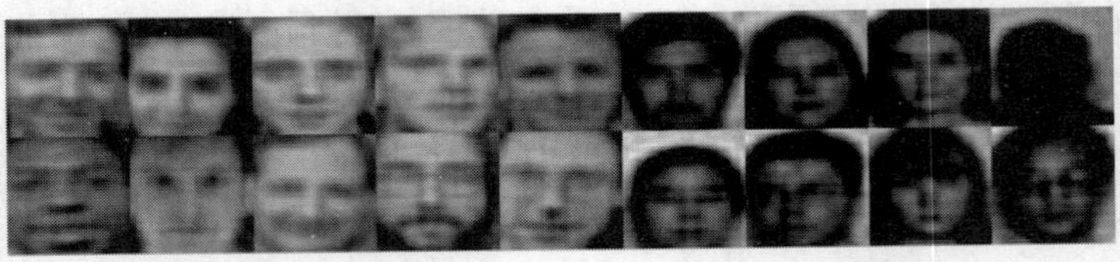

(a)

(b)

(c)

图 5-6 $\sigma_0=0.21$ 的最优重构

(a) 顺序架构($M_{\text{opt}}=207$);(b) 并行架构($M_{\text{opt}}=941$);(c) 并行架构($M_{\text{opt}}=2601$)。

5.4.2 PR 架构与线性重构

这部分给出采用线性重构的 PR 投影压缩成像架构的比较。用于定义自相关矩阵 $\boldsymbol{R}_x$ 的训练样本来自图像集 $\mathbf{X}_2$,测试样本也来自 $\mathbf{X}_2$。在这部分工作报告中,我们已经采用 N 维多元高斯随机变量标准样本生成了 PR 基矢量。为了便于与采用 PC 特征的压缩成像结果进行比较,首先对 PR 基矢量进行排序,通过这个排序过程力争从 PR 基获得良好的光子效率。具体过程是:通过对图像集 $\mathbf{X}_2$ 的主成分分析定义矢量空间,令 PR 矢量根据其投影值之和降序排列。

图 5-7 给出了三种不同噪声水平且稀疏度 $K=1600$ 时重构 RMSE 数据与 M 的函数关系。图 5-7(a)噪声水平 $\sigma_0=237$,而图 5-7(b)和(c)对应的噪声水平分别为 $\sigma_0=133.5$ 和 $\sigma_0=1.34$。同样发现,在图 5-7(c)的最低噪声水平下没有得到最优非均匀光子分配。在图 5-8 中同时给出了 $K_1=1600$ 和 $K_2=400$ 两种情况,噪声水平 $\sigma_0=237$。对 PR 投影,这些结果与图 5-3 所示 PC 投影结果类似。特别注意到:①最优测量次数从 M 与 σ 之间的平衡点开始增加;②PS 架构在压缩成像中提供了最佳的测量性能。然而,PR 与 PC 投影之间的最重要的区别是,对于 PR 投影,CC 永远给出更低的 RMSE。这是因为利用 PR 投影获得的压缩比利用 PC 投影获得的压缩更弱:为了达到给定截断误差水平所

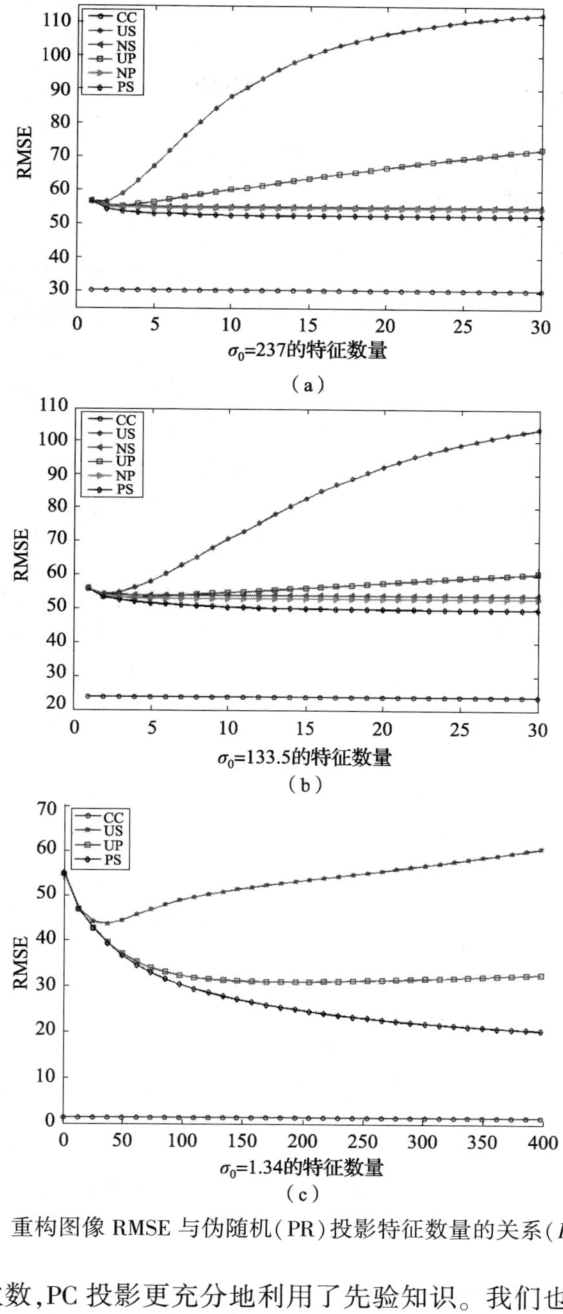

图 5-7 重构图像 RMSE 与伪随机(PR)投影特征数量的关系($K=1600$)

需的最少测量次数,PC 投影更充分地利用了先验知识。我们也注意到,当噪声水平较高,$\sigma_0 \geqslant 237$ 时,NP 和 NS 架构性能是一样的,这是因为当噪声非常大时,全部的光子能量都分配给了单个特征,在这种情况下,并行架构和串行架构变成一样了。从图 5 - 8 中的数据我们也注意到,对特定的 M 值,压缩成像性能对更小的 K 值有略微的改善。

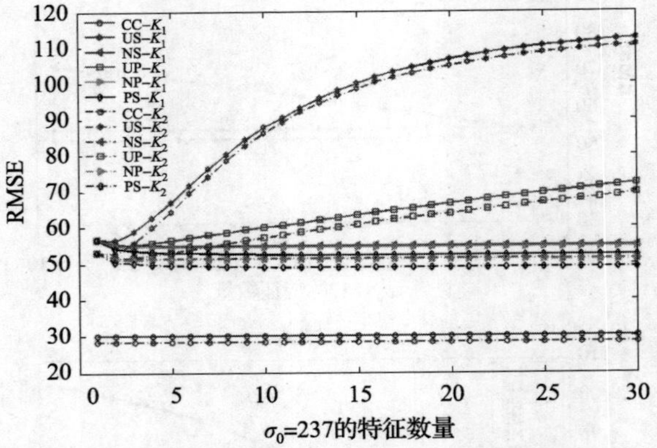

图 5 - 8 重构图像 RMSE 与 PR 投影特征数量之间的关系,噪声强度 $\sigma_0 = 237$,稀疏度 $K_1 = 1600$,$K_2 = 400$

同样,从图 5 - 7 和图 5 - 8 的每一条曲线中提取最小 RMSE 值是有指导意义的,这样就能画出最优性能与 σ_0 的关系。这些数据显示在图 5 - 9 中。同样看到,对所有有意义的 σ_0,传统成像的性能优于 PR 压缩成像。

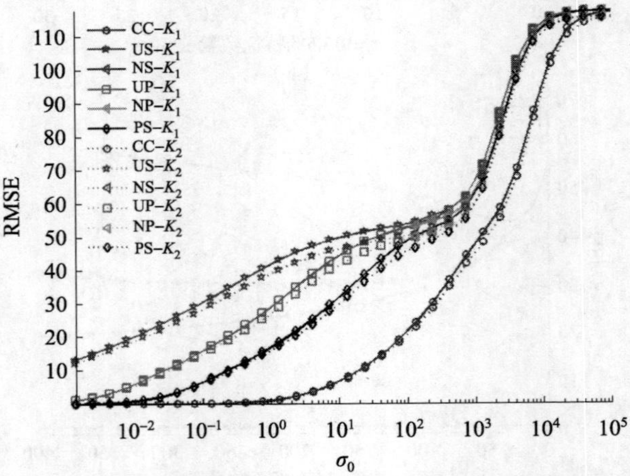

图 5 - 9 采用 PR 投影的压缩成像最小重构 RMSE 与 σ_0 的关系

5.5 非线性重构结果

我们讨论的是非线性重构对前面章节介绍的不同光学架构的影响程度的量

化。注意,本章主要涉及不同光学架构的比较,以及采用非线性处理时我们得到的非线性重构结论仅是对架构比较是否仍然有效的初步探索。在这部分工作中,我们集中于图像集 $\mathbf{X}_2$,因为 $\mathbf{X}_2$ 图像在小波域是稀疏的。测量模型仍然由方程式(5.1)给出,这里投影矩阵 $\boldsymbol{F}$ 由 PC 或 PR 基矢量构成,由测量矢量 $\boldsymbol{m}$ 通过一个候选非线性算法得到目标非线性重构估值 $\hat{\boldsymbol{x}}$,$\boldsymbol{m}$ 利用了小波稀疏度的先验知识。图 5-10(a)给出了采用 PS 架构和 PR 投影以及非线性重构的压缩成像结果。这些数据基于 $M=2000$ 个 PR 特征,并且已经在稀疏度 $K=400$ 条件下生成。线性重构性能由实线画出,虚线对应不同的非线性重构方法,标注"Nowak"是 Haupt and Nowak 方法[15],标注"MP"是匹配追踪[16],"L1qc"是 l_1 最小范数

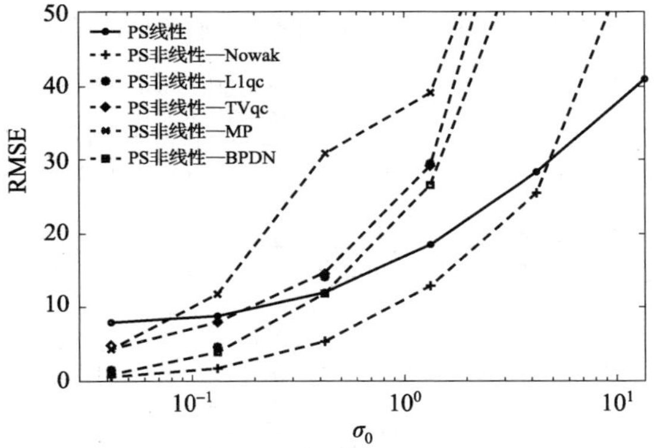

(a)

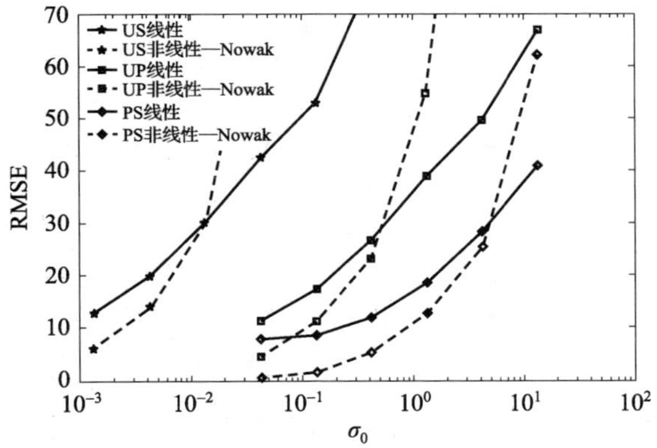

(b)

图 5-10　采用 PR 投影线性重构方法(实线)和非线性重构方法(虚线)得到的重构图像 RMSE 与 σ_0 之间的关系

(a) 采用光子共享(PS)架构的不同非线性算法比较;

(b) 均匀-串行(US)架构、均匀-并行(UP)架构和 PS 架构之间的对比。

与二次约束,"TVqc"是全局最小方差与二次约束[17],"BPDN"是基追踪去噪[18]。从这些数据得出了三个结论:①正如所期望的,当 σ_0 较小时,非线性重构方法具有比 LMMSE 方法更小的 RMSE;②我们也看到,当噪声较大时,LMMSE 方法是优秀的,当然在高噪声情况下,开始点和/或终止规则的改进能够保证非线性方法不会超越 LMMSE 方法[19];③我们注意到,在这五种非线性重构方法中,Nowak 等的方法对我们的图像集得到了最小的 RMSE,在图 5-10(b)中给出了三种架构(US、UP 和 PS)采用 LMMSE 重构(实线)和 Nowak 算法(虚线)的 RMSE 结果。图 5-10(a)中所有其他参数都一样。我们注意到,图 5-10(b)采用非线性重构的数据并没有改变在前面章节看到的架构性能变化趋势。

图 5-11 显示了采用 PS 架构、PR 投影和线性与非线性重构方法的 RMSE 与特征数量之间的关系曲线。采用了两种噪声水平:$\sigma_0 = 0.73$(实线)和 $\sigma_0 =$

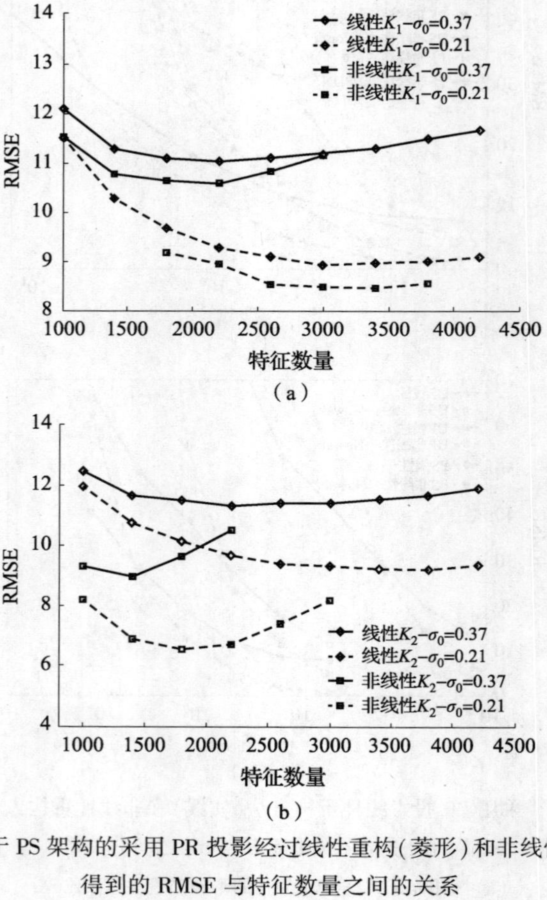

图 5-11 基于 PS 架构的采用 PR 投影经过线性重构(菱形)和非线性重构(方块)得到的 RMSE 与特征数量之间的关系

(a) $K = 1600$;(b) $K = 400$。

0.21(虚线),与这些数据有关的目标图像稀疏度为:图 5-11(a)中 $K=1600$,图 5-11(b)中 $K=400$。同样,在这些低噪声水平下只有均匀光子分配是可行的,因此我们看到截断误差与测量噪声之间的折中,证明了在特定的 M 值存在最小 RMSE。由图 5-11 可见,对这些低噪声水平,通过采用非线性重构,RMSE 会明显减小。例如,当 $\sigma_0=0.37$、$K=1600$ 时,采用 LMMSE 方法得到的最小 RMSE 是 11.06,而在相同条件下采用牛顿算法得到的最小 RMSE 为 10.61。这个优势源于在重构过程中考虑了稀疏性。为此我们希望 $K=400$ 效果更好,图 5-11(b)证明确实是这样。我们看到,当 $\sigma_0=0.21$、$K=400$ 时,LMMSE 方法的 RMSE = 9.21,而采用同样的参数,牛顿算法得到的最小 RMSE 是 6.54。图 5-12 给出了 $\sigma_0=0.21$ 以及两种稀疏度的重构示例。所有这些图像都是采用最佳投影次数得到的。图 5-12(a)和(d)是原始图像,图 5-12(b)和(e)是 LMMSE 重构,图 5-12(c)和(f)是 K 分别为 1600 和 400 情况下的非线性重构。我们注意到非线性重构明显优于线性重构。

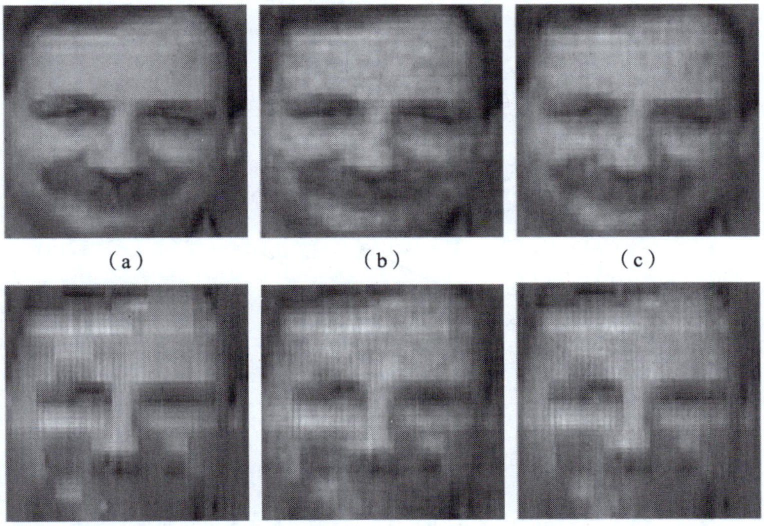

(a)　(b)　(c)

(d)　(e)　(f)

图 5-12　基于 PS 架构采用 PR 投影的重构示例,$\sigma_0=0.21$

(a)至(c)$K=1600$;(d)至(f)$K=400$;(a)和(d)是原始图像,(b)和(e)是最优线性重构,(c)和(f)是最优非线性重构。

我们已经研究过基于 PC 投影的非线性重构压缩成像,期望不仅在基矢量设计而且在非线性重构算法中通过加入图像先验知识来提升性能。我们的研究局限于 PS 架构,且两种噪声水平:$\sigma_0=0.37$ 和 $\sigma_0=0.21$。图 5-13 显示采用线性和非线性重构方法的 RMSE 与特征数量之间的函数关系,图 5-13(a)$K=$

1600,图 5 - 13(b)$K=400$。正如我们观察到的,对 PR 投影:①采用牛顿非线性重构方法得到最小 RMSE;②目标稀疏性越高,RMSE 的改善越明显。对比图 5 - 11 和图 5 - 13,我们观察到,在 PR 投影中包含额外的先验知识,与 PR 投影相比的确改善了重构性能。

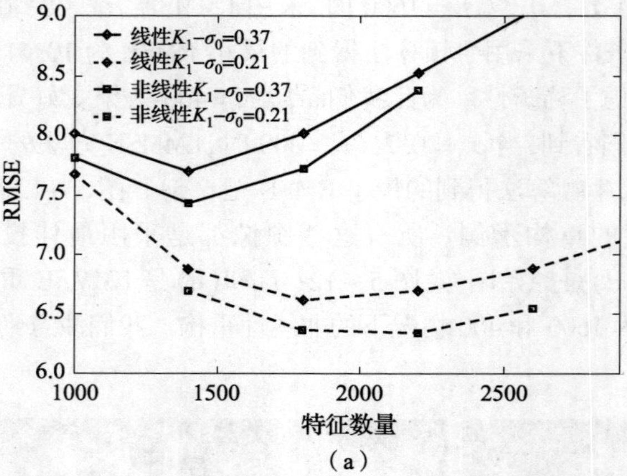

(a)

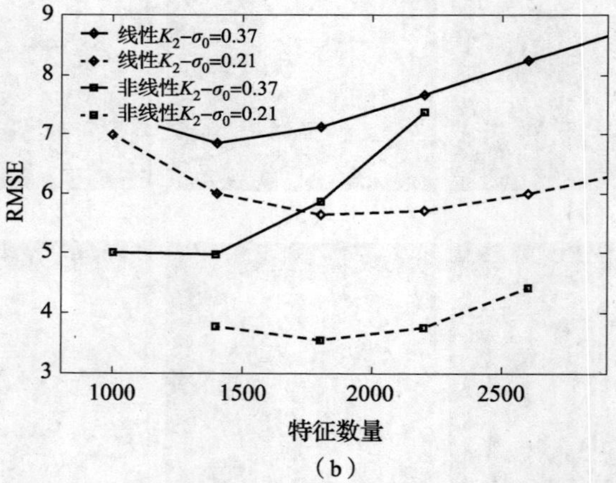

(b)

图 5 - 13 采用 PC 投影和 PS 架构、线性(菱形)和非线性(方块)重构方法的 RMSE 与特征数量之间的关系

(a) $K=1600$;(b) $K=400$。

5.6 散粒噪声限性能

至此我们仅考虑了独立同分布(i. i. d)高斯噪声,因此前面的结果对读出噪声限传感器是有效的;然而,现代大量的焦平面传感器能够达到散粒噪声限性能。因此我们将分析扩展到这一重要的领域。散粒噪声区别于高斯噪声的主要特征是:①散粒噪声服从泊松统计;②散粒噪声的幅值与信号水平相关。这里给出的所有结果我们都假设:无论是传统成像系统还是压缩成像系统,入射到光电探测器阵列的每个像素的光子数量足够多(即光子数 >40),这时泊松统计能够与高斯统计很好近似。这就允许我们采用前面修正的测量模型以获得与信号相关的噪声特征。像前面一样,我们特别考虑 CC 系统,在 CC 系统中单像素测量模型为 $m_i = x_i + n_i$,在散粒噪声模型下,与信号相关的噪声方差为 $\sigma_i^2 = x_i$,类似地压缩测量模型变为 $m_i = \boldsymbol{f}_i \cdot \boldsymbol{x} + n$,其中 n 的方差为 $\sigma_i^2 = \boldsymbol{f}_i \cdot \boldsymbol{x}$。这里将散粒噪声的研究范围局限于 LMMSE 重构和 PC 投影,我们发现其他情况下也显示出类似的变化趋势。我们再次观察到通过对噪声与截断误差的平衡可以得到最优测量次数。将关注点聚焦在那些最优 RMSE 值,得到图 5-14 中的数据,图中画出了重构性能与成像装置接收的总光子数之间的关系。这些数据显示出最显著的趋势是:①正如所预期的,RMSE 随着接收光子数的增加而减小,这是因为散粒噪声限的 SNR 与总光子数的均方根成正比;②三种 CS 架构的相对性能与读出噪声限性能具有相同的趋势(即根据 RMSE 有 PS < UP < US);③我们没有看到压缩成像性能超过 CC 成像性能,这一点与前面章节看到的趋势明显地不同,这是由于多通道在散粒噪声情况下没有优势。回忆只读噪声的情况我们看到,当额外光子入射到单个测量像素上,测量 SNR 线性增加。在散粒噪声情况下,该 SNR 是光子数的均方根,因此加上截断误差,当总的接收光子数相同时,散粒噪声限性能绝不可能超过 CC 性能。当然,这些压缩测量的重构性能仍然是非常高的,当有足够的光子时能够达到与传统成像相当的性能。

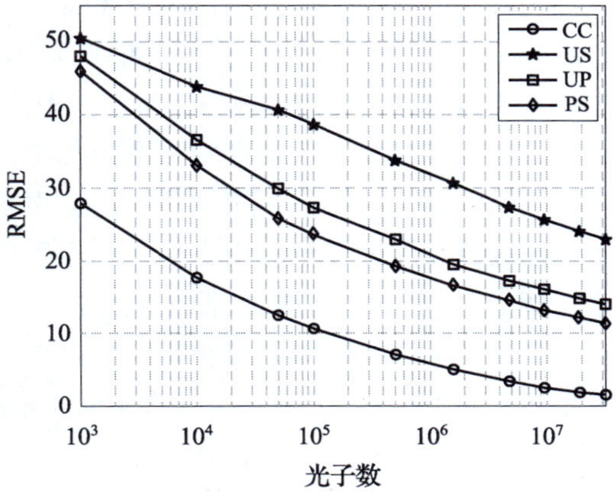

图 5-14 散粒噪声限下所有压缩成像架构的 PC 投影最小重构 RMSE 与总的接收光子数之间的关系

5.7 结论

正如在5.1节讨论的,压缩成像具有以下优点:①降低成本。由于减少了光电探测器数量进而减小了相机尺寸、重量、功耗等。②提高探测器噪声限测量准确性。这些结果表明压缩成像对相机成本较高的一些应用/波段(例如,红外成像系统的像素数量少并且/或需要严格的制冷,或者X射线成像需要大量的层析投影)以及光子数较少场合(例如,夜间成像和/或苛刻的环境下)可能会发挥重要作用。这些特点也可能对运动平台具有优势,因为运动平台上数据处理能力和/或可利用的下行链路带宽有限。

本章采用了两种投影(PC和PR)和两种重构算法(线性和非线性)对压缩成像的三种架构(光子共享、并行和串行)进行了对比,从这些比较中得出PS架构具有最佳的RMSE性能。当目标能量平均分配到多次测量时,压缩成像架构呈现出截断误差与测量噪声之间的折中。我们注意到,通过采用非线性能量分配可以避开这个折中。在线性重构情况下我们看到,在高噪声条件下基于PC投影的压缩成像优于传统成像,而PR投影与CC相比不能改善RMSE。我们也对几种非线性重构方法的架构进行了比较,发现在低噪声条件下,无论是PC投影还是PR投影,压缩成像性能都可以通过采用非线性重构来改善。我们分析了散粒噪声限探测器的压缩成像,证明压缩成像虽然可以获得高性能图像,但是当总的光子数一定时,传统成像优于压缩成像。

自从2007年首次报道这一架构以来,研究者已经进行了大量的压缩成像光学验证[19-32]。几乎所有的验证都可以分为这里描述的三种架构的组合。例如,采用Toeplitz投影矩阵$\boldsymbol{F}$,为了得到简单的、低成本的光学实现,采用PSF设计(例如,在传统相机光瞳处采用简单的掩膜)[31]或者编码孔径成像(例如,在伽马射线和X射线波段经常使用的无透镜成像技术)[28]。这两种系统都是并行架构的例子,虽然对采用的投影进行了约束,也因此导致了性能受限,但这里描述的仍然被视为性能上限。由于我们对压缩成像在维度失配应用中的开创性工作,另一个重要的发展趋势已经显现出来。例如,多光谱压缩成像、偏振成像以及/或视频压缩成像等本质上都涉及在一个或多个目标空间维度上与现有传统成像光电探测器2D阵列的不匹配。传统方法是在空间上(即用于偏振成像的偏振像素滤波器阵列)和/或时间(例如多光谱成像中的推扫传感器)上的多次测量,而最新的压缩方法已经探索在这些维度上生成联合投影。我们再次发现这些强大的传感器概念也许已经渗透到串行器件、并行器件和光子共享器件的某种组合中。随着压缩成像应用前景广阔的领域的不断发展,对这些架构概念及其各种组合的持续研究将更加重要。

参考文献

M.A. Neifeld and J. Ke, Optical architectures for compressive imaging, *Applied Optics*, 46(22), 5293–5303, 2007.

D. Donoho, Compressed sensing, *IEEE Transactions on Information Theory*, 52, 1289–1306, 2006.

E.J. Candès and M. Wakin, An introduction to compressive sampling, *IEEE Signal Processing Magazine*, 25(2), 21–30, 2008.

D. Takhar et al., A new compressive imaging camera using optical domain compression, *Proceedings of SPIE 6065, Computational Imaging IV,* 606509, February 2, 2006, doi: 10.1117/12.659602.

M.A. Neifeld and P. Shankar, Feature-specific imaging, *Applied Optics*, 42, 3379–3389, 2003.

H. Pal and M.A. Neifeld, Multispectral principal component imaging, *Optics Express*, 11, 2118–2125, 2003.

D.L. Marks, R. Stack, A.J. Johnson, D.J. Brady, and D.C. Munson, Cone-beam tomography with a digital camera, *Applied Optics*, 40, 1795–1805, 2001.

W.T. Cathey and E.R. Dowski, New paradigm for imaging systems, *Applied Optics*, 41(29), 6080–6092, 2002.

H.S. Pal, D. Ganotra, and M.A. Neifeld, Face recognition by using feature-specific imaging, *Applied Optics*, 44, 3784–3794, 2005.

I.T. Jolliffe, *Principal Component Analysis*, Springer-Verlag, New York, 2002.

E. Marszalec, B. Martinkauppi, M. Soriano, and M. Pietikäinen, A physics-based face database for color research, *Journal of Electronic Imaging*, 9(1), 32–38, 2000.

H.H. Barrett and K.J. Myers, *Foundations of Image Science*, John Wiley & Sons, Inc., Hoboken, NJ, 2004.

J. Ke, M.D. Stenner, and M.A. Neifeld, Minimum reconstruction error in feature-specific imaging, In Z. Rahman, R.A. Schowengerdt, and S.E. Reichenbach (Eds.), *Proceedings of SPIE-The International Society for Optical Engineering*, Vol. 5817, pp. 7–12, 2005.

W. Wenzel and K. Hamacher, A stochastic tunneling approach for global minimization of complex potential energy landscapes, *Physical Review Letters*, 82, 3003–3007, 1999.

J. Haupt and R. Nowak, Signal reconstruction from noisy random projections, *IEEE Transactions on Information Theory*, 52(9), 4036–4048, 2006.

M.F. Duarte, M.A. Davenport, M.B. Wakin, and R.G. Baraniuk, Sparse signal detection from incoherent projections, *Proceedings of the International Conference on Acoustics, Speech, and Signal Processing—ICASSP*, Toulouse, France, May 2006.

E. Candes, J. Romberg, and T. Tao, Stable signal recovery from incomplete and inaccurate measurements, *Communications on Pure and Applied Mathematics*, LIX, 1207–1223, 2006.

S.S. Chen, D.L. Donoho, and M.A. Saunders, Atomic decomposition by basis pursuit, *Society for Industrial and Applied Mathematics*, 43, 129–159, 2001.

H.H. Barrett, D.W. Wilson, and B.M.W. Tsui, Noise properties of the EM algorithm: I. theory, *Physics in Medicine and Biology*, 39, 833–845, 1994.

M.E. Gehm, R. John, D.J. Brady, R.M. Willett, and T.J. Schulz, Single-shot compressive spectral imaging with a dual-disperser architecture, *Optics Express*, 15(21), 14013–14027, 2007.

R. Horisaki and J. Tanida, Preconditioning for multiplexed imaging with spatially coded PSFs, *Optics Express*, 19(13), 12540–12550, 2011.

M. Shankar, N.P. Pitsianis, and D.J. Brady, Compressive video sensors using multichannel imagers, *Applied Optics*, 49(10), B9–B17, 2010.

T.-H. Tsai and D.J. Brady, Coded aperture snapshot spectral polarization imaging, *Applied Optics*, 52(10), 2153–2161, 2013.

P. Llull, X. Liao, X. Yuan, J. Yang, D. Kittle, L. Carin, G. Sapiro, and D.J. Brady, Coded aperture compressive temporal imaging, *Optics Express*, 21(9), 10526–10545, 2013.

M. Cho, A. Mahalanobis, and B. Javidi, 3D passive integral imaging using compressive sensing, *Optics Express*, 20(24), 26624–26635, 2012.

A. Mahalanobis, R. Shilling, R. Murphy, and R. Muise, Recent results of medium wave infrared compressive sensing, *Applied Optics*, 53(34), 8060–8070, 2014.

R.F. Marcia, Z.T. Harmany, and R.M. Willett, Compressive coded apertures for high-resolution imaging, *Proceedings of SPIE 7723, Optics, Photonics, and Digital Technologies for Multimedia Applications*, 772304, April 30, 2010.

R. Willett, R. Marcia, and J. Nichols. Compressed sensing for practical optical systems: A tutorial, *Optical Engineering*, 50(7), 072601, 1–13, 2011.

R. Marcia, Z. Harmany, and R. Willett, Compressive coded aperture imaging, *Proceedings of SPIE 7246, Computational Imaging VII*, 72460G, February 2, 2009, doi: 10.1117/12.803795.

A. Ashok and M.A. Neifeld, Compressive imaging: Hybrid measurement basis design, *Journal of the Optical Society of America A*, 28(6), 1041–1050, 2011.

V. Treeaporn, A. Ashok, and M.A. Neifeld, Space–time compressive imaging, *Applied Optics*, 51(4), A67–A79, 2012.

A. Ashok and M.A. Neifeld, Point spread function engineering for iris recognition system design, *Applied Optics*, 49(10), B26–B39, 2010.

第6章　太赫兹压缩感知成像

Yao－Chun Shen, Lu Gan and Hao Shen

6.1　引言

太赫兹成像是利用太赫兹区间电磁波谱(Saeedikia 2013)全新发展起来的成像技术。太赫兹范围的定义有很多不同的版本。通常来说,太赫兹区间横跨中波红外到毫米波/微波频率范围,太赫兹辐射的中心部分(300GHz～3THz)具有独特的有用的综合特性(Zeitler and Shen 2013):①像红外辐射一样,太赫兹辐射对许多晶体材料产生独特的"指纹"谱,包括爆炸品和药用活性成分,因此太赫兹成像可以用于材料特性的表征和识别;②像微波辐射一样,太赫兹辐射能够穿透大部分的绝缘材料,包括衣服、纸、纸板箱、木头、砖石、塑料和陶瓷制品,因此太赫兹成像可以用于无损且定量检测和评估;③像红外和微波一样,太赫兹辐射是非电离的,因此太赫兹成像不会产生安全问题。高于几个太赫兹的更高频率就进入了红外波段,红外波段具有更加丰富的光谱、吸收和散射特征,这限制了其穿透屏障和包装材料。而在更低的频率,如低于微波,假设300GHz,在固体中就没有振动特性模式,导致无特征谱,这样就不能用于材料识别。

历史上太赫兹范围的测量曾经遇到缺少有效的、相干的、紧凑的太赫兹源和探测器的困难(Ferguson and Zhang 2002)。在普通的微波频率源中可以发现太赫兹源的这些特性,例如晶体管或RF/MW天线,以及工作在可见和红外波段的器件,如半导体激光二极管。然而,由于功率和效率的显著降低[①],在太赫兹波段不能采用这些技术。在太赫兹频率范围的下限,由于电抗电阻效应和较长的传输时间,固态电子器件(如二极管)产生的功率随$1/f^2$衰减(Armstrong 2012)。另外,由于缺少带隙能量足够小的材料,光学器件(如二极管激光器)在太赫兹范围并没有良好的表现(Williams 2007)。因此,与发展良好的邻近红外波段和

① 译者注:原著为:"由于功率和效率没有显著降低"。

微波波段相比,“太赫兹间隙”(terahertz gap)一词用来阐述初期的太赫兹波段。

随着半导体器件和飞秒激光技术的进步,过去的20年里太赫兹系统已经取得了革命性进步(Ferguson and Zhang 2002)。具有代表性的是太赫兹时域成像系统的发展(Hu and Nuss 1995;Jepsen et al. 2011)。为了简洁、方便,本章将用“太赫兹成像”一词表示“时域太赫兹成像”,这里太赫兹成像是基于采用超快飞秒激光器对宽带太赫兹辐射的短脉冲相干产生与探测。采用脉冲辐射和相关的相干探测体制,保留了门控相位信息,此后太赫兹成像技术在化学品成分分析和样品物理结构的定量和无损分析中已经取得长足的发展。

太赫兹成像技术固有的巨大潜能推动了太赫兹系统的快速发展,实用化商业太赫兹产品在科学和工业领域开创了许多令人振奋的先机。已经有太赫兹成像应用的报道:已封装的集成电路芯片金属触点以及植物叶片结构(Hu and Nuss 1995);高分子复合材料和燃烧状态(Mittleman et al. 1996);谷物早餐和巧克力(Mittleman et al. 1999);树木年轮分析(Jackson 2009);医学组织(Pickwell and Wallace 2006);高分子聚合物样本分析(Jansen 2010);药片(Zeitler 2007;Zeitler and Gladden 2009;Shen 2011);还有许多其他例子。

然而,从技术的角度来看,太赫兹成像的一个重要局限是需要很长的数据采集时间。诸如微测辐射热计阵列(Lee and Hu 2005)和高性能CCD相机的光电采样(Wu et al. 1996)等多像素探测器方案提供了精确的、实时的太赫兹成像,但是这些成像系统通常需要大功率和/或昂贵复杂的探测器,缺少单元探测器的灵敏度。因此,大多数太赫兹成像实验是通过机械光栅对感兴趣目标扫描并成像来完成,图像采用单个探测器逐个像素地得到,这种技术具有空间分辨率高和精确成像的优点。然而,完整的图像可能需要几分钟甚至几个小时的时间才能获得,这取决于图像的全部像素个数和要求的光谱范围/分辨率。这对于诸如生物活体医学和安检成像或在线工业生产监控等实时成像应用是一个主要的限制因素。

本章将简要描述太赫兹成像技术,重点是太赫兹压缩成像实验的实现,目标是高速、高分辨率太赫兹成像。

6.2 太赫兹成像

6.2.1 太赫兹辐射的相干产生与探测

图6-1显示了采用超快激光器的太赫兹辐射相干产生与探测典型实验配置原理框图。来自Ti:蓝宝石飞秒激光器的激光通过分束器分成两部分:泵浦激光用于太赫兹产生,探测激光束用于太赫兹探测。如今,用于产生超快太赫兹

脉冲的最常用器件是光导天线(Auston 1975)。当飞秒激光照射到 GaAs 偏置的光导天线时，在 GaAs 半导体晶格中就产生了电子－空穴对，这是因为激光光子能量(1.55eV@800nm)大于 GaAs 的带隙能(1.43eV)，之后这些光生载流子被外加电场加速，产生出超快的瞬变电流，这就产生了太赫兹频段的强电磁脉冲辐射。从 GaAs 光导天线发射的太赫兹脉冲由一对离轴抛物面反射镜准直并聚焦在样本上，随后传输的太赫兹脉冲被另一对离轴抛物面反射镜接收并聚焦在 ZnTe 光电探测器晶体上。来自两个光电二极管的电流差($\Delta I/I$)与太赫兹电场强度成正比(Wu and Zhang 1995)。

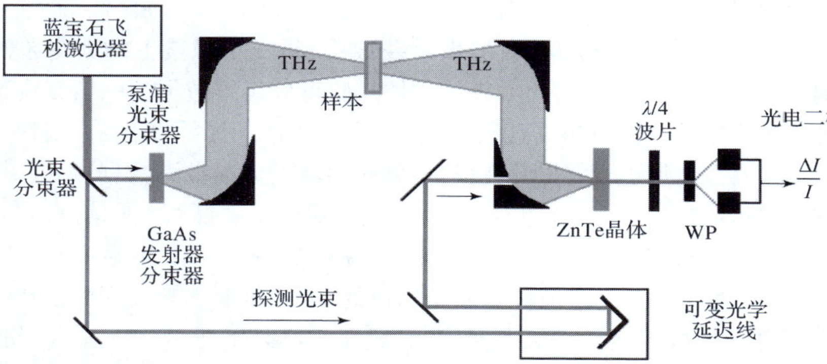

图 6－1　相干太赫兹产生与探测实验框图。偏置 GaAs 光导天线用于产生太赫兹，ZnTe 晶体利用自由空间光电采样对太赫兹探测。WP 是沃拉斯顿棱镜

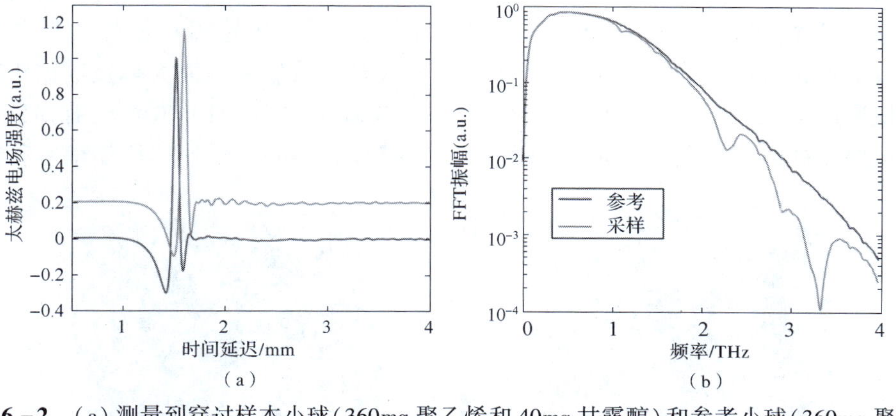

图 6－2　(a) 测量到穿过样本小球(360mg 聚乙烯和 40mg 甘露醇)和参考小球(360mg 聚乙烯)后的太赫兹波形；(b) 对应波形的 FFT 振幅

在所有的测量中，记录瞬态太赫兹电场作为太赫兹脉冲与利用可变延迟级的探测脉冲之间的延迟时间函数。通常用干燥氮气清洗样品室，或者将测量全程排空，以减小水汽吸收的影响。例如，图 6－2(a)显示对样品(360mg 聚

乙烯和40mg甘露醇)和比对样品(360mg聚乙烯)测量的典型时域太赫兹波形，图6-2(b)显示测量波形对应的傅里叶变换幅值。时域太赫兹波形能够用于药物片剂包衣的无损分析(Shen and Taday 2008)，以及用于皮肤基底细胞肿瘤体外和在体疗法的临床成像(Pickwell and Wallace 2006)。太赫兹频谱数据能够用于非均质混合物的化学制品分析以及爆炸物的探测和识别(Shen et al. 2005a)。

6.2.2 太赫兹成像的数据与稀疏性

大部分太赫兹成像测量通常采用标准的XY工作台或者六轴机器人系统通过聚焦的太赫兹波束对样本的光栅扫描完成(Shen and Taday 2008)。通过对样本表面扫描获取多点分布图得到时域太赫兹波形，每一个像素上的太赫兹波形作为光时延函数记录下来。因此太赫兹成像实验得到三维数据$D(x,y,t)$，这里x和y轴描述了样本的水平和垂直坐标，t轴代表时间延迟(深度)维。对每一个像素的时域太赫兹波形进行傅里叶变换，得到频谱域的太赫兹谱数据。总共得到两组三维立方体数据：$D(x,y,t)$和$D(x,y,v)$，它们提供了垂直和水平信息(样本的空间轮廓)、时间信息(样本的深度剖面)以及频率信息(样本的太赫兹谱)。

众所周知，大部分自然图像在空域是稀疏的，因此压缩感知概念可以在空域运用。太赫兹图像数据除了空域维度，在时域还有额外的维度。PCA是通过变换到包含数据特征的新变量集(主成分)来降低数据集维度的经典技术(Jolliffe 1986，见第5章)。Shen等(2005b)运用PCA研究太赫兹图像数据的稀疏性，图像有200×200像素，每个像素由512点组成时域太赫兹波形，结果发现时域太赫兹数据被明显地压缩，而同时保留了所有层厚度和轮廓特征的重要信息(Shen et al. 2005b)。图6-3比较了从原始太赫兹数据和压缩太赫兹数据提取的层厚度信息，太赫兹图像数据已经由160MB减小到小于10MB但没有损失任何层厚度的重要信息。实际上，压缩以后太赫兹波形的信噪比比原始信号得到

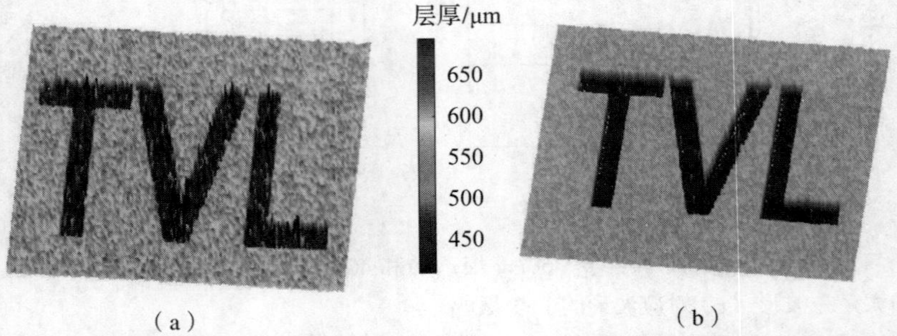

(a)　　　　(b)

图6-3 (a)由原始太赫兹数据集提取的层厚度图；(b)由压缩的太赫兹数据集提取的层厚度图。经过PCA(主成分分析)压缩，太赫兹数据的大小已经从160MB减小到小于10MB，但保留了所有包含层厚度的有用信息

了改善，这是因为不同的像素在不同的深度下噪声呈现出随机性，因此不会被 PCA 算法选中，噪声仅是太赫兹波形在每个像素上的共同特征。因此，三维太赫兹数据可以在时域和空域同时压缩。

6.3 采样算子设计和信号恢复

6.3.1 概述

假如需要用总计 $N = I_r I_c$ 个像素对 $I_r \times I_c$ 的图像采样。令 $\boldsymbol{f} \in R^N$ 表示输入图像的矢量，假设只允许对 $\boldsymbol{f}$ 进行 $M(\ll N)$ 次线性测量，测量方程见式(6.1)：

$$\boldsymbol{g}_{M\times 1} = \boldsymbol{\Phi}_{M\times N}\boldsymbol{f}_{N\times 1} + \boldsymbol{n}_{M\times 1} \tag{6.1}$$

式中：$\boldsymbol{\Phi}$ 是 $M\times N$ 的感知矩阵；$\boldsymbol{g} \in R^M$；$\boldsymbol{n}$ 为噪声矢量。

由于 $M \ll N$，由 $\boldsymbol{g}$ 重构 $\boldsymbol{f}$ 通常是病态的。压缩感知理论是基于这样一个事实，即在已知的变换域 $\boldsymbol{\Psi}$(例如小波变换或离散余弦变换)，原始图像信号 $\boldsymbol{f}$ 可以只用 $K \ll N$ 个系数近似。在某些情况下，$\boldsymbol{f}$ 能够仅用 $M = O(K\log N)$ 次采样重构。

在压缩成像中，包含两个基本问题：①采样算子 $\boldsymbol{\Phi}$ 的设计和实现；②快速重构算法的开发。6.3.2 节和 6.3.3 节将分别总结时域太赫兹成像中有关 $\boldsymbol{\Phi}$ 的设计和现有重构算法。

6.3.2 采样算子 $\boldsymbol{\Phi}$

关于采样算子的期望属性包括：①近似最优性能(测量次数应该尽可能地少)；②快速计算(由于图像应用中数据量大，无论对感知还是重构算法，都需要 $\boldsymbol{\Phi}$ 快速可计算)；③存储效率(要求小容量的存储器存储 $\boldsymbol{\Phi}$)；④硬件的友好性(在太赫兹成像系统中 $\boldsymbol{\Phi}$ 能够很容易地实现)。

经典的压缩感知理论中，$\boldsymbol{\Phi}$ 通常选择伯努利二元随机矩阵(Chan et al. 2008a，b)，$\boldsymbol{\Phi}$ 的元素是等概率地随机选择为 0 或 1。然而，大家已经注意到随机投影在低信噪比和低采样率时效果不好(Haupt and Nowak 2006；Weiss et al. 2007)。为了解决这个问题，$\boldsymbol{\Phi}$ 的二元值被优化为近似 KL 变换(Shen et al. 2009)，这样有效地减少了所需采样次数。

在前面提到的所有工作中(Chan et al. 2008a；Shen et al. 2009)，需要一组独立的二维二元随机掩膜，每一个二元随机掩膜对应 $\boldsymbol{\Phi}$ 的一行。由于 $\boldsymbol{\Phi}$ 的每一行是独立的，掩膜之间慢速的机械切换限制了成像速度(Chan et al. 2008a；Shen et al. 2009)。替代的实现方式是基于旋转盘的解决方案(Chan et al. 2012)，在这种方案中 $\boldsymbol{\Phi}$ 近似为块循环矩阵(Rauhut 2010)。采用这种方式，$\boldsymbol{\Phi}$ 可以用单个的旋转盘来实现快速压缩成像。采样算子的详细物理实现见 6.4 节。

6.3.3 信号恢复/重构

Chan 等(2009)采用最小全变分(TV)的非线性优化算法对太赫兹图像重构。然而,TV 最小化需要相当大的计算量。为了满足实时成像的需求,采用线性最小均方误差(MMSE)估计(Gan 2007)来获得快速的初始解(Chan et al. 2009)。实际上,对于实用的太赫兹测量,线性估计常给出与非线性图像相当的性能而计算成本更低,这一点将在下面章节看到。更复杂的算法(Xu and Lam 2010)是利用太赫兹信号相位以及幅度与相位空间分布相关的先验知识。最近,由 Abolghasemi 等(2015)开发的时空字典学习算法用在了太赫兹信号重构和估计中。

6.4 太赫兹压缩成像的实验实现

6.4.1 采用一组独立掩膜的太赫兹压缩成像

典型的太赫兹压缩成像架构(单像素太赫兹相机)包括四个主要部分:太赫兹光源、太赫兹光学成像、太赫兹单元探测器和太赫兹空间光调制器(SLM)。前面讨论的实验机构(掩膜)采用太赫兹 SLM 完成,这里的 SLM 是二元编码,并且有选择地允许一部分图像到达探测器而其他部分不能通过。市场上可买到的 SLM 如数字微镜(Dudley et al. 2003)和液晶(Johnson et al. 1993)系统不能工作在太赫兹频段。因此,在首个太赫兹压缩成像实验中采用了机械掩膜(Chan et al. 2008a,b),如图 6-4 所示。通过插入一系列二维平面掩膜,对目标传输到单元探测器的准直自由空间太赫兹波在空间上调制,每一个二元掩膜包含随机棋盘状图案,棋盘状图案要么将太赫兹辐射传输过去,要么阻挡其传输。记录每一个掩膜的太赫兹电场,而且掩膜的图案是已知的,这样目标的二维图像得到重建。

Chan 等(2008a)采用 600 个随机图案,随机图案印制在标准印制电路板(PCB)的铜板上,每一个图案包含 32 × 32 像素,每一个像素 $1 \times 1 mm^2$。"铜"像素对应随机图案中的像素值"0",而"无铜"像素对应数值"1"。铜像素阻挡了太赫兹辐射的传输,而无铜像素太赫兹辐射就传输过去,因为 PCB 材料对太赫兹辐射相当透明。机械转换级用于切换掩膜,对每一个随机图案,混叠的太赫兹辐射组成的太赫兹波通过所有无铜像素被测量到。实验表明,通过采用压缩感知理论,只需要 300 次测量(例如 30% 的采样率),系统就能够恢复 32 × 32 的复杂目标图像,这表明显著减少了用于图像重构的测量次数,与传统光栅扫描太赫兹成像系统相比,在提高图像采集速度方面具有优势。

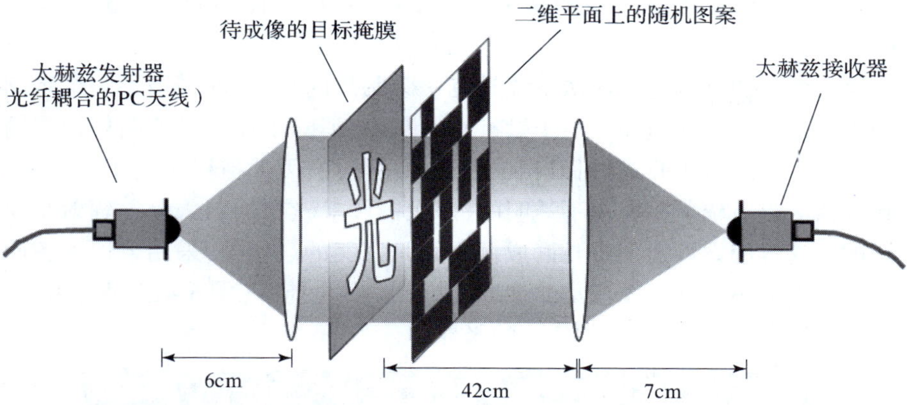

图 6 -4　采用单元探测器的典型太赫兹压缩成像系统原理图。从太赫兹发生器发出的近似准直光束照射目标掩膜，部分光束（50%）穿过随机图案的不透明像素。为了将太赫兹光束高效聚焦到接收天线上，随机图案、聚焦透镜以及接收器要放置在正确的位置（资料来源于 Chan，W. L. et al. Appl. Phys. Lett.，93，121105，2008a。已授权）

太赫兹时域成像的主要优势是测量短时太赫兹电场，而不是测量随时间变化的太赫兹辐射强度。这一相干探测器原理得到的太赫兹信号具有极佳的信噪比和高动态范围，因此，在每一个像素上记录的全部太赫兹波形和测量的太赫兹时域波形的傅里叶变换提供了样本的太赫兹频域谱信息，这使得太赫兹光谱成像用于材料识别成为可能。Shen 等（2009）报道了首个基于压缩感知概念的太赫兹光谱成像，图 6 -5 显示了实验设置，这一设置与采用飞秒激光的宽带太赫兹产生与探测相似。太赫兹发射源是基于低温生长型 GaAs 光电导发射

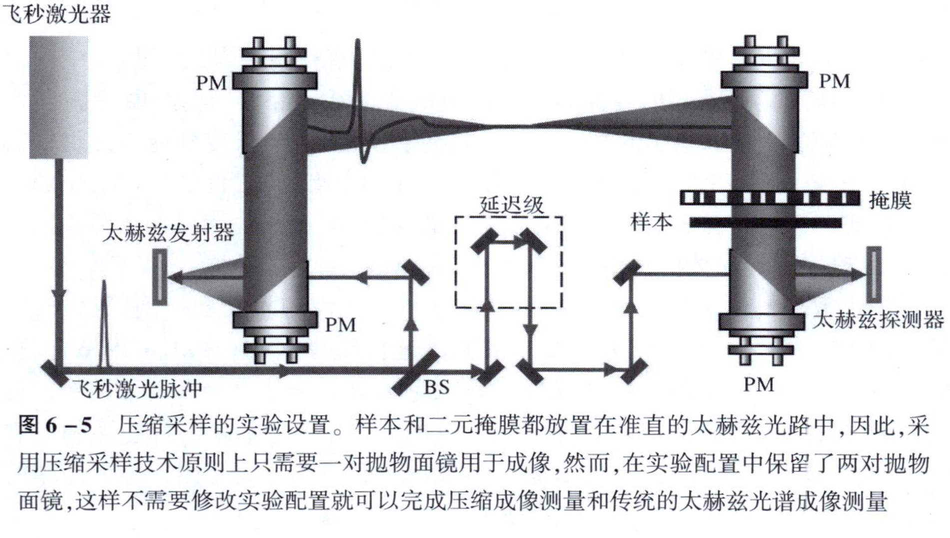

图 6 -5　压缩采样的实验设置。样本和二元掩膜都放置在准直的太赫兹光路中，因此，采用压缩采样技术原则上只需要一对抛物面镜用于成像，然而，在实验配置中保留了两对抛物面镜，这样不需要修改实验配置就可以完成压缩成像测量和传统的太赫兹光谱成像测量

器(Auston 1975),太赫兹探测是采用 ZnTe 非线性晶体的光电探测器来实现(Wu and Zhang 1995)。

这一太赫兹压缩光谱成像系统具有一个明显的特点,即采用了一组定制覆铜板组成的优化二元掩膜。由于没有支撑基底,消除了在穿过透明像素传输时支撑基底对太赫兹吸收/散射或相位延迟的可能性,因此掩膜是真正二元的,即铜像素对太赫兹辐射是完全不透明的,而无铜像素(空气)对太赫兹辐射是完全透明的。这样的设计对宽带光谱成像应用是完美的。此外,采用普通的各向同性二维模型而不是基于图像集的训练,对一组 40 个掩膜(图 6-6)进行了优化,因此,掩膜集通常适用于范围广泛的采样。

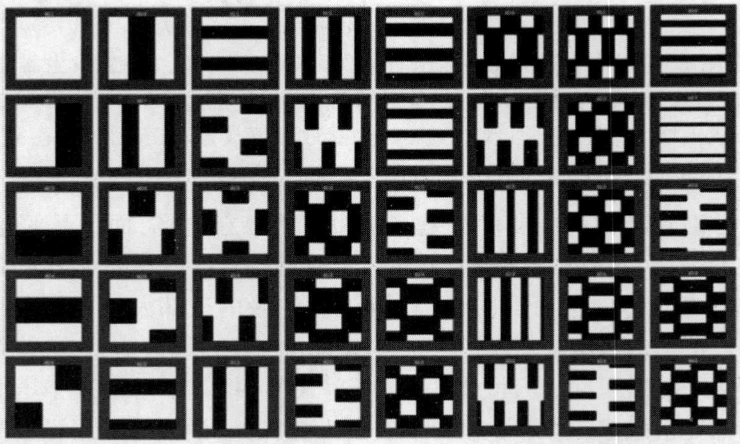

图 6-6 用于太赫兹压缩成像的一组优化后的 40 个掩膜。每一个掩膜由 20×20 个像素组成,每一个像素尺寸为 2.0mm×2.0mm,因此成像面积为 40.0mm×40.0mm

在太赫兹压缩成像测量中,样本由聚乙烯、乳糖和铜带组成(图 6-7 中嵌入的小图所示),样本与掩膜都放置在准直的太赫兹光路中,记录 40 个掩膜中每一个掩膜的太赫兹电场的时延函数。在所有的测量中,可变延迟级提供太赫兹脉冲与探测脉冲之间的时间延迟,并对 5mm 的距离扫描,得到 0.03THz 的频谱分辨率。通过全部的太赫兹压缩成像测量得到 40 个波形,每一个太赫兹波形有 512 个数据,相邻数据之间的时间间隔为 10μm。

为了重构太赫兹图像,所有的 40THz 波形首先由傅里叶变换到频谱域,随后采用 MMSE 线性估计利用太赫兹幅度谱进行图像重构(Haykin 1996)。在 0.3~3.0THz 范围内的任意选定的频率都能够重构性能优良的太赫兹图像。目前频率上限受限于所采用的具体成像系统的频率响应(太赫兹发射器和接收器、太赫兹光学器件以及飞秒激光器),而频率下限范围主要受限于金属掩膜的像素尺寸,金属掩膜只可以高效传输短波(高频)太赫兹辐射。

例如,图6-7(a)~(c)分别显示了在0.50THz、0.54THz和1.38THz的重构太赫兹图像。重构图像显示出的两个亮区对应于聚乙烯和乳糖区域,这表明在较低的频率这两种材料对太赫兹辐射相对透明(图6-7(a))。重构图像的暗区对应于铜带,铜带对太赫兹辐射是不透明的。乳糖-水合粉末在0.54THz和1.38THz具有两个明显的强吸收特征(Brown et al. 2007)。因此,重构的样本图像(图6-7(b)和(c))显示出,在这两个频点乳糖(右下方块)的传输性能非常差,而聚乙烯(左上方块)具有理想的太赫兹传输性能。

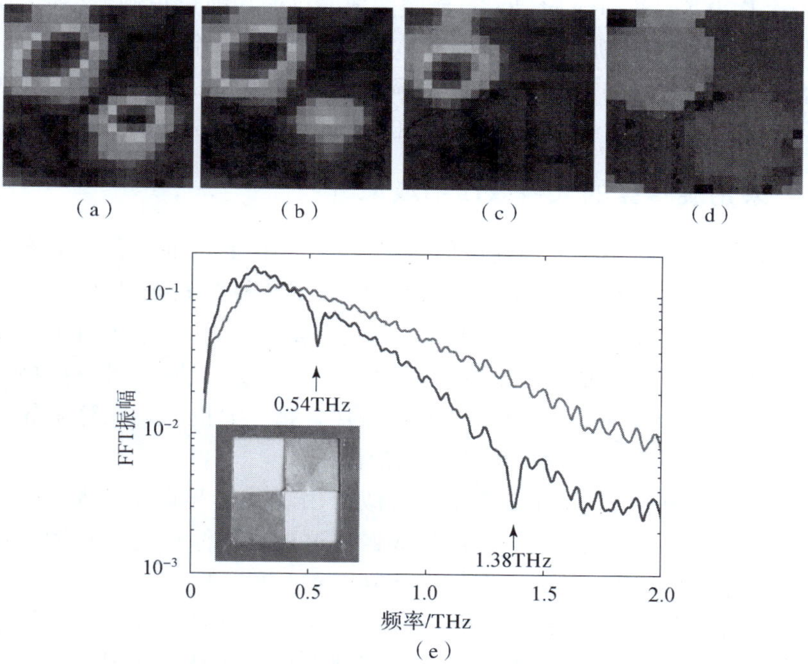

图6-7 (a)~(c)分别对应样本在0.50THz、0.54THz和1.38THz的重构太赫兹图像。每一幅图大小是40mm×40mm;(d)RGB样本的化学染色图,红色属于乳糖,绿色属于聚乙烯,蓝色属于不能传输(铜带)区域(标在图上);(e)聚乙烯(上面的曲线)和乳糖(下面的曲线)的太赫兹谱。嵌入的小图显示由铜带和两个方孔(每个孔20mm×20mm)组成的样本照片。3.0mm大小的聚乙烯小球位于左上方块,而3.2mm大小的乳糖小球位于右下方块(资料来源于Shen, Y. c., Appl. Phys. Lett., 95, 231112, 2009。已授权)(见彩图)

图6-7(e)显示乳糖和聚乙烯的重构太赫兹谱,这些数据是通过对乳糖(左上方块)和聚乙烯(右下方块)区域中心的4×4像素平均得到的。在乳糖频谱中可以观察到在0.54THz和1.38THz处两个清晰的吸收特征,这与公开的数据(Brown et al. 2007)吻合良好。采样余弦相关性映射,图像中每一个像素的太赫兹谱可用于计算样本空间可分辨的化学图谱。为了更好地显示样本的化学浓

度，提取的化学图谱用 RGB 分布图显示（Shen and Taday 2008）。图 6－7（d）显示，用这种方法能够清晰地区分乳糖和聚乙烯的化学浓度，其中 R、G、B 分别对应纯乳糖、聚乙烯和铜像素（Shen et al. 2009）。

总之，太赫兹压缩成像的优势在于，在完成图像采样的同时利用一组已知掩膜图案对太赫兹光束的空间调制实现压缩成像。已经证明，10%～30% 的采样率足以完全重构出性能良好的图像。因为需要测量的次数明显减少，这一成像原理能够加速采样过程。然而，报道的太赫兹压缩成像装置的主要局限是（Chan et al. 2008a；Shen et al. 2009）掩膜图案的机械切换过程慢，这种切换或者是手动，或者是采用电机。正如下面章节将要阐述的，这个问题可以通过采用旋转盘（Shen et al. 2012）或太赫兹空间光调制器来解决，太赫兹 SLM 能够通过电或光控制（Chan et al. 2009；Rahm et al. 2012；Shrekenhamer et al. 2013）。

6.4.2 采用旋转盘的太赫兹压缩成像

大多数压缩成像系统采用随机伯努利算子，其中 $\boldsymbol{\Phi}$ 的元素是等概率随机选择 0 或 1。在这样的系统中，需要一组独立的二维随机二元掩膜，每一个掩膜对应 $\boldsymbol{\Phi}$ 的一行。尽管这一理论是先进的，但是在实际应用中存在两个限制。第一，由于 $\boldsymbol{\Phi}$ 的每一行是独立的，因此成像速度受到掩膜转换时慢速机械切换的限制（Chan et al. 2008a；Shen et al. 2009）；第二，完全随机的二元算子导致计算复杂度高、存储开销巨大，特别是对高分辨率成像。

为了解决这些问题，单个旋转盘（类似于用于共焦显微镜的尼普可夫盘）（Xiao et al. 1988）用于快速太赫兹压缩成像。这种成像原理允许自动且连续地测量，因此适用于实时太赫兹成像应用（Shen et al. 2012）。

图 6－8（a）显示旋转盘原理图。旋转盘具有二元随机图案，图案黑色的区域是阻挡太赫兹辐射的不锈钢，而白色的区域是传输太赫兹辐射的通孔。旋转盘的半径为 95mm，通孔的半径为 2mm。采用圆形孔可以将方形孔锐利边缘可能导致的太赫兹散射降到最低。此外，掩膜图案是真正的二元，由于不锈钢完全阻挡太赫兹辐射，而通孔完全传输太赫兹辐射。通孔也传输光束，因此这种结构的旋转盘不仅可以用于太赫兹压缩成像，也可以用于光学和红外压缩成像。

在成像过程中，除了固定的小矩形区域，圆盘的其他部分全部被覆盖，矩形区域也就确定了有效成像面积。图像的有效窗口大小为 32mm × 32mm，每一个像素尺寸为 1mm × 1mm。因此，重构图像大小为 32 × 32 像素（总共 128 个像素）。图像的空间分辨率主要受限于像素尺寸，而像素大小与旋转角度的步长和圆盘通孔尺寸有关。当转动圆盘时，在固定成像窗口处会产生一组二元图案，而这些已知的二元图案随后用于图像重构。

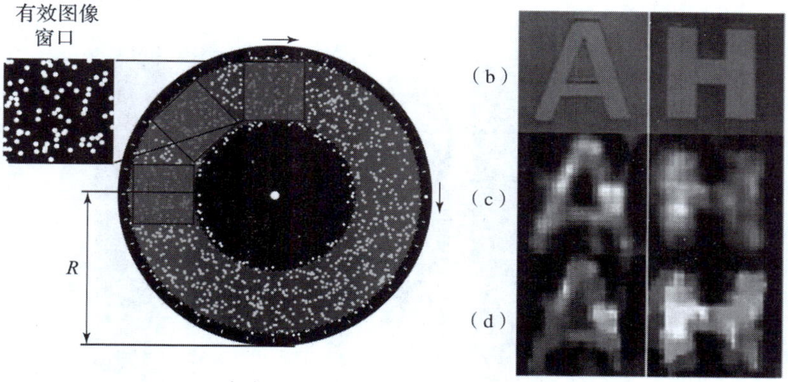

图 6-8　(a) 旋转盘原理图。当圆盘旋转时，从矩形窗获得一组不同二元图案的掩膜。插图（左上角）显示一组掩膜图案，图案也确定了图像的有效窗口大小为 32mm × 32mm；(b) 用于太赫兹成像实验的样本图片和对应的采用 MMSE 线性估计的重构太赫兹图像；(c) 最小 TV 非线性重构算法；(d) 每一幅图像为 32 × 32 像素，由 160 次测量后重构

为了验证旋转盘方法以及对应重构算法的鲁棒性，采用 MMSE 线性估计（Gan 2007；Ke and Neifeld 2007；Chapter 5）和最小 TV 非线性重构算法（Candès et al. 2006）进行了大量的仿真。如图 6-9 所示，除了一个在信噪比相对较低时采用最小 TV 非线性重构算法的图像外，绝大多数重构图像能够很容易地识别。注意，只需要测量 120 次（这 120 个有效掩膜的每一个是通过对圆盘转动 3°得到的）就能够得到 1024 像素的图像，这表明测量次数和测量时间显著降低。若增加测量次数或信噪比（加性高斯噪声），重构图像质量会变得更好。与 MMSE 线性估计相比，最小 TV 非线性重构算法在大多数情况下给出了更好的重构图像，特别是在高信噪比条件下。另一个需要注意的是，在实际实验中可能出现较大的噪声，进一步增加测量次数可能会实际降低重构图像质量（Shen 2012）。

利用这些数值仿真结果，研制出了采用旋转盘的太赫兹压缩成像系统（Sheb et al. 2012）。图 6-10 为实验装置的原理示意图，图 6-11 显示了采样旋转盘的太赫兹压缩成像系统图。采用抛物面镜对太赫兹发射器的太赫兹辐射进行准直，准直后的太赫兹光束穿过样本和旋转盘之后通过另一个抛物面镜聚焦在接收器上。旋转盘由机械转动级控制，当圆盘转动时，每转过一个角度，在矩形窗口就形成新的二元掩膜图案，这样在空间上对太赫兹光束进行了调制。在太赫兹实验中，利用可变延迟级改变太赫兹脉冲和光学探测脉冲之间的时延，寻找最大的太赫兹信号（峰值位置），然后可变延迟级的位置固定在太赫兹峰值位置，并且将太赫兹信号作为旋转盘转动角度的函数记录下来，旋转盘是由机械旋转级驱动的。

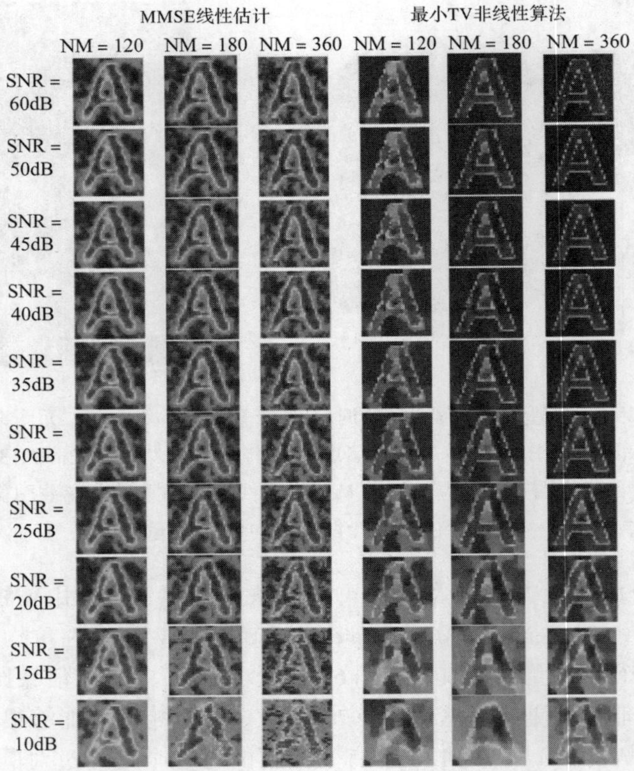

图 6 -9　采样旋转盘配置的英文字母"A"的重构图像仿真结果。采用了 MMSE 线性估计和最小 TV 非线性重构算法。所有图像具有 32 × 32 像素，NM 是测量次，SNR 是信号与加性高斯噪声的比值

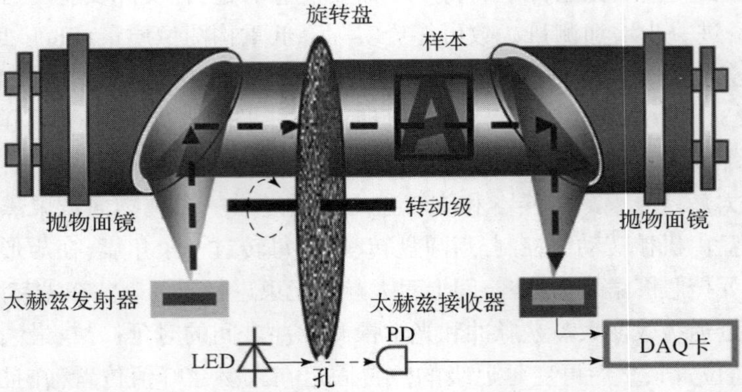

图 6 -10　基于旋转盘的太赫兹压缩成像系统原理示意图。发光二极管(LED)和光电二极管(PD)用于同步掩膜位置与测量信号。DAQ 是数据采集

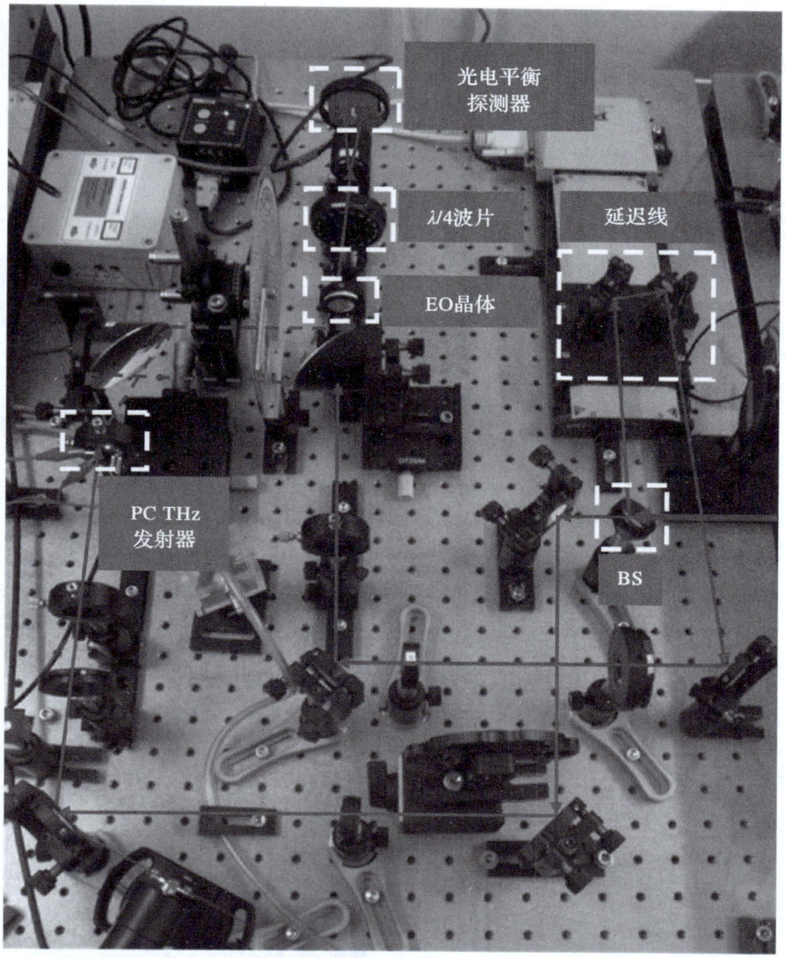

图 6-11　时域太赫兹光谱压缩成像系统照片
BS 为光束分束器;PC 为光波导;EO 为光电。

由于所采用的太赫兹成像系统的信噪比有限,旋转盘的转动速度为 5°/s,测量 1THz 的图像大约需要 80s。同样由于系统信噪比有限,为了图像重构需要 160 次测量,当测量次数进一步增加时,重构的太赫兹图像质量降低。实际上,Chan 等(2008a)也报道:即使采用了全部的随机二元算子,更多的测量次数不一定改善重构的太赫兹图像质量。图 6-8(b) ~ (d) 显示样本"A"和"H"的太赫兹图像实验结果,样本是由塑料基底上的铜带制成,铜带对太赫兹是透明的。虽然重构图像的质量不如仿真的好,但是所有的字符都可以辨认。此外还发现,采用经典的 MMSE 重构获得的重构太赫兹图像质量与最小 TV 优化的图像质量类似。有多种因素可能导致重构的太赫兹图像质量较差,这可能是实际实现中算

子 $\boldsymbol{\Phi}$ 的不完美引起的(例如,制作误差和旋转盘图案未对准等),所采用的太赫兹成像系统的有限信噪比和信号漂移在这里可能也是主要因素。虽然如此,实验结果证明了采用连续旋转盘方式用于快速太赫兹压缩成像的概念。

6.4.3 采用可重配置 SLM 的太赫兹压缩成像

SLM 是任何太赫兹成像系统在太赫兹频段高效工作的重要器件。SLM 采用空间随机图案对太赫兹光束进行波前编码。机械掩膜(例如,一组独立掩膜和旋转盘)已经用于太赫兹压缩成像。机械掩膜方法实现简单,并且已经证明了太赫兹压缩成像的概念(Chan et al. 2008a, b; Shen et al. 2009, 2012)。然而,由于物理掩膜是通过手动或电机/马达机械切换,图像采集速率低。为了获得更高的太赫兹成像速度,需要将低速的机械掩膜替换成电子或光学可重配置的、具有快速转换速度的 SLM。

Chan 等(2009)报道了第一个工作在太赫兹频段的电控 SLM,如图 6-12 所示。器件由 4×4 像素阵列组成,每一个像素是 GaAs 衬底上制成的亚波长开口环形谐振腔阵列。我们发现空间调制器在谐振频率上对所有像素具有约 40% 的相同调制深度。通过外加电压,每一个像素可以独立地控制,因此 SLM 图案是可电重配置,这使得该器件成为快速太赫兹压缩成像理想的 SLM。

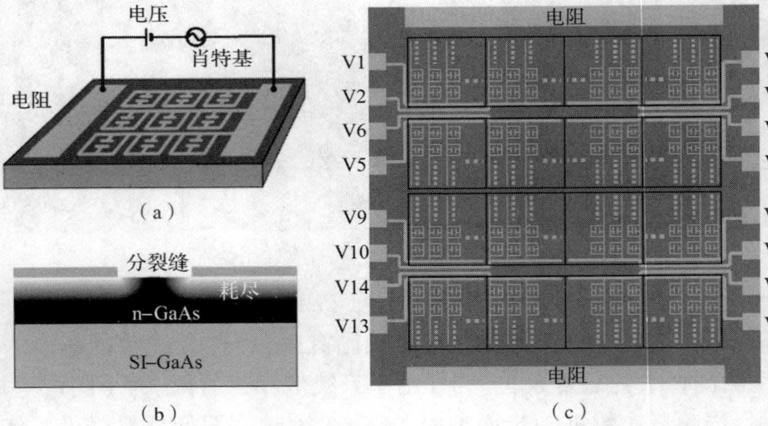

图 6-12 太赫兹 SLM 原理图

(a) 太赫兹 SLM 上每一个像素由 2500 个 $4 \times 4mm^2$ 的超材料开口环振荡器单元阵列组成,这些单元通过金属丝连在一起,起到金属肖特基门的作用。外加偏压控制窄缝附近的基底电荷载流子密度,调谐谐振强度;(b) 单个开口环振荡器的基底和窄缝附近耗尽区简图,其中灰阶显示自由电荷载流子密度;(c) 太赫兹 SLM 是由独立像素组成的 4×4 阵列,每一个像素由外加电压独立控制。(资料来源于 Chan, w. L. et al., Appl. Phys. Lett., 94, 213511, 2009。已授权)

在相关工作中，Sensale – Rodriguez 等(2013)提出并实验验证了石墨烯电吸收调制器阵列能够用作太赫兹压缩成像应用中电重配置图案。所提出的调制器有源组件仅由一个原子厚度的石墨烯组成，但是却能够获得发射比大于 50% 的太赫兹波的调制，潜在的调制深度接近 100%（Sensale – Rodriguez et al. 2012）。由于没有了机械部分，这些器件未来将能够用于低成本太赫兹视频压缩成像系统。上述工作（Chan et al. 2009；Sensale – Rodriguez et al. 2013）中，展示的 4 ×4 像素的原型器件还不能用于大多数的太赫兹压缩成像应用。然而，这已经证明使用单个探测器开发可靠的低成本视频太赫兹压缩成像系统的可行性。

在进一步的研究中，Watts 等(2014)报道了一种能够用于太赫兹压缩成像的、只有一个像素探测器的新型 SLM。这种 SLM 器件是基于动态超材料吸收体，已经证明这种材料在大部分电磁频谱范围具有几乎一致的吸收性（Watts et al. 2012）。图 6 – 13 显示电子控制的 8 ×8 掩膜，掩膜上的每一个像素由动态的、偏振敏感的超材料吸收体组成，超材料的电磁性能可以通过施加偏置电压来调整，其中的每一个像素可以单独且动态寻址，可以用作太赫兹辐射的实时空间掩膜。这种新的调制技术有一个明显的特征，即利用锁相检测方法，允许直接用[1，–1]的掩膜数值来成像，而通常采用强度调制的 SLM 难以实现负值掩膜成像。利用这种超材料设计的 SLM 和锁相检测方法，已经获得采样率低至 30% 的高性能太赫兹图像，达到的帧频是每秒 1 幅 8 ×8 像素的图像，太赫兹源的功率比采用微测热辐射计焦平面阵列探测器的传统太赫兹成像系统低几个数量级（Lee and Hu 2005）。报道的系统是没有运动部件的全固态系统，系统允许采用单个太赫兹探测器实现高帧频采样、高保真成像，因此适用于实时太赫兹成像应用。

另一种电子控制的 SLM 是光学可重配置 SLM，这种 SLM 利用半导体中的光生载流子在空域上控制半导体掩膜的太赫兹传输（Shrekenhamer et al. 2013）。这是通过准直激光束与太赫兹波束共同穿过高电阻率硅晶片完成的。高电阻率硅晶片上层本身对太赫兹辐射是透明的，带隙的上层吸收激光束的光子，光生电子 – 空穴对就阻挡了太赫兹辐射。采用数字微镜器件对光束进行空间图案编码能够形成实时太赫兹 SLM，被激光束照明的像素会阻挡太赫兹辐射，没有照明的像素会传输太赫兹辐射。得益于可改写和实时控制，在太赫兹频段，动态可重配置半导体器件技术具有比传统机械掩膜明显的优势。通过采用 63 ~ 1023 个像素的不同掩膜，Shrekenhamer 等(2013)能够以高达 1/2Hz 的速度采样太赫兹图像，该结果证明采用光学控制的 SLM、单像素探测器获得实时的和高保真的太赫兹影像的可行性。这种光学控制 SLM 的缺点是需要额外附加高功率激光器和用来实时写入太赫兹掩膜的数字微镜器件，这会增加太赫兹压缩成像系统的成本和复杂度。

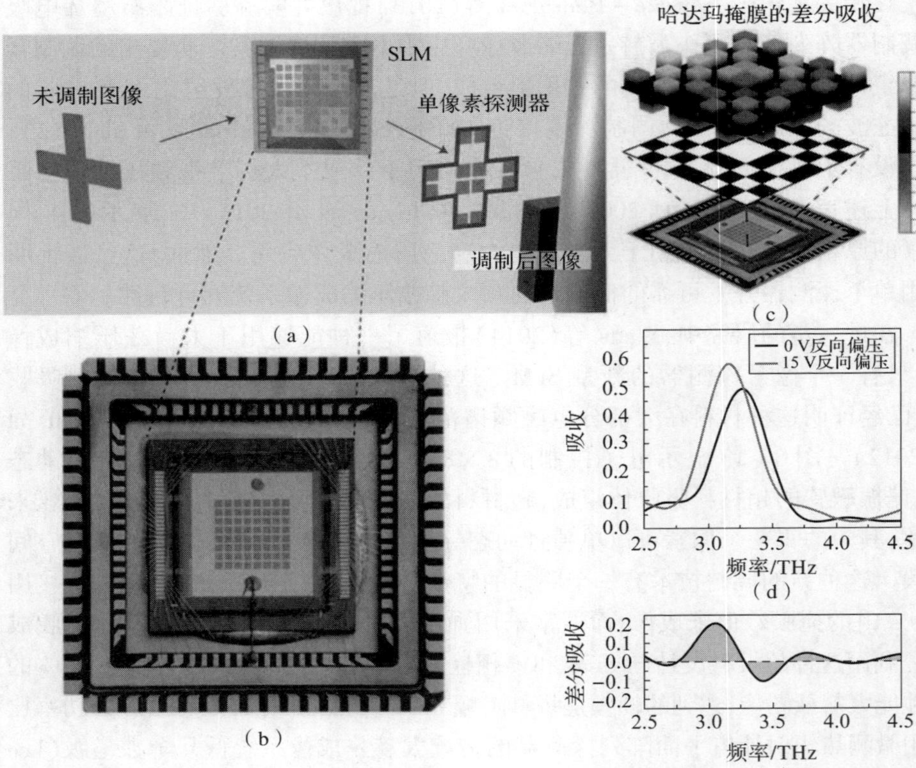

图 6-13 (a)采用太赫兹 SLM 的单像素成像过程原理图;(b)SLM 图片(Courtesy of K. Burke, Boston College Media Technology Services, Chestnut Hill, MA.),SLM 总的有效面积是 4.8mm^2;(c)以哈达玛掩膜为例,SLM 器件图片上方是最大差分吸收的空间分布;(d)两种偏压情况下与频率有关的单像素吸收:0V 反向偏压(黑色曲线)和 15V 反向偏压(灰色曲线);(e)作为频率函数的差分吸收(A15 - A0 V)(资料来源于 Watts, C. M. et a1., Nat. Photon., 8, 605, 2014。已授权)

6.5 总结与未来工作

在过去的将近 20 年里,我们已经看到了太赫兹技术的革命和太赫兹时域成像技术的发展,特别是已经在工业和科技领域有了一些应用。然而,仍然缺少太赫兹敏感的焦平面阵列探测器和小型太赫兹源。因此,大多数的太赫兹成像实验都是采用单元探测器通过光栅对感兴趣目标逐个像素的扫描来完成。这种单像素方法提供了高信噪比和高空间分辨率的太赫兹图像,但是图像采集时间长。

甚至以每秒10THz波形的测量速度采集，256×256像素的全部图像数据要花1h的采集时间。因此迫切需要加速太赫兹成像过程，而且从这个角度来说太赫兹压缩成像是唯一的途径。

太赫兹压缩成像能够在图像采集的同时完成图像压缩，这一过程是通过采用太赫兹SLM对太赫兹波束的空间形状调制完成的。许多研究小组利用一组独立的机械掩膜（Chan et al. 2008a；Shen et al. 2009）、随机二元图案的旋转盘（Shen et al. 2012）、可光控和电控的SLM（Sensale - Rodriguez et al. 2013；Shrekenhamer et al. 2013；Watts et al. 2014）等已经实验验证了太赫兹压缩成像的概念。这些太赫兹压缩成像方法不仅淘汰了对目标扫描的光栅或太赫兹波束，而且减少了需要测量的次数，有报道10%～30%的采样率已经能够以合理的复杂度完全重构太赫兹图像。与常规太赫兹成像中传统光栅扫描相比，在速度上有明显的改善，特别是当采用电或光可重配置SLM掩膜时。然而，在这些研究中采用的掩膜像素密度相对较低（对机械掩膜为20×20或30×30；对可重配置掩膜为4×4或8×8）。对现实世界的应用，需要更高分辨率的图像，因此，开发能够有效工作在太赫兹频段的高像素密度的可重配置SLM是下一步工作之一，对于高分辨率太赫兹成像，基于块的压缩感知方案也许更合适，因为这种方法不但减少了重构的计算负担，而且减少了测量时间（Gan 2007；Cho et al. 2011）。

此外，典型的太赫兹成像测量包括空间信息和时间（深度）信息的三维数据采集（Shen and Taday 2008）。到目前为止，所有的太赫兹压缩成像实验已经在空域完成（通过采用SLM调制太赫兹波束的空间轮廓）。研究表明，太赫兹数据在时域也是可压缩的，而且太赫兹图像数据能够压缩到7%以内而不丢失图层厚度的基本信息（Shen et al. 2005b；Shon et al. 2007）。因此，如果能够开发出在时域和空域联合测量的算子，达到优于1%的全采样率似乎是合理的。最近，Abolghasemi等（2015）报道了采用空时字典的学习方法从下采样的三维太赫兹数据重构图像，并且显示太赫兹图像能够从5%的观测中重构。但是，用于真正的三维太赫兹压缩成像的测量算子设计与实验实现具有挑战性，并且仍然是未来研究的主题。

参考文献

Abolghasemi, V., H. Shen, Y. C. Shen et al. 2014. Subsampled terahertz data reconstruction based on spatio-temporal dictionary learning. *Digital Signal Process*. 43:1–7.

Armstrong, C. M. 2012. The truth about terahertz. *IEEE Spectrum* 49:36–41.

Auston, D. H. 1975. Picosecond optoelectronic switching and gating in silicon. *Appl. Phys. Lett*. 26:101–103.

Brown, E. R., J. E. Bjarnason, A. M. Fedor, and T. M. Korter. 2007. On the strong and narrow absorption signature in lactose at 0.53 THz. *Appl. Phys. Lett.* 90:061908.

Candès, E. J., J. Romberg, and T. Tao. 2006. Robust uncertainty principles: Exact signal reconstruction from highly incomplete frequency information. *IEEE Trans. Inf. Theory* 52(2):489–509.

Chan, W. L., K. Charan, D. Takhar et al. 2008a. A single-pixel terahertz imaging system based on compressed sensing. *Appl. Phys. Lett.* 93:121105.

Chan, W. L., H. T. Chen, A. J. Taylor et al. 2009. A spatial light modulator for terahertz beams. *Appl. Phys. Lett.* 94:213511.

Chan, W. L., M. L. Moravec, R. G. Baraniuk et al. 2008b. Terahertz imaging with compressed sensing and phase retrieval. *Opt. Lett.* 33(9):974–976.

Cho, S. H., S. H. Lee, C. N. Gung et al. 2011. Fast terahertz reflection tomography using block-based compressed sensing. *Opt. Express* 19:16401–16409.

Dudley, D., W. Duncan, and J. Slaughter. 2003. Emerging digital micromirror device (DMD) applications. *Proc. SPIE* 4985:14–25.

Ferguson, B. and X. Zhang. 2002. Materials for terahertz science and technology. *Nat. Mater.* 1:26–33.

Gan, L. 2007. Block compressed sensing of natural images. *In The 15th International Conference on Digital Signal Processing, IEEE*, Cardiff, U.K., pp. 403–406.

Haupt, J. and R. Nowak. 2006. Compressive sampling vs. conventional imaging. In *Proceedings of IEEE International Conference on Image Processing*, Atlanta, GA, pp. 1269–1272.

Haykin, S. 1996. *Adaptive Filter Theory*, 3rd edn. Prentice Hall Information and System Sciences Series, Prentice Hall, NJ.

Hu, B. B. and M. C. Nuss. 1995. Imaging with terahertz waves. *Opt. Lett.* 20:1716–1718.

Jackson, J. B., M. Mourou, J. Labaune et al. 2009. Terahertz pulse imaging for tree-ring analysis: A preliminary study for dendrochronology applications. *Meas. Sci. Technol.* 20(7):075502.

Jansen, C., S. Wietzke, O. Peters et al. 2010. Terahertz imaging: Applications and perspectives. *Appl. Opt.* 49(19):E48–E57.

Jepsen, P. U., D. G. Cooke, and M. Kock. 2011. Terahertz spectroscopy and imaging—Modern techniques and applications. *Laser Photon. Rev.* 5:124–166.

Johnson, K. M., D. J. McKnight, and I. Underwood. 1993. Smart spatial light modulators using liquid crystals on silicon. *IEEE J. Quant. Electron.* 29:699–714.

Jolliffe, I. T. 1986. *Principal Component Analysis*. New York: Springer.

Ke, J. and M. A. Neifeld. 2007. Optical architectures for compressive imaging. *Appl. Opt.* 46(22):5293–5303.

Lee, A. W. and Q. Hu. 2005. Real-time, continuous-wave terahertz imaging by use of a microbolometer focal-plane array. *Opt. Lett.* 30:2563–2565.

Mittleman, D. M., M. Gupta, R. Neelamani et al. 1999. Recent advances in terahertz imaging. *Appl. Phys. B* 68:1085–1094.

Mittleman, D. M., R. Jacobsen, and M. C. Nuss. 1996. T-ray imaging. *IEEE J. Sel. Top. Quant.* 2:679–692.

Pickwell, E. and V. P. Wallace. 2006. Biomedical applications of terahertz technology. *J. Phys. D—Appl. Phys.* 39:R301–R310.

Rahm, M., J. Li, and W. J. Padilla. 2012. THz wave modulators: A brief review on different modulation techniques. *J. Infrared Millim. Terahertz Waves* 34:1–27.

Rauhut, H. 2010. Compressive sensing and structured random matrices. In *Theoretical Foundations and Numerical Methods for Sparse Recovery*, Vol. 9, Radon Series on Computational and Applied Mathematics, ed. M. Fornasier, pp. 1–92. deGruyter. http://www.degruyter.com/view/product/43466.

Saeedikia, D. 2013. *Handbook of Terahertz Technology for Imaging, Sensing and Communications.* Woodhead Publishing Ltd, Cambridge, UK.

Sensale-Rodriguez, B., S. Rafique, R. Yan, M. Zhu, V. Protasenko, D. Jena, L. Liu, and H. G. Xing. 2013. Terahertz imaging employing graphene modulator arrays. *Opt. Express* 21:2324–2330.

Sensale-Rodriguez, B., R. Yan, S. Rafique, M. Zhu, W. Li, X. Liang, D. Gundlach et al. 2012. Extraordinary control of terahertz beam reflectance in graphene electro-absorption modulators. *Nano Lett.* 12(9):4518–4522.

Shen, H. 2012. Compressed sensing on terahertz imaging. PhD thesis, Liverpool University, Liverpool, U.K.

Shen, H., L. Gan, N. Newman et al. 2012. Spinning disk for compressed imaging. *Opt. Lett.* 37:46–48.

Shen, Y. C. 2011. Terahertz pulsed spectroscopy and imaging for pharmaceutical applications: A review. *Int. J. Pharm.* 417:48–60.

Shen, Y. C., L. Gan, M. Stringer et al. 2009. Terahertz pulsed spectroscopic imaging using optimized binary masks. *Appl. Phys. Lett.* 95:231112.

Shen, Y. C., T. Lo, P. F. Taday et al. 2005a. Detection and identification of explosives using terahertz pulsed spectroscopic imaging. *Appl. Phys. Lett.* 86:241116.

Shen, Y. C. and P. F. Taday. 2008. Development and application of terahertz pulsed imaging for nondestructive inspection of pharmaceutical tablet. *IEEE J. Sel. Top. Quant. Electron.* 14:407–415.

Shen, Y. C., P. F. Taday, D. A. Newnham et al. 2005b. 3D chemical mapping using terahertz pulsed imaging. *SPIE Proc.* 5727:24–31.

Shon, C. H., W. Y. Chong, G. J. Kim et al. 2007. Compression of pulsed terahertz image using discrete wavelet transform. *Jpn. J. Appl. Phys.* 46:7731.

Shrekenhamer, D., C. M. Watts, and W. J. Padilla. 2013. Terahertz single pixel imaging with an optically controlled dynamic spatial light modulator. *Opt. Express* 21:12507–12518.

Watts, C. M., D. Shrekenhamer, J. Montoya, G. Lipworth, J. Hunt, T. Sleasman, S. Krishna, D. R. Smith, and W. J. Padilla. 2014. Terahertz compressive imaging with metamaterial spatial light modulators. *Nat. Photon.* 8:605–609.

Watts, C. M., X. Liu, and W. J. Padilla. 2012. Metamaterial electromagnetic wave absorbers. *Adv. Opt. Mater.* 24:OP98–OP120.

Weiss, Y., H. S. Chang, and W. T. Freeman. 2007. Learning compressed sensing. In *Snowbird Learning Workshop*, Allerton, Monticello, IL.

Williams, B. S. 2007. Terahertz quantum-cascade lasers. *Nat. Photon.* 1:517–525.

Wu, Q., T. D. Hewitt, and X. C. Zhang. 1996. Two-dimensional electro-optic imaging of THz beams. *Appl. Phys. Lett.* 69:1026–1028.

Wu, Q. and X. C. Zhang. 1995. Free-space electro-optic sampling of terahertz beams. *Appl. Phys. Lett.* 67:3523.

Xiao, G. Q., T. R. Corle, and G. S. Kino. 1988. Real-time confocal scanning optical microscope. *Appl. Phys. Lett.* 53(8):716–718.

Xu, Z. and E. Y. Lam. 2010. Image reconstruction using spectroscopic and hyperspectral information for compressive terahertz imaging. *J. Opt. Soc. Am. A* 27(7):1638–1646.

Zeitler, A. and Y. C. Shen. 2013. Industrial applications of terahertz imaging. In *Terahertz Spectroscopy and Imaging: Theory and Applications*, Springer Series in Optical Sciences, eds. K. E. Peiponen, A. Zeitler, and M. Kuwata-Gonokami, Springer-Verlag Berlin Heidelberg, Germany, pp. 451–489.

Zeitler, J. A. and L. F. Gladden. 2009. In-vitro tomography and non-destructive imaging at depth of pharmaceutical solid dosage forms. *Eur. J. Pharm. Biopharm.* 71(1):2–22.

Zeitler, J. A., P. F. Taday, D. A. Newnham et al. 2007. Terahertz pulsed spectroscopy and imaging in the pharmaceutical setting—A review. *J. Pharm. Pharmacol.* 59(2):209–223.

第三部分

多维光学压缩感知

第 7 章　用于压缩感知的多通道数据采集系统光学设计

Ryoichi Horisaki

7.1　引言

7.1.1　问题的提出

图像传感器广泛用于光学成像系统。传感器由二维探测器阵列组成,用于测量二维光的强度分布。另外,光学信号不止二维,还包括三维空间位置、时间、光谱(颜色或波长)以及偏振。为了采用二维图像传感器观察如此高维的光学信号,大多数常规方法牺牲了成像系统的空间分辨率或时间分辨率。前者和后者的方法分别称为空分复用和时分复用。在光谱成像中目标光信号是三维(x,y,λ),光谱成像中空分复用和时分复用的典型例子分别是拜耳彩色滤光片和推扫方法[1-2]。

压缩感知(CS)是一个用比采样定理要求的数量少的测量值来观测大量数据的强有力架构[3-5]。CS 对解决前面提到的用二维图像传感器单次曝光观测高维光学信号特别有用。本章探讨用于单次曝光多维成像的三个基于 CS 的一般性框架。

7.1.2　一般化的方程式

本章假设光学系统是线性的而目标是多维的。空间直角坐标轴 x 和 y 平行于图像传感器。目标处的每一个 $x-y$ 平面定义为一个通道,通道这一维定义为 c 轴,表示深度、时间、波长、偏振等。为简单起见,在后面的描述中省略系统中横向的空间维(y 轴)。系统模型写为

$$\boldsymbol{g} = \boldsymbol{\Phi f} \tag{7.1}$$

式中:$\boldsymbol{g} \in \mathfrak{R}^{N_x \times 1}$ 为采集数据矢量;$\boldsymbol{\Phi} \in \mathfrak{R}^{N_x \times (N_x \times N_c)}$ 为系统矩阵;$\boldsymbol{f} \in \mathfrak{R}^{(N_x \times N_c) \times 1}$ 为目

标数据矢量，N_x 为沿 x 轴的元素数量；N_c 为通道数量。在这里，目标数据量是采集数据量的 N_c 倍。

采用图 7－1 所示的图像传感器，对于目标的单次曝光多维采集，方程式(7.1)修改为

$$\boldsymbol{g} = \boldsymbol{IEf} \tag{7.2}$$

式中：$\boldsymbol{I} \in \mathfrak{R}^{N_x \times (N_x \times N_c)}$ 为积分算子矩阵；$\boldsymbol{E} \in \mathfrak{R}^{(N_x \times N_c) \times (N_x \times N_c)}$ 为编码算子矩阵；矩阵 $\boldsymbol{I}$ 写为

$$\boldsymbol{I} = [\boldsymbol{I}_0 \cdots \boldsymbol{I}_0] \tag{7.3}$$

这里 $\boldsymbol{I}_0 \in \mathfrak{R}^{N_x \times N_x}$ 为单位矩阵。矩阵 $\boldsymbol{E}$ 写为

$$E = \begin{bmatrix} \boldsymbol{E}_1 & 0 & \cdots & 0 \\ 0 & \boldsymbol{E}_2 & 0 & \vdots \\ \vdots & 0 & \ddots & 0 \\ 0 & \cdots & 0 & \boldsymbol{E}_{N_c} \end{bmatrix} \tag{7.4}$$

这里 $\boldsymbol{E}_c \in \mathfrak{R}^{N_x \times N_x}$ 表示第 C 通道的目标编码器矩阵。方程式(7.2)描述了下面的成像过程：①多维目标 $\boldsymbol{f}$ 的每一个通道是采用编码器 $\boldsymbol{E}_c$ 调制的；②调制后的通道在图像传感器上积分作为捕获的图像 $\boldsymbol{g}$。方程式(7.2)中的系统模型是一般化形式，下面的章节会给出每一次成像中特定的编码器 $\boldsymbol{E}$。

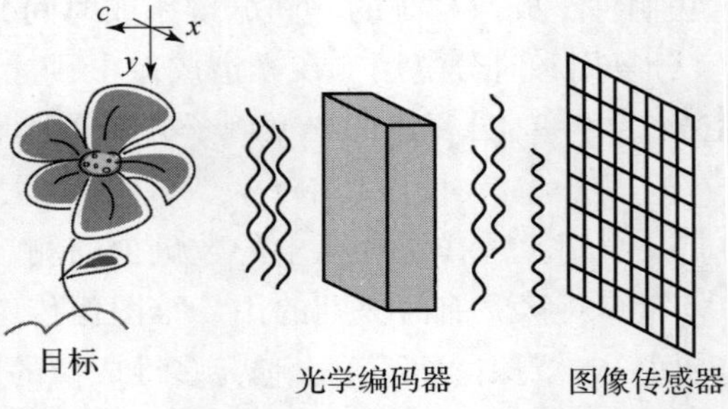

图 7－1 采用图像传感器的单次曝光多通道目标采集

方程式(7.2)的逆问题是病态的。为了求解该问题，采用光学编码器 $\boldsymbol{E}$ 进行多次成像，并且利用 CS 中基于稀疏的重构算法。现在已经有了各种基于稀疏性的算法[6-8]，典型的一种算法是两步迭代收敛/阈值(TwIST)算法。TwlST 通过迭代方式求解下面优化问题：

$$\hat{\boldsymbol{f}} = arg\,\underset{f}{min}\,\| \boldsymbol{g} - \boldsymbol{IEf} \|_{\ell_2} + \tau \boldsymbol{\Theta}(\boldsymbol{f}) \tag{7.5}$$

式中：$\| \cdot \|_{\ell_2}$ 为 ℓ_2 范数；τ 为正则化参数；$\boldsymbol{\Theta}(\cdot)$ 用于评估稀疏性在正则域的正则项。

7.2　点扩散函数构建

点扩散函数(PSF)构建已经用于基于双螺旋 PSF 或编码孔径的散焦测距(DFD)的性能提升[9-11]。这种成像方式可以推广到其他维度的成像[12]。

7.2.1　光学设计

为了实现空间横向不变而传输通道方向可变的 PSF,用于对传输通道进行调制的光学编码器插入成像光学系统的光瞳处,如图 7-2 所示。每一个传输通道的 PSF 编码器应该具有独立性。

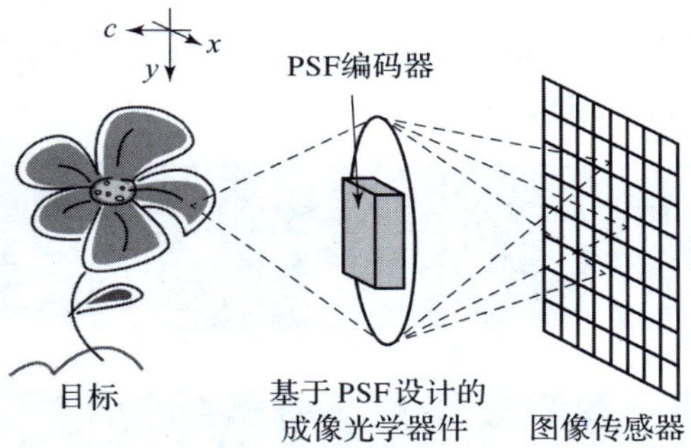

图 7-2　基于 PSF 设计的多通道目标采集

7.2.2　系统模型

在基于 PSF 的多通道数据采集中,方程式(7.2)重新写成

$$\boldsymbol{g} = \boldsymbol{IPf} \tag{7.6}$$

这里 $\boldsymbol{P} \in \mathfrak{R}^{(N_x \times N_c) \times (N_x \times N_c)}$ 是卷积算子矩阵,是方程式(7.2)在这种成像方式中的编码器 $\boldsymbol{E}$。矩阵 $\boldsymbol{P}$ 写为

$$\boldsymbol{P} = \begin{bmatrix} \boldsymbol{P}_1 & 0 & \cdots & 0 \\ 0 & \boldsymbol{P}_2 & 0 & \vdots \\ \vdots & 0 & \ddots & 0 \\ 0 & \cdots & 0 & \boldsymbol{P}_{N_c} \end{bmatrix} \tag{7.7}$$

这里 $\boldsymbol{P}_c \in \mathfrak{R}^{N_x \times N_x}$ 是托普利兹矩阵,表示第 C 通道 PSF 的卷积。方程式(7.6)描述了下面的成像过程:①多维目标 $\boldsymbol{f}$ 的每一个通道是由不同的 PSF $\boldsymbol{P}_c$ 调制的;②调制后的通道在传感器上积分作为采集图像 $\boldsymbol{g}$。

7.2.3 仿真

数值仿真验证了基于 PSF 构建的方法，如图 7－3 所示。图 7－3(a)中的多维目标由 6 个通道组成，在这里 Shepp－Logan 头部模型 phantom 放在两个通道。像元数为 128×128×6。众所周知，头部模型在全变分(TV)域是稀疏的[13]。假设随机产生的 PSF 对方程式(7.7)的每一个通道 $\boldsymbol{P}_c$ 是独立的，采集的图像显示在图 7－3(b)中，这里像元数为 128×128，并且添加了信噪比(SNR)为 40dB 的高斯噪声。为了对比，采用 Richardson－Lucy(RL)方法获得的重构结果显示在图 7－3(c)中[14－15]，这里没有使用任何基于稀疏的正则化。重构结果包含一些伪影，目标与重构图像之间的峰值 SNR(PSNR)为 22.6dB。采用方程式(7.5)描述的 TwIST 获得的重构结果如图 7－3(c)所示，选择 TV 作为正则化方法，多维目标成功重构，并且基于 TwIST 的重构图像比 RL 重构图像具有更少的伪影。基于 TwIST 重构图像的 PSNR 为 27.3dB。

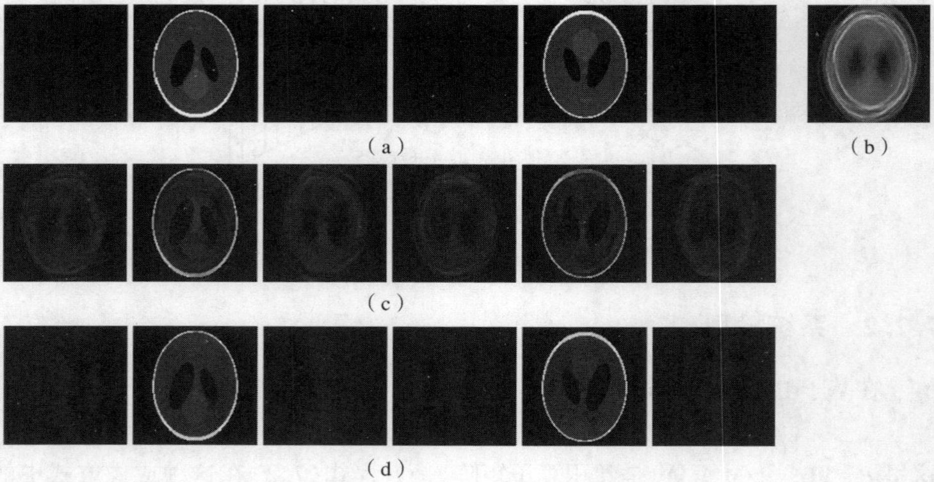

图 7－3　基于 PSF 设计方法的仿真

(a) 目标；(b) 采集图像；(c) RL 方法的重构图像；(d) TwIST 方法的重构图像。

7.2.4 应用

基于 PSF 构建的方法可以运用到各种多维成像应用中。表 7－1 给出将 PSF 编码器插入光瞳的几个应用示例[12]。编码孔径已经用于深度成像，以减少不同距离 PSF 之间的相关性[11]。该方法也已经用于大视场成像[12]。基于这种方法的光谱成像显示在图 7－4 中。衍射光栅插入成像系统光路，如图 7－4(a)所示，这里成像传感器是单色的。光栅的高阶衍射取决于来自目标的光波波长。

因此,该系统的PSF中波长是变量。验证中采用的目标是印刷字符"Photo",这里"P"和两个"o"是红色的,"h""t"是绿色的。采集的图像显示在图7-4(b)中。通过重构过程将两个光谱通道分离,如图7-4(c)所示。

表7-1 基于PSF设计的多维目标成像实现方法

应用	PSF编码器
深度成像	编码孔径
光谱成像	光栅
偏振成像	双折射元件
瞬态成像	时间可变的编码孔径

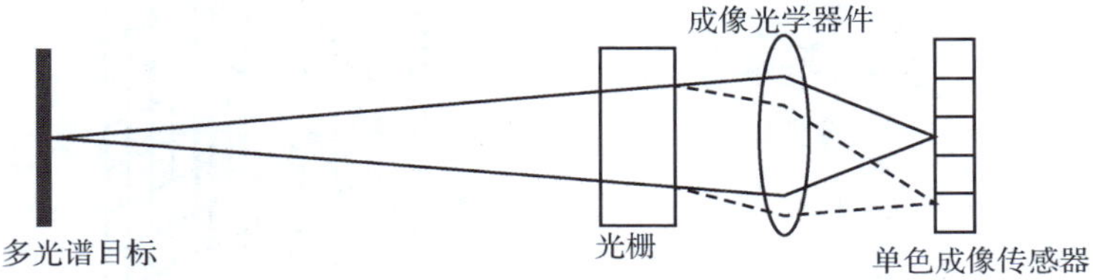

(a)

(b)

(c)

图7-4 采用基于PSF构建的光谱成像(见彩图)

(a)光学装置;(b)采集的图像;(c)重构结果。这里上面和下面的图分别显示红色通道和绿色通道。

7.3 复眼

复眼是许多昆虫和甲壳类动物的视觉器官[16]。复眼分为并列复眼和重叠复眼两种类型,这两种类型的复眼都是由许多小的基本光学单元组成的。在并列型的复眼中,一个视觉神经(探测器)光学连接到一个光学单元,而在重叠型复眼中,一个视觉神经是连接到多个光学单元。基于并列复眼的光学设计已经用于减少成像设备的大小[17-19],并列复眼也用于三维目标采集和显示的全景成像中[20-21]。

7.3.1 光学设计

复眼中的每一个光学单元实现不同的成像过程,这种灵活性是基于复眼的多维成像方法的优势之一。将光学编码器插入每一个光学单元的光路中,可以实现多维目标每一个通道的不同调制[22-23],如图 7-5 所示。已经提出了两种调制方法:剪切积分和权重积分。前者对每一个目标通道横向移位调制,而后者的调制是目标乘以权重分布。在这种情况下,每一个光学单元都对目标添加了不同的调制。

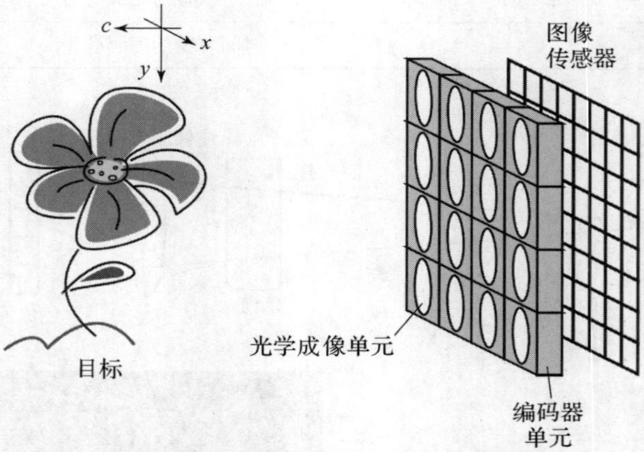

图 7-5 基于复眼的多通道目标采集

7.3.2 系统模型

在基于复眼的方法中,方程式(7.2)的系统模型重新写成

$$g = IMWSRf \tag{7.8}$$

式中:$M \in \mathfrak{R}^{(N_x \times N_c) \times (N_x \times N_c \times N_e)}$ 是缩小率算子矩阵;$W \in \mathfrak{R}^{(N_x \times N_e \times N_c) \times (N_x \times N_e \times N_c)}$ 是加权算子矩阵;$S \in \mathfrak{R}^{(N_x \times N_e \times N_c) \times (N_x \times N_e \times N_c)}$ 是剪切算子矩阵;$R \in \mathfrak{R}^{(N_x \times N_c) \times (N_x \times N_c)}$ 是复制算子矩阵;N_e 是光学单元数量;$MWSR = E$,是方程(7.2)中的编码器。矩阵 M 写成

$$M = \begin{bmatrix} I' & 0 & \cdots & 0 \\ 0 & I' & 0 & \vdots \\ \vdots & 0 & \ddots & 0 \\ 0 & \cdots & 0 & I' \end{bmatrix} \tag{7.9}$$

这里 $I' \in \mathfrak{R}^{1 \times N_e}$ 是全 1 组成的矩阵。矩阵 W 写成

$$\boldsymbol{W} = \begin{bmatrix} w_{1,1}\boldsymbol{I}_0 & 0 & \cdots & 0 \\ 0 & w_{2,1}\boldsymbol{I}_0 & 0 & \vdots \\ \vdots & 0 & \ddots & 0 \\ 0 & \cdots & 0 & w_{N_e,N_c}\boldsymbol{I}_0 \end{bmatrix} \tag{7.10}$$

这里 $w_{E,C}$是加权算子的第 E 个光学单元、第 C 通道的权重。矩阵 $\boldsymbol{S}$ 写成

$$\boldsymbol{S} = \begin{bmatrix} \boldsymbol{S}_{1,1} & 0 & \cdots & 0 \\ 0 & \boldsymbol{S}_{2,1} & 0 & \vdots \\ \vdots & 0 & \ddots & 0 \\ 0 & \cdots & 0 & \boldsymbol{S}_{N_e,N_c} \end{bmatrix} \tag{7.11}$$

这里 $\boldsymbol{S}_{E,C} \in \mathfrak{R}^{N_x \times N_x}$是偏对角矩阵,用于剪切算子的第 E 个光学单元和第 C 通道的目标信号横向移位。矩阵 $\boldsymbol{R}$ 写成

$$\boldsymbol{R} = \begin{bmatrix} \boldsymbol{R}_0 & 0 & \cdots & 0 \\ 0 & \boldsymbol{R}_0 & 0 & \vdots \\ \vdots & 0 & \ddots & 0 \\ 0 & \cdots & 0 & \boldsymbol{R}_0 \end{bmatrix} \tag{7.12}$$

这里 $\boldsymbol{R}_0 \in \mathfrak{R}^{(N_x \times N_e) \times N_x}$写成

$$\boldsymbol{R}_0 = \begin{bmatrix} \boldsymbol{I}_0 \\ \vdots \\ \boldsymbol{I}_0 \end{bmatrix} \tag{7.13}$$

方程式(7.8)描述了下面的成像过程:①多维目标 $\boldsymbol{f}$ 是由单独的光学单元复制;②复制目标的通道是由每一个光学单元剪切和加权进行不同的调制;③每一个调制通道是像素级的缩小;④最终的通道在图像传感器上积分作为采集图像 $\boldsymbol{g}$。

7.3.3　仿真

数值仿真验证了基于复眼的方法,如图 7－6 所示。多维目标是由 8 张自然图像组成,见图 7－6(a),图像像素为 256×256×8,仿真的采集图像显示在图 7－6(b)中。每一个单元图像的大小为 64×64,光学单元的数量为 4×4。采用剪切和加权编码器对目标进行随机调制。测量 SNR 为 40dB。采用伪逆的重构结果见图 7－6(c)[24],重构图像有明显的伪影,并且 PSNR 为 11.9dB。采用 TwIST 的重构结果显示在图 7－6(d)中。选择离散小波域的 ℓ_1 范数作为 TwIST 的正则项。与伪逆重构方法相比,采用 TwIST 的重构目标更好,且 PSNR 为 29.7dB。

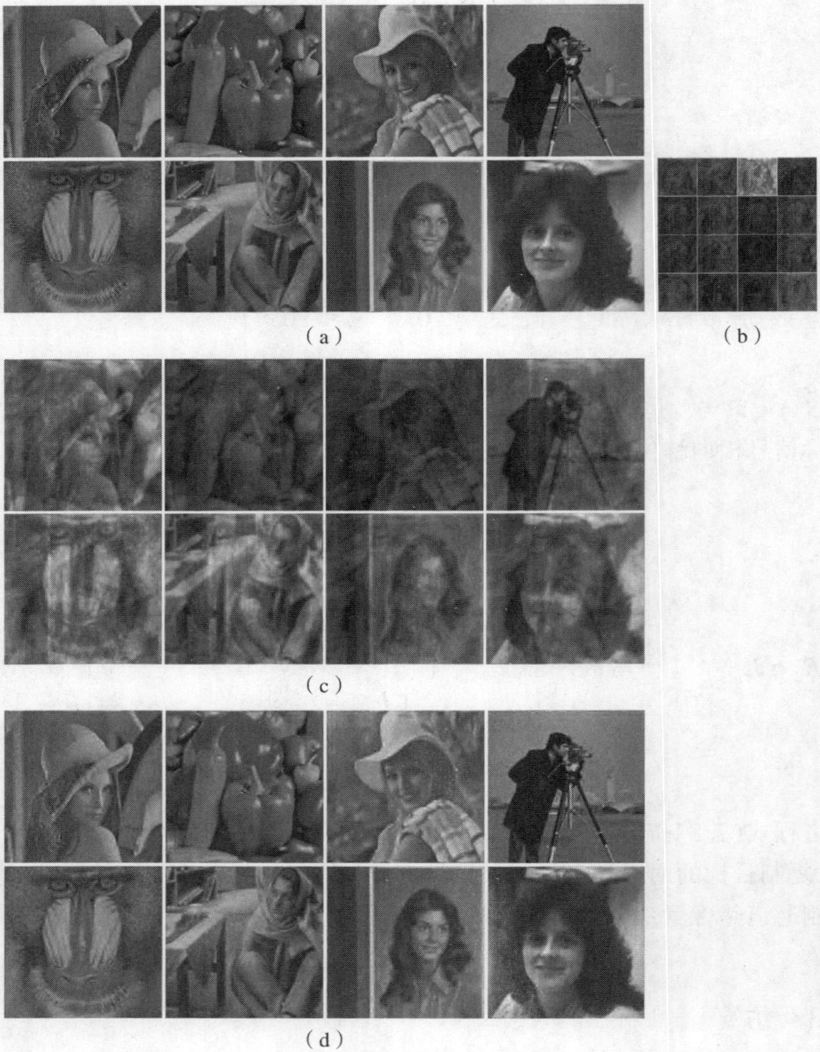

图 7-6　基于复眼的多维成像仿真

(a) 多维目标;(b) 采集的图像;(c) 采用伪逆的重构图像;(d) 采用 TwIST 重构的图像。

7.3.4　应用

基于复眼的方法允许对每一个光学单元进行不同的调制,而且这些调制可以集成在小型硬件中。表 7-2 给出了在复眼方法中实现调制的示例。立体相机可以认为是一类复眼相机,而且其典型应用是利用视差进行深度成像[25-26]。基于复眼的方法也可以用于扩大动态范围和视场[27]。

表 7-2　基于复眼的多维成像实现方法

应用	剪切编码器	加权编码器
深度成像	视差	无
光谱成像	色散	彩色滤光片
偏振成像	双折射元件	偏振片
瞬态成像	透镜移动	快门

深度成像和光谱成像的仿真验证如图 7-7 所示[23]。在该实验中，目标由两个深度通道(z_1 和 z_2)和三个彩色通道(红、绿和蓝)组成。这里对深度成像采用单元级的剪切，对光谱成像采用像素级的加权。采集的图像显示在图 7-7(a)中，这里光学单元数量为 6×6。

采用常规反向投影方法的重构图像如图 7-7(b)所示。结果显示目标横向和轴向是模糊的。采用 TwIST 方法的重构图像如图 7-7(c)所示。在基于 TwIST 方法的结果中，目标轴向有很好的分离，而且每一个通道的图像比反向投影重构的那些图像边缘更加锐利。

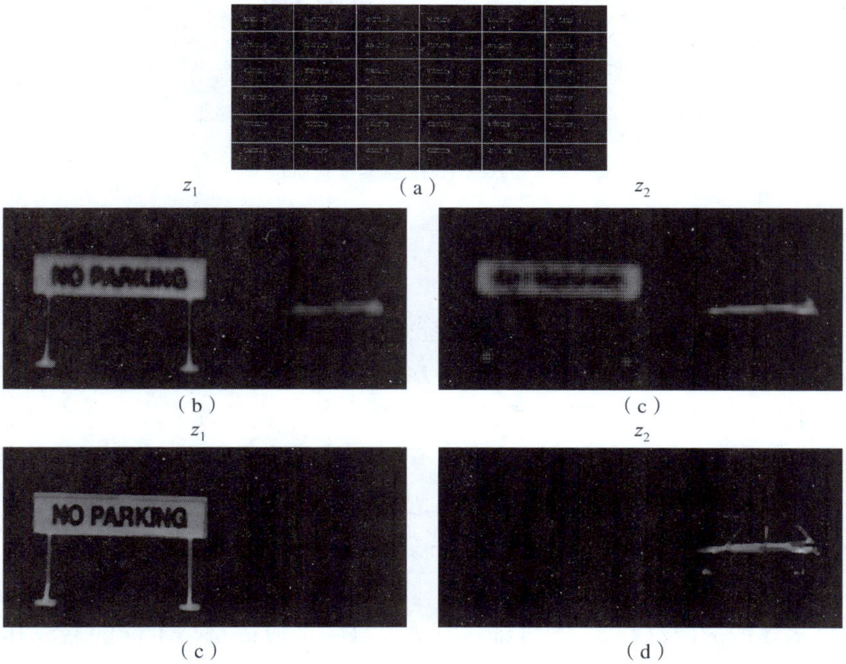

图 7-7　采用复眼方法的深度成像和光谱成像

(a) 采集图像；(b) 采用反向投影的重构图像；(c) 采用 TwIST 方法的重构图像。

7.4 全息成像

全息成像对振幅和相位组成的复数光场进行测量。全息成像允许穿透目标成像,例如生物医学标本,以及对采集后的数字化三维目标进行重聚焦[28-30]。因此,全息成像在生物医学领域具有广阔的前景。

7.4.1 光学设计

为了采用全息成像观察多维目标,采用了压缩菲涅耳全息成像(CFH)。CFH 是一种合成孔径技术,这里目标的复数场由稀疏采样的全息数据重构[31]。在多维 CFH 中,每一个通道也是随机采样并且基于图 7-8 显示的 CFH 采样原理的滤波器阵列进行像素级别的滤波[32]。

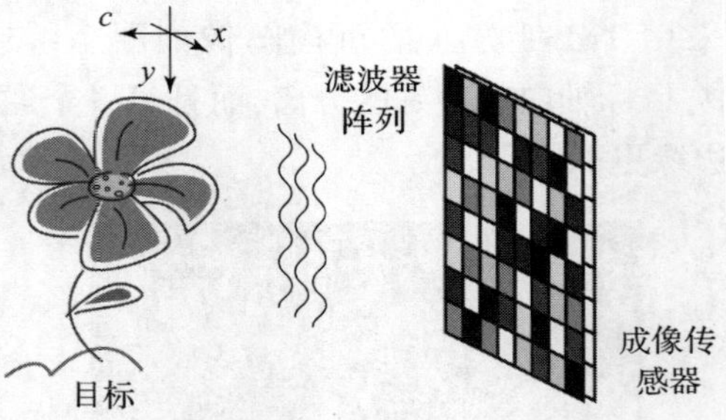

图 7-8 基于 CFH 的多维目标采集

7.4.2 系统模型

对于多维 CFH,方程式(7.1)的系统模型重新写成

$$\boldsymbol{g} = \boldsymbol{IAPf} \tag{7.14}$$

这里矢量 $\boldsymbol{g}$ 和 $\boldsymbol{f}$ 由复数构成,不同于前面章节采用的实数。这里,在方程(7.4)中的矩阵 $\boldsymbol{P}$ 也由复数构成,而且子矩阵 $\boldsymbol{P}_C$ 显示第 C 通道菲涅耳传输的 PSF 卷积[28]。在这种成像方式中,$\boldsymbol{AP} = \boldsymbol{E}$ 是方程(7.2)中的编码器。

$$\boldsymbol{A} \in \mathfrak{R}^{(N_x \times N_c) \times (N_x \times N_c)}$$

是对角矩阵,其中对角线元素表示每一个像素和通道的像素级滤波。方程式(7.14)描述的成像过程为:①多维目标 $\boldsymbol{f}$ 中每一个通道是与不同的菲涅耳 PSF $\boldsymbol{P}_C$ 的卷积;②卷积通道与像素级的滤波器阵列 $\boldsymbol{A}$ 相乘;③最终的通道在图像传感器上积分作为采集图像 $\boldsymbol{g}$。

7.4.3 仿真

基于CFH方法的仿真如图7－9所示。多维目标显示在图7－9(a)中,图像像素数为64×64×5,并且由多张Shepp－Logan头部模型组成。滤波器阵列的每一个传输通道的空间分布如图7－9(b)所示。滤波器图案是互补的。采集的图像显示在图7－9(c)中。测量的SNR为40dB。为了比较,采用伪逆方法的重构图像显示在图7－9(d)中,在这里脑图没有恢复出来,PSNR是18.3dB。采用TwIST方法的重构图像显示在图7－9(e)中,目标成功恢复出来,并且PSNR是54.6dB。

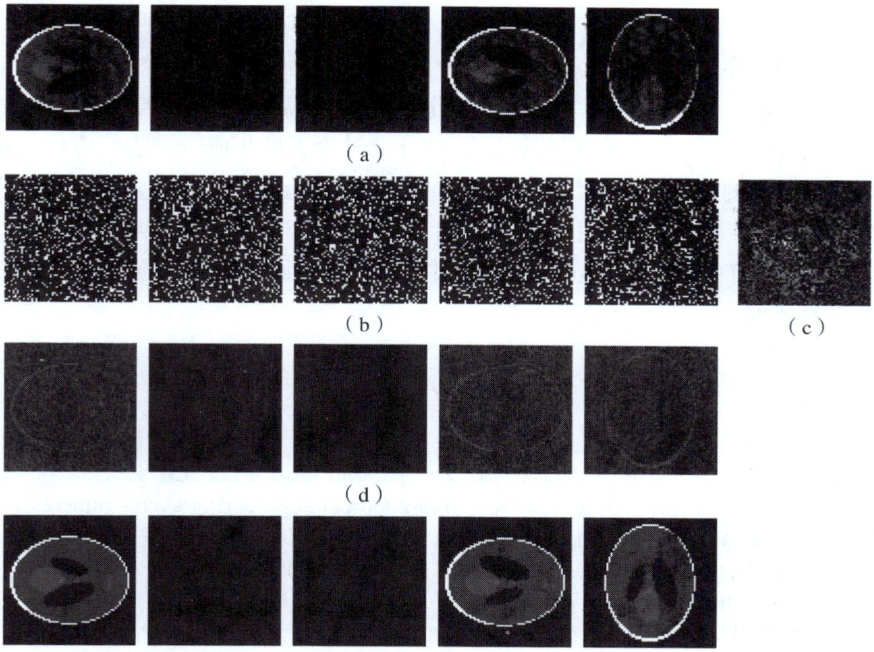

图7－9 基于CFH的多维目标成像仿真

(a)多维目标;(b)滤波器阵列图案;(c)采集的图像;(d)采用伪逆的重构图像;(e)采用TwIST的重构图像。

7.4.4 应用

菲涅耳PSF是深度的变量,因此,基于CFH的方法自然可以用于深度成像[28－30,33]。表7－3给出了其他应用以及实现方法。该成像方式对高动态范围成像也是有用的[32]。基于CFH的方法采用相干照明光源,因此能够检测光信号的相位,并且是无透镜和无像差的。

表 7-3 基于 CFH 的多维成像实现方法

应用	滤波编码器
深度成像	无(菲涅耳传输)
光谱成像	彩色滤波片
偏振成像	偏振片
瞬态成像	像素快门

7.5 结论

为了观测多维目标,本章介绍了三种成像方法:基于 PSF 构建、复眼和全息成像。首先给出了每一种成像方法的一般化方程式,然后导出了各自方法特有的矩阵算子,对这些成像方法进行了数值仿真验证,讨论了这些成像方法的应用。基于空间编码采样的单次曝光多维成像方法也已经提出,虽然没有在这里介绍[34-37]。

这些成像模式很容易用于深度成像、光谱成像、偏振成像和瞬态成像(高速成像)。其中有些方法是相互兼容的,并且该方法可以对更高维数的目标进行单次曝光成像。

参考文献

Li, Q., He, X., Wang, Y., Liu, H., Xu, D., and Guo, F. (2013). Review of spectral imaging technology in biomedical engineering: Achievements and challenges. *J. Biomed. Opt.*, 18(10), 100901.

Hagen, N. and Kudenov, M. W. (2013). Review of snapshot spectral imaging technologies. *Opt. Eng.*, 52(9), 90901.

Donoho, D. L. (2006). Compressed sensing. *IEEE Trans. Inf. Theory*, 52(4), 1289–1306.

Baraniuk, R. (2007). Compressive sensing. *IEEE Signal Process. Mag.*, 24(4), 118–121.

Candes, E. J. and Wakin, M. B. (2008). An introduction to compressive sampling. *IEEE Signal Process. Mag.*, 25(2), 21–30.

Figueiredo, M. A. T., Nowak, R. D., and Wright, S. J. (2007). Gradient projection for sparse reconstruction: Application to compressed sensing and other inverse problems. *IEEE J. Sel. Top. Signal Process.*, 1(4), 586–597.

Bioucas-Dias, J. M. and Figueiredo, M. A. T. (2007). A new twist: Two-step iterative shrinkage/thresholding algorithms for image restoration. *IEEE Trans. Image Process.*, 16(12), 2992–3004.

Wright, S. J., Nowak, R. D., and Figueiredo, M. A. T. (2009). Sparse reconstruction by separable approximation. *IEEE Trans. Image Process.*, 57(7), 2479–2493.

Greengard, A., Schechner, Y. Y., and Piestun, R. (2006). Depth from diffracted rotation. *Opt. Lett.*, 31(2), 181–183.

Pavani, S. R. P., Thompson, M. A., Biteen, J. S., Lord, S. J., Liu, N., Twieg, R. J., Piestun, R., and Moerner, W. E. (2009). Three-dimensional, singlemolecule fluorescence imaging beyond the diffraction limit by using a double-helix point spread function. *Proc. Natl. Acad. Sci. USA*, 106 (9), 2995–2999.

Levin, A., Fergus, R., Durand, F., and Freeman, W. T. (2007). Image and depth from a conventional camera with a coded aperture. *ACM Trans. Graph.*, 26(3), 70:1–70:9.

Horisaki, R. and Tanida, J. (2010). Multi-channel data acquisition using multiplexed imaging with spatial encoding. *Opt. Express*, 18(22), 23041–23053.

Rudin, L. I., Osher, S., and Fatemi, E. (1992). Nonlinear total variation based noise removal algorithms. *Phys. D*, 60(1–4), 259–268.

Richardson, W. H. (1972). Bayesian-based iterative method of image restoration. *J. Opt. Soc. Am.*, 62(1), 55–59.

Lucy, L. B. (1974). An iterative technique for the rectification of observed distributions. *Astron. J.*, 79, 745–754.

Duparré, J. W. and Wippermann, F. C. (2006). Micro-optical artificial compound eyes. *Bioinspir. Biomim.*, 1(1), R1–R16. Retrieved from http:// iopscience.iop.org/1748-3190/1/1/R01/pdf/1748-3190_1_1_R01.pdf.

Tanida, J., Kumagai, T., Yamada, K., Miyatake, S., Ishida, K., Morimoto, T., Kondou, N., Miyazaki, D., and Ichioka, Y. (2001). Thin observation module by bound optics (TOMBO): Concept and experimental verification. *Appl. Opt.*, 40(11), 1806–1813.

Duparré, J., Dannberg, P., Schreiber, P., Bräuer, A., and Tünnermann, A. (2005). Thin compound-eye camera. *Appl. Opt.*, 44(15), 2949–2956. Retrieved from http://ao.osa.org/abstract.cfm?URI=ao-44-15-2949.

Venkataraman, K., Lelescu, D., Duparr, J., Mcmahon, A., Molina, G., Chatterjee, P., Mullis, R., and Nayar, S. (2013). PiCam: An ultra-thin high performance monolithic camera array. *ACM Trans. Graph.*, 35 (2), 1–13. Retrieved from http://www.pelicanimaging.com/technology/.

Stern, A. and Javidi, B. (2006). Three-dimensional image sensing, visualization, and processing using integral imaging. *Proc. IEEE*, 94(3), 591–607.

Xiao, X., Javidi, B., Martinez-Corral, M., and Stern, A. (2013). Advances in three-dimensional integral imaging: Sensing, display, and applications. *Appl. Opt.*, 52(4), 546–560.

Horisaki, R., Choi, K., Hahn, J., Tanida, J., and Brady, D. J. (2010). Generalized sampling using a compound-eye imaging system for multi-dimensional object acquisition. *Opt. Express*, 18(18), 19367–19378. Retrieved from http://www.opticsexpress.org/abstract.cfm?URI=oe-18-18-19367.

Horisaki, R., Xiao, X., Tanida, J., and Javidi, B. (2013). Feasibility study for compressive multi-dimensional integral imaging. *Opt. Express*, 21(4), 4263–4279. Retrieved from http://www.opticsexpress.org/abstract.cfm?URI=oe-21-4-4263.

Williams, D. B. and Madisetti, V. (Eds.). (1997). *Digital Signal Processing Handbook* (1st ed.). Boca Raton, FL, CRC Press.

Okutomi, M. and Kanade, T. (1993). A multiple-baseline stereo. *IEEE Trans. Pattern Anal. Mach. Intell.*, 15(4), 353–363.

Horisaki, R., Irie, S., Ogura, Y., and Tanida, J. (2007). Three-dimensional information acquisition using a compound imaging system. *Opt. Rev.*, 14(5), 347–350. Retrieved from http://link.springer.com/article/10.1007%2Fs10043-007-0347-z.

Horisaki, R. and Tanida, J. (2011). Multidimensional TOMBO imaging and its applications. *Proc. SPIE*, 8165, 816516.

Goodman, J. W. (1996). *Introduction to Fourier Optics*. New York, McGraw-Hill.

Nehmetallah, G. and Banerjee, P. P. (2012). Applications of digital and analog holography in three-dimensional imaging. *Adv. Opt. Photon.*, 4(4), 472–553.

Schnars, U. and Jüptner, W. P. O. (2002). Digital recording and numerical reconstruction of holograms. *Meas. Sci. Technol.*, 13(9), R85–R101. Retrieved from http://stacks.iop.org/0957-0233/13/i=9/a=201.

Rivenson, Y., Stern, A., and Javidi, B. (2010). Compressive Fresnel holography. *J. Disp. Technol.*, 6(10), 506–509. Retrieved from http://jdt.osa.org/abstract.cfm?URI=jdt-6-10-506.

Horisaki, R., Tanida, J., Stern, A., and Javidi, B. (2012). Multidimensional imaging using compressive Fresnel holography. *Opt. Lett.*, 37(11), 2013–2015.

Brady, D. J., Choi, K., Marks, D. L., Horisaki, R., and Lim, S. (2009). Compressive holography. *Opt. Express*, 17(15), 13040–13049. Retrieved from http://www.opticsexpress.org/abstract.cfm?URI=oe-17-15-13040.

Wagadarikar, A., John, R., Willett, R., and Brady, D. (2008). Single disperser design for coded aperture snapshot spectral imaging. *Appl. Opt.*, 47(10), B44–B51. Retrieved from http://ao.osa.org/abstract.cfm?URI=ao-47-10-B44.

Llull, P., Liao, X., Yuan, X., Yang, J., Kittle, D., Carin, L., Sapiro, G., and Brady, D. J. (2013). Coded aperture compressive temporal imaging. *Opt. Express*, 21(9), 10526–10545. Retrieved from http://www.opticsexpress.org/abstract.cfm?URI=oe-21-9-10526.

Tsai, T. H. and Brady, D. J. (2013). Coded aperture snapshot spectral polarization imaging. *Appl. Opt.*, 52(10), 2153–2161.

Gao, L., Liang, J., Li, C., and Wang, L. V. (2014). Single-shot compressed ultrafast photography at one hundred billion frames per second. *Nature*, 516(7529), 74–77.

第 8 章　压缩全息成像

Yair Rivenson and Adrian Stern

8.1　引言

在数字全息成像中，全息成像是通过传感器将入射照明转换成电荷载流子（例如可见光波段的电荷耦合器件（CCD）或互补金属氧化物半导体（CMOS）相机）形成的。数字全息成像成为一种重要的成像方式，并且已经深入各行各业，如生命科学和材料工程。数字全息成像的主要优势之一是能够利用标准计算机数字化重建目标，而全息成像需要胶片显影步骤。

本章我们将证明数字全息成像实际上是一种鲁棒的、高效的光学压缩成像方式，这一说法将通过以下几点来证实：

（1）物场的物理编码是由自由空间波的传输来完成，这是受衍射现象控制的（Goodman 1996）。这意味着与其他感知方式不同，在许多场合它不需要光学元件，简单的无透镜光学装置就足够了。这也使得压缩全息成像是物理上可实现的压缩成像应用。

（2）上面的描述也放宽了对有关计算成像传感器最苛刻的要求，即传感器的校准。在标准的同构成像中通常不考虑校准，但是在计算成像应用中校准起到非常重要的作用，因为复原是基于感知过程的数值模型，模型必须非常精确。对物理感知算子不正确地校准，会导致计算成像系统性能的严重退化（第 4 章）。然而，由于压缩全息成像的应用是采用自由空间衍射对物场的编码，这意味着可以避免相关问题，如失配、制造误差或不精确的数值模型。自由空间衍射数值模型很容易建立（Schmidt 2010），而且模型只依赖照明波长、探测器的距离以及探测器性能（如像元间距和像元数量）。

（3）采用稀疏约束的信号重构已经有几十年历史，并且也已经用于数字全息图像的目标重建（Sotthivirat and Fessler 2004）。与此同时，由于压缩感知（CS）成功地证明了压缩测量可以以非自适应方式获取（信号），同时为传统的欠采样信号重构提供了充分的保证而产生了巨大的影响(Candès and Wakin 2008)。下面的章节将讨论全息压缩成像应用的重构保证,并且阐述在某些情况下可以获得闭式重构保证(表 8-1),并且这些重构保证与系统的物理直觉感受是一致的。

表 8-1　数字全息压缩感知的不同模式、应用和重构总结

	应用	重构保证
非涅耳变换的目标随机下采样	有限的像素预算费,适合于较贵的探测器(THz、UV 等); 减少采集时间,即更快的采集速度; 单次曝光中采集几种信号(如偏振、彩色); 低照明条件下去除噪声/重构目标; 雷达成像; 单次菲涅耳变换振幅的目标重构(相位恢复)	需要的压缩样本数量 M。 近场近似: $M \geqslant C' N_F^2 \dfrac{S}{N} \log N$ 远场近似: $M \geqslant CS\log N$ 得出优化工作距离 $z = \sqrt{N}\Delta x_0^2/\lambda$。 采用会聚/发散球面波照明,可以定制最优工作距离
菲涅耳变换的目标常规下采样	光学超分辨(衍射受限); 几何超分辨(高精度微粒定位和探测); 单次曝光的部分遮挡目标重构	可以精确重构的目标稀疏特征数量 S: $S \leqslant 0.5(1+\theta^{-1})$ 这里 $\theta^{FF} = \max\limits_{m \neq l \cap u \neq v} \dfrac{\lvert \hat{O}(m-l,u-v) \otimes \hat{O}(m-l,u-v) \rvert}{\lVert o \rVert_2^2}$ 其中,$o(x,y)$ 是下采样函数(像素、有限光阑、遮挡),$\hat{O}$ 是对应的傅里叶变换
由 2D 全息图像构建 3D 目标	单次曝光 3D 目标层析成像; 超越经典极限的稀疏目标轴向超分辨重构; 为了增强轴向分辨率的多孔径 3D 目标层析成像	可以精确重构的目标稀疏特征数量 S: $S \leqslant 0.5[1+\lambda\Delta z/(\Delta x \Delta y)]$

8.1.1　前向全息模型

普通的全息成像记录装置显示在图 8-1 中。考虑目标 f 是由平面波形式的准直相干光源照明。目标的复数场振幅(CFA)沿着 $\hat{z}$ 方向传输距离 z 到达探测器平面。全息图像是通过目标的 CFA 与参考照明波 E_r 相干产生的(记为

g),在探测器平面上产生的相干由下式给出

$$I=|g+E_r|^2=|g|^2+|E_r|^2+E_rg^*+E_r^*g \tag{8.1}$$

这里$(\cdot)^*$算子表示复共轭。我们主要关注包含希望重构目标全部信息的目标项,即 E_r^*g。为了减少基项和孪生项(E_rg^*)的影响,早在 1960 年,Leith 和 Upatnieks (1962)开创性地采用离轴全息成像。然而,随着数字全息成像的到来,其他方法能够轻易地完全消除无关项,尤其是相位平移全息成像(Yamaguchi et al. 2006)。假设对近轴光学,采用波长为 λ 的平面波照明,物场 g 与目标的空间分布 f 有关,通过菲涅耳变换(Goodman 1996)得到(取决于恒定的倍增因子)

$$\begin{aligned}g(x,y) &= f(x,y) * \exp\left\{\frac{\mathrm{j}\pi}{\lambda z}(x^2+y^2)\right\}\\&=\exp\left\{\frac{\mathrm{j}\pi}{\lambda z}(x^2+y^2)\right\}\iint f(\xi,\eta)\exp\left\{\frac{\mathrm{j}\pi}{\lambda z}(\xi^2+\eta^2)\right\}\times\\&\quad\exp\left\{\frac{-\mathrm{j}2\pi}{\lambda z}(x\xi+y\eta)\right\}\mathrm{d}\xi\mathrm{d}\eta\end{aligned} \tag{8.2}$$

虽然其他类型的全息成像(如傅里叶全息成像)也存在,本章只关注菲涅耳类型的全息成像。在后面章节中,将推导将菲涅耳变换作为感知算子的 2D 和 3D 压缩成像应用的性能边界。

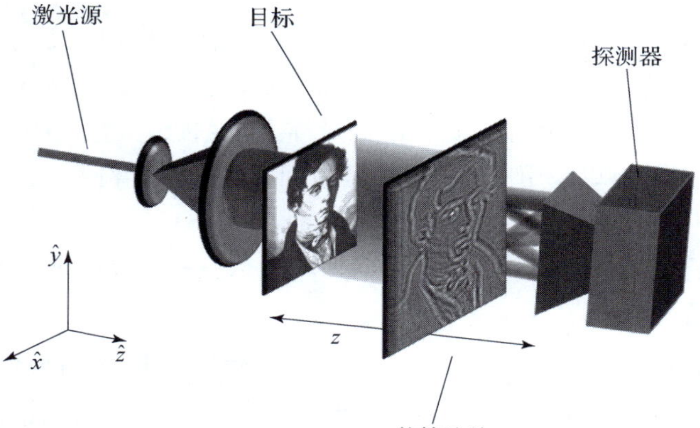

图 8-1 同轴(Gabor)全息成像装置原理图。由相干平面波照明目标(Augustin Fresnel 的透明正片)。CFA 传输距离 z 到达探测器平面,在探测器面与参考波发生相干形成全息图像

8.2 菲涅耳变换压缩成像系统重构保证

重构保证是 CS 的核心成果之一(Candès and Wakin 2008),这可能使得它超越了早先提升稀疏度的优化技术。这些保证对确定基于 CS 系统的工作条件和

性能是非常重要的。为了内容的完整性，我们简单地讨论 CS 的基本概念，并且介绍伴随本章其余部分的符号标记。

8.2.1 压缩感知问题描述

CS 通常用代数形式的公式表示，将前向算子（将物空间与测量空间联系起来）写成矩阵-矢量乘积。这里，定义测量过程为

$$\boldsymbol{g} = \boldsymbol{\Phi f} \tag{8.3}$$

这里 $\boldsymbol{f}$ 是 $N \times 1$ 的列矢量，表示目标采样的 2D/3D 字母序排列。假设离散的目标像素个数 N 服从经典的采样理论，即 $N \geqslant 2LB$，这里 L 是目标长度，B 是目标带宽（Goodman 1996；Brady 2009）。测量值 $\boldsymbol{g}$ 是 $M \times 1$ 的矢量，也是按照字母序表示的探测器获得的测量值。在 CS 框架中，$M < N$。感知算子定义为目标 $\boldsymbol{f}$ 投影到测量空间 $\boldsymbol{g}$ 的算子，并且由 $\boldsymbol{\Phi}$ 给出，$\boldsymbol{\Phi}$ 是 $M \times N$ 的矩阵。

通常，求解这样的欠定问题似乎是不可能的，但是 CS 告诉我们，通过利用有关目标稀疏性的先验知识是可以求解的（Candès and Wakin 2008）。从形式上，CS 利用了公认的假设，即大部分的自然信号能够采用某些数学算子来稀疏表达，该数学算子称为稀疏算子 $\boldsymbol{\Psi}$，有

$$\boldsymbol{f} = \boldsymbol{\Psi \alpha} \tag{8.4}$$

方程式（8.4）中的 $\boldsymbol{\Psi}$ 是 $N \times N$ 的矩阵（数学上的基），但是更为一般的是，$\boldsymbol{\Psi}$ 可以描述为（超完备）字典（Elad and Aharon 2006）。这里 $\boldsymbol{\alpha}$ 表示 $N \times 1$ 的稀疏矢量，其中只有 $S \ll N$ 个有用项。这样的矢量称为 S-稀疏矢量。CS 还告诉我们，想要得到的信号，可以采用下面极小化范数问题精确恢复 $\boldsymbol{f}$：

$$\|\boldsymbol{\alpha}\| \text{约束条件 } \boldsymbol{g} = \boldsymbol{\Phi \Psi \alpha} \tag{8.5}$$

这里 $\|\cdot\|$ 是范数算子，用于提升信号的稀疏结构。对于压缩成像应用，通常会遇到下面的情况：

（1）ℓ_1 范数 $\|\boldsymbol{\alpha}\|_1 = \sum_i |\alpha_i|$，用于提高稀疏解，并且是凸状的；在组合问题的稀疏求解中用于替代 ℓ_0 范数，定义为计算非零项（$\alpha_i \neq 0$）的个数（见第 1 章和第 2 章）。

（2）全变分（TV）范数，采用 TV 最小化方程（Rudin et al. 1992）。对于 2D 目标，方程式如下：

$$\text{TV}(\boldsymbol{\alpha}) = \sqrt{(\alpha_{i+1,j} - \alpha_{i,j})^2 + (\alpha_{i,j+1} - \alpha_{i,j})^2} \tag{8.6}$$

TV 范数可以认为是目标梯度的最小化。由于目标梯度在许多场合是稀疏的，因此取稀疏算子 $\boldsymbol{\Psi} = \boldsymbol{I}$，即标准基。在这种情况下，$\text{TV}(\boldsymbol{\alpha}) = \text{TV}(\boldsymbol{f})$。下面的重构保证不是对 TV 范数推导的，然而实际上采用 TV 范数的重构具有相同的趋势。

现在,无论从硬件还是软件方面,上述方法的求解已经变得相当容易。

为了求解上面的问题,互联网上有许多算法,并且可以在标准计算机上运行。虽然在 CS 的初期该结果是为了线性规划导出的,但是许多研究者特别是光学领域(对应几兆字节的图像,变量至少达到 10^6 量级)已经放弃了这种方法,因为需要昂贵的计算资源。现在,最流行的求解方法是基于迭代收缩算法(Zibulevsky and Elad 2010)。

8.2.2　菲涅耳变换用作感知算子

从现在开始到本章结束,我们把菲涅耳变换作为方程式(8.3)的感知算子 $\boldsymbol{\Phi}$。正如方程式(8.2)所证明的,物场的衍射依赖于照明光源的波长、目标与探测器之间的工作距离以及目标带宽。固定照明光源的波长和目标带宽,那么菲涅耳数值近似只取决于工作距离 z。为了对式(8.2)的菲涅耳变换作数值近似,最好区分近场区域和远场区域(Mas et al. 1999)。近场数值近似由下式给出

$$g(p\Delta x_0, q\Delta y_0) = \mathcal{F}_{2D}^{-1}\exp\left\{-\mathrm{j}\pi\lambda z_p\left(\frac{m^2}{N\Delta x_0^2}+\frac{n^2}{N\Delta y_0^2}\right)\right\}\mathcal{F}_{2D}\{f(l\Delta x_0, k\Delta y_0)\} \tag{8.7}$$

式中:Δx_0、Δy_0 是目标和 CCD 分辨率像素尺寸(与信号带宽成反比),且 $0 \leqslant p, q, k, l \leqslant \sqrt{N}-1$;$\mathcal{F}_{2D}$是 2D 傅里叶变换。

假设目标尺寸和传感器尺寸为 $\sqrt{N}\Delta x_0 \times \sqrt{N}\Delta y_0$,近场模型对 $z \leqslant z_0 = \sqrt{N}\Delta x_0^2/\lambda$ 区域是有效的(Mas et al. 1999)。当工作范围 $z \geqslant z_0 = \sqrt{N}\Delta x_0^2/\lambda$,远场数值近似由下式给出

$$\begin{aligned} g(p\Delta x_z, q\Delta y_z) = &\exp\left\{\frac{\mathrm{j}\pi}{\lambda z}(p^2\Delta x_z^2 + q^2\Delta y_z^2)\right\}\times \\ &\mathcal{F}_{2D}\left[f(k\Delta x_0, l\Delta y_0)\exp\left\{\frac{\mathrm{j}\pi}{\lambda z}(k^2\Delta x_0^2 + l^2\Delta y_0^2)\right\}\right] \end{aligned} \tag{8.8}$$

这里,$\Delta x_z = \lambda z/(\sqrt{N}\Delta x_0)$ 是输出场的像素大小。由方程式(8.7)和式(8.8)可见,从计算的角度感知算子也是非常容易实现的;由于感知矩阵能够通过快速傅里叶变换算子实现,因此不需要存储大型的感知矩阵 $\boldsymbol{\Phi}$。

8.3　菲涅耳场下采样重构保证的确定

在 8.2 节的最后,我们指出数值菲涅耳变换需要区分近场和远场区域,现在进一步将重构保证的分析分成两个主要类型。第一类是需要设计低成本测量系统(成本以像素计)。这种测量方法不适合可见光波段,但是适合于 IR、太赫兹、

UV 和 X 射线。我们称这一类为菲涅耳变换的信号随机下采样(图 8 -2)。第二类是确定性下采样。这种下采样通常在现代光学实现中会遇到,例如用探测器阵列(如 CMOS 或 CCD 器件)测量目标。在这种情况下,采用约 10^6 量级像素的探测器(只需要几美元;Gehm and Brady 2015)来完成测量。采用推导出的数学边界,可以看到信号能够比经典采样理论有更准确的重构。

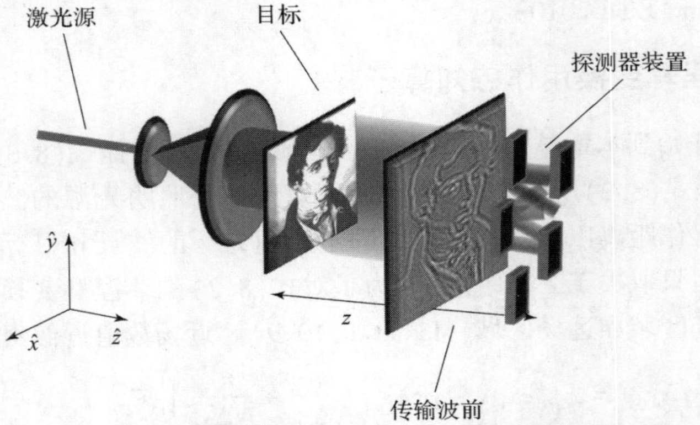

图 8 -2 采用稀疏探测器阵列的菲涅耳变换物场感知示意图

8.3.1 物场的随机下采样

为了对前面的理论有更直观的理解,下面举一个例子。考虑一组随机放置在测量空间的稀疏探测器,如图 8 -2 所示。参考方程式(8.3),这样的摆放在数学上描述为从 $\boldsymbol{\Phi}$ 的 N 行均匀地随机抽取 M 行。在这种情况下,重构保证由相干参数确定(Candés and Plan 2011):

$$\mu = \max_{i,j} | \langle \phi_i, \psi_j \rangle | \tag{8.9}$$

式中:ϕ_i 是 $\boldsymbol{\Phi}$ 的行矢量;ψ_j 是 $\boldsymbol{\Psi}$ 的列矢量;$\langle \cdot, \cdot \rangle$ 表示内积。

从物理角度上,相干参数 μ 是分布在探测器上目标全部能量的度量,其边界为 $1/\sqrt{N} \leqslant \mu \leqslant 1$。理想情况下,我们希望每一个探测器感知的每一个目标像素能量是相等的,在这种情况下,可以得到 $\mu \to 1/\sqrt{N}$。另外,如果每一个目标像素是精确地匹配到每一个探测器像素(这是同构成像的一般目标),那么就不能舍弃任何一个测量值,因为很可能导致信息丢失,在这种情况下 $\mu \to 1$。由此得出,如果每一个探测器像素包含整个目标的信息,那么某些测量值是可以丢弃的。根据 CS 理论,信号可以通过 M 次均匀随机投影后重构,服从(Candès and Plan 2011)

$$\frac{M}{N} \geqslant C \mu^2 S \log N \tag{8.10}$$

这里 C 是一个小的常量。由式(8.10)可见,μ 越小,能够精确重构目标所需的相对测量次数越少。实际上,对于$\mu \to 1/\sqrt{N}$,精确重构信号所需的样本数是$M \approx S\log N$个测量值。在 CS 理论的早期研究结果中可以看到该边界的标志性示例,早期的研究结果表明对傅里叶变换信号的下采样是非常有效的 CS 机制(Candes et al. 2006;Candès and Plan 2011),而且信号可以从$M \approx S\log N$个样本精确重建。

假设目标在其原始空间是稀疏的,即$\boldsymbol{\Psi} = \boldsymbol{I}$(本节的最后我们将讨论更一般的情况)。在这种情况下,对于近场数值近似,相干参数可以由下式近似(Rivenson and Stern 2011)

$$\mu_{近场} = \max_i |\phi_i| \approx \left[\frac{\Delta x_0 \Delta y_0}{\lambda z}\right], z < z_0 \tag{8.11}$$

从物理角度,每一个ϕ_i表示每N个目标点的点扩散响应。图 8-3 显示了不同工作距离z下的$|\phi_i|$函数。随着z的增加,每一个目标点的能量分散在更多的测量值上,因此相干参数减小。从式(8.11)可以推导出用于恢复目标所需的压缩采样个数为

$$M \geqslant C' N_F^2 \frac{S}{N} \log N \tag{8.12}$$

式中:N_F表示记录设备的菲涅耳数(Goodman 1996)为$N_F = N((\Delta x_0 \Delta y_0)/(4\lambda Z))$;$C'$是小的恒定因子。

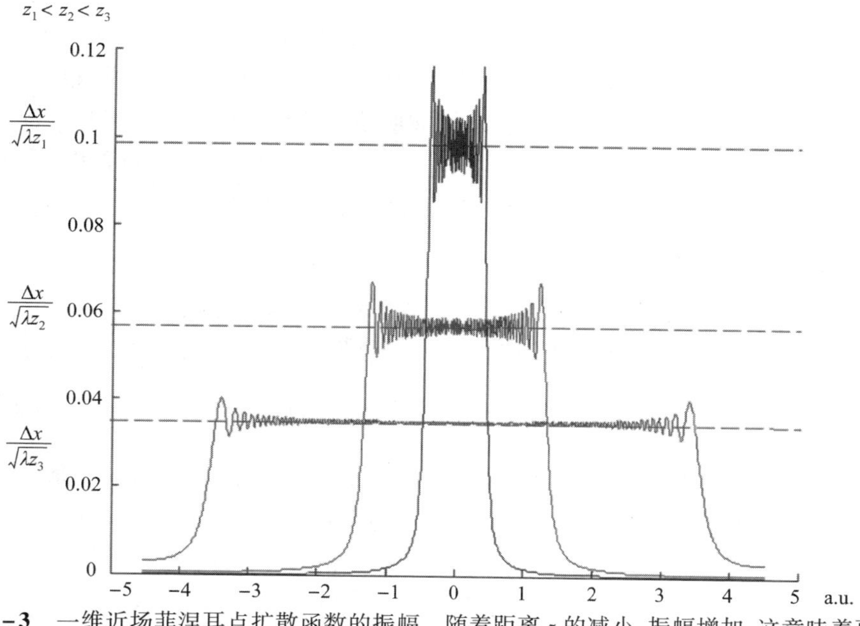

图 8-3　一维近场菲涅耳点扩散函数的振幅。随着距离z的减小,振幅增加,这意味着更少的能量分布在不同的像素间,相干参数与距离z成反比,这反过来意味着为了恢复出精确的信号需要更多的样本

对于远场的菲涅耳数值近似,相干参数服从

$$\mu_{远场} = \frac{1}{\sqrt{N}} \tag{8.13}$$

这正是相干参数能够达到的最低界限,因此菲涅耳场所需的菲涅耳测量次数为

$$M \geqslant CS\log N \tag{8.14}$$

利用仿真已经验证了方程式(8.12)和式(8.14)反映出来的趋势(Rivenson and Stern 2011),并且也已经得到实验的证明(Fan et al. 2014)。

在这种情况中,我们希望做出如下两个实用的说明:

(1) 最优工作距离点在 $z = z_c = \sqrt{N}\Delta x^2/\lambda$ 处,在这一点,可以用最少的测量次数恢复菲涅耳场,同时保持探测器配置尽可能地紧凑,因为衍射图案的支撑范围为 $\sqrt{N}\Delta x_0 \times \sqrt{N}\Delta y_0$,对于任意 $z > z_c$,支撑范围都小于 $\sqrt{N}\Delta x_z \times \sqrt{N}\Delta y_z$。

(2) 在前面的分析中,我们假设目标在空域是稀疏的。正如典型情况证明的,当感兴趣的目标采用稀疏算子进行稀疏表示,那么实际上很难得到准确的闭式表达式,然而数值研究(Rivenson et al. 2013a)表明方程式(8.11)和式(8.14)预测的趋势对其他稀疏基也是有效的。

8.3.2 球面波照明的重构保证

在许多全息应用中,特别是在小型显微镜(无透镜)系统(Coskun et al. 2010; Hahn et al. 2011)中,目标采用球面波照明,而最近在 X 射线数字全息成像中(Rehman et al. 2014)也采用了球面波照明。假设照明波前从目标后面 z_i 距离处的点源发出,如图 8-4 所示。在这种情况下,需要相应地修改相干参数的计算。将球面波照明代入方程式(8.2)中替换平面波照明,得到

$$\begin{aligned}(x,y) &= \exp\left\{j\pi\frac{x^2+y^2}{\lambda z_i}\right\}f(x,y) * \exp\left\{j\pi\frac{x^2+y^2}{\lambda z}\right\} \\ &= \exp\left\{j\pi\frac{x^2+y^2}{\lambda z}\right\}\iint f(\xi,\eta)\exp\left\{j\pi\frac{\xi^2+\eta^2}{\lambda}\left(\frac{1}{z}+\frac{1}{z_i}\right)\right\}\times \\ &\quad \exp\left\{\frac{-j2\pi}{\lambda z}(x\xi+y\eta)\right\}d\xi d\eta\end{aligned} \tag{8.15}$$

采用与平面波照明场合类似的自变量,可以定义菲涅耳核的采样条件(Mas et al. 1999),为简单起见,这里将 1D 情况表示如下:

$$\frac{\Delta x_0^2}{\lambda}\left(\frac{1}{z}+\frac{1}{z_i}\right) < \frac{1}{\sqrt{N}} \tag{8.16}$$

因此,工作距离定义了近场与远场数值近似的边界,并且由下式给出(Stern and Rivenson 2014)

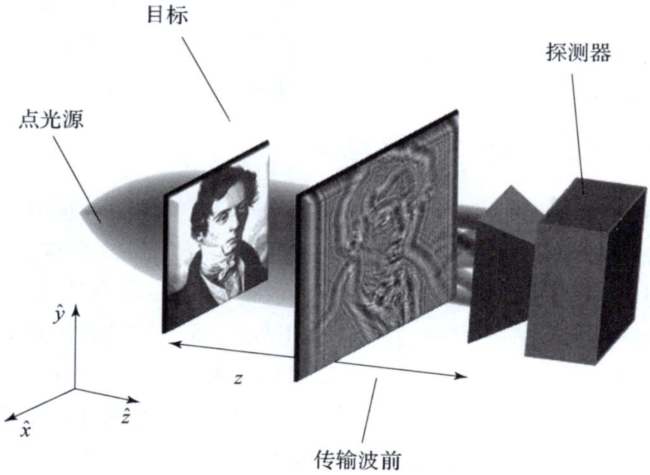

图 8-4　采用来自点源的发散球面波照明目标

$$z_{c-\text{发散}} = \frac{\sqrt{N}\Delta x_0^2}{\lambda - \dfrac{\sqrt{N}\Delta x_0^2}{z_i}} \tag{8.17}$$

从方程式(8.15)可见,现在衍射依赖于 $z_{eq} = z \cdot z_i/(z+z_i)$,而不是平面波照明中的 z。对于 2D 模型,可以推导出数值近场菲涅耳的相干参数近似为

$$\mu_{\text{近场}}^{\text{发散}} = \max_i |\phi_i^{\text{发散}}| \approx \frac{\Delta x_0 \Delta y_0}{\lambda\left[\dfrac{z \cdot z_i}{z+z_i}\right]} \tag{8.18}$$

就像平面波照明一样,对于远场近似,$\mu_{\text{近场}}^{\text{发散}} = 1/\sqrt{N}$。

为了便于对方程式(8.18)的物理直观理解,我们注意到取极限 $z_i \to \infty$,$\mu_{\text{近场}}^{\text{发散}} = \mu_{\text{近场}}^{\text{平面}}$,这正是平面波照明的相干参数。根据方程式(8.10)和式(8.18),对 S-稀疏目标的精确重构所需菲涅耳场的测量次数由下式给出

$$M \geqslant C\left\{\frac{\sqrt{N}\Delta x_0 \Delta y_0}{\lambda\left[\dfrac{z \cdot z_i}{z+z_i}\right]}\right\}^2 S\log N \tag{8.19}$$

我们可以进一步将结果延伸到照明波前是会聚的球面波照明。根据同样的分析,这种情况的相干参数为

$$\mu_{2D}^{\text{会聚}} \approx \frac{\Delta x_0 \Delta y_0}{\lambda\left[\dfrac{z \cdot z_i}{z-z_i}\right]} \tag{8.20}$$

可见,与发散①光源或平面波光源照明相比,当目标到探测器的距离 z 相同时,采用会聚光源照明的相干参数会减小,这意味着对于探测器像素数量有限的应用,需要样本和探测器靠得更近,因此建议采用会聚波前照明目标。

8.3.3 菲涅耳场的随机下采样应用

已经有了一些采用菲涅耳场的下采样作为感知机制的应用。在 Rivenson 等(2010)文献中已经证明根据菲涅耳场随机下采样的目标重构,文献更加强调对全息图像中心的采样。同样的架构也显示了对平移全息成像下采样重构得到令人满意的结果(Marim et al. 2010)。正如前面所描述的,这种方法的直接益处之一是在探测器相对较贵的某些波段如 THz 波段能够用更少的像素成像(Cull et al. 2010)。回到可见光波段,为了减小弱照明条件的影响,该架构也实现了由一组下采样全息图像的目标重构(Marim et al. 2011)。另一个令人兴奋的成果 - 概念性工作(Horisaki et al. 2012)描述了如何对随机划分的标准探测器阵列运用菲涅耳压缩全息成像框架,利用像素传感器上的定制滤光片,随机选中的每一组像素用于处理目标的不同特征,如颜色通道(R、G、B)或偏振态(见第 7 章),这样可以在单次曝光中获得多维图像。该框架的另一个令人兴奋的应用是证明了下采样的微波雷达全息图像的重构(Wilson and Narayanan 2014)。已经发现,采用解码元件(Horisaki et al. 2014)或利用常规探测器阵列(Rivenson et al. 2015),菲涅耳变换的编码效率对只有目标强度测量值(即没有记录相干测量值)的目标相位提取是有用的。

我们希望用一个多视角投影压缩全息成像应用的例子对本节内容进行总结(Rivenson et al. 2011)。在多视角投影全息成像方法中(Shaked et al. 2009),数字全息成像是由工作在空间和时间的“白光”照明条件下的简单光学装置得到。该方法需要常规的数字相机作为记录设备。这种方法消除了相干全息成像采集系统的许多缺点,如散斑噪声、需要高度相干性和高强度光源以及对光学装置较高的机械和热稳定性要求。另外,这种方法的主要挑战也许是采集装置。在数据采集阶段,场景的多视角是通过相机转动获取的,通常包含冗长的扫描过程,因为这种方法的每一个视角对应全息图像的一个像素。而采用菲涅耳压缩全息成像框架,可以极大地减少采集装置的扫描过程,只需要获取 $M = S\log N (S \ll N)$ 个目标的菲涅耳域采集样本替代 N 个视角的采样就可以完成。由于每一个样本对应于场景的不同视角,因此少于常规曝光次数就可以获得3D 场景的精确重构。图8-5 证明了该过程。随着场景采集的减少,目标可以通过求解 TV 最小化精确重构(见 8.2.1 节和 3.4 节)。

---

① 译者注:原著为 converging,会聚。

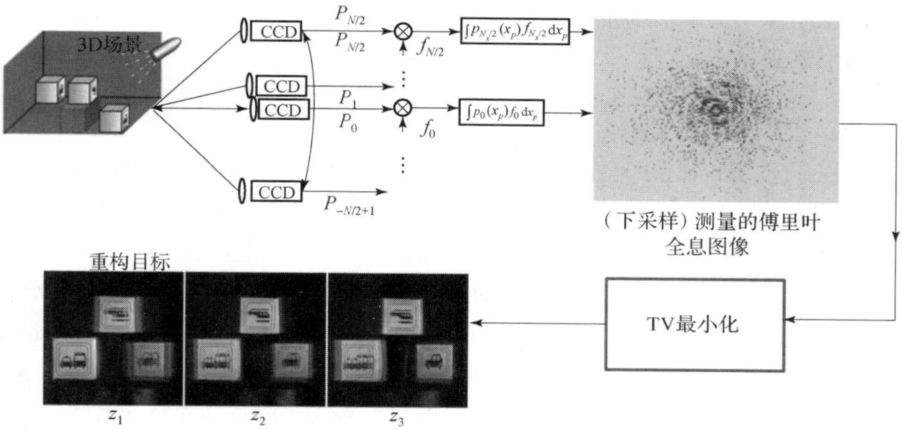

图 8-5　多视角投影压缩全息成像示意图(Rivenson et al. 2011)。放置在距离 3D 场景 z_0 处的 CCD 相机获取多幅 2D 投影(记为 p_i)。获取的每一幅投影是通过与对应的复函数数字相乘并且求和产生的下采样全息图像(Shaked et al. 2009)。在多视角投影衍射压缩全息成像中采集的投影次数是 $S\log N$,这个次数远小于常规投影次数 N。此外,还可以在不同的深度 z_1、z_2、z_3 精确重构目标

8.4　菲涅耳场的非随机下采样重构保证

前面的章节讨论了目标菲涅耳衍射的随机下采样重构保证,本节讨论菲涅耳场一般的下采样的重构保证。对于一般的(非随机的)下采样,计算相干参数的最好方法是

$$\theta = \max_{i \neq j} \frac{|\langle \boldsymbol{\omega}_i, \boldsymbol{\omega}_j \rangle|}{\|\boldsymbol{\omega}_i\|_2 \|\boldsymbol{\omega}_j\|_2} \tag{8.21}$$

这里,ω_i 是 $\boldsymbol{\Omega} = \boldsymbol{\Phi\Psi}$ 的列矢量,$\boldsymbol{\Omega} \in \mathbb{C}^{M \times N}$。可见 $\sqrt{(N-M)/[M(N-1)]} \leqslant \theta \leqslant 1$(Bruckstein 2009)。采用该定义,$S$-稀疏信号的重构保证为

$$S \leqslant \frac{1}{2}\left[1 + \frac{1}{\theta}\right] \tag{8.22}$$

随着 θ 减小,可以精确重构更高维度的 S-稀疏信号。当测量次数 $M \to N$ 时,相干参数 $\theta \to 0$。计算 θ 的简单方法是通过计算格雷姆矩阵(见第 1 章),$\boldsymbol{G} = |\tilde{\boldsymbol{\Omega}}^* \tilde{\boldsymbol{\Omega}}|$,这里 $\tilde{\boldsymbol{\Omega}}$ 是正则化 $\boldsymbol{\Omega}$ 的列,$\tilde{\boldsymbol{\Omega}}^*$ 是 $\tilde{\boldsymbol{\Omega}}$ 的厄米特共轭。相干参数 θ 由格雷姆矩阵最大对角元素来估计。

在可见光波段非随机场截断更为常见。例如由于探测器或透镜的有限光阑、遮挡和有限像元宽度等导致的下采样。本质上可以把该问题看成从常规测

量的全息图像中提取更多的信息。在推导重构保证之前,我们将该问题在连续空域用下式表示:

$$g(x,y)=\left[f(x,y)*\exp\left\{\frac{\mathrm{j}\pi}{\lambda z_1}(x^2+y^2)\right\}\right]\times o(x,y) \tag{8.23}$$

方程式(8.23)描述了菲涅耳衍射场乘以截断函数 $o(x,y)$。例如,函数 $o(x,y)$ 表示 CCD 的有限尺寸、CCD 像元的有限大小或者是遮挡视场的任何光阑。在这种情况下,这样的下采样方法也会带来随机下采样。我们也假设在衍射场截断之后,没有其他的信息丢失发生。为了证明对重构性能的改进,一些应用已经对菲涅耳编码目标采用确定性下采样,并且与标准成像/全息成像进行比较。最早的一个验证是非相干荧光珠的超分辨成像(Coskun et al. 2010),证明了可以采用单次曝光获得的截断菲涅耳场对部分遮挡目标恢复(Rivenson et al. 2012)。该架构也可以用于亚像素目标定位,1D 定位达到 1/45 像素尺寸(Liu et al. 2012),2D 定位达到 $1/30^2$ 像素(Liu et al. 2014)。这样的模型也成功地实现了对液体气泡浓度的测量(Chen et al. 2015)。

8.4.1 示例:有限光阑的重构保证

对于方程式(8.21),可以分析计算远场数值近似的相干参数(Rivenson et al. 2012):

$$\theta^{FF}=\max_{m\neq l\cap u\neq v}\frac{|\hat{O}(m-l,u-v)\otimes\hat{O}(m-l,u-v)|}{\|o\|_2^2} \tag{8.24}$$

式中:$\otimes$ 表示相关算子;$\|\cdot\|_2$ 是 ℓ_2 - 范数算子;$\hat{O}$ 是 o 的 2D 傅里叶变换,$\hat{O}=\mathcal{F}_{2D}\{o\}$;$0\leqslant m,l,u,v\leqslant\sqrt{N}-1$ 表示感知矩阵的列。方程式(8.24)的结果表示相干参数依赖于截断函数的结构特性。根据方程式(8.22),可以精确恢复 S - 稀疏信号的元素个数与 θ 成反比。方程式(8.24)适用于 $\Delta x_z=\lambda z/(\sqrt{N}\Delta x_0)$ 和 $\Delta y_z=\lambda z/(\sqrt{N}\Delta y_0)$ 的一般情况(Mas et al. 1999)。

正如方程式(8.21)所示,相干参数是由 $\tilde{\boldsymbol{\Omega}}$ 矩阵的两列相似性精确定义的,这些列是按照系统点扩散函数(2D 函数)的字母序排列的,因此相干参数测量了基于点目标源 2D 阵列的两个 2D 点扩散函数之间的相似性。这就是我们在方程式(8.24)中将相干参数表示为 4D 函数的最大值而不是其标准 2D 形式的原因。

为了便于对方程式(8.24)结果的直观理解,假设现在目标的传输波场被尺寸为 $\sqrt{N}\Delta x_z\times\sqrt{N}\Delta y_z$ 的正方形探测器光阑所截断,定义为

$$o(x,y)=\mathrm{rect}\left(\frac{n}{\sqrt{N}\Delta x_z}\right)\mathrm{rect}\left(\frac{l}{\sqrt{N}\Delta y_z}\right) \tag{8.25}$$

根据方程式(8.24)，由下式给出相干参数

$$\theta^{FF} \approx \max_{\tau_x \neq 0 \cap \tau_y \neq 0} \left| \operatorname{sinc}\left(\frac{\sqrt{N}\Delta x_0 \Delta x_z \tau_x}{\lambda z}\right) \operatorname{sinc}\left(\frac{\sqrt{N}\Delta y_0 \Delta y_z \tau_y}{\lambda z}\right) \right| \tag{8.26}$$

这里 $\tau_x = m - l, \tau_y = u - v$。仔细推敲该方程式，sinc( )函数的变量可以简化为

$$\frac{\sqrt{N}\Delta x_0 \Delta x_z \tau_x}{\lambda z} = \frac{\frac{\sqrt{N}\Delta x_0 \lambda z}{(\sqrt{N}\Delta x_0)}}{\lambda z} = 1 \tag{8.27}$$

这意味着 $\theta(\tau_x, \tau_y) = 0 \ \forall \tau_x, \tau_y \neq 0$ (τ_x, τ_y 是整数)，并且精确重构信号分量的个数 $S \to \infty$ (方程式(8.22))。实际上，所有 N 个信号分量都可以精确重构。这也可以由阿贝分辨率极限来解释，因为

$$\Delta x_0 = \frac{\lambda z}{\sqrt{N}\Delta x_z} = \frac{\lambda}{2NA} \tag{8.28}$$

这里 NA 是系统的数值孔径，定义为角度$((\sqrt{N}/2)(\Delta x_z))/z$ 的正弦，这意味着阿贝定理是个特例，即在目标重构的 CS 方程中，N 个目标像素映射到具有一定像元间距的 N 个探测器像素(方程式(8.27))，这也意味着对于非常稀疏的信号，可以超越阿贝极限(在显微成像定位中非常有用)。

8.4.2　从 2D 全息成像到 3D 目标层析成像的重构保证

在前面的章节中，我们已经证明全息成像可以作为获取极高横向分辨率的有效感知机制。正如 8.1 节介绍的，通过记录物场，全息成像对来自整个物面的 3D 信息编码成 2D 全息图像。本节将证明从目标 2D 全息成像得到目标 3D 层析成像是确实可行的。该装置的原理图显示在图 8－6 中。为了从全息图像中重构目标，我们采用非涅耳数值传输方程(如式(8.7))。通过对不同物面深度的数字聚焦得到的数值重构也许是模糊的，这是因为离焦的物点处在不同物面，如图 8－5 所示，图中在每一个重构平面 z_1、z_2、z_3，属于不同深度面的离焦物点看

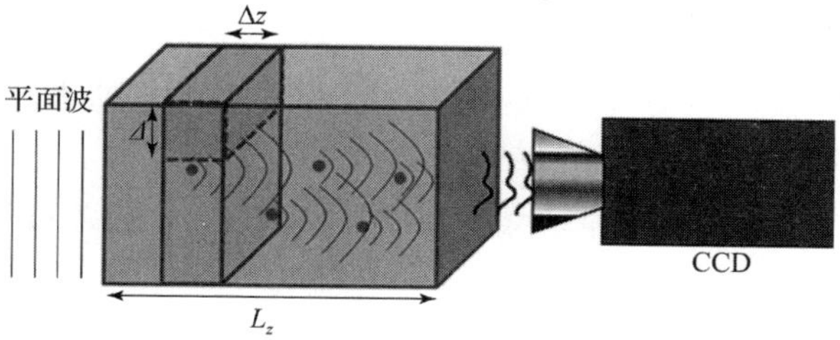

图 8－6　采用同轴菲涅耳全息成像的层析成像原理示意图。平面波照明的空间长度为 L_z，来自不同物点的波前散射全息图像记录在 CCD 上(资料来源于 Rivenson，Y. et al.，Opt. Lett.，38，2509，2013c。已授权)

起来像模糊的目标。这些离焦失真是由于系统模型不完备导致的，因为方程式(8.7)的前向模型表示的是全息图像面到单一深度面的2D－2D模型，因此忽略了其他物面，因此将基于2D－2D系统模型的重构技术用于3D－3D目标感知时，位于其他深度的物点与模型不匹配，就会导致失真，这是自然而然的结果。

为了避免这些离焦失真，需要有更合适的前向模型，即应该采用将 $N_{目标}=N_x\times N_y\times N_z$ 的全部目标像素与 $N_{全息}=N_x\times N_y$ 的全息像素关联起来的3D－2D前向模型(Brady et al. 2009; Rvenson et al. 2013c)。我们采用菲涅耳近场数值近似写出模型方程式：

$$g(k\Delta x_0,l\Delta y_0)=\sum_{r=1}^{N_z}\mathcal{F}_{2D}^{-1}\{\mathrm{e}^{-\mathrm{j}\pi\lambda\Delta z[(\Delta v_x m)^2+(\Delta v_y n)^2]}\mathrm{e}^{\mathrm{j}\left(\frac{2\pi}{\lambda}\right)r\Delta z}\}\times \mathcal{F}_{2D}[f(p\Delta x_0,q\Delta y_0;r\Delta z)] \tag{8.29}$$

且 $0\leqslant p,m\leqslant N_x-1$，$0\leqslant q,n\leqslant N_y-1$ 和 $0\leqslant r\leqslant N_z-1$。在方程式(8.29)中，3D物空间是分布在 $N_x\times N_y\times N_z$ 的立体栅格上，每一个栅格大小为 $\Delta x_0\times\Delta y_0\times\Delta z$。$\mathcal{F}_{2D}$ 算子表示2D离散傅里叶变换，空间频率变量是 $\Delta \boldsymbol{v}_x=1/(N_x\Delta x_0)$ 和 $\Delta \boldsymbol{v}_y=1/(N_y\Delta y_0)$。该模型假设目标深度方向是以等间隔 Δz 采样，并且整个目标深度是 $N_z\Delta z$。由2D全息图像重构3D目标的问题是欠定的，因为变量个数是方程的 N_z 倍。

基于前面章节的知识，我们认为可以用公式将该问题表示为CS问题：

(1) 变量数($N=N_x\times N_y\times N_z$)小于方程数($M=N_x\times N_y$)。

(2) 假设目标具有 S－稀疏表示，采用任意数学变换，有 $S<M$，$S\ll N$。

(3) 已经有了高效的目标编码机制：菲涅耳变换。

这样我们重新将该问题作为CS问题。首先，用公式将问题表示为标准的矩阵－矢量乘积：

$$\boldsymbol{g}=[\boldsymbol{H}_{\Delta z};\cdots;\boldsymbol{H}_{N_z\Delta z}][\boldsymbol{f}_{\Delta z};\cdots;\boldsymbol{f}_{N_z\Delta z}]=\boldsymbol{\Phi f} \tag{8.30}$$

式中：

$$\boldsymbol{H}_{N_z\Delta z}=\mathrm{e}^{\mathrm{j}\left(\frac{2\pi}{\lambda}\right)r\Delta z}\mathcal{F}_{2D}^{-1}\boldsymbol{Q}_{r\Delta z}\mathcal{F}_{2D} \tag{8.31}$$

$\boldsymbol{Q}_{r\Delta z}$ 项是考虑方程式(8.29)中二次相位项的对角矩阵，并且 $[\boldsymbol{f}_{\Delta z};\cdots;\boldsymbol{f}_{N_z\Delta z}]$ 是3D目标的字母序表示的，这里每一个 $\boldsymbol{f}_{r\Delta z}$ 表示2D目标在深度面 $r\Delta z$ 分布的列矢量。我们注意到线性模型式(8.30)、式(8.31)假设了波恩近似，即每一个平面的物场与任何其他物面没有关系(Brady et al. 2009)。

如前所述，采用格雷姆矩阵计算可以推导出互相干作为来自两个不同平面的两个传输算子之间的互相关(Rivenson et al. 2013c)：

$$\theta_{3D}=\max_{k\neq l}|\tilde{\boldsymbol{H}}_{k\Delta z}^{*}\tilde{\boldsymbol{H}}_{l\Delta z}|=\max_{k\neq l}|\mathcal{F}_{2D}^{-1}\boldsymbol{Q}_{(k-l)\Delta z}\mathcal{F}_{2D}|\approx\max_{k\neq l}\left\{\frac{\Delta x\Delta y}{\lambda(k-l)\Delta z}\right\}=\frac{\Delta x\Delta y}{\lambda\Delta z} \tag{8.32}$$

因此，结合式(8.23)与式(8.22)，得到能够精确重构稀疏目标点的数量为

$$S \leqslant 0.5\left[1+\frac{\lambda \Delta z}{(\Delta x \Delta y)}\right] \tag{8.33}$$

由式(8.32)和式(8.33)可以得出几个结论:第一,正如所希望的,我们恢复稀疏目标的能力与 $\Delta z = L_z/N_z$ 成正比,或者与 N_z 成反比。从物理角度看,这意味着物点之间径向间距越短,就越难以区分,这正好与光学观测是一致的。从数学的角度,当我们将目标分得更小,轴向分辨率 Δz、N_z 增加,这意味着希望分辨的变量数量($N_x \times N_y \times N_z$)更大,而方程数($N_x \times N_y$)不变。第二个结论考虑径向分辨率。经典的径向分辨率近似为 $\Delta z \approx 4\Delta x^2/\lambda$,该极限对区分光轴上间距 Δz 的两个物点通常是可接受的。在这里,假如将 $S=2$(点)代入方程式(8.33),得到 $\Delta z = 3\Delta^2/\lambda$,超过经典的分辨率极限约为33%。在图 8-7 显示的仿真结果证明了上述结论,并且表明实际能够分辨的物点数量远高于方程式(8.33)的预测结果。本章的结尾我们还将进一步讨论这种差异。

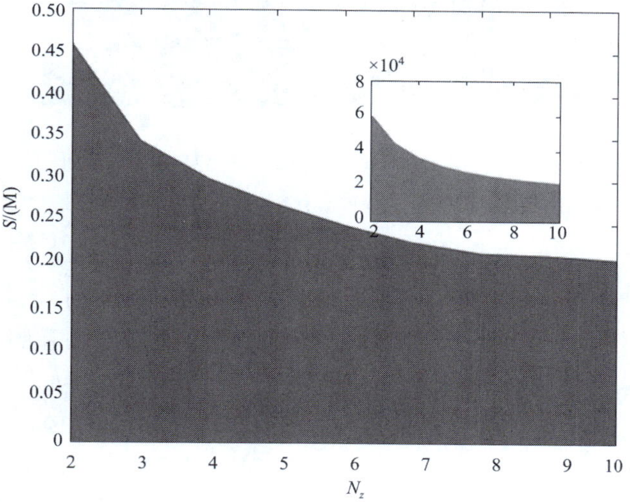

图 8-7　对于恒定的体积长度 L_z 和给定的传感器像素 $M = N_x \times N_y$,仿真结果显示正常的重构 3D 物点数量与目标平面数的函数关系。依据方程式(8.33)的理论重构保证见图中插图(Rivenson et al. 2013c)。比值 S/M 表示采用 M 次测量重构物点数量(S)的比例。正如方程式(8.33)所预测的,当将体积分成更细的 z 个切片(N_z 增加),重构的样本数量减少。假设当重构的均方误差(MSE)小于 10^{-4} 时为精确重构

由图 8-7 的仿真结果可见,我们已经采用 ℓ_1 范数将目标约束成稀疏的,然而,通常分段的目标,例如多视角投影全息成像例子中显示的(图 8-5),可以采用其他稀疏约束。例如,定义准-3D TV 范数:

$$\|f\|_{\mathrm{TV}} = \sum_{r} \sum_{p,q} \sqrt{(f_{p+1,q,r} - f_{p,q,r})^2 + (f_{p,q+1,r} - f_{p,q,r})^2} \tag{8.34}$$

已经证明,利用该约束对分段目标更加有效,并且对3D-2D前向全息模型给出了高质量的目标重构(Brady et al. 2009)。对多视角投影全息成像(图8-5)采用方程式(8.34)进行极小化过程的结果显示在图8-8中。正如图8-8证明的,我们能够得到3个不同深度面基本精确的3D目标全息重构(对应每一个深度面的离焦项明显减少)。

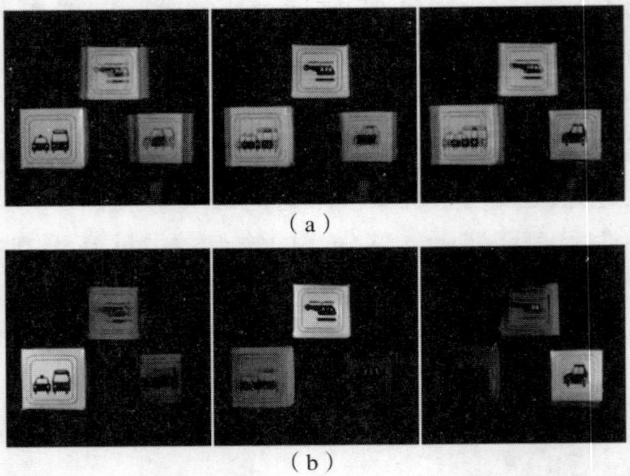

图8-8 由目标2D全息成像投影重构的目标3D层析图像

(a)采用常规2D-2D菲涅耳后向传输模型的重构;(b)采用压缩全息层析方法的重构。

(资料来源于 Rivenson, Y. et al., Opt. Express, 19, 6109, 2011。已授权)

前面的讨论表明2D数字全息成像确实可以"压缩"具有S自由度的3D目标,这里最大自由度取决于传感器的分辨率、目标轴向分辨率和照明光源波长。

采用3D-2D前向模型框架,已经实现了几个成功的应用。Brady等(2009)开创性地利用该框架从单次记录的Gabor全息成像(Gabor 1948)成功重构3D目标。与此同时,另一个工作是利用相关原理证明了从目标的轴向全息图像重构目标(Denis et al. 2009)。这些工作随后用于太赫兹领域(Cull et al. 2010)以及非相干光学扫描全息成像(Zhang and Lam 2010)的3D目标重构。与标准的多孔径采集系统相比,利用该框架也证明了可以获得多视角投影全息成像的轴向超分辨率(Rivenson et al. 2011)。该框架也用于从目标不同角度的前向全息投影重构3D目标(Nehmetallah and Banerjee 2012)。

我们通过将3D-2D前向模型与轴向单次曝光(SEOL)全息记录装置(Javidi et al. 2005)结合起来的讨论,对本节做出小结。SEOL全息成像方法采用马赫-曾德尔干涉仪,以类似于相位平移数字全息成像的方法记录3D目标的菲涅耳衍射场。然而,与相位平移轴向数字全息成像技术相比,SEOL数字全息成像只采用单次曝光。这表明位移和两幅图像的干涉明显地减小,或者在特定条件下

SEOL 数字全息显微成像中可以忽略(Stern and Javidi 2007),但是由于从目标的 2D 全息图像重构 3D 目标是固有的病态问题,因而存在重构伪影。将 SEOL 与 3D－2D 压缩全息成像框架相结合可以获得近乎理想的压缩全息成像装置(Rivenson et al. 2013b)。该装置具有 SEOL 全息记录装置的三个特性。第一,系统的分辨率与轴向全息成像(即 Gabort)装置一样,至少可获得离轴记录装置两倍的分辨率。第二个特性是 SEOL 只采用单次曝光,而为了运用相位平移全息成像技术需要多次(典型情况四次)曝光。第一和第二个特性对 Gabor 全息成像也是一样的。第三个特性,考虑 SEOL 与轴向全息成像的不同,SEOL 全息成像更像外差系统,这使得能够通过适当控制反射臂和目标臂的幅度分配来改善数字全息成像记录的信噪比(SNR)。通常,改善 SNR 可以增强目标的横向分辨率细节。结合 CS 重构,SEOL 装置的该特性与采用 Gabor 全息记录获得的压缩重构相比改善了轴向分辨率,见图 8－9 证明。类似的结果在 Rivenson 等(2013b)的生物(微生物)样本中得到证明。

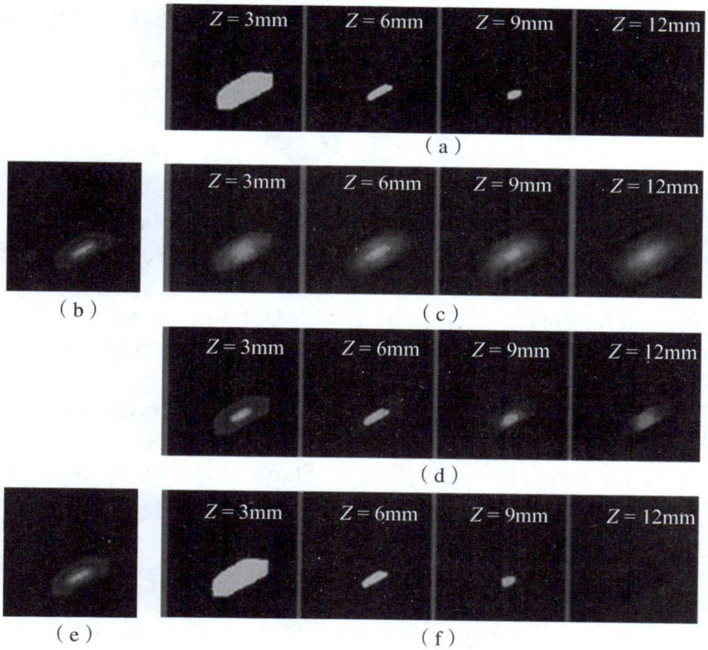

图 8－9　(a)3D 目标的三个深度面;(b)获得的有噪声轴向全息图像;(c)采用常规后向传输场的深度面重构;(d)采用 CS 方法的 3D－2D 目标重构,这里全息图像由(b)给出;(e)与图(b)比较,采用参考波强度比的增强目标 SEOL 有噪声全息图像;(f)由 SEOL 全息图像(e)重构的 3D－2D 目标,定性评估证明,与图(d)相比,离焦物点占少数,而与图(a)的原始 3D 目标分布类似((a~c,e,f)来源于 Rivenson, Y et al., Appl. Opt., 52, A423, 2013b。已授权)

8.5 讨论和结论

本章我们证明了菲涅耳变换的有效性。菲涅耳变换贯穿于衍射过程,并且可以用作物理可实现的感知方式。菲涅耳变换可以利用已有的数字全息技术获取。采用菲涅耳变换作为感知机制放宽了对硬件装置和校准的严格要求(Stern et al. 2013;Gehm and Brady 2015)。菲涅耳变换具有高效的实现方式,并且也提供了非常高效的感知机制,可以重构极度下采样的 2D 和 3D 物场。用公式表示的重构保证与其他通用感知机制相同,例如傅里叶变换和随机高斯测量(Candès and Wakin 2008)。我们总结了压缩数字全息感知重构保证以及相应的应用(见表 8 - 1)。

虽然重构保证通常是悲观的,但是他们却是任何信号精确重构的有效指南,重构保证确实提供了性能趋势的表征。本章总结的重构保证将光学系统的相关物理属性(包括照明源和探测器特点)与系统的全部性能联系起来,并且在修改系统参数或设备时对预期获得的性能预测提供了技术指导。

参 考 文 献

Brady, D.J., *Optical Imaging and Spectroscopy* (Wiley, Hoboken, NJ, 2009).

Brady, D.J., Choi, K., Marks, D.L., Horisaki, R., and Lim, S., Compressive holography, *Opt. Express* 17 (2009): 13040–13049.

Bruckstein, A.M., Donoho, D.L., and Elad, M., From sparse solutions of systems of equations to sparse modeling of signals and images, *SIAM Rev.* 51 (2009): 34–81.

Candès, E.J. and Plan, Y., A probabilistic and RIPless theory of compressive sensing, *IEEE Trans. Inf. Theory* 57 (2011): 7235–7254.

Candès, E.J., Romberg, J.K., and Tao, T., Stable signal recovery from incomplete and inaccurate measurements, *Commun. Pure Appl. Math.* 59 (2006): 1207–1223.

Candès, E.J. and Wakin, M., An introduction to compressive sampling, *IEEE Signal Process. Mag.* 2 (2008): 21–30.

Chen, W., Tian, L., Rehman, S., Zhang, Z., Lee, H., and Barbastathis, G., Empirical concentration bounds for compressive holographic bubble imaging based on a Mie scattering model, *Opt. Express* 23 (2015): 4715–4725.

Coskun, A.F., Sencan, I., Su, T.-W., and Ozcan, A., Lensless wide-field fluorescent imaging on a chip using compressive decoding of sparse objects, *Opt. Express* 18 (2010): 10510–10523.

Cull, C.F., Wikner, D.A., Mait, J.N., Mattheiss, M., and Brady, D.J., Millimeter-wave compressive holography, *Appl. Opt.* 49 (2010): E67–E82.

Denis, L., Lorenz, D., Thiébaut, E., Fournier, C., and Trede, D., Inline hologram reconstruction with sparsity constraints, *Opt. Lett.* 34 (2009): 3475–3477.

Elad, M. and Aharon, M., Image denoising via sparse and redundant representations over learned dictionaries, *IEEE Trans. Image Process.* 15 (2006): 3736–3745.

Fan, W., Yuhong, W., Tianlong, M., and Xiaole, G., Experimental investigation on reconstruction guarantees in compressive Fresnel holography, *Proceedings of SPIE 9271, Holography, Diffractive Optics, and Applications VI*, Beijing, Hebei, China, November 11, 2014.

Gabor, D., A new microscopic principle, *Nature* 161 (1948): 777–778.

Gehm, M. and Brady, D., Compressive sensing in the EO/IR, *Appl. Opt.* 54 (2015): C14–C22.

Goodman, J.W. *Introduction to Fourier Optics* (McGraw-Hill, New York, 1996).

Hahn, J., Lim, S., Choi, K., Horisaki, R., and Brady, D.J., Video-rate compressive holographic microscopic tomography, *Opt. Express* 19 (2011): 7289–7298.

Horisaki, R., Ogura, Y., Aino, M., and Tanida, J., Single-shot phase imaging with a coded aperture, *Opt. Lett.* 39 (2014): 6466–6469.

Horisaki, R., Tanida, J., Stern, A., and Javidi, B, Multidimensional imaging using compressive Fresnel holography, *Opt. Lett.* 37 (2012): 2013–2015.

Javidi, B., Moon, I., Yeom, S., and Carapezza, E., Three-dimensional imaging and recognition of microorganism using single-exposure on-line (SEOL) digital holography, *Opt. Express* 13 (2005): 4402–4506.

Leith, E.N. and Upatnieks, J., Reconstructed wavefronts and communication theory, *J. Opt. Soc. Am.* 52 (1962): 1123–1130.

Liu, Y., Tian, L., Hsieh, C., and Barbastathis, G., Compressive holographic two-dimensional localization with $1/30^2$ subpixel accuracy, *Opt. Express* 22 (2014): 9774–9782.

Liu, Y., Tian, L., Lee, J., Huang, H., Triantafyllou, M., and Barbastathis, G., Scanning-free compressive holography for object localization with subpixel accuracy, *Opt. Lett.* 37 (2012): 3357–3359.

Marim, M., Angelini, E., Olivo-Marin, J.-C., and Atlan, M., Off-axis compressed holographic microscopy in low-light conditions, *Opt. Lett.* 36 (2011): 79–81.

Marim, M., Atlan, M., Angelini, E., and Olivo-Marin, J.C., Compressive sensing with off-axis frequency-shifting holography, *Opt. Lett.* 35 (2010): 871–873.

Mas, D., Garcia, J., Ferreira, C., Bernardo, L.M., and Marinho, F., Fast algorithms for free-space diffraction patterns calculation, *Opt. Commun.* 164 (1999): 233–245.

Nehmetallah, G. and Banerjee, P., Applications of digital and analog holography in three-dimensional imaging, *Adv. Opt. Photon.* 4 (2012): 472–553.

Rehman, S., Duan, Y., Chen, W., Matsuda, K., and Barbastathis, G., Phase imaging with X-ray digital holography and compressive sensing approach, *Imaging and Applied Optics 2014, OSA Technical Digest,* July 13–17, 2014, Seattle, Washin ton, DTh2B.1: O tical Societ of America.

Rivenson, Y., Aviv (Shalev), M., Weiss, A., Panet, H., and Zalevsky, Z., Digital resampling diversity sparsity constrained-wavefield reconstruction using single-magnitude image, *Opt. Lett.* 40 (2015): 1842–1845.

Rivenson, Y., Rot, A., Balber, S., Stern, A., and Rosen, J., Recovery of partially occluded objects by applying compressive Fresnel holography, *Opt. Lett.* 37 (2012): 1757–1759.

Rivenson, Y. and Stern, A., Conditions for practicing compressive Fresnel holography, *Opt. Lett.* 36 (2011): 3365–3367.

Rivenson, Y., Stern, A., and Javidi, B., Compressive Fresnel holography, *J. Display Technol.* 6 (2010): 506–509.

Rivenson, Y., Stern, A., and Javidi, B., Improved three-dimensional resolution by single exposure in-line compressive holography, *Appl. Opt.* 52 (2013a): A223–A231.

Rivenson, Y., Stern, A., and Javidi, B., Overview of compressive sensing techniques applied in holography, *Appl. Opt.* 52 (2013b): A423–A432.

Rivenson, Y., Stern, A., and Rosen, J., Compressive multiple view projection incoherent holography, *Opt. Express* 19 (2011): 6109–6118.

Rivenson, Y., Stern, A., and Rosen, J., Reconstruction guarantees for compressive tomographic holography, *Opt. Lett.* 38 (2013c): 2509–2511.

Rudin, L., Osher, S., and Fatemi, E., Nonlinear total variation based noise removal algorithm, *Physica D* 60 (1992): 259–268.

Schmidt, J.D., *Numerical Simulation of Optical Wave Propagation with Examples in MATLAB* (Washington, DC: SPIE, 2010).

Shaked, N.T., Katz, B., and Rosen, J., Review of three-dimensional holographic imaging by multiple-viewpoint-projection based methods, *Appl. Opt.* 48 (2009): H120–H136.

Sotthivirat, S. and Fessler, J.A., Penalized-likelihood image reconstruction for digital holography, *J. Opt. Soc. Am. A* 21 (2004): 737–750.

Stern, A., August, Y., and Rivenson, Y., Challenges in optical compressive imaging and some solutions, *Proceedings of 10th International Conference on Sampling Theory and Applications, SampTA 2013*, Bremen, Germany, July 2013.

Stern, A. and Javidi, B., Theoretical analysis of three-dimensional imaging and recognition of micro-organisms with a single-exposure on-line holographic microscope, *J. Opt. Soc. Am. A* 24 (2007): 163–168.

Stern, A. and Rivenson, Y., Theoretical bounds on Fresnel compressive holography performance (Invited Paper), *Chin. Opt. Lett.* 12 (2014): 060022–060025.

Wilson, S.A. and Narayanan, R.M., Compressive wideband microwave radar holography, *Proceedings of SPIE 9077, Radar Sensor Technology XVIII*, Baltimore, MD, May 29, 2014, p. 907707.

Yamaguchi, I., Yamamoto, K., Mills, G.A., and Yokota, M., Image reconstruction only by phase data in phase-shifting digital holography, *Appl. Opt.* 45 (2006): 975–983.

Zhang, X. and Lam, E.Y., Edge-preserving sectional image reconstruction in optical scanning holography, *J. Opt. Soc. Am. A* 27 (2010): 1630–1637.

Zibulevsky, M. and Elad, M., L1-L2 Optimization in signal and image processing, *IEEE Signal Process. Mag.* 27 (2010): 76–88.

第 9 章　光谱和高光谱压缩成像

Isaac Y. August and Adrian Stern

9.1　光谱成像感知简介

光谱分析对许多物理学的基础理论发展起到了重要作用(Born and Wolf 1999)。在实际应用中广泛采用光谱学以及更一般的如高光谱成像或超光谱成像的光谱成像(SI)方法。在许多场合,SI 系统采集可见光至近红外光谱内大量极窄谱带的数据。在质量控制、食品和农业(Thenkabail et al. 2012;Wu and Sun 2013, 1 – 14)、医学成像和光谱显微镜(Martin et al. 2006, 1061 – 1068;Akbari et al. 2012, Li et al. 2013)、遥感(Warner et al. 2009;Eismann 2012)、艺术品保护(Dupuis et al. 2002, 1329 – 1336; Martinez et al. 2002, 28 – 41; Delaney et al. 2010, 584 – 594; Ribés 2013, 449 – 483)、毒气鉴别、国家安全应用(Manolakis and Shaw 2002, 29 – 43;Manolakis et al. 2003, 79 – 116)等领域可以见到光谱学方法的大量应用情况。

尽管利用光谱信息有许多优势,但是光谱感知系统的实现以及随后的数据获取和处理遇到了非常大的挑战。光谱成像数据立方体非常大,导致采集数据的存储、传输和处理遇到许多挑战。另外光谱系统的设计以及成像所花的时间也出现了其他挑战。现在我们要证明在光谱成像系统中应用压缩感知(CS)的方法能够有效地应对这些挑战。

9.1.1　符号约定

本章将频繁使用 SI 立方体以及相关的张量数据。我们尽量保留光学与光谱学界工程师所熟悉的术语和该领域以前的出版物一致的术语。我们用正规的小写字母表示标量,例如,f 用粗体小写字母表示矢量,即 $\boldsymbol{f}$。二阶张量(矩阵或 2D 图像)用加粗的大写字母表示,例如 $\boldsymbol{F}$ 或 $\boldsymbol{\Phi}$,而三阶张量(3D 立方体)用黑体欧拉字母表示,例如 $\boldsymbol{\mathcal{F}}$,$\boldsymbol{\mathcal{G}}$ 或 $\boldsymbol{\mathcal{T}}$。矢量 $\boldsymbol{f}$ 的第 i 项用 f_i 表示,矩阵 $\boldsymbol{F}$ 的元素(i,j)

用f_{ij}表示,而三阶张量$\mathcal{F}$的元素(i,j,k)用f_{ijk}表示。在本章,通常输入信号$\boldsymbol{f}$典型的编号范围是从 1 到 N,例如 $i=1,2,\cdots,N$。对于三阶张量$\mathcal{F}$,编号是 $i=1,2,\cdots,N_x;j=1,2,\cdots,N_y;k=1,2,\cdots,N_\lambda$。测量信号 $\boldsymbol{g}$ 的编号范围是从 1 到 M,例如 $i=1,2,\cdots,M$。对于三阶测量数据张量$\mathcal{G}$,编号是 $i=1,2,\cdots,M_x;j=1,2,\cdots,M_y;k=1,2,\cdots,M_\lambda$。在空间域和频谱域,信号的稀疏性分别用 $S_xS_yS_\lambda$ 表示。在矢量、矩阵或序列立方体中,第 n 个元素分别用参数的上角标表示,例如,$\boldsymbol{f}^{(n)}$、$\boldsymbol{F}^{(n)}$或$\mathcal{F}^{(n)}$。图像 $\boldsymbol{F}$ 的第 j 列用$\boldsymbol{f}_{:j}$表示;图像 $\boldsymbol{F}$ 的第 i 行用$\boldsymbol{f}_{i:}$表示。在其他格式中,图像 $\boldsymbol{F}$ 的第 j 列$\boldsymbol{f}_{:j}$也用更简洁的格式表示为$\boldsymbol{f}_j$。三阶张量具有行、列和通道纤维,分别用$\boldsymbol{f}_{:jk}$,$\boldsymbol{f}_{i:k}$和$\boldsymbol{f}_{ij:}$表示,并且假设它们都是列矢量方向。纤维(fiber)矢量类似于矩阵的行和列,但是使张量立方体增加了第三维(Kiers 2000)。张量的2D 部分是切片(*slice*),它们用固定的单个索引定义,并且分别用 $\boldsymbol{F}_{i::}$,$\boldsymbol{F}_{:j:}$和$\boldsymbol{F}_{::k}$表示。此外,三阶张量$\mathcal{F}$的第 k 个光谱切片 $\boldsymbol{F}_{::k}$也可以用更简洁的方式表示,即 $\boldsymbol{F}_k$。

9.1.2 经典光谱测量

SI 系统通常由照明光源和光谱测量系统组成。在大多数常规 SI 系统中,场景是采用宽光谱的均匀光源照明,并且反射光通过窄带滤光片后探测。通过棱镜或光栅(Wolfe 1997;Eismann 2012)获得分离光谱,棱镜或光栅从几何上将光谱分量分离在不同的角度方向上。图 9-1(b)和(c)显示用于获取 3D 光谱图像数据$\mathcal{F}$(图 9-1(a))的常规扫描原理。图 9-1(b)显示基于色散/衍射元件的空间扫描机制,也称为“推扫”扫描(即沿着航迹方向的扫描)。根据这种扫描机制,在每一个时隙得到切片 $\boldsymbol{F}_i$。图 9-1(c)显示基于可调谐滤光片的光谱扫描机制,采用这种扫描机制,每一个时隙得到切片 $\boldsymbol{F}_k$。图 9-1(d)显示采用光谱仪的空间“摆扫”(即扫描方向垂直于航迹方向)扫描机制,采用这种扫描机制,每一个时隙得到光谱矢量 $\boldsymbol{f}_{ij}$。

尽管各种技术和物理实现有明显的不同(图 9-1(b)~(d)),但是所有方法的相同点是这些方法都试图完成直接测量。这样的系统可以用线性映射建模,即来自目标的每一个点f_{ijk}映射到 3D 数字阵列$\mathcal{G}$的一个点 g_{ijk}。用矩阵-矢量乘法从数学上表示:

$$\boldsymbol{g}=\boldsymbol{\Phi f}+\boldsymbol{n} \tag{9.1}$$

这里目标$\boldsymbol{f}$和图像$\boldsymbol{g}$是$\mathcal{F}$和$\mathcal{G}$的“矢量”形式,以字典序(见 9.2.2 节)排列。矩阵 $\boldsymbol{\Phi}$ 表示系统空间谱的光学传输,而 $\boldsymbol{n}$ 是加性噪声。理论上,对$\boldsymbol{f}$直接成像的感知矩阵是大型对角方阵 $\boldsymbol{\Phi}\in\mathbb{R}^{N_xN_yN_\lambda\times N_xN_yN_\lambda}$。

采用间接光谱测量(Sloane 1979, 71-80)有时也称为编码光谱(coded

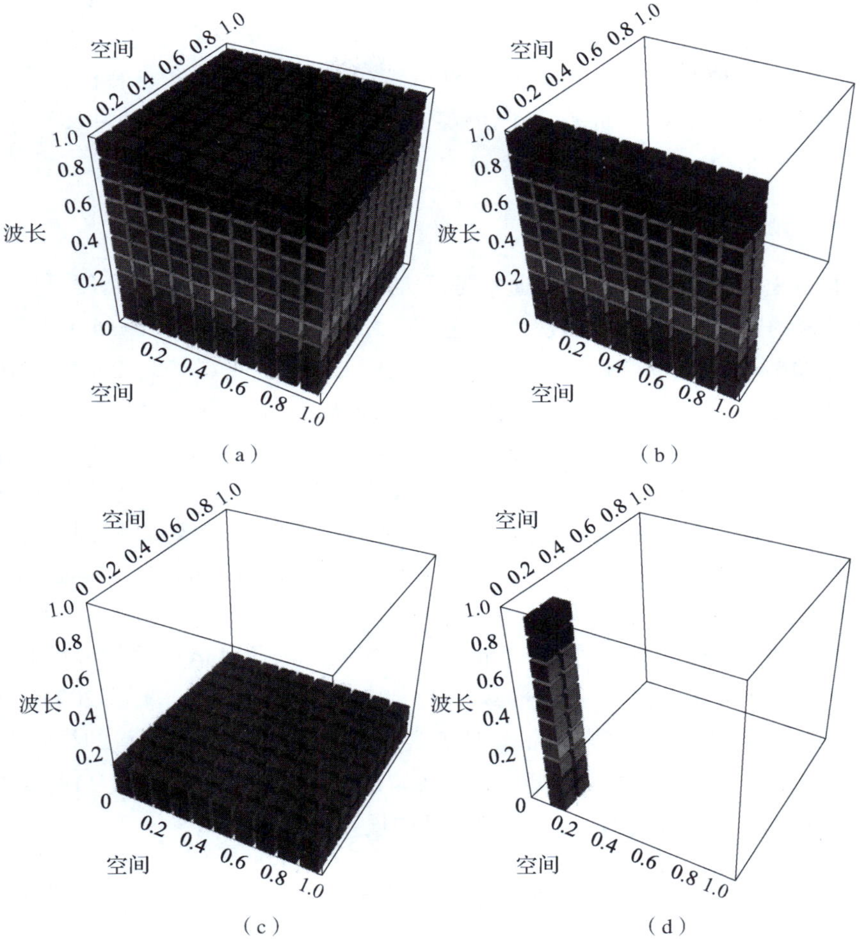

图9-1　(a)光谱数据立方体阵列$\mathcal{F}$。获取数据立方体阵列的方法之一是通过空间扫描,见(b);在每一次曝光时隙,获得单个切片$\boldsymbol{F}_i$(图中显示)或$\boldsymbol{F}_j$(图中未显示)。另一种获取数据立方体阵列的方法是通过光谱扫描,见(c);在每一次曝光时隙,获得单个切片$\boldsymbol{F}_k$。获取数据立方体阵列的第三种方法是在每一个时隙进行光谱扫描,得到单个点的光谱$\boldsymbol{f}_{ij}$,见(d)(见彩图)

spectroscopy)或多路复用光谱(multiplexed spectroscopy)。这两种术语我们都会采用;"多路复用光谱"通常与连续光谱的编码有关,而"编码光谱"是指离散光谱的编码形式。采用编码的SI,每一次测量得到多个波长和空间点的信息,因此,每一次测量g不能与特定的波长和位置关联。间接测量系统的感知矩阵$\boldsymbol{\Phi}$的非对角线元素有许多非零值。对于编码光谱数据,采集的数据需要经过数字化处理并且返回$\boldsymbol{\Phi}$的标准形式(图9-1(a))。为了将采集的测量值$\boldsymbol{g}$变换成$\boldsymbol{f}$

形式，需要感知矩阵的逆 $\boldsymbol{\Phi}^{-1}$，为此 $\boldsymbol{\Phi}$ 必须是对角矩阵，或者至少是满秩矩阵。通常，编码光谱系统比直接光谱系统需要更多的处理，但是利用光谱的多路测量比直接测量数据具有若干优势，例如费吉特（Fellgett）优点，费吉特优点表明由于同时测量全部波长，因此获得了信噪比的提升（Fellgett 1967, C2 - 165 - C2 - 171；Hirschfeld 1976, 68 - 69；Vickers et al. 1991, 42 - 49）。

9.1.3 光谱数据特性

采用 SI 系统获取的数据量通常是巨大的。利用 SI 立方体是高度可压缩甚至是稀疏的这一事实，可以解决由于这些较大维数带来的问题（Ryan and Arnold 1997a, 546 - 550, 1997b, 419 - 436；Lim et al. 2001a, 97 - 99, 2001b, 109 - 111；Qian et al. 2001, 1459 - 1470；Keshava and Mustard 2002, 44 - 57；Shaw and Hsiao - hua 2003；Lukin et al. 2008, 375 - 377；Iordache et al. 2011, 2014 - 2039）。如果考虑单个窄带光谱窗口 k 的数据立方体 $\boldsymbol{F}_k$ 的每一个切片，那么 $\boldsymbol{\Phi}$ 的信息冗余性是显而易见的。这样的切片是常规的 2D 图像，众所周知这些图像在离散小波域或分块离散余弦域是可压缩的（Vetterli and Kovaseviss 1995；Mallat 2009）。

如果考虑光谱信息 $\boldsymbol{f}_{ij}$，冗余性也是显而易见的。通过运用端元分解可以证明光谱冗余性（Manolakis and Shaw 2002, 29 - 43；Manolakis et al. 2003, 79 - 116）。端元模型通常用于将光谱信息 $\boldsymbol{f}_{ij}$ 表示成少量 S_λ 个光谱分量的线性组合。每一个光谱分量 $\boldsymbol{\Psi}_k$ 在混合模型中有其各自的权重 α_{ijk}。方程式（9.2）将高光谱矢量 $\boldsymbol{f}_{ij}$ 表示成几个分量的组合，$\boldsymbol{n}_{ij}$ 是模型的误差和噪声：

$$\boldsymbol{f}_{ij} \cong \sum_{k=1}^{S_\lambda} \alpha_{ijk} \boldsymbol{\Psi}_k + \boldsymbol{n}_{ij} \tag{9.2}$$

在端元域，信号 $\boldsymbol{f}_{ij}$ 的光谱稀疏度小于 S_λ，对于真实场景，约 $3 \leqslant S_\lambda \leqslant 7$（Keshava and Mustard 2002, 44 - 57; Iordache et al. 2009, 2011, 2014 - 2039）。从局部来说，立方体中的每一个稀疏只包含几个端元的组合，但是全局上总的端元个数也许更多。可以通过采用其他变换，如小波、分块傅里叶变换、矢量量化或专门的字典等来表示光谱数据的稀疏性（Ryan and Arnold 1997b, 419 - 436; Qian et al. 2001, 1459 - 1470）。在某些场合，按照光谱排列（Smith 1952; Meggers 1961; Sansonetti et al. 1996, 74 - 77），信号（$\boldsymbol{\lambda}$）本身是稀疏的。对于高光谱遥感，假设光谱信息比空间信息具有更高的可压缩性，该假设得到实验证明，因为相对于空间信息，场景中的不同物质类型较少（Iordache et al. 2011, 2014 - 2039）。在有效信息没有损失的情况下，SI 信息的高度可压缩性特点是证明 CS 技术用于光谱或 SI 有效性的关键。在下面的章节，我们采用这一高度可压缩性假设。

9.2 压缩感知光谱学与光谱成像

9.2.1 光谱压缩成像从理论到应用

第 1 章给出了基于随机和其他感知结构的 CS 系统,然而所描述的光学实现不是完全可实现的,需要做出多种折中。

在采用多路随机测量的 SI 中,不是采用光学元件和设备滤波得到特定光谱位置 i、j 处窄带光谱 k 的单个物理值 f_{ijk},而是通过对目标空间 – 光谱分量的随机加权组合求和得到每一次扫描的多路测量 g_ν。该过程可以描述为采用(3D 空间)虚拟掩膜 $\mathcal{T}$ 对立方体 $\mathcal{F}$ 空间光谱滤波并且求和得到单个测量值 g_ν。为简单起见,我们从描述二元感知开始。二元感知图案是可以实现的,例如,采用部分哈达玛集或者二元伯努利集。在这些场合,空间掩膜只包含与光学"开/关"特征有关的两个数值。图 9 – 2 显示在标准频谱域(x,y,λ)中 3D 空间的二元随机掩膜 $\mathcal{T}$。该图显示了四个不同的随机掩膜 $\mathcal{T}^{(1)}$、$\mathcal{T}^{(2)}$、$\mathcal{T}^{(3)}$ 和 $\mathcal{T}^{(4)}$,每一项 t_{ijk} 为 0 或 1 的概率各占一半。空间掩膜允许光束穿过开口孔径,方块的颜色表示光的波长。在 CS 光谱中,来自所有的光谱 – 空间编码的光叠加在一起得到单次测量,重复该过程,每一次 i 采用不同的掩膜 $\mathcal{T}^{(i)}$,得到压缩测量矢量 $\boldsymbol{g}$,$\boldsymbol{g}$ 用于之后的复原处理。

根据空间编码掩膜(图 9 – 2(a) ~ (d)),下面给出一种可行的光学实现。第一步,光谱立方体 $\boldsymbol{\mathcal{F}}$ 分成光谱切片 $\boldsymbol{F}^k$。第二步,用不同的随机掩膜 $\boldsymbol{\mathcal{T}}^{(i)}$ 对每一个不同光谱切片 $\boldsymbol{F}^k$ 空间编码。最后一步,将所有编码的光谱切片汇集到一个光功率测量设备。每一次 i,采用不同的掩膜 $\mathcal{T}^{(i)}$ 重复上述过程,得到一组测量值 $\boldsymbol{g}$,并且可以运用复原处理估计光谱立方体 $\boldsymbol{\mathcal{F}}$。

尽管如图 9 – 2 所示的随机采样是相当理想的,因为这种方法可以用于几乎任何类型的 SI 数据,但是在实现中仍然存在一种或几种挑战和困难阻碍了随机采样。SI 压缩系统也许受制于基本问题、各种技术和物理约束以及信息约束:

(1) 从技术的角度,信号 $\boldsymbol{f}$ 和测量值 $\boldsymbol{g}$ 具有非常高的维度,这意味着严重的计算挑战。其他主要困难来自系统感知矩阵 $\boldsymbol{\Phi}$ 的大小,$\boldsymbol{\Phi}$ 可能多达 $O(10^{17})$ 项,显然存储和处理这样巨大的数据量会导致严重的计算问题和存储限制问题。

另一个困难来自 SI 系统的校准环节。为了获得准确的系统工作状态,通常校准过程需要许多测量值。为了校准 $\boldsymbol{\Phi}$,可能需要测量 $N_x \cdot N_y \cdot N_\lambda$ 次输入脉冲响应(每次测量确定 $\boldsymbol{\Phi}$ 的一列),每一次测量有 $M_x \cdot M_y \cdot M_\lambda$ 个采样值。

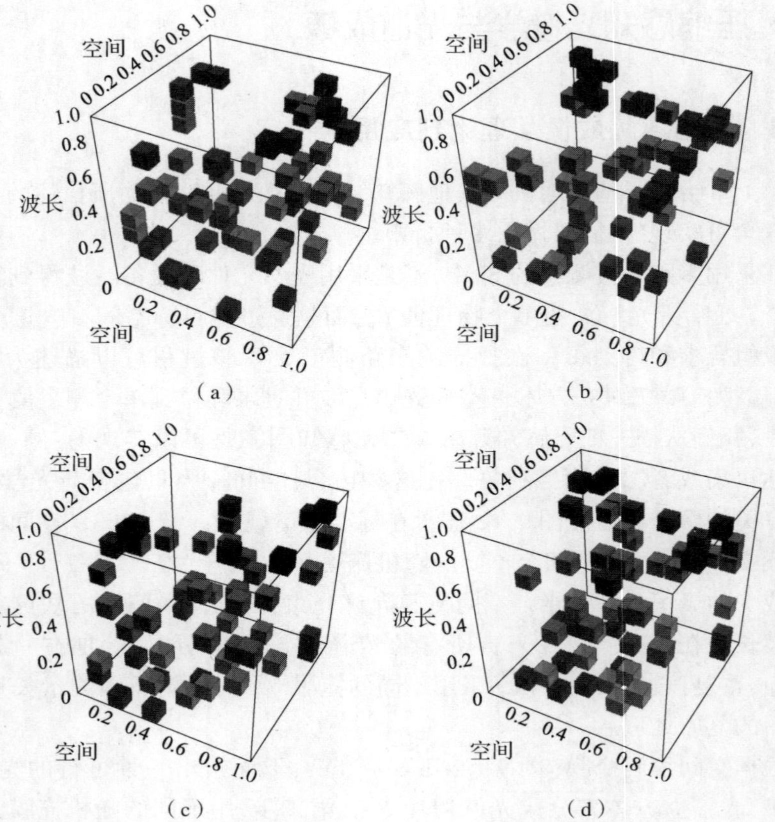

图 9–2 (a)～(d)是用标准 3D 立方体(x,y,λ)表示的用于 CS 测量的随机光谱–空间掩膜示例。理想情况下，常规的 CS SI 应该在频谱域和空间域随机采样(见彩图)

不能对光学系统进行精确映射会产生误差，这些误差会使得性能降低。有些情况下会导致系统分辨率的下降、出现错误图案，或者在重构信号中低能量信号的丢失。

(2) 还有一些基本限制阻碍了理想压缩 SI 原理的实现。光学中的基本限制来自感知矩阵 $\boldsymbol{\Phi}$ 以及测量值不能有负数(见第 4 章)，这意味着 $\boldsymbol{\Phi}$ 只能在正象限，结果方程式(1.7)中 $\boldsymbol{\Phi}$ 的相干参数 μ 较大，这说明系统性能受限。

(3) 当光学系统模型只是物理行为的近似，或者当物理原理受到某些光学器件的制约时就会产生物理实现的限制。例如，当努力减小编码孔径(CA)单元尺寸时，就产生了物理限制。为了提高系统的空间分辨率，需要尽量减小 CA 的单元尺寸，但这反过来导致了衍射、制造和光学效率相关的限制。为了描述非线性物理行为采用了光学线性模型,可能出现其他的物理限制。

(4) 从信息的角度,还需要考虑其他方面问题。在某些采用 CS 的 SI 系统中,不可能得到可实现的 i. i. d 随机采样矩阵。例如,在 9. 2. 3 节给出的系统,感知矩阵的行由一组部分随机选择的物理状态(如电压、距离)确定。这样给出的感知矩阵 $\boldsymbol{\Phi}$、稀疏算子 $\boldsymbol{\Psi}$ 应该既是有效的(例如,稀疏算子将信号集中在少数几个系数 S 上),又具有较低的相干参数 μ。

因此,我们的结论是 CS SI 系统的性能受限于信息理论的限制以及光学系统实现的制约。

图 9 - 3 证明了对模拟的理想光谱压缩过程虚拟仿真实验获得的光谱分布。通过对随机编码 CS 光谱仪的仿真,得到图 9 - 3 的重构光谱。这里采用理想一词是为了强调这里只对实现进行约束,因为光学传感器只能测量正的光功率值。为了给出理想光谱仪性能的定量度量,进行了峰值信噪比(PSNR)测量。

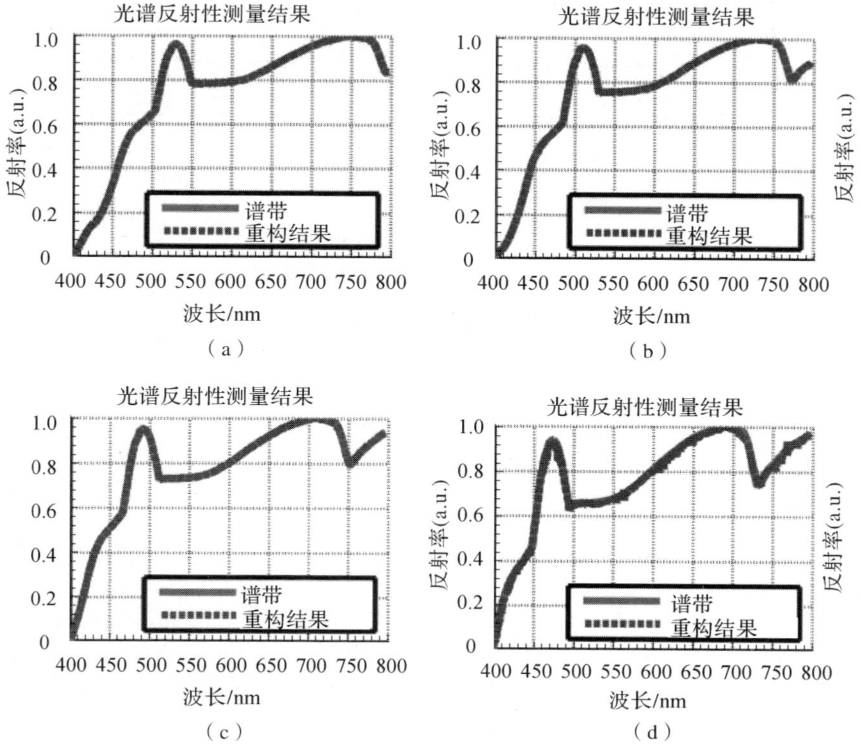

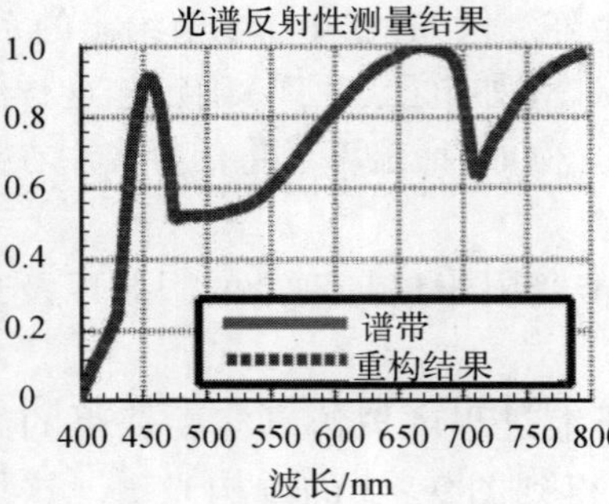

（e）

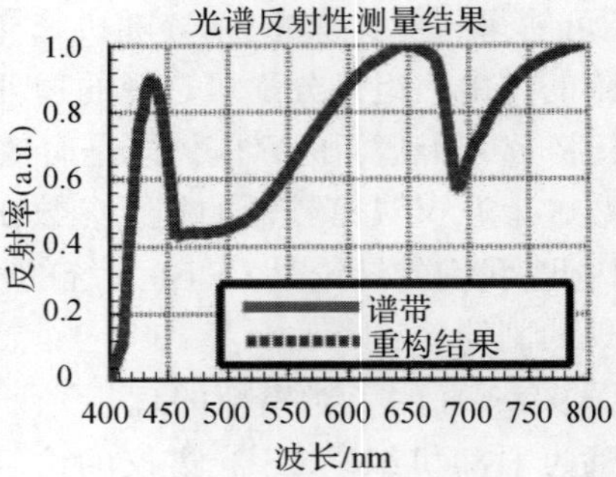

（f）

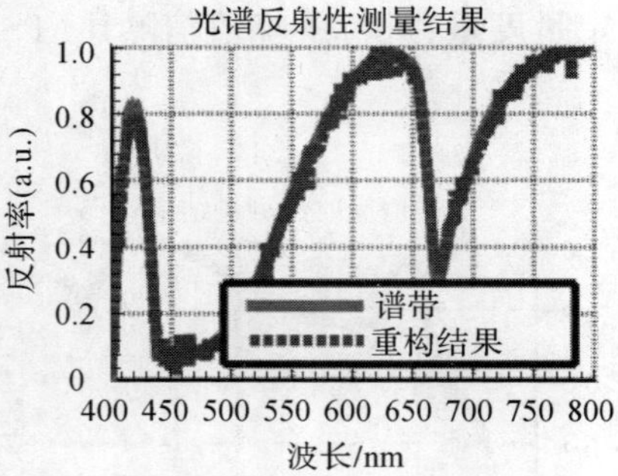

（g）

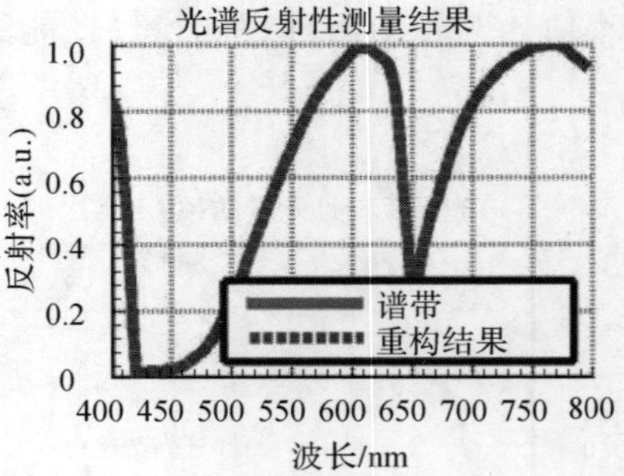

（h）

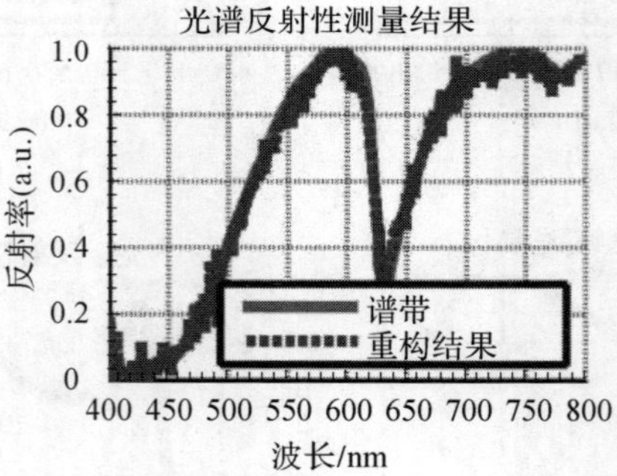

（i）

图 9－3　随机采样的光谱压缩感知仿真结果；9 种不同生物上皮光谱的 $N=1024$ 个谱带（实线）。重构结果（虚线）由 $M=256$ 次独立同分布伯努利（0/1）随机测量得到；Daubechies 小波（db3）用作稀疏算子。图 9－3（a）～（i）的重构 PSNR 值分别为 50.7、52.0、51.9、39.1、51.3、32.1、49.8 和 29.5（dB）

9.2.2　空域光谱编码的光谱压缩成像

本小节介绍基于空间编码的压缩光谱和 SI 系统。空间编码是已知可以用于对空间或光谱信息或空间－光谱联合信息进行编码的技术方法。空间编码的常规方法是对像面的编码，这可采用静止/移动 CA 完成。CA 由“开”/“合”单元阵列构成，“开”/“合”单元可以传输光或阻挡光，以完成伯努利（0/1）编码。为了对空间数据编码，可以采用图 9－4(d) 显示的 CA。对空间信息编码的其他方法有采用空间光调制器（SLM）、数字微镜器件（DMD）或者液晶（LC）SLM。DMD 通过采用微镜阵列也可以完成入射光的伯努利编码，微镜阵列可以指向或不指向两个特定的角度方向。采用 DMD 的优势在于灵活选择空间编码图案以

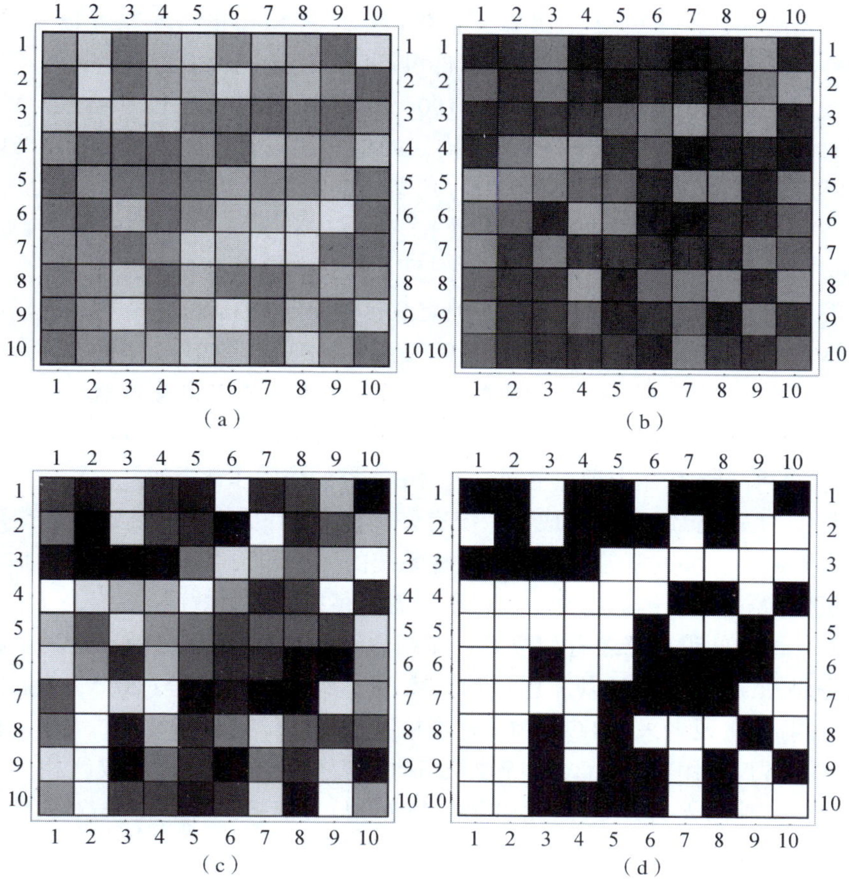

图 9－4　常规的振幅编码孔径（见彩图）

(a) 宽光谱编码孔径；(b) 窄光谱彩色编码孔径；

(c) 采用部分透射图案的灰度级编码孔径；(d) 二元编码孔径。

及能够动态改变编码图案。采用部分透射的 CA 单元(见图 9-4(c))DMD 甚至可以获得非二元编码图案,或者在单次曝光中采用适当的时间-空间调制,从而引入 0 和 1 之间的编码等级。LC SLM 可以替代 DMD,由于 LC SLM 在单次曝光的单个图案中能够形成部分透射图案,因此能够嵌入 SI 系统中。采用这种器件的缺点是它只能实现单一偏振模式。

在完成光谱到空间的光学转换后,利用空间编码器件可以获得光谱域编码。光谱-空间的光学转换主要是利用色散或衍射器件获得,例如棱镜或衍射光栅。这些器件通过对不同波长的光以不同的角度或位置反射和传输,将入射光分成其光谱分量,因此能够在空域对光谱有效编码。

最近,已经有了实际可用的更一般的振幅编码孔径。这样的器件或元件由单条窄光谱带(图 9-4(b))或宽光谱带(图 9-4(a))的微小单元掩膜组成。在某些情况下,为了对偏振态编码,器件也可以采用编码偏振器。

在 Arguello 和 Arce(2014,1896-1908)文献中,彩色 CA(图 9-4(b))用于彩色 CASSI 系统,彩色 CASSI 是下节描述的单次编码孔径光谱成像(CASSI)的拓展。彩色编码(滤波)孔径的使用为光谱-空间数据立方体的编码增加了自由度,这样可以用来获得更好的性能。在 Arguello 和 Arce(2014,1896-1908)以及 Rueda 等(2014,7799-7803)文献中,证明获得 6dB 的空间 PSNR。

图 9-5 显示运用前面提到的四种类型孔径得到的 3D SI 的空间-光谱编码立方体。用于 CS 的理想空间掩膜(图 9-2(a)~(d))与图 9-5 中的空间掩膜比较反映出两个特性。正如前面提到的,第一个特性是没有色散或衍射元件就不能实现光谱编码(图 9-5(c)和(d))。第二个值得关注的特性是图 9-4(a)中的多个彩色 CA 所起的作用与理想空间-光谱编码器的作用非常类似。

基于 SLM 或 CA 的光谱成像系统有许多优点,但是这些系统也表现出不同的实现限制。主要的限制之一归于这些系统的大小和长度。另一个困难是在红外区域成像导致的,因为在红外波段不能忽略衍射和散射效应。

其他的空间编码器还有相位 CA,即相位编码器,不同于目前讨论的振幅型光谱编码器,相位 CA 可以采用漫射体实现。例如,Golub 等(2015)文献中的“RIP 漫射体”,或者采用 LC SLM。这类掩膜在不同位置会引入不同大小的相位延迟。在常规使用中,为了在传感器面获得多路相位,在出瞳处放置相位 CA。由于相位传输与光谱无关,因此如果在入瞳处放置掩膜,其作用就与对入瞳的随机光谱编码作用一样。

(1) 单次曝光编码孔径光谱成像。

最著名的 SI 系统可能是 CASSI 系统(Arguello and Arce 2011,2400-2413;Wu et al. 2011,2692-2694;Arce et al. 2014,105-115;Lin et al. 2014,233)。原

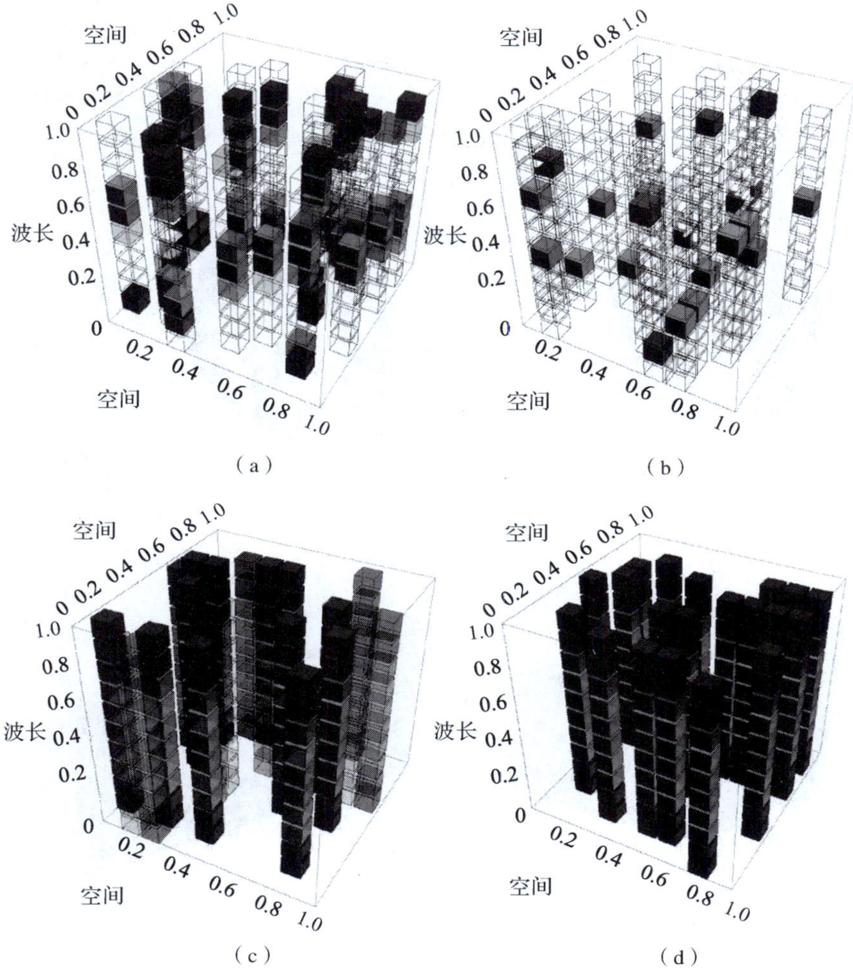

图 9－5　用标准 3D 立方体(x,y,λ)表示的常规编码孔径光谱－空间掩膜示例

(a) 宽光谱编码孔径；(b) 彩色编码孔径；(c) 部分透射图案的编码孔径；(d) 二元编码孔径。

则上 CASSI 系统是基于 CA、色散棱镜和光学传感器阵列。图 9－6 显示了 CASSI 的光学信息处理。CASSI 处理中首先将目标图像投射到空间 CA 上，CA 对图像所有波长以相同方式进行编码，得到编码后的 SI 立方体如图 9－6(a) 和 (b) 所示。接下来采用色散器件进行横向剪切变换，如图 9－6(c) 所示，波长较长的图像切片偏移相对较小，波长较短的图像切片偏移相对较大。聚焦系统在传感器阵列上产生全部光谱偏移的模糊光谱图像。光学传感器的每一次测量包含多个位置和多个波长贡献的能量，如图 9－6(c) 所示。在图 9－6 中，每一个方向的空间采样个数等于子带数量，因此探测器像素个数与立方体空间采样个数的比值大于1。由图9－6(b)和(c)可以看出采用色散棱镜得到几个特性。第一个特性是采样个数与探测器有关(图9－6(d)),实际略大于光谱立方体空间采样数量。第二个特性源于采用的棱镜与行编码无关。正如图9－6(c)和(d)所示,色散剪切只影响单个方向的光谱图像,因此系统只对一行编码。考虑到这些因素,可以加速复原过程,例如采用稀疏并行计算求解。

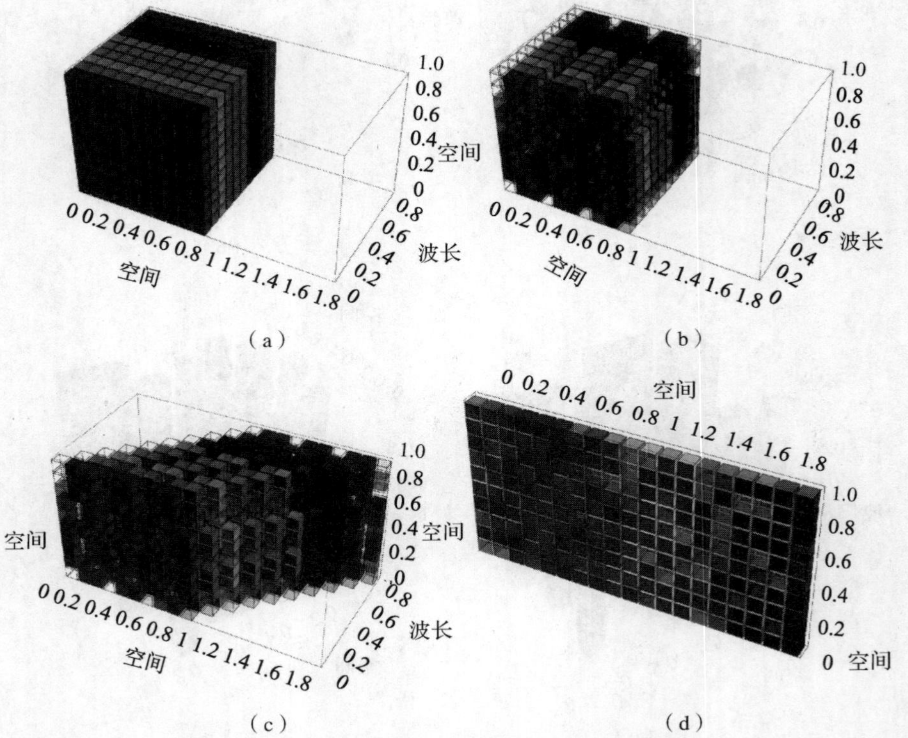

图9－6 CASSI光谱光流示意图(见彩图)

(a) SI立方体;(b) 立方体的空间编码;(c) 编码立方体的横向剪切变换;(d) 投射在传感器上的强度。

自从CASSI出现以后,该技术已经获得了广泛关注。在基本版本中,CASSI能够采用单次曝光获得相当好的光谱图像。已经开发出几个不同版本的CASSI,并且通过多幅图像处理或双色散架构的实现,获得了质量更高的图像。读者可参考Arce等(2014)关于CASSI的综述。

(2) 单像素光谱仪相机。

另一种用于CS SI的技术是将单像素相机(SPC,见图9－7(a))推广到单像素光谱仪相机。单像素光谱仪系统也称为单像素光谱仪相机,系统可以由增加光谱扫描子系统的空间编码子系统构建。原则上在SPC中,目标的所有光谱分量都经过系统的空间编码,如图 9－5(c)或(d)所示。因此,如果我们分离并且获得已经完成空间编码的所有光谱分量,那么就为光谱数据立方体的完整重构提供了足够的信息。有几种实现光谱分离的方法,例如,将旋转彩色光谱滤波轮引入单像素相机装置来实现(Duarte et al. 2008,83)。在这种情况下,DMD 为每一个选中的光谱滤波器产生序列 CA 掩膜图案。在空间掩膜序列的最后,由光谱滤波轮选择另一个光谱滤波器,并且加载新的空间掩膜序列,依此类推。这种方法为每一个彩色滤波器提供了高度的空间编码,但是效率较低,因为每一次测量只有窄光谱通过空间编码器,因此对每一个光谱滤波器必须进行多次测量。

基于 SPC 实现 SI 的更有效的方法是采用色散或折射系统对已经完成空间编码的数据进行光谱分离(Sun and Kelly 2009,TuA5)。这种情况下,光谱分离可以采用机械运动的光学传感器(例如光谱扫描),或者通过采用线性光学传感器阵列实现并行采样来实现,如图 9－7(b)所示。除了具有 SI 功能,还可以设计具有偏振功能的装置(见第 10 章)。

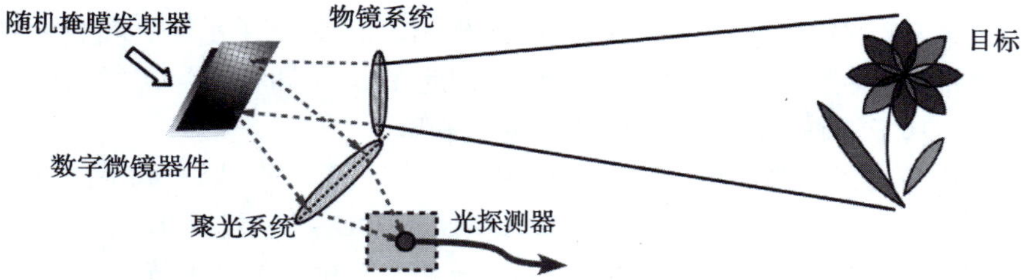

(a)

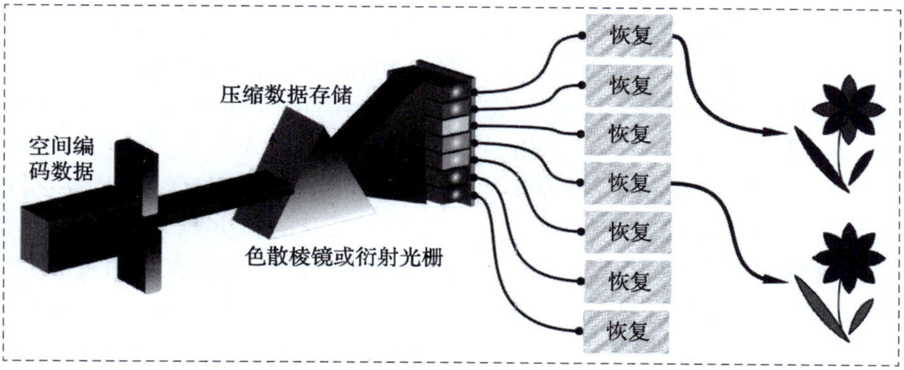

(b)

图 9－7　单像素光谱相机示意图(见彩图)

(a)基于 DMD 的常规 SPC;(b)常规光谱仪。将这两个系统组合,即用光谱仪(b)替换(a)中的光传感器,得到光谱压缩系统。为了在谱带内恢复图像,可以利用线阵光电传感器中的每一个传感器单元。

图9-7(a)显示了一个常规SPC,图9-7(b)显示的是常规光谱仪系统,该光谱仪采用棱镜作为光谱分束镜,在线阵传感器的不同位置获得不同波长(即矢量阵列)。用图9-7(b)的光谱仪系统替代图9-7(a)的光电二极管器件部分,线阵光电传感器的每一个单元提供可用于从压缩测量中恢复光谱图像$\boldsymbol{F}_k$的信息。根据SPC,可以写出单像素光谱仪相机的数学模型,即简单地将SPC以并行方式用于所有波长k。将特定波长k的图像$\boldsymbol{F}_k$矢量化,记为$\boldsymbol{f}_k=\mathrm{vec}(\boldsymbol{F}_k)$,这里$\boldsymbol{g}_k$是压缩测量矢量,$\boldsymbol{\Phi}_k\in\mathbb{R}^{N_xN_y\times M_{xy}}$是由DMD实现的感知矩阵。所有光谱分量$k$的编码是并行的,因此感知数学模型如下:

$$\begin{bmatrix}\boldsymbol{g}_1\\\boldsymbol{g}_2\\\vdots\\\boldsymbol{g}_k\\\vdots\\\boldsymbol{g}_{N_\lambda}\end{bmatrix}=\begin{bmatrix}\boldsymbol{\Phi}_k & 0 & \cdots & 0\\0 & \boldsymbol{\Phi}_k & \cdots & 0\\\vdots & \vdots & \ddots & \vdots\\0 & 0 & \cdots & \boldsymbol{\Phi}_k\end{bmatrix}=\begin{bmatrix}\boldsymbol{f}_1\\\boldsymbol{f}_2\\\vdots\\\boldsymbol{f}_k\\\vdots\\\boldsymbol{f}_{N_\lambda}\end{bmatrix}\tag{9.3}$$

该单像素光谱仪相机是将SPC拓展到光谱仪相机的简单示例。采用这种架构,只对空间信息编码而没有对光谱信息编码,因此在CS感知中这不是最优设计。

(3)基于编码光谱仪的可分离式压缩感知。

本小节将详细描述单像素光谱仪相机系统(9.2.2节)以完成空间-光谱压缩(August et al. 2013a, D46-D54, 2013b, 87170G-1-87170G-10)。本节的第一部分描述该系统的物理实现,第二部分给出有价值的详细技术资料。

为了获得空间域和频谱域的压缩,人们可以用图9-7(b)中CA压缩光谱仪替代单像素光谱仪相机系统中的常规光谱仪。CA光谱仪是采用CA(见图9-4(c)或(d)所示)仅对光谱信息编码的光谱仪,这个概念可以看成多路哈达玛编码光谱成像技术的拓展(Nelson and Fredman 1970, 664-1669; Treado and Morris 1989, 723A-734A; Vickers et al. 1991, 42-49),但是采用了一般的编码图案。压缩编码光谱仪的原理是基于光谱-空间转换以及空间编码操作。经过编码之后的光束会聚到传感器处,测量所有波长的总功率。

让我们来看图9-8(b)的原理。光束到达光谱仪的入瞳,然后通过准直镜,光束经过准直到达衍射器件后分成各自的光谱分量,得到光谱的一维矢量分布。接下来,不同的光谱分量传输到编码平面完成编码。由于光谱分束是沿着垂直轴完成,一列CA可以用于对光束编码,见绿色标记部分。采用畸变光学系统会聚通过CA的光束(August et al. 2013a, D46-D54),并且重新指向测量点,然后采用宽波段响应的光电二极管测量会聚光束,重复几个光谱感知过程,直至获得了足够的信息用于信号重构。

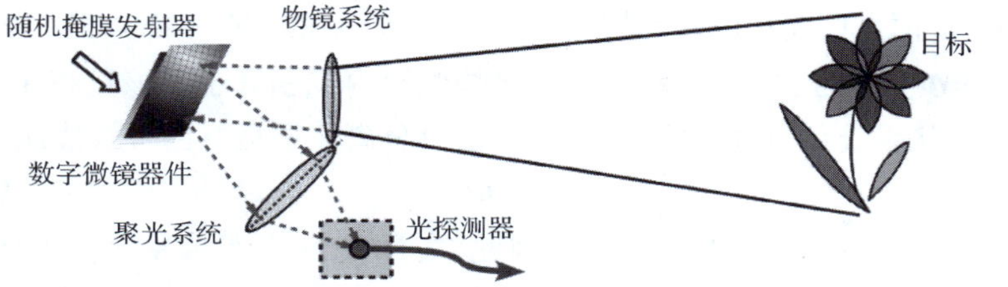

(a)

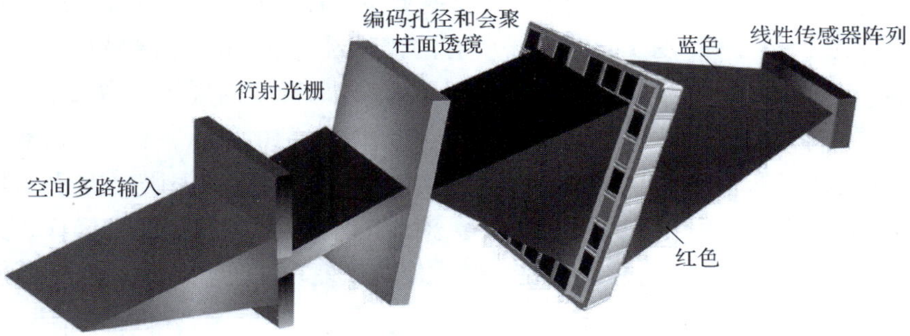

(b)

图9-8　(a) SPC;(b)并行CS编码光谱仪。孔径的每一列给出伪随机编码图案,并且用于单个光谱的编码器。所有的列和线性传感器阵列对应的测量值给出CS数据(见彩图)

为了使CA压缩光谱仪(图9-8(b))能够对不同的光谱编码,需要采用SLM。由于所需编码仅在垂直方向完成,一列DMD就足够了。由于DMD切换时间以及传感器的积分时间,这种类型的系统需要相对较长的采集时间。通过该过程的并行化可以获得更快的采集速率。光束通过并行多列CA,每一个编码光谱采用不同位置的传感器测量。图9-8(b)显示并行编码光谱仪系统的示意图。该系统由常规的2D CA (红色标记)组成,2D CA起到线阵CA的作用。系统传感器是线阵(矢量)传感器阵列,传感器阵列的像素个数与CA的列数相同。采用2D CA给出一组并行编码的测量值,并且将编码的光谱仪变成单次曝光编码光谱仪。

图9-8描述的系统分别完成空间编码和光谱编码,因此自然采用可分离算子来描述系统的数学模型。采用可分离算子可以简化系统描述,并且加速重构过程。图9-8(a)中系统的数学模型可以由SPC模型延伸导出。通常,SPC可以随机多路工作,该过程由随机矩阵$\boldsymbol{\Phi}_{xy}$描述。这样的编码对大小为$N_x \times N_y$的小图像能很好工作,这种小图像不超过几百乘几百像素。然而,对于更大的编码阵列,$\boldsymbol{\Phi}_{xy}$是巨大的。正如在9.2.1节所说,这会导致技术瓶颈。为了降低维度,可以将DMD图案码分成水平维和垂直维,这样就显著地减少了计算和存储问

题(Rivenson and Stern 2009,449 - 452;August et al. 2013a,D46 - D54)。可分离算子可以用克罗内克积表示(或者外积;Rivenso and Stern 2009,449 - 452);$\boldsymbol{\Phi}_{xy}=\boldsymbol{\Phi}_x^{\mathrm{T}}\otimes\boldsymbol{\Phi}_y$,这里 $\boldsymbol{\Phi}_x^{\mathrm{T}},\boldsymbol{\Phi}_y\in\mathbb{R}^{M\times N}$是编码矩阵,$\otimes$是克罗内克积算子。该过程用于每一个谱带 $\boldsymbol{F}_k$。从系统仿真和重构技术上来说,可分离算子最好由下式描述

$$\boldsymbol{G}_k=\boldsymbol{\Phi}_y\boldsymbol{F}_k\boldsymbol{\Phi}_x \tag{9.4}$$

这里,$\boldsymbol{F}_k$ 是表示单一波长 k 的数据矩阵,因此,集合$\{\boldsymbol{F}_k\}_{k=1}^{N_\lambda}$组成整个立方体 $\mathcal{F}$。$\boldsymbol{G}_k$ 是 $\boldsymbol{F}_k$ 的空间编码结果。图 9 - 9 显示光谱立方体中所有谱带 $\boldsymbol{F}_k$ 的方程式(9.4)操作。对所有 k 个波长,感知过程模型 $\boldsymbol{F}_k\to\boldsymbol{G}_k$ 的描述与并行方式一样;经过第一步编码步骤(图 9 - 8(a)),所有的谱带经过相同的光谱编码,因此,所有的 $\boldsymbol{\Phi}_k$ 是相同的。为了描述光谱感知过程,首先展开空间编码的数据立方 $\boldsymbol{\Gamma}\in\mathbb{R}^{M_x\times M_y\times N_\lambda}$,即矩阵是由立方体形式构成。正如图 9 - 10 所示,每一个光谱切片 $\boldsymbol{G}_k$ 展开成其字母序矢量形式 $\mathrm{ver}\{\boldsymbol{G}_k\}\to\boldsymbol{g}_k$,然后将全部空间编码立方 $\boldsymbol{\Gamma}$ 写成单个矩阵 $\boldsymbol{G}\in\mathbb{R}^{M_x\times M_y\times N_\lambda}$。图 9 - 10 显示 $\boldsymbol{\Phi}_\lambda$对空间编码数据矩阵 $\boldsymbol{G}$ 的操作。乘积矩阵可以采用其原始形式或者是展开形式作为恢复算法的输入。

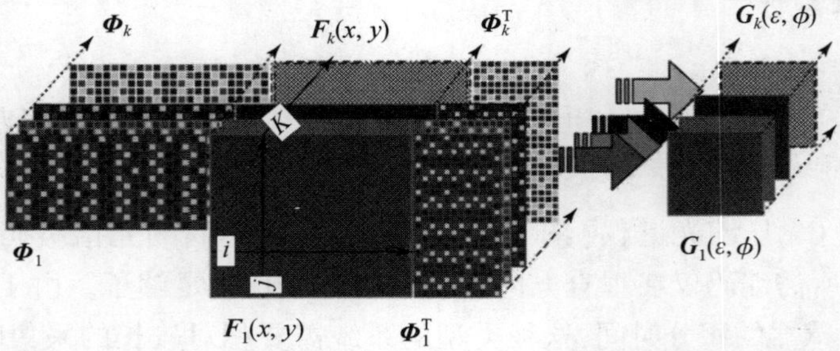

图 9 - 9 采用 x 和 y 方向可分离的空间编码模型步骤。对所有谱带采用相同的空间编码完成可分离并行采样

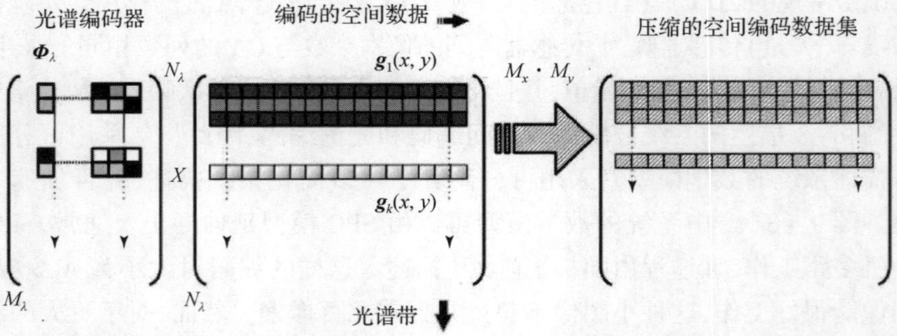

图 9 - 10 光谱编码模型。用于光谱编码的模型是基于对每一个空间编码的多次光谱编码,即 $\boldsymbol{g}$ 的每一列要进行不同混合。该过程也可以采用矢量形式表示的空域数据来完成

9.2.3　谱域的光谱编码压缩感知系统

通过谱域的光谱编码,我们希望强调本节给出的系统不依赖光谱到空间的光学变换。此外,本节描述的 SI 系统是采用连续码的光谱编码,以区别于离散码,前面讨论的是离散码。这样的光谱多路传输可以采用与普通光谱滤波作用一样的光学器件获得。根据这一方法,与其采用光谱滤波器仅对每一步扫描的单个窄光谱滤波(例如,彩色滤波轮或可调滤波器),还不如采用普通光谱滤波器传输或反射整个光谱区域谱分量的非均匀加权组合。图 9－11 给出了该过程示意图。输入光谱信号显示在图 9－11(a)中,系统连续光谱调制显示在图 9－11(b)中。图 9－11(c)中传输或反射光束以输入信号与系统光谱传输函数的内积形式给出,这是通过光电传感器的积分完成,以产生多路测量的单光谱结果。采用各种类似于图 9－11(b)中的普通滤波器重复测量,可以给出足够的信息用于可靠恢复光谱信号。多路光谱测量过程可以从数学上用线性积分来描述:

$$g(k)=\int_0^{\infty}\phi(\lambda,k)\cdot f(\lambda)\mathrm{d}\lambda \tag{9.5}$$

式中:$f(\lambda)$为光谱输入信号;$\phi(\lambda,k)$为普通滤波器的光谱响应,起到光谱编码器作用。

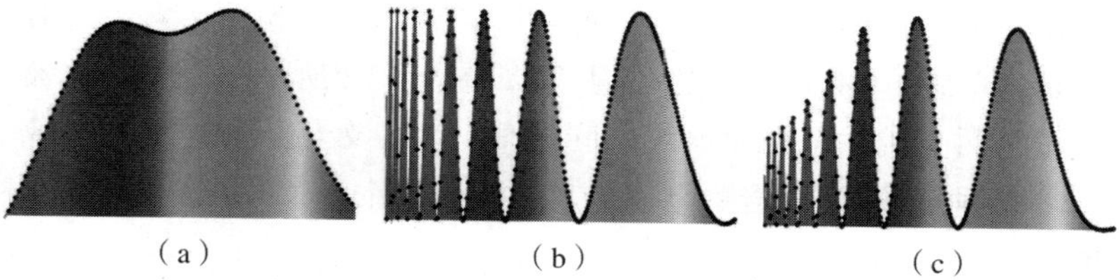

图 9－11　采用普通光谱滤波器的感知示意图

(a)是输入光谱信号;(b)是系统光谱响应;(c)是系统输出光谱信号。调制的光谱经过积分得到采样 $\boldsymbol{g}_i$。采用不同的系统光谱响应重复该过程。

根据某些物理机理,光谱编码函数 $\phi(\lambda,k)$依赖于参数 k。对每一次选择的 k,都会改变编码函数 $\phi(\lambda,k)$,并且记录测量值 $g(k)$。如果看一下方程式(9.5)就会看出,与基于空间编码(见 9.2.2 节)的系统相比,这里描述的系统是遍及 $\phi(\lambda,k)$的连续光谱编码。为了获得非常高的光谱分辨率可以利用这一特点。为了以方程式(9.5)的形式表示系统,需要对感知过程模型进行离散化。通过对光谱的离散化,可以将方程式(9.6)写成下面的形式

$$g(k)\approx\sum_{\lambda=1}^{N_\lambda}\phi_\lambda(k)\cdot f_\lambda \tag{9.6}$$

另一种离散化方法与整个成像过程中的滤波器配置数量有关。如果令 k 取

离散值 $1,\cdots,k,\cdots,M_\lambda$，方程式(9.6)可以写成下面的形式

$$g_k \approx \sum_{\lambda=1}^{N_\lambda} \phi_{\lambda k} \cdot f_\lambda \to M_\lambda[\boldsymbol{g}] = M_\lambda[\boldsymbol{\Phi}]^{N_\lambda}[\boldsymbol{f}]^{N_\lambda} \tag{9.7}$$

正如方程式(9.1)，这种形式是标准的矩阵－矢量乘积。下面将描述用不同的物理机制实现不同的 $\phi(\lambda,k)$。

(1) 压缩液晶成像光谱仪。

压缩 LC 光谱仪是 August 和 Stern (2013, 4996－4999)提出的，在 August 等(2014, FM3E.4, 2016)文献中给出了将 LC 压缩光谱仪用于 SI。这些系统采用基于单个厚的可变相位延迟单元的光谱调制器。通过将 LC 压缩光谱仪与 SPC 结合可以实现 SI 功能，这可以采用 9.2.2 节和 9.2.3 节给出的类似方法实现，通过 LC 压缩光谱仪替换光电传感器可以实现光谱成像能力。另一种将 LC 压缩光谱仪系统改变成 SI 系统的方法是将 LC 延迟器连接到光电探测器中，或者在物理入瞳处或孔径面安装大通光孔径的 LC 延迟器单元。

LC 压缩光谱仪和常规的 Lyot 或 Solc(Evans 1949,229－237,1958,142－143;Aharon and Abdulhalim 2009,11426－11433;Hamdi et al. 2012,pp. 1－4)都是基于双折射光谱滤波器，但是当这两种方法用于 CS 时存在根本的不同。为了滤除窄带光谱，Lyot 或 Solc 光谱滤波器采用许多相位延迟器，随着延迟级数的增加带宽变窄。这种方法光学效率低，并且需要 N_λ 次测量。与此相比，LC 压缩光谱仪是由单级、厚的可变延迟器组成，如图 9－12 所示。相位延迟器由夹在两个玻璃片与两个线性正交偏振片中间的 LC 层以及光学测量单元组成。玻璃片镀有氧化锡铟薄膜，包括透明电极以及聚合物取向层。LC 腔体充满双向折射较高的特殊 LC 混合物。通过在电极上施加电压获得的电场控制 LC 的双折射。在图示中，LC 的分子排列是由施加电压函数来调节，从而导致有效延迟的改变。

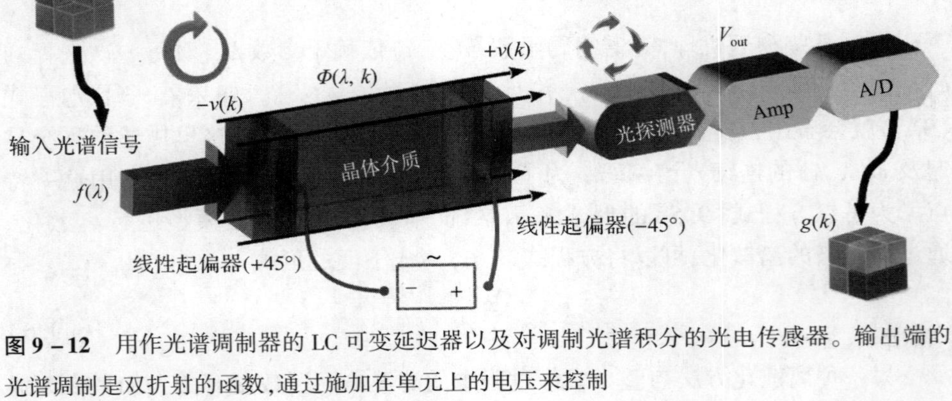

图 9－12 用作光谱调制器的 LC 可变延迟器以及对调制光谱积分的光电传感器。输出端的光谱调制是双折射的函数，通过施加在单元上的电压来控制

光学延迟量与感应双折射成正比，感应双折射 $\Delta n_i = n_{e,i} - n_o$，这里 n_e 是超常折射系数，n_o 是普通折射系数。对于给定单元间隙 d，波长 λ 的相位延迟（相位差）由 $\delta_k = (2 \cdot \pi \cdot \Delta n_k d)/\lambda$ 给出。光谱调制依赖于光学延迟，光谱调制的表达式为（Yariv and Yeh 1984）

$$\phi_k(\lambda) = \frac{I_k(\lambda)}{I_0(\lambda)} \propto \sin^2\left(\frac{\delta_k(\lambda)}{2}\right) \tag{9.8}$$

式中：$I_k(\lambda)$ 表示对应于双折射 Δn_k 的第 k 个调制信号，通过将单元调节到的第 k 个状态得到；$I_0(\lambda)$ 是输入功率谱分布。

图 9－13 显示了理论上典型的双折射函数 Δn_i 的光谱响应，图（a）显示 10μm 单元间隙的光谱传输，图（b）显示 50μm 单元间隙的光谱传输。这两幅图中，感应双折射 Δn_i 范围从 0 到大约 0.5 随着单元间隙的增加和双折射增加，调

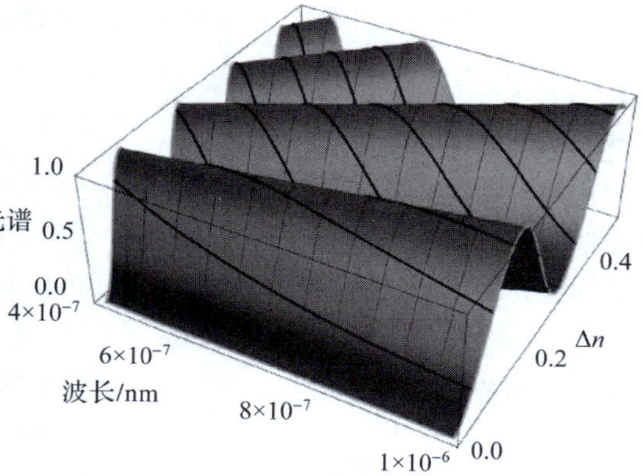

（a）

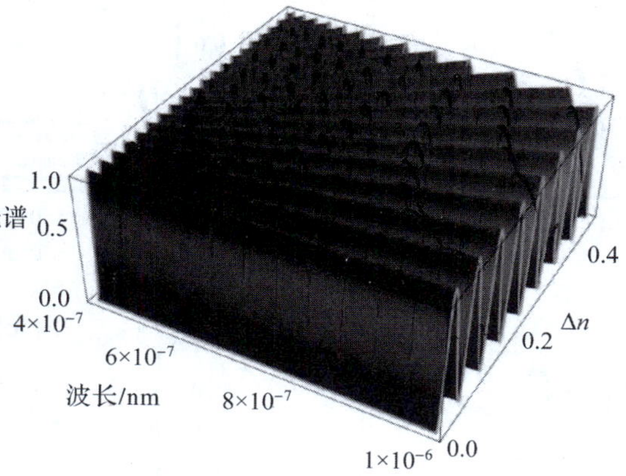

（b）

图 9－13　根据相位延迟器理论模型，采用不同延迟得到的两种不同光谱响应。具有高延迟的相位延迟器件的调制是齿状

（a）显示 10μm 间隙的光谱传输；（b）显示 50μm 间隙的光谱传输。

制峰的数量增加。我们看到采用大间隙单元具有更大的双折射范围，可以用更小间隙的单元产生更多的光谱调制峰来调制光谱信号。

对于1D光谱信号 $\boldsymbol{f}$，一组经过调制后的测量值可以写成 $\boldsymbol{g}=\boldsymbol{\Phi f}$，在本例子中感知算子是

$$\boldsymbol{\Phi}=\begin{pmatrix} \sin^2\left(\frac{1}{2}\delta_1\lambda_1\right) & \cdots & \sin^2\left(\frac{1}{2}\delta_1\lambda_{N_\lambda}\right) \\ \vdots & \sin^2\left(\frac{1}{2}\delta_i\lambda_j\right) & \vdots \\ \sin^2\left(\frac{1}{2}\delta_{M_\lambda}\lambda_{N_\lambda}\right) & \cdots & \sin^2\left(\frac{1}{2}\delta_{M_\lambda}\lambda_{N_\lambda}\right) \end{pmatrix}^{N_\lambda} \tag{9.9}$$

方程式(9.9)的感知矩阵是通过对方程式(9.8)中连续表达式的 M_λ 个电压、N_λ 个光谱栅格点上的采样得到的。由于是对连续模型的采样，因此可以自由选择光谱点 $\{\lambda_i\}_{i=1}^{N_\lambda}$ 和电压点 $\{v_k\}_{k=1}^{M_\lambda}$。然而，由于物理模型和最大相干光谱数量的不确定性(第3章)，在步长 $\Delta\lambda$、Δk 的选择上存在约束。模型的不确定性来自只描述了垂直入射光以及理想的双折射材料，因此实际上需要对系统进行"校准"，即测量系统的响应。校准过程是对有限分辨率的光谱栅格进行的，因此，技术上感知矩阵光谱栅格也受到光谱仪栅格以及精度校准的限制。

图9-14比较了采用LC压缩光谱仪与直接采用常规光谱仪测量值重构的光谱信号对比。LC压缩光谱仪是对13μm单元间隙的数值仿真。

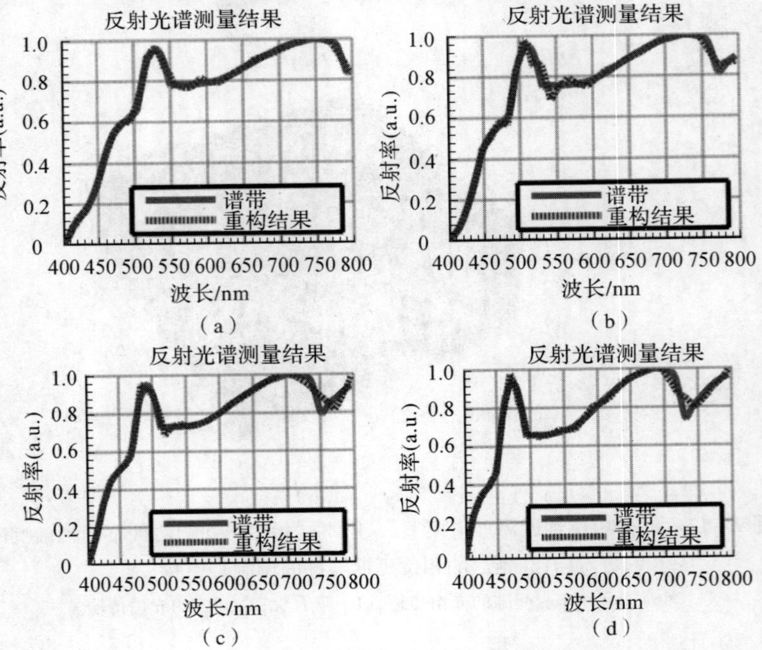

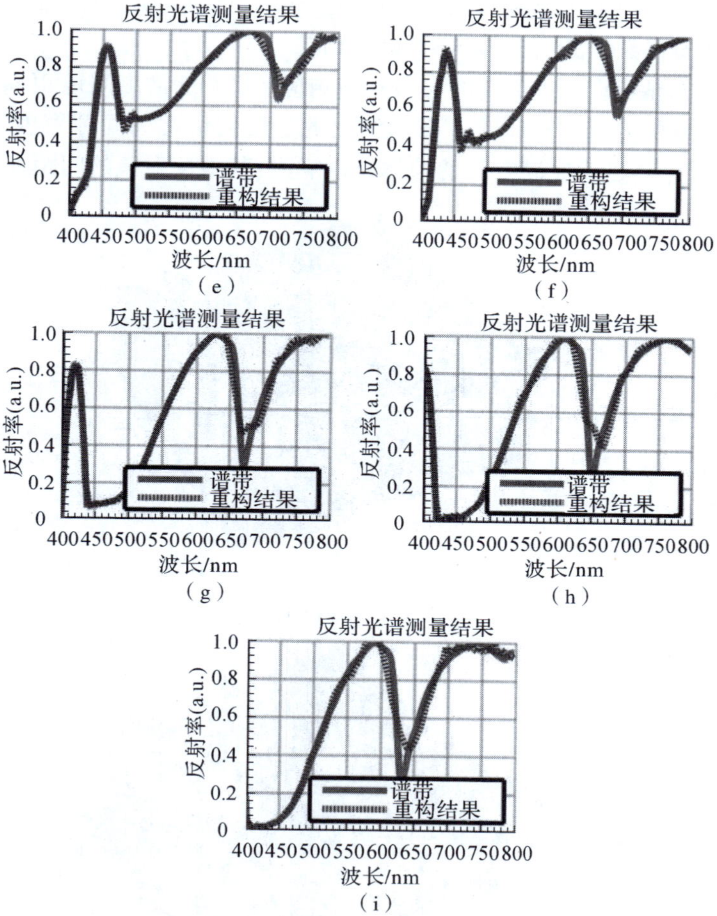

图 9－14　直接测量数据的重构光谱(实线)与压缩感知重构光谱(虚线)的比较。采样点 $N=1024$ 的 9 个不同类型生物地壳光谱数据以及从 $M=108$ 个测量值恢复的 CS 光谱。采用 Daubechies(db3)小波变换作为稀疏算子。图(a)～(i)的重构 PSNR 值分别为 40.3、36.4、34.8、33.2、30.9、31.1、27.6、25.5 和 25.7dB

(2)改进的法布里－布鲁特压缩成像光谱仪。

通常,法布里－布鲁特干涉仪(FPI)已经用于极高分辨能力和大吞吐量的扫描光谱仪。FPI 传输的波长是由谐振腔决定的,传输波长可以通过改变腔体厚度 d 或折射率 n 来调节。FPI 的光谱编码函数是用 d、n 和镜面反射 R 给出:

$$\phi_k(\lambda)=\frac{I_k(\lambda)}{I_0(\lambda)}\propto\frac{1}{1+\left(\frac{4R(\lambda)}{(1-R(\lambda))}^{2}\right)\sin\left(\frac{2\pi p_k}{\lambda}\right)}\tag{9.10}$$

式中：$I_k(\lambda)$表示第k个调制的信号，通过将FPI调谐到特定光程$p_k = n(\lambda)d$对应的第k状态得到；$I_0(\lambda)$是输入功率谱分布。

图9－15显示理论上FPI的典型光谱响应。图(b)给出固定距离反射镜之间材料折射率的光谱传输函数。图示给出的是反射镜之间间隙宽度为1μm的FPI响应。图(a)显示充满空气的腔体光谱响应，其中反射镜的间距在1～3μm。

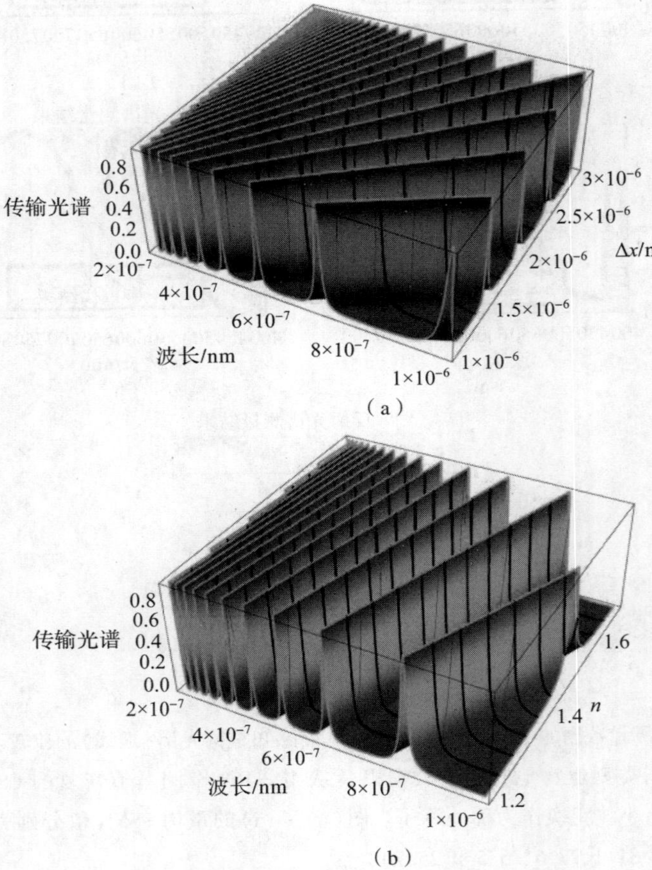

图9－15 FPI的光谱响应

(a)反射镜间距的函数；(b)反射镜之间腔体折射率的函数。

图9－16显示利用FPI构成扫描光谱仪的两种方法。简单描述为，FPI由两块高度平坦且严格平行放置的高反射镜组成。图9－16(a)代表充满LC液体的FPI光谱仪。施加在电极间的电场改变超常折射率n_e以及传输波长。由于采用这种配置只能改变超常折射率，因此这种方法只能用于偏振光。第二个示意图(图9－15(b))显示通过改变反射镜之间的距离d对光谱进行调谐的FPI设备。

通过放置一组压电器件实现了这种方法，反射镜之间的间距可以通过施加电压或机电器件来精确控制（Wang et al. 2015，1418－1421）。

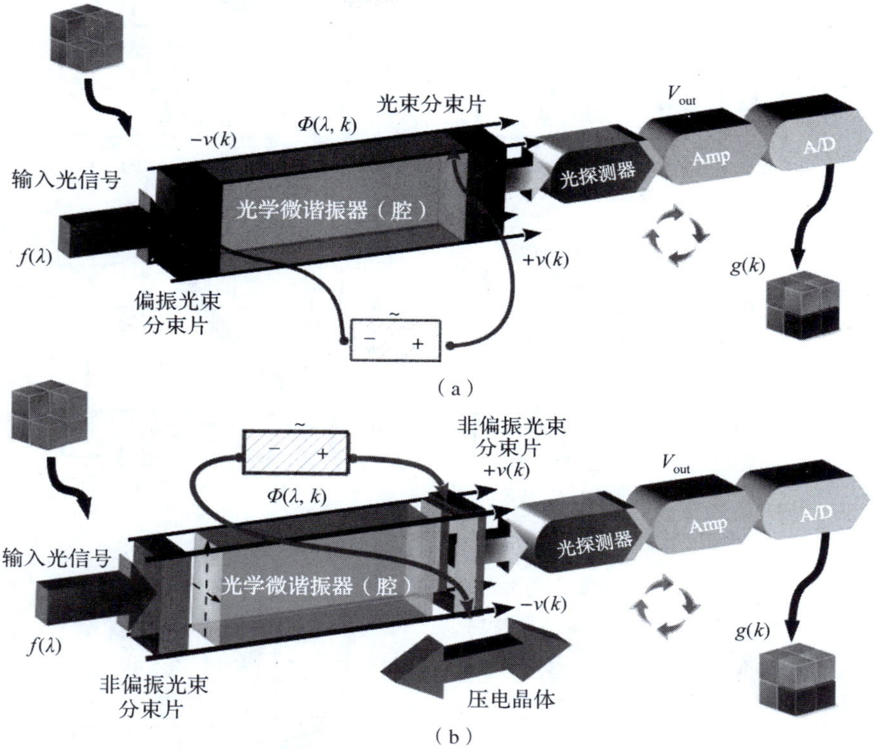

图 9－16 采用 LC（a）和压电晶体（b）的 FPI 原理示意图

经典的 FPI 与改进的压缩 FPI 的主要差异是工作方式的不同。经典 FPI 的工作像窄带扫描光谱滤光片，而压缩 FPI 传输宽带多路光谱分量并且由探测器积分。

图 9－17 显示采用仿真的压缩 FPI 光谱仪和常规的光谱仪重构的光谱信号。改进的压缩 FPI 光谱仪是对单元间距从 4mm 变化到约 5mm 的数值仿真。

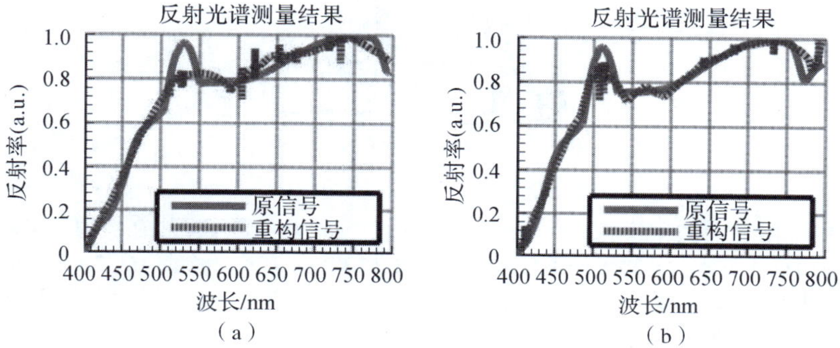

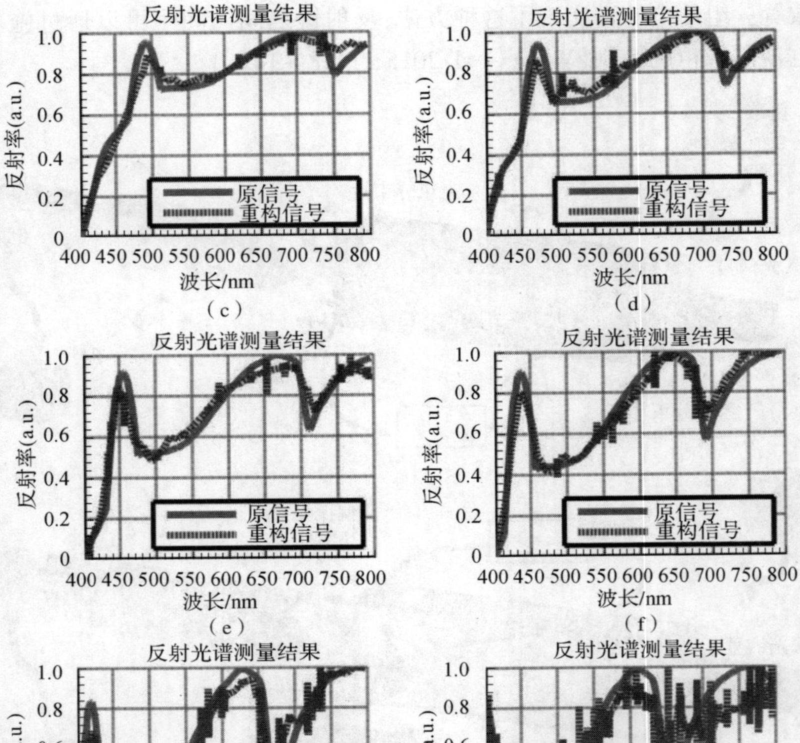

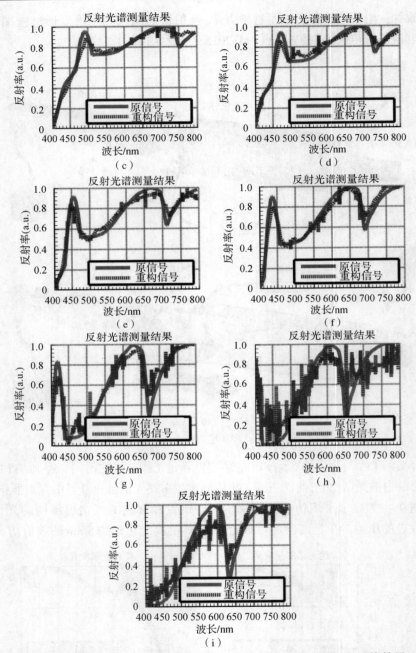

图 9-17 测量信号与重构功率谱密度信号的对比。直接测量(实线)和重构结果(虚线)。具有 $N=1024$ 个样本的 9 种不同类型生物地壳数据，从 $M=153$ 个测量值恢复 CS 光谱。稀疏算子采用 Daubechies (db3) 小波变换。图(a) ~ (i)的重构 PSNR 数值分别为 32.7、30.3、32.4、31.1、32.8、29.3、23.6、25.5 和 29.1(dB)

9.2.4 其他压缩感知光谱仪

(1) 傅里叶变换压缩光谱仪。

傅里叶变换光谱仪(或傅里叶变换红外光谱仪;Griffiths and De Haseth 2007)是常规的光谱方法在红外光谱的主要应用。傅里叶变换光谱仪的不同之处是采用了迈克尔逊干涉仪。在这种设备中,其中一个反射镜能够以恒定的速度运动,或者以一系列已知的小步长移动。反射镜移动带来的光程改变提供了相位差。

在经典傅里叶变换光谱仪中,通过感知过程采集 N 点多路光谱,并且通过数字傅里叶变换恢复一组 N 个间距相等的谱带。通常,基于傅里叶变换光谱仪的 CS 系统可以只需要采用随机位置的 $M < N$ 个测量值实现(Katz et al. 2010; Sanders et al. 2012,2697 - 2702)。这种设备以非等间距位置获取测量值,表现为稀疏恢复过程。

(2) 结构光谱照明。

另一种光谱成像方法不需要成像端的任何附加光谱分离,只需要采用光谱结构光场对场景的结构光照明实现。在这种方法中,照明光源必须能够以编码的宽光谱照明,并且提供均匀的空间照明。原则上这种方法可以采用前面提到的任何一种光谱编码来实现。照明光源可以连接到光谱照明器,并且需要光谱编码器与相机快门之间的同步。结构光照明可以摆脱直接光谱技术的某些限制。例如不存在 9.2.3 节描述的对系统入射角度的限制,这就为需要采用大数值孔径的应用场合(如显微镜)运用这样的光谱成像技术提供了可能。可以设想,对于中等距离成像,除了光谱编码,还可以在照明部分采用空间调制(Zhang et al. 2015)。

9.3 总结

压缩感知为减少采样阶段工作提供了一种方法,这种方法在光谱仪和 SI 中通常是非常有效的。CS SI 取得了类似于经典方法的性能,但是显著减少采样时间、系统大小、复杂度和测量噪声。

最近,CS 理论在光谱仪和光谱成像领域的实现引起了广泛的关注。最近几年提出了 CS 光谱仪和压缩 SI 系统的许多方法。本章我们描述了压缩光谱仪和压缩成像光谱仪的主要原理,给出了 CS 光谱仪的分类以及 SI 设计的粗略方法。本章的章节正是根据编码实现的方法进行分类的。

参 考 文 献

Aharon, O. and I. Abdulhalim. 2009. Liquid crystal Lyot tunable filter with extended free spectral range. *Optics Express* 17(14): 11426–11433.

Akbari, H., L. V. Halig, D. M. Schuster, A. Osunkoya, V. Master, P. T. Nieh, G. Z. Chen, and B. Fei. 2012. Hyperspectral imaging and quantitative analysis for prostate cancer detection. *Journal of Biomedical Optics* 17(7): 076005-1–076005-10.

Arce, G. R., D. J. Brady, L. Carin, H. Arguello, and D. S. Kittle. 2014. Compressive coded aperture spectral imaging: An introduction. *IEEE Signal Processing Magazine* 31(1): 105–115.

Arguello, H. and G. R. Arce. 2011. Code aperture optimization for spectrally agile compressive imaging. *Journal of the Optical Society of America A* 28(11): 2400–2413.

Arguello, H. and G. R. Arce. 2014. Colored coded aperture design by concentration of measure in compressive spectral imaging. *IEEE Transactions on Image Processing* 23(4): 1896–1908.

August, I., Y. Oiknine, M. AbuLeil, I. Abdulhalim, and A. Stern. 2016. Miniature compressive ultra-spectral imaging system utilizing a single liquid crystal phase retarder. *Scientific Reports*, 6, 23524.

August, Y., Y. Oiknine, A. Stern, and D. G. Blumberg. 2014. Hyperspectral compressive imaging based on spectral modulation in the spectral domain. In *Frontiers in Optics. Optical Society of America*, p. FM3E. 4.

August, Y., Y. Oiknine, A. Stern, and D. G. Blumberg. 2014a. Hyperspectral compressive imaging based on spectral modulation in the spectral domain. *Optical Society of America*.

August, Y., A. Stern, and D. G. Blumberg. 2014. Single-pixel spectroscopy via compressive sampling. In *Computational Optical Sensing and Imaging. Optical Society of America*, p. CTu2C. 2.

August, Y. and A. Stern. 2013. Compressive sensing spectrometry based on liquid crystal devices. *Optics Letters* 38(23): 4996–4999.

August, Y., C. Vachman, Y. Rivenson, and A. Stern. 2013a. Compressive hyperspectral imaging by random separable projections in both the spatial and the spectral domains. *Applied Optics* 52(10): D46–D54.

August, Y., C. Vachman, and A. Stern. 2013b. Spatial versus spectral compression ratio in compressive sensing of hyperspectral imaging. In *SPIE Defense, Security, and Sensing*, pp. 87170G–87170G. International Society for Optics and Photonics.

Born, M. and E. Wolf. 1999. *Principles of Optics: Electromagnetic Theory of Propagation, Interference and Diffraction of Light*. Cambridge University Press, Melbourne, Australia.

Delaney, J. K., J. G. Zeibel, M. Thoury, R. Littleton, M. Palmer, K. M. Morales, E. R. de La Rie, and A. Hoenigswald. 2010. Visible and infrared imaging spectroscopy of Picasso's Harlequin Musician: Mapping and identification of artist materials in situ. *Applied Spectroscopy* 64(6): 584–594.

Duarte, M. F., M. A. Davenport, D. Takhar, J. N. Laska, T. Sun, K. E. Kelly, and R. G. Baraniuk. 2008. Single-pixel imaging via compressive sampling. *IEEE Signal Processing Magazine* 25(2): 83.

Dupuis, G., M. Elias, and L. Simonot. 2002. Pigment identification by fiber-optics diffuse reflectance spectroscopy. *Applied Spectroscopy* 56(10): 1329–1336.

Eismann, M. T. 2012. *Hyperspectral Remote Sensing*. SPIE Press Book, Bellingham, WA.

Evans, J. W. 1949. The birefringent filter. *JOSA* 39(3): 229–237.

Evans, J. W. 1958. Solc birefringent filter. *JOSA* 48(3): 142–143.

Fellgett, P. 1967. Conclusions on multiplex methods. *Le Journal De Physique Colloques* 28(C2): C2-165–C2-171.

Golub, M., M. Nathan, A. Averbuch, A. Kagan, V. Zheludev, and R. Malinsky. 2015. Snapshot spectral imaging based on digital cameras. U.S. Patent No 9,013,691.

Griffiths, P. R. and J. A. De Haseth. 2007. *Fourier Transform Infrared Spectrometry*, Vol. 171. John Wiley & Sons, West Sussex, UK.

Hamdi, R., R. M. Farha, S. Redadaa, B.-E. Benkelfat, D. Abed, A. Halassi, and Y. Boumakh. 2012. Optical bandpass Lyot filter with tunable bandwidth. In *19th International Conference on Telecommunications* (*ICT*), Jounieh, Lebanon.

Hernández, G. 1988. *Fabry-Perot Interferometers*, Vol. 3. John Wiley & Sons Ltd, West Sussex, UK.

Hirschfeld, T. 1976. Fellgett's advantage in UV-VIS multiplex spectroscopy. *Applied Spectroscopy* 30(1): 68–69.

Iordache, M. D., J. Bioucas Dias, and A. Plaza. 2009. Unmixing sparse hyperspectral mixtures.

Iordache, M. D., J. M. Bioucas Dias, and A. Plaza. 2011. Sparse unmixing of hyperspectral data. *IEEE JGRS* 49(6): 2014–2039.

Katz, O., J. M. Levitt, and Y. Silberberg. 2010. Compressive Fourier transform spectroscopy. In *Frontiers in Optics. Optical Society of America*, p. FTuE3.

Keshava, N. and J. F. Mustard. 2002. Spectral unmixing. *IEEE Signal Processing Magazine* 19(1): 44–57.

Kiers, H. A. L. 2000. Towards a standardized notation and terminology in multiway analysis. *Journal of Chemometrics* 14(3): 105–122.

Li, Q., X. He, Y. Wang, H. Liu, D. Xu, and F. Guo. 2013. Review of spectral imaging technology in biomedical engineering: Achievements and challenges. *Journal of Biomedical Optics* 18(10): 100901.

Lim, S., K. H. Sohn, and C. Lee. 2001a. Principal component analysis for compression of hyperspectral images. In *International Geoscience and Remote Sensing Symposium. IGARSS '01.* IEEE. University of New South Wales, Sydney, Australia.

Lim, S., K. H. Sohn, and C. Lee. 2001b. Compression for hyperspectral images using three dimensional wavelet transform. In *International Geoscience and Remote Sensing Symposium. IGARSS '01.* IEEE. University of New South Wales, Sydney, Australia.

Lin, X., Y. Liu, J. Wu, and Q. Dai. 2014. Spatial-spectral encoded compressive hyperspectral imaging. *ACM Transactions on Graphics* (*TOG*) 33(6): 233.

Lukin, V., N. Ponomarenko, M. Zriakhov, and A. Kaarna. 2008. Two aspects in lossy compression of hyperspectral aviris images. In *12th International Conference on Mathematical Methods in Electromagnetic Theory.* IEEE, Odesa, Ukraine, pp. 375–377.

Mallat, S. 2009. *A Wavelet Tour of Signal Processing: The Sparse Way*, 3rd edn. Elsevier, Amsterdam, The Netherlands.

Manolakis, D., D. Marden, and G. A. Shaw. 2003. Hyperspectral image processing for automatic target detection applications. *Lincoln Laboratory Journal* 14(1): 79–116.

Manolakis, D. and G. Shaw. 2002. Detection algorithms for hyperspectral imaging applications. *IEEE Signal Processing Magazine* 19(1): 29–43.

Martin, M., M. Wabuyele, K. Chen, P. Kasili, M. Panjehpour, M. Phan, B. Overholt et al. 2006. Development of an advanced hyperspectral imaging (HSI) system with applications for cancer detection. *Annals of Biomedical Engineering* 34(6): 1061–1068.

Martinez, K., J. Cupitt, D. Saunders, and R. Pillay. 2002. Ten years of art imaging research. *Proceedings of the IEEE* 90(1): 28–41.

Meggers, W. F., C. H. Corliss, and B. F. Scribner. 1975. Tables of spectral line intensities. In *Arranged by Wavelengths*, Vol. v.2. U.S. National Bureau of Standards, Washington, DC, N.B.S. Monograph, 145.

Nelson, E. D. and M. L. Fredman. 1970. Hadamard spectroscopy. *JOSA* 60(12): 1664–1669.

Qian, S.-E., A. B. Hollinger, M. Dutkiewicz, H. Zwick, H. Tsang, and J. R. Freemantle. 2001. Effect of lossy vector quantization hyperspectral data compression on retrieval of red-edge indices. *IEEE JGRS* 39(7): 1459–1470.

Ribés, A. 2013. Image spectrometers, Color high fidelity, and fine-art paintings. In *Advanced Color Image Processing and Analysis*, C. Fernandez-Maloigne, ed. Springer, New York, pp. 449–483.

Rivenson, Y. and A. Stern. 2009. Compressed imaging with a separable sensing operator. *IEEE Signal Processing Letters* 16(6): 449–452.

Rueda, H., H. Arguello, and G. R. Arce. 2014. Compressive spectral imaging based on colored coded apertures. In *IEEE International Conference on Acoustic, Speech and Signal Processing* (*ICASSP*), Florence, Italy.

Ryan, M. J. and J. F. Arnold. 1997a. The lossless compression of AVIRIS images by vector quantization. *IEEE JGRS* 35(3): 546–550.

Ryan, M. J. and J. F. Arnold. 1997b. Lossy compression of hyperspectral data using vector quantization. *Remote Sensing of Environment* 61(3): 419–436.

Sanders, J. N., S. K. Saikin, S. Mostame, X. Andrade, J. R. Widom, A. H. Marcus, and A. Aspuru-Guzik. 2012. Compressed sensing for multidimensional spectroscopy experiments. *The Journal of Physical Chemistry Letters* 3(18): 2697–2702.

Sansonetti, C. J., M. L. Salit, and J. Reader. 1996. Wavelengths of spectral lines in mercury pencil lamps. *Applied Optics* 35(1): 74–77.

Shaw, G. A. and K. B. Hsiao-hua. 2003. Spectral imaging for remote sensing. *Lincoln Laboratory Journal* 14(1): 1–28.

Sloane, N. J. 1979. Multiplexing methods in spectroscopy. *Mathematics Magazine* 52(2): 71–80.

Smith, D. M. 1952. *Visual Lines for Spectroscopic Analysis*. Hilger & Watts, London, UK.

Sun, T. and K. Kelly. 2009. Compressive sensing hyperspectral imager. In *Computational Optical Sensing and Imaging. Optical Society of America*, p. CTuA5.

Thenkabail, P. S., J. G. Lyon, and A. Huete. 2012. *Hyperspectral Remote Sensing of Vegetation*. CRC Press, Boca Raton, FL.

Treado, P. J. and M. D. Morris. 1989. A thousand points of light: The Hadamard transform in chemical analysis and instrumentation. *Analytical Chemistry* 61(11): 723A–734A.

Vetterli, M. and J. Kovaseviss. 1995. *Wavelets and Subband Coding*. Prentice-Hall, Englewood Cliffs, NJ. Reprinted in 2007.

Vickers, T. J., C. K. Mann, and J. Zhu. 1991. Hadamard multiplex multichannel spectroscopy to achieve a spectroscopic power distribution advantage. *Applied Spectroscopy* 45(1): 42–49.

Wang, W., S. R. Samuelson, J. Chen, and H. Xie. 2015. Miniaturizing Fourier transform spectrometer with an electrothermal micromirror. *IEEE Photonics Technology Letters* 27(13): 1418–1421.

Warner, T. A., M. Duane Nellis, and G. M. Foody. 2009. *The Sage Handbook of Remote Sensing*. Sage, Thousand Oaks, CA.

Wolfe, W. L. 1997. *Introduction to Imaging Spectrometers*. SPIE-International Society for Optical Engineering, Bellingham WA.

Wu, D. and D.-W. Sun. 2013. Advanced applications of hyperspectral imaging technology for food quality and safety analysis and assessment: A review–Part I: Fundamentals. *Innovative Food Science & Emerging Technologies* 19(0): 1–14.

Wu, Y., I. O. Mirza, G. R. Arce, and D. W. Prather. 2011. Development of a digital-micromirror-device-based multishot snapshot spectral imaging system. *Optics Letters* 36(14): 2692–2694.

Yariv, A. and P. Yeh. 1984. *Optical Waves in Crystals*, Vol. 5. Wiley, New York.

Zhang, Z., X. Ma, and J. Zhong. 2015. Single-pixel imaging by means of Fourier spectrum acquisition. *Nature Communications* 6, article no. 24752.

第 10 章　偏振压缩感知

Fernando Soldevila, Vicente Durán.
Pere Clemente, Esther Irles.
Mercedes Fernández – Alonso.
Enrique Tajahuerce, and Jesús Lancis.

10.1　引言

偏振成像(PI)已经成为远程感知、材料科学和生物医学等科学领域的主要工具。在远程感知中,PI 技术提高了恢复图像的质量,同时通过对场景进行详细分析提高目标探测能力(Tyo et al. 2006)。偏振提供了表层的空间特征信息,如形状和纹理。因此,PI 技术已经用于材料科学中对粗糙表面的分割(Terrier et al. 2008)。在生物医学成像领域,PI 已经用于改善样本在不同穿透深度的可视化(Demos and Alfano 1997)。而且,PI 已经用在活体技术中,以检测和诊断器官中的恶性肿瘤(Baba et al. 2002;Laude – Boulesteix et al. 2004)。此外,PI 系统的灵活性可以以高于非偏振方法的性能指标构建光学相干断层成像系统(Nadkarni et al. 2007)、自适应眼科光学(Song et al. 2008)、高光谱系统(Glenar et al. 1994;Oka and Kato 1999)。

通常,多维图像的测量(如偏振图像)包含大量信息的获取,这导致了存储和传输困难。此外,偏振或多光谱成像技术需要对图像的序列采集,导致测量时间的增加。现在的偏振成像和多光谱成像都是采用与每一个传感器像素结合的小型偏振仪或光谱滤波器(Geelen et al. 2013;Zhao et al. 2009a),这样可以在一次曝光中获得多维图像。然而,这些系统的开发意味着采用高端微型光学器件。

本章将描述几种基于压缩感知(CS)的单像素 PI 系统。首先,在 10.2 节中讨论偏振图像的概念,并且回顾获得偏振图像的不同方法。其次,在 10.3 节中描述采用序列图案照明的单像素探测成像方法,该技术非常适合采用 CS 技术。

接下来在本章的主要部分即 10.4 节中阐述了基于单像素探测和 CS 的偏振图像记录技术。在 10.5 节中给出了如何将该技术推广到偏振和光谱信息同时测量的场合。第一种情况,我们只测量正交偏振态以及光谱信息的空间分布;第二种情况,包括全斯托克 PI。最后,在 10.6 节中回顾了该工作的主要结论。

10.2　偏振相机

通常,场景中的目标会改变反射、发射或散射的入射光偏振态,这种偏振态的改变提供了有关场景的信息。PI 的目的是测量空间可分辨的光场、目标或光学系统的偏振特性(Solomon 1981)。根据描述这些偏振信息的物理参量定义了两类不同的偏振系统。被动成像偏振仪属于斯托克斯(Stokes)PI,这类偏振仪在图像的每一个像素上提供光的斯托克斯参数。主动成像偏振仪属于穆勒(Mueller)PI,这类偏振仪图像的每一个像素提供表征场景的全部穆勒矩阵信息。斯托克斯偏振图像通常显示斯托克斯参数、偏振度和退偏度。当采用穆勒偏振图像时,表征的参数通常是延迟、双向衰减和退偏,这些参数是从穆勒矩阵的极化分解中简单导出的(Lu and Chipman 1996)。

最简单的偏振系统是与传统成像结合,在相机传感器前面加一个线性起偏器,调节起偏器的方向,使得目标与背景的对比度达到最大,在商业肖像画中通常采用该技术。类似的技术已经用于水下层析成像,以减小散射(Duntley 1974)。另一种选择是差分偏振计,这种仪器能够提供表征光特性的某些斯托克斯参数(Demos and Alfano 1997;Tyo et al. 1996)。通过获得起偏器在不同方向的多幅图像,可以计算出斯托克斯参数 S_0 和 S_1。如果采用多个起偏器,可以确定全部的线性偏振态,这些偏振态适合于自然场景,因为自然场景中可以忽略圆偏振光。下一步将延迟器与线性起偏器组合在一起,这样可以获得全斯托克斯矢量(Solomon 1981)。

在穆勒 PI 中,通过采用有源偏振仪控制入射光的偏振态来测量样本的穆勒矩阵。照明系统产生一组已知的偏振态,一旦照明光被目标发射、散射或反射,就确定了此刻的偏振态。采用合适数量的偏振态,样本的全穆勒矩阵可以通过计算恢复(Pezzaniti 1995)。这种方法已经用于液晶(LC)屏的特性描述(Clemente et al. 2008)。

10.3　单像素成像和压缩感知

不同于采用阵列探测器的常规成像技术,单像素成像值得关注。通过对一组微结构光图案的场景采样,单像素成像能够获得目标的空间信息,如反射光的分布或其他光学属性(Duarte et al. 2008)。光探测器如光电二极管记录与每一个图案有关的信号,并且通过数学算法重构最终图像。单像素成像已经用于许多不同的领域,例如彩色成像(Welsh et al. 2013)、飞行时间成像(Kirmani et al. 2011,2014)以及全息成像(Clemente et al. 2013)。利用该技术,可以增加感知过程新的自由度、允许人们利用非常灵敏的光传感器(Howland et al. 2013)、探索非常规谱带的成像(Chan et al. 2008;Watts et al. 2014)以及利用其他的光电探测器,如本章给出的光谱偏振计。

采用单像素探测器成像技术的主要特点是它们非常适合运用压缩采样(CS)理论(Candes and Wakin 2008;Donoho 2006;Duarte et al. 2008;Howland et al. 2013;Studer et al. 2012)。正如前面章节所描述的,CS 理论利用自然图像具有的稀疏性,即当选择合适的函数基来表示图像时,只有一小部分展开式系数是非零的,这样就能够用比香农–奈奎斯特极限决定的更少测量次数恢复图像。

CS 单像素成像的基本过程可以概括描述如下。辐照度分布为 $\boldsymbol{\Psi}_{\ell}[m,n]$ 的 N 个序列结构光图案投射到输入目标上,这里 m 和 n 是离散的空间坐标,$\ell=1,2,\cdots,N$。采样过程决定了该技术的空间分辨率,因此目标是由相同像素个数 N 的 2D 分布表示。目标的反射光、发射光或散射光由单个光电二极管接收。如果认为图案集 $\boldsymbol{\Psi}=\{\boldsymbol{\Psi}_{\ell}\}$ 是函数基,出射光线对应于照明图案与目标的内积,并且提供了在新函数基中图像展开的系数。数学描述为

$$\boldsymbol{f}=\boldsymbol{\Psi}\cdot\boldsymbol{g} \tag{10.1}$$

式中:$\boldsymbol{\Psi}$ 是 $N\times N$ 的矩阵,列矢量为 $\{\boldsymbol{\Psi}_{\ell}\}$;$\boldsymbol{g}$ 是由所选基函数展开系数 $f[m,n]$ 构成的 $N\times 1$ 矢量。

采用 CS 理论改善了这类利用稀疏性的单像素架构性能(Candes and Wakin 2008),用这种方法,无须测量目标在所选基的全部投影就能够恢复图像,所研究的目标 $f[m,n]$ 仅由投影函数的随机子集就能够重构。为此,我们随机选择 M 个不同的基函数($M<N$),并且测量目标的投影。该过程可以用矩阵形式表示为

$$\boldsymbol{J}=\boldsymbol{\Phi}\cdot\boldsymbol{f}=\boldsymbol{\Phi}(\boldsymbol{\Psi}\cdot\boldsymbol{g})=\boldsymbol{\Theta}\cdot\boldsymbol{g} \tag{10.2}$$

式中:$\boldsymbol{J}$ 是由测量投影构成的 $M\times 1$ 的矢量;$\boldsymbol{\Phi}$ 是 $M\times N$ 的感知矩阵。

$\boldsymbol{\Phi}$ 的每一行是随机选取的 $\boldsymbol{\Psi}$ 的函数,而 $\boldsymbol{\Phi}$ 与 $\boldsymbol{\Psi}$ 的乘积得到作用于 $\boldsymbol{g}$ 的 $\boldsymbol{\Theta}$。如果选择的是正交基,$\boldsymbol{\Theta}$ 的每一行随机选择 $\boldsymbol{g}$ 的唯一元素。由于 $M<N$,测量过程通过离线算法如基于凸优化或贪婪算法求解后涉及欠定矩阵,我们的方法是在方程式(10.2)的约束下,采用 $\boldsymbol{g}$ 的 ℓ_1 范数最小化的凸优化算法,该算法的求

解方法与测量结果具有很好的一致性。因此,重构的 $\boldsymbol{f}^*$ 是由下面的优化算法给出:

$$\min\|\boldsymbol{\Psi}^{-1}f^*\|_{l_1} \text{约束条件 } \boldsymbol{\Phi}\cdot\boldsymbol{f}^* = \boldsymbol{J} \tag{10.3}$$

在本章描述的方法中,函数基 $\boldsymbol{\Psi}$ 是由沃尔什－哈达玛基导出的二值强度图案集,这种基在图像编码和传输技术(Pratt et al. 1969)中率先提出。选择这种基有几个优势。首先,这些图案是正交基构成;其次,自然图像在哈达玛基中具有稀疏性,因此这些函数对压缩感知也非常有益。最后,这些图案是仅有 +1 和 -1 数值的二值函数,因此采用快速二值幅度调制器对它们进行编码非常容易。N 阶沃尔什－哈达玛矩阵 $\boldsymbol{H}_N$ 是矩阵项为 ±1 的 $M\times N$ 矩阵,且满足 $\boldsymbol{H}_N^{\mathrm{T}}\cdot\boldsymbol{H}_N = N\cdot\boldsymbol{I}_N$,这里 $\boldsymbol{I}_N$ 是单位矩阵,$\boldsymbol{H}_N^{\mathrm{T}}$ 表示转置矩阵。通过对 $\boldsymbol{H}_N$ 的不同列进行移位和数值缩放,就可能产生取值为 0 或 1 的 2D 图案,产生的图案可以简单地编码到空间光调制器(SLM)上进行强度调制。

根据该方法,实现单像素相机的关键器件是 SLM,利用微结构光图案和光探测器对输入目标采样。对于单像素相机,合适的 SLM 是由电压控制的 LC 单元构成的显示器,就像视频投影系统中的那种(Magalhães et al. 2011)。这种 SLM 用来设计 10.4 节描述的单像素偏振相机。另一种选择是采用数字微镜器件(DMD)产生微结构光图案,数字微镜器件是由可以在两个位置之间转动的微镜阵列组成,这种方法只反射给定方向的部分入射光(Duarte et al. 2008)。这类 SLM 常用于实现 10.5 节描述的光谱偏振相机。通常考虑到探测,采用光电二极管用作单像素相机,测量目标对 SLM 产生的每一种图案的光辐射照度。在本章描述的光学系统中,我们采用比光电二极管更复杂的单像素探测器,如光束偏振仪或光纤光谱仪。

10.4　单像素偏振成像

本节将描述运用 CS 单相素成像概念的被动偏振相机(Durán et al. 2012)。这种相机只采用商品化光束偏振仪给出场景的斯托克斯参数的全部空间分布。这种商品化光束偏振仪是为自由空间和基于光纤的测量设计的,给出光束整体的偏振态(SOP),即没有空间分辨率。感谢光束偏振仪的使用,使得 PI 系统展现出对庞加莱球的高动态范围(高达 70dB)、宽波段以及高精度,对那些基于阵列图像传感器的偏振相机而言,采用光束偏振仪简化了偏振相机的开发。获得偏振图像的关键是采用可编程 SLM 得到时域上多个偏振的空间分布。

用作单像素传感器的光束偏振仪的工作是基于对偏振态调制后的光束辐射

照度测量，这是用偏振态分析仪（PSA）完成的。在这里采用的商用偏振仪（图 10－1）中，PSA 由两个电压控制的 LC 可变延迟器（LCVR）和偏振光分束镜（PBS）构成，两个光电二极管分别位于 PBS 的输出端。通过采用穆勒形式，可以通过下面的方程式将输入 SOP、$\vec{S}$ 以及位于其中一条光束分束镜支路的光电二极管 SOP $\vec{S}_{PD1}$ 联系起来：

$$\vec{S}_{PD1}=\boldsymbol{M}\cdot\vec{S}\Rightarrow\begin{pmatrix}I_{PD1}\\S_{1,PD1}\\S_{2,PD1}\\S_{3,PD1}\end{pmatrix}=\begin{pmatrix}m_{00}&m_{01}&m_{02}&m_{03}\\m_{10}&m_{11}&m_{12}&m_{13}\\m_{20}&m_{21}&m_{22}&m_{23}\\m_{30}&m_{31}&m_{32}&m_{33}\end{pmatrix}\cdot\begin{pmatrix}I_0\\S_1\\S_2\\S_3\end{pmatrix}\tag{10.4}$$

这里 $\boldsymbol{M}$ 是 PSA 的穆勒矩阵，通过将位于 PBS 输出端的两个光电二极管给出的信号相加得到输入光束的辐射照度 I_0。

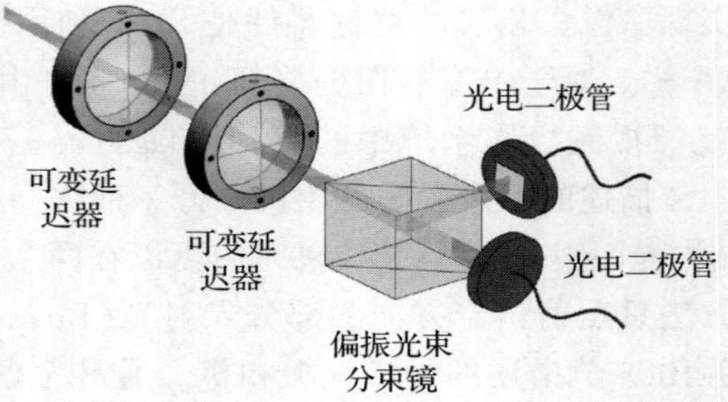

图 10－1 基于斯托克斯光束偏振仪的单像素偏振探测器

在方程式（10.4）中，矩阵组第一项可以写成下面的形式：

$$I_{PD1}(\delta_1,\delta_2)=m_{00}(\delta_1,\delta_2)I_0+\sum_{q=1}^{3}m_{0q}(\delta_1,\delta_2)S_q\tag{10.5}$$

上式将输入光束的偏振态与测量的光电流关联起来。通过对 LCVR 采用不同的延迟值，可以修改 PSA 的穆勒矩阵，这样测量的光电流也随之改变，因此方程式（10.5）可以生成超定方程组。采用最小二乘法，可以求解该方程组，得到入射光束的斯托克斯参数。

单像素偏振相机示意图如图 10－2 所示。相机有三个关键部件：SLM、光束会聚器以及前面介绍的商用光束偏振仪。SLM 用于产生单像素重构所需的二值掩膜，这些掩膜投射到被测目标上，透射光经过光束会聚器缩小后由光束偏振仪收集，光束偏振仪测量每一次照明掩膜的斯托克斯矢量，利用基于 CS 的单像素成像技术恢复不同的斯托克斯图像。

实验中使用的光源是波长为 632.8nm 的 He－Ne 激光器，SLM 是 SONY

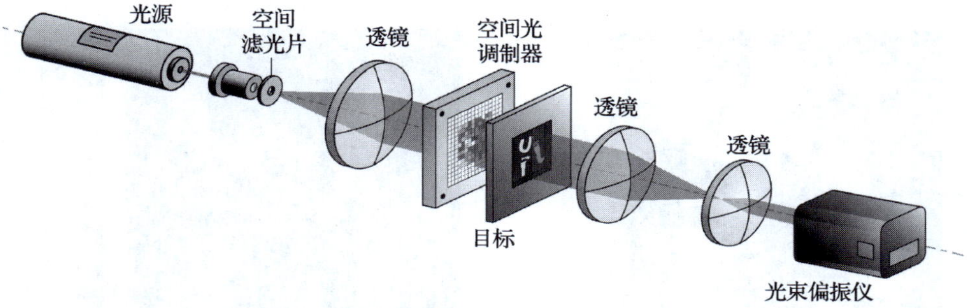

图 10 - 2　单像素偏振可变延迟器相机实验装置
（在 SLM 前面和后面的线性起偏器没有画出）

LCX016AL，通过采用合适的偏振器件配置二元透射型强度调制器。利用专用的光学系统将掩膜投射到目标上。采用的商用光束偏振仪是 PolarVIEW 3000，由 Meadowlark Optics 制造。实验中的二元掩膜是基于沃尔什 - 哈达玛函数。投射在目标上的掩膜具有 64 × 64 像素的分辨率，像素间距 64μm。在实验中，1225 个掩膜投射在目标上（约为奈奎斯特准则的 33%）。软件用 LabVIEW 编写，用于同步照明与光束偏振仪的探测。每一次实现中，测量归一化的斯托克斯参数值 $\sigma_i = S_i/I_0(i=1,2,3)$ 以及两个光电二极管的信号，这两个信号相加得到强度 I_0。偏振计的最大测量速度（每秒 10 个斯托克斯矢量）限制了测量速度，因为 SLM 刷新频率为 60Hz，用 Matlab@ 编写的 CS 算法 lleqpd（Candes2015）恢复的图像展示了斯托克斯参数的空间分布。

为了对相机进行测试，我们采用二值目标——大学 logo 的黑白幻灯片，如图 10 - 3（a）所示。为了生成偏振仪的空间分布，用塑料薄膜覆盖其中一个字母作为半波延迟片。由于 SLM 发出的光是线性偏振，当通过目标传输后产生两种不同的偏振态，一种是透过字母 U 和 I 后产生的，另一种是透过字母 J 产生的，相机获得的偏振仪图像显示在图 10 - 3（b）～（d）中。恢复的每一个字母的归一化斯托克斯参数与之前采用光束偏振仪扫描测量的斯托克斯参数完全一致，该实验验证了 PI 系统。

前面得到的结果证明采用 CS 技术实现空间可分辨的斯托克斯偏振测量的可行性。特别是这里描述的光学系统将商用斯托克斯光束偏振仪用在 PI 系统，然而相机的工作受限于一组微结构光图案投射所需的采样时间。改进该装置的方法是加快采样过程。用快速 SLM 如 DMD 替换 LC SLM，采用工作频率更高的光度计型探测器，这样总的采样时间可以减少到不到 1s 的曝光时间来采集图像，以更好地适应实时成像。

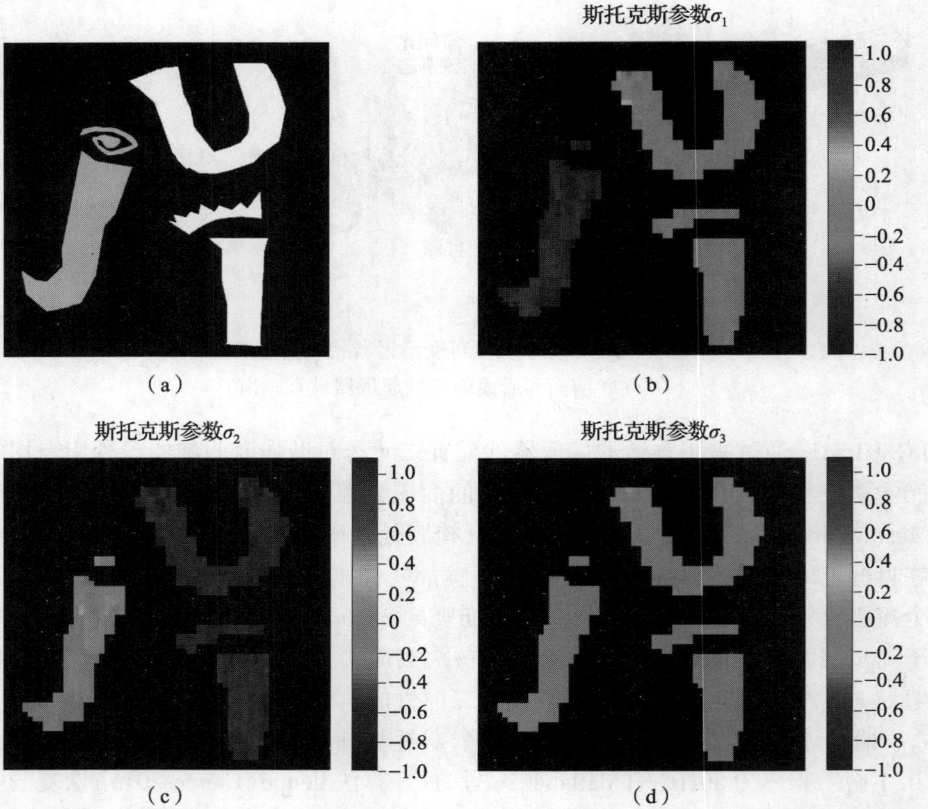

图 10－3　(a)所研究目标的高分辨图像,幅度掩膜显示大学 logo UJI,塑料膜覆盖的字母 J 显示黄色。(b)～(d)显示归一化斯托克斯参数空间分布的伪彩色图像(资料来源于 Durán, V., Clemente, P., Fernández － Alonso, M., Tajahuerce, E., and Lancis, J., Single － pixel polarimetric imaging, Opt. Lett., 37(5), 824－826, 2012。美国光学学会许可)

10.5　单像素光谱偏振成像

多光谱成像是给出目标在所选波段范围内一组特定波长,2D 图像的有效光学技术(Brady 2009)。多光谱成像同时给出了空间和光谱信息,在医学(Stamatas et al. 2006)、药剂学(Hamilton and Lodder 2002)、天文(Scholl et al. 2008)和农业(Dale et al. 2013)等不同的科学领域展示出强大的分析手段。在工业领域,已经出现将可见光和近红外光谱成像用于质量和安全控制的新技术,例如水果表皮特性的检测(Mehl et al. 2004)。在同一台设备上同时采集光谱和偏振信息将带来新的成像希望,增加恢复图像的维度会提供有关样本的更多信息。例如，在生物医学光学领域，测量强度的角度分布、散射光谱反射系数或反射与透射光的偏振度，可以用于分辨生物组织的非正常区域。有了这些概念，多光谱偏振成像（MPI）已经用来描述人类克隆肿瘤的特征（Pierangelo et al. 2011）、皮肤病例的分析（Zhao et al. 2009b）。由于多光谱偏振图像提供了有关场景的更多信息，使得我们能够对活体样本的病理进行更精细的分析和更好的辨识。

下面我们将描述集探测器于一体的基于单像素原理的高光谱线性偏振相机（Soldevila et al. 2013），而且还会给出改进的线性偏振相机，这种相机能够在几个彩色通道提供有关场景的全部斯托克斯信息。

10.5.1　多光谱线性偏振相机

单像素多光谱线性偏振相机如图 10－4 所示（Soldevila et al. 2013）。目标由白光光源照明，通过光学系统成像在 DMD 表面。为了对目标采样，由 DMD

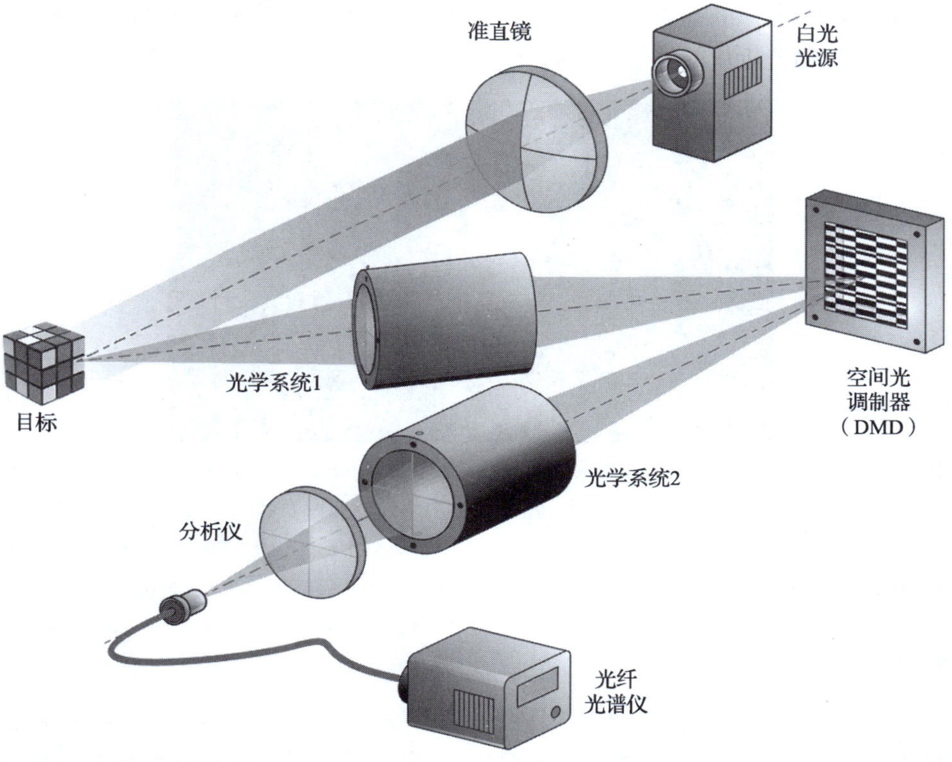

图 10－4　采用单像素探测器和 CS 的 MPI 光学系统（资料来源于 Springer Science + Business Media：Appl. Phys. B，Single－pixel polarimetric imaging spectrometer by compressive sensing，113（4），2013，551－558，Soldevila，F.，Irles，E.，Durán，V.，Clemente，P.，Fernández－Alonso，M.，Tajahuerce，E.，and Lancis，J。已授权）

依次变化二元掩膜,DMD 的反射光由光学系统会聚,单像素探测器测量掩膜传输的总辐射度。为了同时获得偏振和多光谱信息,探测器由安装在旋转支架上的线性偏振计和没有空间分辨率的商用光谱仪组成,其中线性偏振计用作分析仪。在分析仪的每一个方向上调制器都顺序产生一组二元强度图案,这样就能够运用 CS 技术对目标图像采样。对每一个强度图案,光谱仪根据要求的光谱带宽和分辨率给出全部光谱。

这里描述的实验中,研究场景由两个不同颜色的方形小电容器组成。为了添加偏振信息,照明光以不同的线性 SOP 投射到每一个电容器上。获得的图像具有 128×128 像素分辨率,像素间距 43.2μm。为了在测量阶段得到更好的信噪比,光谱仪的积分时间设置为 500ms。投射掩膜的总数量大约为奈奎斯特准则所需数量的 20%,因此需要借助 CS 技术恢复图像。分析仪在四个不同的方向旋转,测量分析仪每一个方向的光谱,并且在不同的谱带恢复多幅图像。在图 10-5 中看到 20nm 带宽的 8 个不同谱带的重构图像,每一列对应于一个谱带,每一行与分析仪的发射轴方向有关。

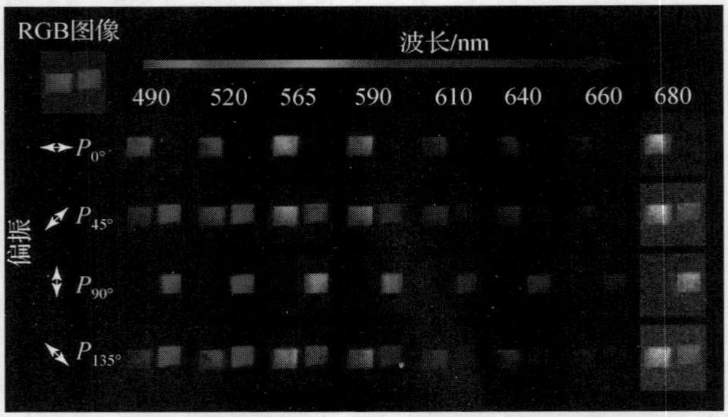

图 10-5 对图 10-4 中偏振分析仪的四种不同配置采用 CS 算法的重构多光谱图像立方,也包括目标的 RGB 图像。在可见光谱带,所有通道用伪彩色图像表示,波长接近 NIR 光谱的用灰度级表示(资料来源于 Springer Science + Business Media: Appl. Phys. B, Single-pixel polarimetric imaging spectrometer by compressive sensing, 113(4), 2013, 551-558, Soldevila, F., Irles, E., Durán, V., Clemente, P., Fernández-Alonso, M., Tajahuerce, E., and Lancis, J。已授权)(见彩图)

该 MPI 系统能够提供样本在这些谱带上反射光的斯托克斯参数 S_0、S_1 和 S_2 的空间分布。为了获得场景的全偏振分析,必须给分析仪增加圆偏振器或椭圆偏振器,并且采集足够多的数据以计算 S_3。用基于 LCVR 板的 PSA 替换线性分析仪,不需要运动部件就可以获得场景的全斯托克斯参数。我们在下一节给出改进的系统。

10.5.2　多光谱全斯托克偏振成像仪

在图 10－4 的光学系统中，由于仅采用一个线性偏振器作为分析仪，因此只能得到斯托克斯矢量 S_0、S_1 和 S_2 的空间分布。然而，至少需要增加一个线性延迟器，全斯托克斯偏振仪才能够测量 S_3。这种全斯托克斯偏振仪的原理显示在 10－6 中（Soldevila et al. 2014）。由氙灯产生的白光通过透镜准直后照射输入目标，通过一对透镜成像在 DMD 上，由 DMD 发出的光通过另一个透镜聚焦在单像素探测器上。为了同时获得偏振和光谱信息，单像素探测器由慢轴方向分别为 45°和 0°的两个 LCVR、后面放置一个传输方向为 45°的线性分析仪以及商用光纤光谱仪组成。预先对每一个 LCVR 进行校准，以便在每一个感兴趣的彩色通道插入受控的延迟。商用光纤光谱仪与前面章节采用的一样。

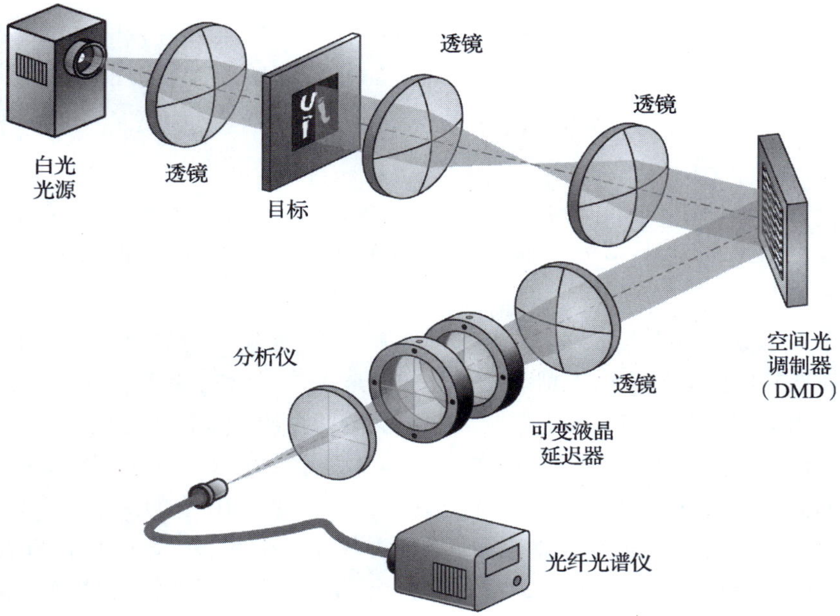

图 10－6　多光谱全斯托克斯成像偏振仪原型图（资料来源于 Soldevila，F.，Irles，E.，Durán，V.，Clemente，P.，Fernández－Alonso，M.，Tajahuerce，E.，and Lancis，J. /Javidi，B.，Tajahuerce，E.，and Andrés，P. ：*Multidimensional Imaging*. 2014. Copyright Wiley－VCH Verlag GmbH & Co. KGaA。已授权）

为了计算场景中每一个像素的斯托克斯参数，获取了 LCVR 不同延迟的 4 幅图像，这些图像是通过采用 10.2 节所描述的 CS 算法产生的，这种方法提供的强度图对应于斯托克斯参数 S_0'的空间分布。通过采用斯托克斯－穆勒运算，可以将斯托克斯矢量数值与测量到的每一个像素辐射照度 S_0' 关联起来。从延迟波片和线性起偏镜的穆勒矩阵表达式可见,恢复的辐射照度与原始斯托克斯参数之间的关系为

$$S_0'(2\delta_1,2\delta_2)=\frac{1}{2}S_0+\frac{1}{2}\sin(2\delta_1)\sin(2\delta_2)S_1+\frac{1}{2}\cos(2\delta_2)S_2-\frac{1}{2}\cos(2\delta_1)\sin(2\delta_2)S_3 \tag{10.6}$$

这里 $2\delta_1$ 和 $2\delta_2$ 分别是由两个 LCVR 引入的相位延迟。方程式(10.6)建立了有 4 个未知量、入射光的斯托克斯参数的欠定系统。为了求解该系统,一对 LCVR 至少必须采用四对相位延迟器。在离线重构中,场景中每一点的斯托克斯矢量由 $\boldsymbol{S}_0'=\boldsymbol{M}\cdot\boldsymbol{H}_N$ 给出,这里

$$\boldsymbol{M}=\frac{1}{2}\begin{pmatrix}1 & \sin(2\delta_1^{(1)})\sin(2\delta_2^{(1)}) & \cos(2\delta_2^{(1)}) & -\cos(2\delta_1^{(1)})\sin(2\delta_2^{(1)})\\ 1 & \sin(2\delta_1^{(2)})\sin(2\delta_2^{(2)}) & \cos(2\delta_2^{(2)}) & -\cos(2\delta_1^{(2)})\sin(2\delta_2^{(2)})\\ 1 & \sin(2\delta_1^{(3)})\sin(2\delta_2^{(3)}) & \cos(2\delta_2^{(3)}) & -\cos(2\delta_1^{(3)})\sin(2\delta_2^{(3)})\\ 1 & \sin(2\delta_1^{(4)})\sin(2\delta_2^{(4)}) & \cos(2\delta_2^{(4)}) & -\cos(2\delta_1^{(4)})\sin(2\delta_2^{(4)})\end{pmatrix} \tag{10.7}$$

在方程式(10.7)中,矩阵 $\boldsymbol{M}$ 元素的下脚标表示 LCVR,每一个上脚标表示四次采集中的其中一次。该线性系统的解给出了斯托克斯参数的空间分布。

作为单像素斯托克斯光谱偏振仪的直接应用,我们在一片聚苯乙烯上实现了光弹性效应的测量。由于聚苯乙烯片的制造工艺,材料表现出变形,进而影响双折射的空间分布。当聚苯乙烯片放在正交的两个线性起偏器之间并且用白光照明时可以直接观察到这种分布,如图 10-7 所示。实验中为了获得该目标的光谱偏振信息,采用了图 10-6 的光学系统。加载在 DMD 上的沃尔什-哈达玛图案具有 $N=128\times128$ 个像素,选择测量次数 $M=3249$,对应于 N 的约 20%。在测量中光谱仪的每一次积分时间设置为 20ms。实验结果显示在图 10-8 中。图中的彩色图片显示 8 个彩色通道的归一化斯托克斯参数,每个彩色通道带宽 20nm。为了简化数据的显示,图像重构排列在表中,其中每一列表示对应光谱通道,每一行显示归一化斯托克斯参数的空间分布。通过对比图 10-7 与图 10-8 显示的结果,可以看到恢复出了期望的斯托克斯参数的条纹分布。我们注意到,对于近红外波长,重构结果有少量噪声,这是由于光源在近红外光谱区域光线不足造成的。然而该问题可以通过增加光谱仪的积分时间或采用平坦光谱光源来解决。

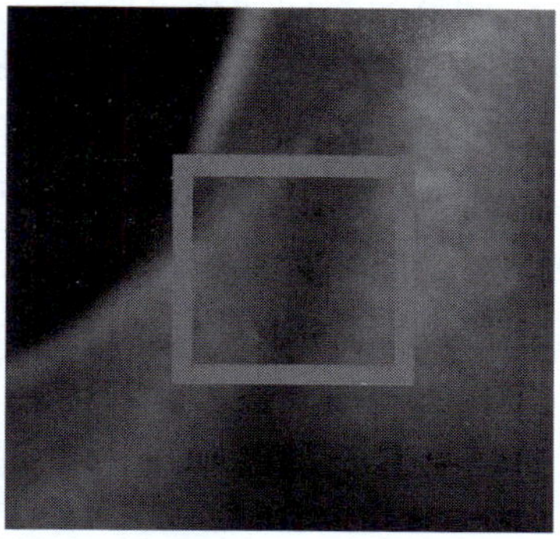

图 10－7　用于光谱偏振仪实验的聚苯乙烯片彩色图。聚苯乙烯片放在两个正交的线性起偏器之间并且用白光照明。彩色条纹是由聚苯乙烯片中应力产生的不同偏振态结果。正方形显示单像素光谱偏振相机拍摄的感兴趣区域（资料来源于 Soldevila, F. , Irles, E. , Durán, V. , Clemente, P. , Fernández－Alonso, M. , Tajahuerce, E. , and Lancis, J. /Javidi, B. , Tajahuerce, E. , and Andrés, P. ：*Multidimensional Imaging*. 2014. Copyright Wiley－VCH Verlag GmbH & Co. KGaA。已授权）

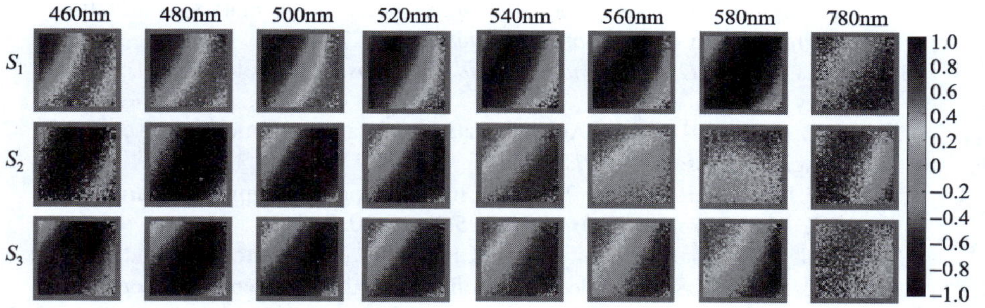

图 10－8　聚苯乙烯片的斯托克斯参数在几个谱带的空间分布。每一个空间分布由 128×128 像素的伪彩色图像表示，数值范围从 －1 到 1（资料来源于 Soldevila, F. , Irles, E. , Durán, V. , Clemente, P. , Fernández－Alonso, M. , Tajahuerce, E. , and Lancis, J. /Javidi, B. , Tajahuerce, E. , and Andrés, P. ：*Multidimensional Imaging*. 2014. Copyright Wiley－VCH Verlag GmbH & Co. KGaA。已授权）（见彩图）

10.6　结论

我们已经介绍了几种基于单像素成像技术和 CS 算法的偏振相机。这些偏振相机能够提供输入场景的斯托克斯参数的空间分布。在所有实例中，光学系统的关键器件是 SLM，SLM 顺序产生一组二元掩膜用于对输入场景采样。采用这种方法可以将 CS 理论用于单像素传感器获得的数据。特别是我们已经描述采用筒形探测器能够给出空间可分辨的斯托克斯参数的测量。在这种情况下，SLM 是 LC 显示器，而传感器是商用光束偏振仪。此外我们还给出了单像素高光谱偏振仪，该装置给出了空间可分辨的不同光谱通道的斯托克斯参数的测量。该装置中采用的 SLM 是 DMD，而传感器由偏振元件和商用光纤光谱仪组成。对非均匀偏振分布的彩色目标实验结果显示，测量多个光谱分量偏振特性空间分布方法的可行性。

致谢

本章的工作得到西班牙教育部 FIS2010－15746 项目以及巴伦西亚自治区政府 ISIC/2012/013 和 PROMETE0/2012/021 项目的资助。

参考文献

Baba, J.S., J.-R. Chung, A.H. DeLaughter, B.D. Cameron, and G.L. Coté. 2002. Development and calibration of an automated Mueller matrix polarization imaging system. *Journal of Biomedical Optics* 7(3): 341.

Brady, D.J. 2009. *Optical Imaging and Spectroscopy*. Hoboken, NJ: John Wiley & Sons.

Candes, E.J. 2005. l1-Magic. Available at: http://statweb.stanford.edu/~candes/l1magic/, accessed June 17, 2013.

Candes, E.J. and M.B. Wakin. 2008. An introduction to compressive sampling. *IEEE Signal Processing Magazine* 25(2): 21–30.

Chan, W.L., K. Charan, D. Takhar, K.F. Kelly, R.G. Baraniuk, and D.M. Mittleman. 2008. A single-pixel terahertz imaging system based on compressed sensing. *Applied Physics Letters* 93(12): 121105.

Clemente, P., V. Durán, L. Martínez-León, V. Climent, E. Tajahuerce, and J. Lancis. 2008. Use of polar decomposition of Mueller matrices for optimizing the phase response of a liquid-crystal-on-silicon display. *Optics Express* 16(3): 1965–1974.

Clemente, P., V. Durán, E. Tajahuerce, P. Andrés, V. Climent, and J. Lancis. 2013. Compressive holography with a single-pixel detector. *Optics Letters* 38(14): 2524.

Dale, L.M., A. Thewis, C. Boudry, I. Rotar, P. Dardenne, V. Baeten, and J.A. Fernández Pierna. 2013. Hyperspectral imaging applications in agriculture and agro-food product quality and safety control: A review. *Applied Spectroscopy Reviews* 48(2): 142–159.

Demos, S.G. and R.R. Alfano. 1997. Optical polarization imaging. *Applied Optics* 36(1): 150–155.

Donoho, D.L. 2006. Compressed sensing. *IEEE Transactions on Information Theory* 52(4): 1289–1306.

Duarte, M.F., M.A. Davenport, D. Takhar, J.N. Laska, K.F. Kelly, and R.G. Baraniuk. 2008. Single-pixel imaging via compressive sampling. *IEEE Signal Processing Magazine* 25(2): 83–91.

Duntley, S.Q. 1974. Underwater visibility and photography. In *Optical Aspects of Oceanography*, eds. N.G. Jerlov and E.S. Nielsen. London and New York: Academic Press, Inc.

Durán, V., P. Clemente, M. Fernández-Alonso, E. Tajahuerce, and J. Lancis. 2012. Single-pixel polarimetric imaging. *Optics Letters* 37(5): 824–826.

Geelen, B., N. Tack, and A. Lambrechts. 2013. A snapshot multispectral imager with integrated tiled filters and optical duplication. In, eds. G. von Freymann, W.V. Schoenfeld, and R.C. Rumpf, *Advanced Fabrication Technologies for Micro/Nano Optics and Photonics VI, Proc. SPIE 8613*, Bellingham: SPIE.

Glenar, D.A., J.J. Hillman, B. Saif, and J. Bergstralh. 1994. Acousto-optic imaging spectropolarimetry for remote sensing. *Applied Optics* 33(31): 7412.

Hamilton, S.J. and R.A. Lodder. 2002. Hyperspectral imaging technology for pharmaceutical analysis. In, eds. D.J. Bornhop, D.A. Dunn, R.P. Mariella, Jr., C.J. Murphy, D.V. Nicolau, S. Nie, M. Palmer, and R. Raghavachari, *Biomedical Nanotechnology Architectures and Applications, Proc. SPIE 4626*, Bellingham: SPIE, pp. 136–147.

Howland, G.A., D.J. Lum, M.R. Ware, and J.C. Howell. 2013. Photon counting compressive depth mapping. *Optics Express* 21(20): 23822–23837.

Kirmani, A., A. Colaço, F.N.C. Wong, and V.K. Goyal. 2011. Exploiting sparsity in time-of-flight range acquisition using a single time-resolved sensor. *Optics Express* 19(22): 21485.

Kirmani, A., D. Venkatraman, D. Shin, A. Colaco, F.N.C. Wong, J.H. Shapiro, and V.K. Goyal. 2014. First-photon imaging. *Science* 343(6166): 58–61.

Laude-Boulesteix, B., A. De Martino, B. Drévillon, and L. Schwartz. 2004. Mueller polarimetric imaging system with liquid crystals. *Applied Optics* 43(14): 2824–2832.

Lu, S.-Y. and R.A. Chipman. 1996. Interpretation of Mueller matrices based on polar decomposition. *Journal of the Optical Society of America A* 13(5): 1106.

Magalhães, F., F.M. Araújo, M.V. Correia, M. Abolbashari, and F. Farahi. 2011. Active illumination single-pixel camera based on compressive sensing. *Applied Optics* 50(4): 405–414.

Mehl, P.M., Y.-R. Chen, M.S. Kim, and D.E. Chan. 2004. Development of hyperspectral imaging technique for the detection of apple surface defects and contaminations. *Journal of Food Engineering* 61(1): 67–81.

Nadkarni, S.K., M.C. Pierce, B. Hyle Park, J.F. de Boer, P. Whittaker, B.E. Bouma, J.E. Bressner, E. Halpern, S.L. Houser, and G.J. Tearney. 2007. Measurement of collagen and smooth muscle cell content in atherosclerotic plaques using polarization-sensitive optical coherence tomography. *Journal of the American College of Cardiology* 49(13): 1474–1481.

Oka, K. and T. Kato. 1999. Spectroscopic polarimetry with a channeled spectrum. *Optics Letters* 24(21): 1475–1477.

Pezzaniti, J.L. 1995. Mueller matrix imaging polarimetry. *Optical Engineering* 34(6): 1558.

Pierangelo, A., A. Benali, M.-R. Antonelli, T. Novikova, P. Validire, B. Gayet, and A. De Martino. 2011. Ex-vivo characterization of human colon cancer by Mueller polarimetric imaging. *Optics Express* 19(2): 1582–1593.

Pratt, W., J. Kane, and H.C. Andrews. 1969. Hadamard transform image coding. *Proceedings of the IEEE* 57(1): 58–68.

Scholl, J.F., E. Keith Hege, M. Hart, D. O'Connell, and E.L. Dereniak. 2008. Flash hyperspectral imaging of non-stellar astronomical objects. In, eds. M.S. Schmalz, G.X. Ritter, J. Barrera, and J.T. Astola, *Mathematics of Data/Image Pattern Recognition, Compression, and Encryption with Applications XI, Proc. SPIE 7075*, Bellingham: SPIE.

Soldevila, F., E. Irles, V. Durán, P. Clemente, M. Fernández-Alonso, E. Tajahuerce, and J. Lancis. 2013. Single-pixel polarimetric imaging spectrometer by compressive sensing. *Applied Physics B* 113(4): 551–558.

Soldevila, F., E. Irles, V. Duran, P. Clemente, M. Fernandez-Alonso, E. Tajahuerce, and J. Lancis. 2014. Spectro-polarimetric imaging techniques with compressive sensing. In, eds. B. Javidi, E. Tajahuerce, and P. Andrés, *Multidimensional Imaging*, Chichester, U.K.: John Wiley & Sons.

Solomon, J.E. 1981. Polarization imaging. *Applied Optics* 20(9): 1537–1544.

Song, H., Y. Zhao, X. Qi, Y.T. Chui, and S.A. Burns. 2008. Stokes vector analysis of adaptive optics images of the retina. *Optics Letters* 33(2): 137–139.

Stamatas, G.N., M. Southall, and N. Kollias. 2006. In vivo monitoring of cutaneous edema using spectral imaging in the visible and near infrared. *The Journal of Investigative Dermatology* 126: 1753–1760.

Studer, V., J. Bobin, M. Chahid, H.S. Mousavi, E. Candes, and M. Dahan. 2012. Compressive fluorescence microscopy for biological and hyperspectral imaging. *Proceedings of the National Academy of Sciences of the United States of America* 109(26): E1679–E1687.

Terrier, P., V. Devlaminck, and J.M. Charbois. 2008. Segmentation of rough surfaces using a polarization imaging system. *Journal of the Optical Society of America A, Optics, Image Science, and Vision* 25(2): 423–430.

Tyo, J.S., D.L. Goldstein, D.B. Chenault, and J.A. Shaw. 2006. Review of passive imaging polarimetry for remote sensing applications. *Applied Optics* 45(22): 5453–5469.

Tyo, J.S., M.P. Rowe, E.N. Pugh, and N. Engheta. 1996. Target detection in optically scattering media by polarization-difference imaging. *Applied Optics* 35(11): 1855–1870.

Watts, C.M., D. Shrekenhamer, J. Montoya, G. Lipworth, J. Hunt, T. Sleasman, S. Krishna, D.R. Smith, and W.J. Padilla. 2014. Terahertz compressive imaging with metamaterial spatial light modulators. *Nature Photonics* 8(8): 605–609.

Welsh, S.S., M.P. Edgar, R. Bowman, P. Jonathan, B. Sun, and M.J. Padgett. 2013. Fast full-color computational imaging with single-pixel detectors. *Optics Express* 21(20): 23068–23074.

Zhao, X., F. Boussaid, A. Bermak, and V.G. Chigrinov. 2009a. Thin photo-patterned micropolarizer array for CMOS image sensors. *IEEE Photonics Technology Letters* 21(12): 805–807.

Zhao, Y., L. Zhang, and Q. Pan. 2009b. Spectropolarimetric imaging for pathological analysis of skin. *Applied Optics* 48(10): D236–D246.

第四部分

压缩感知显微镜

第 11 章 采用压缩感知的随机光学重建显微镜

Lei Zhu and Bo Huang

11.1 引言

自从光学显微镜发明 400 年以来，已经成为生物研究不可缺少的工具（Kasper and Huang 2011）。在各种各样的光学显微镜中，荧光显微镜（FM）可能是最通用且使用最为广泛的（Lichtman and Conchello 2005）。通过采用荧光团标记标的分子（标的分子能够被某一波长的光激活，然后发出另一波长的光），FM 可以提供细胞级乃至全部活体动物生物分子的 3D 图像。

尽管在生物学和生物医学研究中普遍应用，但是由于光的折射，经典的 FM 在空间分辨率方面具有固有的局限性，不适合亚细胞级别的使用。为了获得远超过衍射极限的空间分辨率，新出现的超分辨率显微镜技术已经引起了极大的关注（Hell 2009；Huang et al. 2010），并且在 2014 年获得诺贝尔化学奖。在两类超分辨率显微镜技术中，基于单分子开关的方法，通常称为随机光学重建显微镜（STORM）或光激活定位显微镜（PALM）（Betzig et al. 2006；Hess et al. 2006；Rust et al. 2006）（后面称为未来 STORM），由于采用该技术的仪器简单，因此获得了广泛关注。图 11 – 1 比较了相同细胞结构的 FM 图像和 STORM 图像，表明 STORM 在显示细胞结构细节方面具有高超的性能。

虽然所有的超分辨显微方法适合于活体成像（Shroff et al. 2008；Westphal et al. 2008；Shao et al. 2011），但是与常规的 FM 相比，这些技术都是以牺牲时间分辨率换取更高的空间分辨率。STORM 也不例外。例如，早期的活体 STORM 报告通常限制在 20 ~ 30s 的时间分辨率以获得接近 60nm 的空间分辨率，该分辨率可以捕获诸如细胞移行过程中黏着斑重新排列这样的缓慢过程（Shroff et al. 2008），但是这对于许多发生在秒级至亚秒级的其他细胞过程成像速度太慢（Huang et al. 2013）。

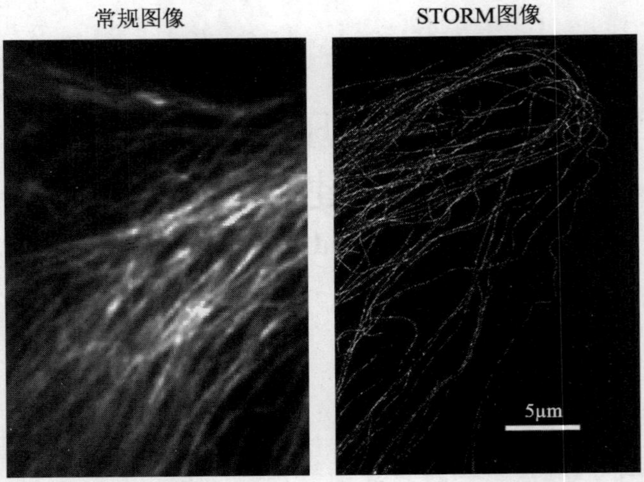

图 11-1　哺乳动物细胞的 FM 和 STORM 图像,显示了微小管细胞骨架

本章聚焦更快的 STORM 成像技术,该技术采用源自压缩感知(CS)理论的改进数据处理算法。该方法较经典拟合方法将 STORM 的时间分辨率提高 10 倍以上。我们首先回顾 STORM 成像机理,并且揭示经典 STORM 数据处理算法的局限性。然后介绍采用 CS 的 STORM 方法描述,并且给出实现案例。最后,讨论几个未来基于 CS 算法改进的实际问题。

11.2　STORM 成像原理

11.2.1　宽视场 FM 的物理机理

STORM 成像是在基本 FM 仪器基础上开发的,也称为宽视场 FM。在宽视场 FM 中(图 11-2),物镜将激发光投射到样本上,以相对均匀的光强照亮区域。来自样本的荧光信号由同一个物镜会聚,并且在相机上成像。宽视场显微镜的分辨率受限于两个因素:由于光的衍射,在横截面($x-y$),光子从样本的一点扩散成布满多个像素的模糊斑点;由于探测器是二维的,在采样透镜方向(z),相机不能区分沿着样本中相同光路但来自不同位置 z 的光子。点扩散函数(PSF)用来描述这两个效应。点扩散函数定义为点目标的 3D 图像,并且是由成像物理本质决定的。在 PSF 是线性且平移不变的条件下,相机上的荧光图像是原始目标与 PSF 的卷积。在最高端的宽视场荧光显微镜中,$x-y$ 平面上的 PSF 宽度近似为波长的 1/2(约 250nm),z 方向的 PSF 宽度近似等于波长(约 600nm)。

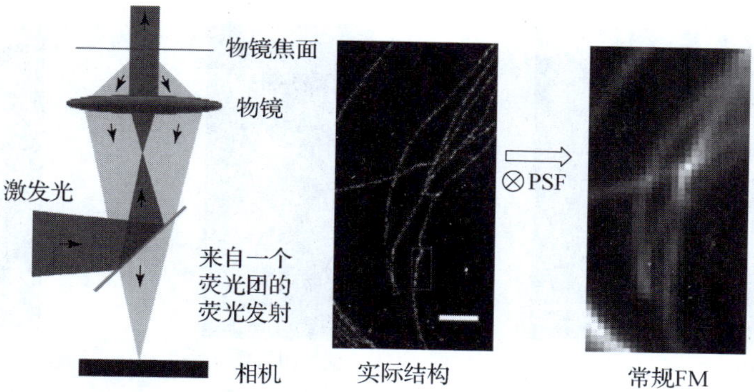

图 11-2　宽视场 FM 原理图

11.2.2　STORM 的数据采集和经典数据处理

通过采用不同的成像机理和图像后处理技术，STORM(或 PALM)超分辨率显微镜方法改进了空间分辨率(Betzig et al. 2006；Hess et al. 2006；Rust et al. 2006；Bates et al. 2007；Huang et al. 2008b)。这里有两个关键因素：灵敏的宽视场显微镜可以对单个荧光团成像；荧光团可以从非荧光化学状态切换到荧光状态。对于后者，光子切换是最常采用的机制，在这种机制中染色组织和荧光蛋白在吸收特定波长的光(激活光)之后可以转换到荧光状态。在许多情况下，激发光也可以导致荧光团激活，使得荧光团自发"闪烁"。

在采集过程中，STORM 记录一系列相机图像(图 11-3)。在每一幅图像中，荧光团标记的样本结构通过激发光转换到荧光状态，激发光的强度可以调节，这样只有一小块随机荧光团部分被激活。这些激活的荧光团吸收激发光并且发射荧光信号，这些信号作为空间孤立的点由相机捕获。在图像处理中，识别出单个荧光团光斑，并且拟合成 PSF 以确定荧光团位置。最后，从这些位置重构出超分辨率图像。荧光位置的精度与 PSF 宽度近似成正比，与一次荧光团探测的光子数量均方根成反比(Thompson et al. 2002)，典型值在 200 ~ 5000。影响精度的其他因素包括像元尺寸和背景噪声。通过对样本小块荧光团逐帧成像，超分辨率方法克服了光学显微镜的衍射问题，并且获得了高达约 10nm 的分辨率(Shtengel et al. 2009)，代价是降低了时间分辨率(Shroff et al. 2008；Jones et al. 2011)。研究者已经利用超分辨率显微镜成功对之前不可观测的各种细胞结构成像，包括细胞骨架、细胞器官、蛋白复合物，甚至脑部突触(Bates et al. 2007；Huang et al. 2008a，b；Dani et al. 2010；Wu et al. 2010；Beaudoin et al. 2012)。

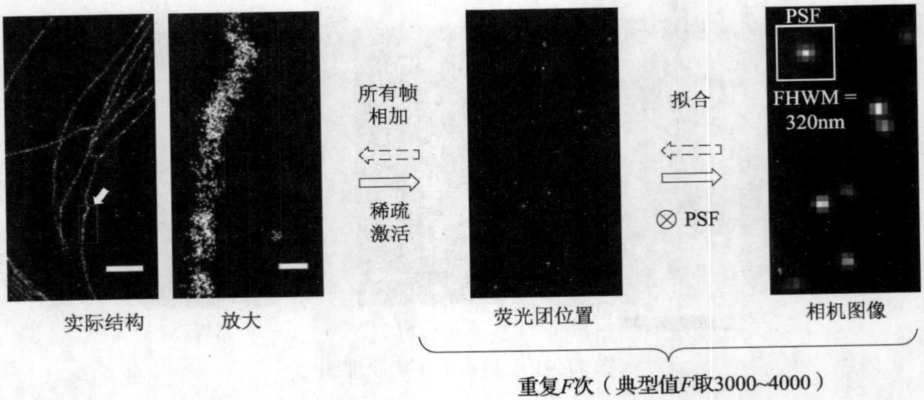

图 11-3 STORM 成像过程示意图

11.3 基于 CS 的 STORM 组成

11.3.1 基于拟合的 STORM 算法局限性

STORM 图像由小的局部荧光团点组成，荧光团点的密度取决于信噪比和实际空间分辨率。生成高质量 STORM 图像需要大量的相机帧频（典型情况 3000~40000 帧）以累积足够多的定位点，这样就限制了时间分辨率，特别是受荧光团的光物理属性的本质约束，相机帧频不能增加。在这种情况下，为了获得高时间分辨率，需要激活更多的荧光团，并且对每一帧原始图像采样。然而，过采样不可避免地引起荧光团光斑的重叠，在采用单分子拟合算法的分子探测中带来困难（Huang et al. 2008a，b，2010），因此来自这些荧光团的光子携带的信息会丢失。

先进的分子定位算法允许更低的空间分辨率而且不损失探测效率。其中一个例子是处理重叠光子群的 DAOSTORM 算法（Holden et al. 2011）。该算法首先估计分子数量 N，然后对相机图像完成 N 个 PSF 的拟合。N 根据拟合误差结果迭代更新。DAOSTORM 以增加计算复杂度为代价，但是能够辨识某些分布在相机图像中重叠信号的分子，而在常规单分子拟合算法中不会对这些重叠信号进行信号处理。

11.3.2 CS 理论简介

在寻找能够有效探测激活的密集荧光团的先进算法中，最近出现的 CS 技术成为一种可行的选择。如果已知原始信号是稀疏的(例如,大部分信号是零值)或者通过已知变换是可压缩的,那么采用来自线性系统的极少量测量值,CS 就能够精确恢复信号而不需要事先已知信号的支撑(Donoho 2006;Tsaig and Donoho 2006;Candès 2008)。CS 理论的详细介绍超出了本章范畴。这里,我们提供 CS 优化框架的简介,以便于对后面基于 CS 的 STORM 算法有初步的理解:

$$\text{最小化}\|\boldsymbol{x}\|_1,\ \text{s.t.}\ \|\boldsymbol{Ax}-\boldsymbol{b}\|_2\leqslant\varepsilon \tag{11.1}$$

方程式(11.1)表示恢复稀疏信号 $\boldsymbol{x}$ 的 CS 常规优化框架。$\boldsymbol{x}$ 是线性系统的输入,矢量 $\boldsymbol{b}$ 是无噪声时系统的输出,$\boldsymbol{A}$ 是输入与输出之间关系建模的系统矩阵,即在无噪声条件下 $\boldsymbol{Ax}=\boldsymbol{b}$,$\|\boldsymbol{t}\|_p$ 计算矢量 $\boldsymbol{t}$ 的 l_p 范数,定义如下

$$\|\boldsymbol{t}\|_p = \left(\sum_i |t(i)|^p\right)^{\frac{1}{p}} \tag{11.2}$$

因此,方程式(11.1)$\|\boldsymbol{x}\|_1$ 的目标是简单地对 $\boldsymbol{x}$ 元素的绝对值求和。$\|\boldsymbol{Ax}-\boldsymbol{b}\|_2$ 是估计的系统输出 $\boldsymbol{Ax}$ 与测量输出 $\boldsymbol{b}$ 之间的均方根误差,常常称为数据保真误差。ε 是数据保真度的误差容限,是由用户定义的算法参数。

不同于最小平方方法对 $\|\boldsymbol{Ax}-\boldsymbol{b}\|_2$ 的极小化,CS 算法由数据保真约束 $\|\boldsymbol{Ax}-\boldsymbol{b}\|_2\leqslant\varepsilon$ 定义大量可能的解来对 $\|\boldsymbol{x}\|_1$ 最小化,最终估计出输入信号。注意到优化目标是 $\boldsymbol{x}$ 的 l_1 范数。已经证明 l_1 范数极小化使得数据在估计解上是稀疏的,因此对于准确的数据恢复所需要的测量数据显著减少。如果输入信号是稀疏的,CS 算法的求解结果比最小二乘法精确得多。

图 11 -4 显示采用不同算法恢复信号性能的 1D 仿真示例。线性系统的输入信号 $\vec{x}$ 是稀疏的,只有几个非零数据点(图 11 -4(a))。系统的 PSF 显示在图 11 -4(b) 中,图 11 -4(c)是测量的系统输出 $\boldsymbol{b}$,即 $\boldsymbol{b}$ 是通过真实输入信号与系统的 PSF 卷积然后添加加性噪声计算得到。图 11 -4(d)显示通过最小平方误差恢复的输入信号,即 $\|\boldsymbol{Ax}-\boldsymbol{b}\|_2$,这里系统矩阵 $\boldsymbol{A}$ 是由系统的 PSF 构建的,系统 PSF 将在下节详细描述。可见,最小二乘法不能得到输入信号可靠的、精确的估计。图 11 -4(e)和(f)分别是通过求解 $\vec{x}$ 最小 l_2 和 l_1 范数的输入信号估计结果,约束条件为 $\|\boldsymbol{Ax}-\boldsymbol{b}\|_2\leqslant\varepsilon$,这里 ε 是估计的系统噪声方差。通过比较明显地显示出 l_1 范数最小化也即 CS 方法在稀疏信号恢复中的优势。

11.3.3　基于 CS 的 STORM 算法

由于 CS 优化框架精确地恢复了稀疏输入信号,因此该方法可能可以改进基于拟合的 STORM 算法。但是,对 STORM 过程的 CS 直接实现并不简单。CS 优化框架是基于无噪声情况下被估计信号与测量数据之间存在线性关系,即

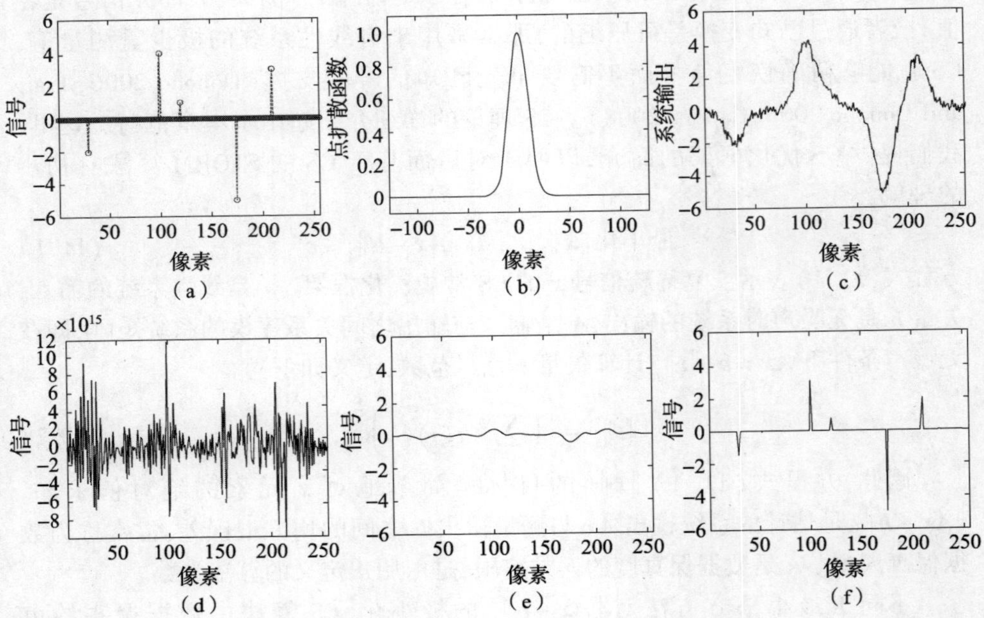

图 11-4 采用不同算法的信号恢复仿真实例

(a) 真实输入信号以及稀疏分布非零值的数据点；(b) 系统的 PSF；(c) 测量的系统输出信号，其模型是真实信号与系统 PSF 卷积加上高斯噪声；(d) 采用最小平方误差方法恢复的输入信号；(e) 采用类似方程式(11.1)但是对目标函数 l_2 范数最小化恢复的输入信号；(f) 采用 CS(即方程式(11.1))恢复的输入信号。

$\boldsymbol{Ax}=\boldsymbol{B}$。就像在基于拟合的信号处理一样，每一帧相机图像的传统分子定位中，目标输出的是每一个被识别分子的空间位置。如果不考虑泊松噪声，测量的原始图像就是以分子坐标为中心的 PSF 的加权和，权重是每一次总发射光子数个数。这样的非线性模型破坏了 STORM 成像中 CS 实现的数学基础。

为了使得 STORM 的分子定位过程兼容 CS 框架，我们构建了描述被估计信号与相机原始图像之间关系的线性模型。我们采用不同分辨率的图像表示分子位置，而不是用一系列图像表示。如图 11-5 所示，我们将分子放置在离散的栅格上，栅格比相机像素放大数倍以上还要细密(如细分为 8×8)，然后用位于栅格点上的分子荧光强度来描述超分辨图像，该图像可以认为是 CS 优化中被估计的信号。注意，由于相机每一帧的随机下采样，大部分栅格点没有分子荧光，因此这些栅格点的信号强度为零，最终将每一帧超分辨图像相加就可以生成分子结构的超分辨图像。

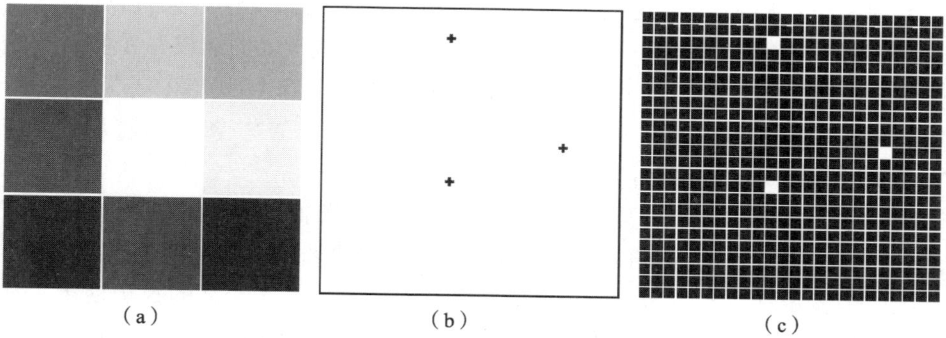

图 11-5　基于 CS 算法给出的 STORM 图像

(a) 原始图像像素;(b) 荧光位置(STORM 图示);(c) 过采样栅格图示(放大倍数 = 8)。

在常规的 STORM 图像处理中,为了显示方便,得到的分子位置和分子的荧光强度最终转换成离散的图像,即信号在栅格上。这样,如果放大倍数足够大,那么基于 CS 算法的图像不会丢失 STORM 图像的生物信息。然而需要注意,CS 方法意味着假设可能的分子位置仅在预先确定的均匀栅格点上。当栅格间距尺寸较大时,用栅格近似值会降低精度。然而在 STORM 成像中,超分辨图像的放大倍数与相机原始图像相比通常大 8 倍,因此栅格近似带来的误差可以忽略,下面章节显示的结果将支持这一结论。

现在,在 STORM 成像中,我们可以采用 11.3.2 节中 FM 物理原理来构建 CS 的数学变量。$\boldsymbol{b}$ 是测量的一帧相机图像,单位为光子数;$\boldsymbol{x}$ 是超分辨率图像(除了最后的元素,更多的说明见后)。如果不考虑光子噪声,$\boldsymbol{b}$ 与 $\boldsymbol{x}$ 是线性关系:

$$\boldsymbol{b} = \boldsymbol{A}\boldsymbol{x} \tag{11.3}$$

这里 1D 矢量 $\boldsymbol{b}$ 和 $\boldsymbol{x}$ 分别由相机图像和超分辨图像按行排列组成。矩阵 $\boldsymbol{A}$ 由成像系统的 PSF 确定。如果在 $\boldsymbol{x}$ 的第 i 位置只有一个分子发出荧光,那么矩阵 $\boldsymbol{A}$ 的第 i 列(除了最后一列,更多的说明见后)对应按行排列的原始图像。

如果系统矩阵 $\boldsymbol{A}$ 精确已知,并且 $\boldsymbol{x}$ 是稀疏的(即大部分测量值为零),那么超分辨分子成像的目的是从测量的 $\boldsymbol{b}$ 中得到 $\boldsymbol{x}$。对于 STORM 成像,在实现方程式(11.1)的 CS 算法时需要注意几个实际问题。首先,在超分辨图像中需要包含非负性约束;其次,对于数据保真项的误差容限是由相机测量图像的泊松统计确定;最后,图像背景不服从与相机 PSF 卷积的模型,并且在分子定位过程中必须去除。

考虑到这些因素,我们借助下面的公式实现 CS 算法:

$$\text{最小化}:\boldsymbol{c}\cdot\boldsymbol{x},\quad \text{s.t.}\ \|\boldsymbol{A}\boldsymbol{x}-\boldsymbol{b}\|_2 \leqslant \varepsilon\cdot\left(\sum b_j\right)^{\frac{1}{2}},\ x_i \geqslant 0 \tag{11.4}$$

与方程式(11.1)相比,在方程式(11.4)中由于对 $\boldsymbol{x}$ 的非负性约束,目标函数变成了 $\boldsymbol{c}\cdot\boldsymbol{x}$。因为 $\boldsymbol{x}$ 的每一个元素是非负的,$\boldsymbol{c}\cdot\boldsymbol{x}$ 等效于 $\boldsymbol{x}$ 的加权 l_1 范数。权重矢量 $\boldsymbol{c}$ 表明不同位置的单个荧光分子对测量的原始图像全部贡献的差异。$\boldsymbol{c}$ 的第 i 个元素数值等于矩阵 $\boldsymbol{A}$ 的第 i 列元素之和。如果 $\boldsymbol{c}$ 置为全1矢量,那么算法在相机图像窗口的边缘会产生严重的伪影。

由于$(\|\boldsymbol{Ax}-\boldsymbol{b}\|_2)^2$ 是基于优化结果 $\boldsymbol{Ax}$ 估计的图像与原始相机图像的方差之和,对 $\|\boldsymbol{Ax}-\boldsymbol{b}\|_2$ 的约束使得优化结果与原图像匹配程度达到 χ^2 上限。光子计数的泊松统计意味着像素 j 上的光子数等于该像素上光子数的数学期望。利用测量的光子数 b_j 来近似该像素光子数的方差。假设随机信号在不同的像素上是独立的,则得到相机信号的方差和为 $\sum b_j$,这是$(\|\boldsymbol{Ax}-\boldsymbol{b}\|_2)^2$ 的理论上限。考虑到对信号方差的估计误差,我们在方程式(11.4)中加入用户定义的参数 ε,ε^2 使得估计误差的方差之和与相机信号方差之和的比值最大,等效于不需要对每个像素各自方差加权就得到 χ^2。

方程式(11.3)没有考虑相机图像的背景信号。为了保证基于 CS 算法对实际数据有效,在 $\boldsymbol{x}$ 中引入附加元素,在 $\boldsymbol{c}$ 中的对应元素置零,且矩阵 $\boldsymbol{A}$ 对应列的全部元素置1。在这种情况下,这时元素 x 的数值代表图像是均匀背景,并且对该元素没有稀疏性的约束。

11.4 详细实现与实例

对基于 CS 的优化问题即方程式(11.4)没有解析解,因此只能采用平方约束的线性规划迭代算法求得全局最优。然而,对于 STORM 的 CS 实现方法受到两个问题的阻碍:计算量大、大量存储器的使用。每一幅原始图像至少需要数百次迭代,每一次迭代的计算复杂度接近于常规拟合方法,沉重的计算负担是由于矩阵 $\boldsymbol{A}$ 的规模较大导致的,$\boldsymbol{A}$ 的列数由 $\boldsymbol{x}$ 的规模决定。为了对线性方程(11.3)公式化,我们运用超分辨图像上的离散栅格来描述分子位置的分布(图 11-5)。为了保证足够的精度,栅格间距小于相机的像素尺寸,这就导致一个扁宽形的矩阵 $\boldsymbol{A}$。例如,如果栅格间距是相机像素尺寸的1/8,则 $\boldsymbol{A}$ 的大小为 $N\times 64N$,这里 N 是相机图像的大小,通常包含 10^5 以上的像素。较大规模的矩阵 $\boldsymbol{A}$ 显著增加了计算复杂度以及存储器负担。

正如 Zhu 等(2012)描述的,我们可以将优化问题的规模减小到足以在标准 PC 上求解。注意,成像系统的 PSF 通常非常窄,因此可以对每一小块原始图像分别进行优化而不会影响整个优化性能,特别是下面设计的算法明显改进了计算效率。

给定：相机图像 B，超分辨图像 $\boldsymbol{x}$，像素间距 $u \times v$，过采样因子 R，简化的卡方目标 ε，小图像 $u \times v$ 的成像矩阵 $\boldsymbol{A}$ 和矢量 $\boldsymbol{c}$。

将相机图像 B 分成一组 $u \times v$ 的小图像块 $\boldsymbol{b}$，相邻像素间有 2 像素的重叠。

对每一个小图像 $\boldsymbol{b}$，完成：

(1) 生成大小行 $R \times (u+4)$、列 $R \times (v+4)$ 过采样栅格 $\boldsymbol{x}$，考虑到图像块外的分子贡献，图像块的每一边有额外 2 像素的边缘。

(2) 最小化 $\boldsymbol{c}^{\mathrm{T}}\boldsymbol{x}$，s. t. $x_i \geqslant 0$ 和 $\|\boldsymbol{Ax}-\boldsymbol{b}\|_2 \leqslant \varepsilon \times (\sum b)^2$

对每一个图像块的优化结果 $\boldsymbol{x}$，将最外边界的 3 个像素置零，以避免重叠（2 个额外像素 + 图像块之间重叠的 1 像素）。

将所有 $\boldsymbol{x}$ 相加得到完整图像。

现有的优化软件可以用来实现该算法。后面将会证明，在举例中我们采用 Matlab 编写的 CVX 软件（Grant and Boyd 2013）得到全部结果。Matlab 代码和一组采样数据可以联网 Zhu 等（2013）得到。

我们首先利用仿真来评估单个分子探测的 CS 算法。采用 PSF 和来自实际实验的光子统计量对一小块区域的不同数量的分子进行了仿真。如图 11－6 所示，在一幅相机图像（分子密度约 $6/\mu m^2$）中同时激发 75 个分子的高密度单分子探测实例。常规的拟合方法探测到 4 个分子，而基于 CS 的方法能够分辨 73 个分子，其中 64 个正确匹配模拟的真实数据。图 11－7 对视场内激活的不同数量分子的仿真结果进行了总结。可以看出，排除全部重叠点，CS 辨识的分子数是单分子拟合方法的 15 倍（与 $0.58/\mu m^2$ 相比单分子图像是 $8.8/\mu m^2$）。CS 也完胜 DAOSTORM 方法。当分子密度增加时，所有三种方法的定位误差有类似的增加趋势，在高密度情况下 CS 方法更好。

图 11－6　基于仿真数据的单分子探测实例

(a) 仿真的 STORM 原始数据和拟合的分子探测（□）；(b) CS 结果（8×8 过采样栅格）；(c) CS 结果（□）与真实数据（+）的比较。

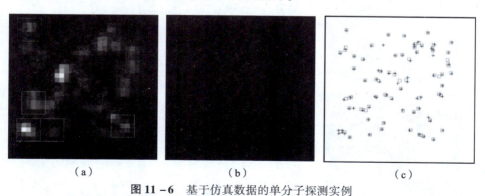

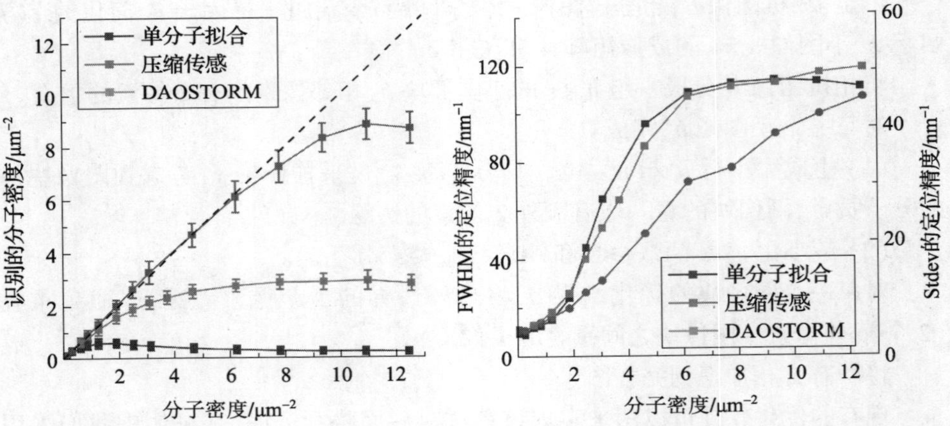

图 11－7　对仿真数据采用不同算法辨识的分子密度和定位精度

（Zhu, L. et al. *Nat. Methods*, 9(7), 721, 2012 已授权）

图 11－8 显示果蝇 S2 细胞中采用 CS 对免疫组化染色微管的 STORM 成像实现。只需要 100 帧相机图像，采用 CS 就可以分辨相邻的微管，而采用单个分子拟合的方法不能分辨。随着图像质量的明显增强，STORM 对活体 S2 细胞中的微管具有 3s 的分辨率（图 11－7（b）），这远快于之前的报道（Shroff et al. 2008）。

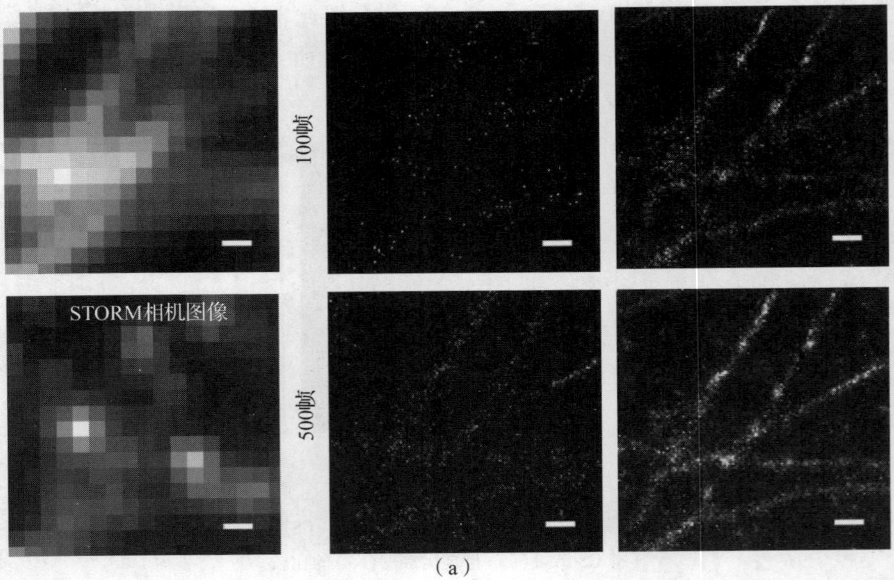

（a）

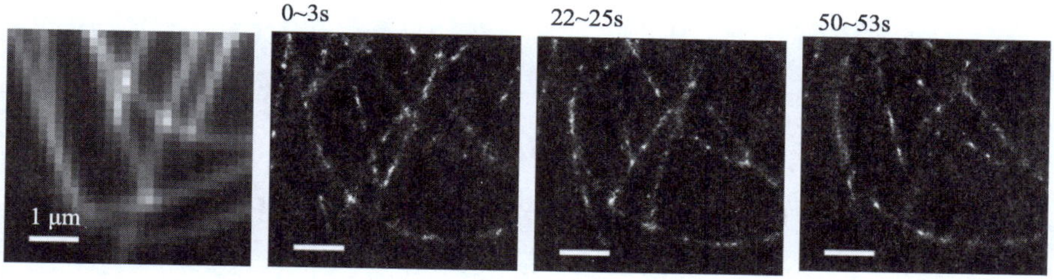

(b)

图 11-8　采用 CS 的 STORM 成像

(a) 固定的 S2 细胞中免疫染色微管的 STORM。左图:常规 FM 和一帧原始 STORM 图像;中间图:单个分子拟合结果;右图:采用系统原始图像的 CS 结果。尺度条:300nm。(b) 活体 S2 细胞的 mEos2 - 微管蛋白的 STORM 图像,最左边是常规 FM 结果,显示了来自 STORM 视频的三个快照,每一个快照的积分时间为 3s(资料来源于 Zhu, L. et al., *Nat. Methods*, 9(7), 721, 2012)

11.5　总结与讨论

在 STORM 成像中,基于 CS 的方法采用完全不同于常规算法的数据处理框架,对单个分子定位性能明显增强,这归结于将 STORM 信号处理公式化为优化问题,因此最终的图像是统计意义上的优化。CS 方法将每一幅原始相机图像的分子探测数量最大化,这不仅使得 STORM 成像有更高的时间分辨率,而且极大地提高了光子效率。这些特性对活体细胞成像具有很大的吸引力。在活体成像中分子结构的动态变化常需要快速成像,而且光子褪色效应限制了有效的光子总数。本章回顾了 STORM 成像的物理原理,讨论了 CS 算法表达式,并且用实例证明其已初见成效。通过采用系统的三维 PSF 构建不同的系统矩阵,该算法很容易扩展到 STORM 三维成像(Huang et al. 2008b)。

我们的目的是证明基于 CS 方法能够改进 STORM 图像质量。在我们的实现中采用了现有的凸优化软件包。借助更多的复杂算法,该方法的性能可以得到进一步增强。例如,L1 同伦可以加速方程式(11.4)的计算(Babcock et al. 2013)。首先对超分辨率图像采用较大的栅格间距,其次逐渐增加分子分布的空间分辨率,直至达到最精细的分辨率,多分辨率方法可以显著减少对存储器的消耗(Donelli et al. 2005)。此外,逐帧采用原始相机图像,基于当前 CS 的方法可以独立生成 STORM 时间序列图像。由于大多数的成像目标具有缓慢变化的结构,将处理全部 STORM 图像序列的改进 CS 算法与采用不同帧之间冗余的结构信息相结合,可以增加分子探测效率。在未来对基于 CS 的 STORM 算法的研究中,这些改进将会引起极大的关注。

致谢

Lei Zhu 获美国国立健康研究院支持(1R21EB012700)。Bo Huang 获美国国立健康研究院院长创新基金(DP20D008479)和帕卡德科学和过程研究基金支持。

参考文献

Babcock, H. P., J. R. Moffitt, Y. L. Cao, and X. W. Zhuang. 2013. Fast compressed sensing analysis for super-resolution imaging using L1-homotopy. *Opt Express* **21**(23): 28583–28596.

Bates, M., B. Huang, G. T. Dempsey, and X. Zhuang. 2007. Multicolor super-resolution imaging with photo-switchable fluorescent probes. *Science* **317**(5845): 1749–1753.

Beaudoin, G. M., 3rd, C. M. Schofield, T. Nuwal, K. Zang, E. M. Ullian, B. Huang, and L. F. Reichardt. 2012. Afadin, a Ras/Rap effector that controls cadherin function, promotes spine and excitatory synapse density in the hippocampus. *J Neurosci* **32**(1): 99–110.

Betzig, E., G. H. Patterson, R. Sougrat, O. W. Lindwasser, S. Olenych, J. S. Bonifacino, M. W. Davidson, J. Lippincott-Schwartz, and H. F. Hess. 2006. Imaging intracellular fluorescent proteins at nanometer resolution. *Science* **313**(5793): 1642–1645.

Candès, E. J. 2008. The restricted isometry property and its implications for compressed sensing. *Comptes Rendus Mathematique* **346**(9): 589–592.

Dani, A., B. Huang, J. Bergan, C. Dulac, and X. Zhuang. 2010. Superresolution imaging of chemical synapses in the brain. *Neuron* **68**(5): 843–856.

Donelli, M., D. Franceschini, A. Massa, M. Pastorino, and A. Zanetti. 2005. Multi-resolution iterative inversion of real inhomogeneous targets. *Inverse Probl* **21**(6): S51–S63.

Donoho, D. L. 2006. Compressed sensing. *IEEE Trans Inf Theory* **52**(4): 1289–1306.

Grant, M. and S. Boyd. 2013. CVX: Matlab software for disciplined convex programming, version 2.0 beta. http://cvxr.com/cvx, accessed September, 2013.

Hell, S. W. 2009. Microscopy and its focal switch. *Nat Methods* **6**(1): 24–32.

Hess, S. T., T. P. Girirajan, and M. D. Mason. 2006. Ultra-high resolution imaging by fluorescence photoactivation localization microscopy. *Biophys J* **91**(11): 4258–4272.

Holden, S. J., S. Uphoff, and A. N. Kapanidis. 2011. DAOSTORM: An algorithm for high-density super-resolution microscopy. *Nat Methods* **8**(4): 279–280.

Huang, B., H. Babcock, and X. Zhuang. 2010. Breaking the diffraction barrier: Super-resolution imaging of cells. *Cell* **143**(7): 1047–1058.

Huang, B., S. A. Jones, B. Brandenburg, and X. Zhuang. 2008a. Whole-cell 3D STORM reveals interactions between cellular structures with nanometer-scale resolution. *Nat Methods* **5**(12): 1047–1052.

Huang, B., W. Wang, M. Bates, and X. Zhuang. 2008b. Three-dimensional super-resolution imaging by stochastic optical reconstruction microscopy. *Science* **319**(5864): 810–813.

Huang, F., T. M. Hartwich, F. E. Rivera-Molina, Y. Lin, W. C. Duim, J. J. Long, P. D. Uchil et al. 2013. Video-rate nanoscopy using sCMOS camera-specific single-molecule localization algorithms. *Nat Methods* **10**(7): 653–658.

Jones, S. A., S. H. Shim, J. He, and X. Zhuang. 2011. Fast, three-dimensional super-resolution imaging of live cells. *Nat Methods* **8**(6): 499–508.

Kasper, R. and B. Huang. 2011. SnapShot: Light microscopy. *Cell* **147**(5): 1198.e1.

Lichtman, J. W. and J. A. Conchello. 2005. Fluorescence microscopy. *Nat Methods* **2**(12): 910–919.

Rust, M. J., M. Bates, and X. Zhuang. 2006. Sub-diffraction-limit imaging by stochastic optical reconstruction microscopy (STORM). *Nat Methods* **3**(10): 793–795.

Shao, L., P. Kner, E. H. Rego, and M. G. Gustafsson 2011. Super-resolution 3D microscopy of live whole cells using structured illumination. *Nat Methods* **8**(12): 1044–1046.

Shroff, H., C. G. Galbraith, J. A. Galbraith, and E. Betzig 2008. Live-cell photoactivated localization microscopy of nanoscale adhesion dynamics. *Nat Methods* **5**(5): 417–423.

Shtengel, G., J. A. Galbraith, C. G. Galbraith, J. Lippincott-Schwartz, J. M. Gillette, S. Manley, R. Sougrat et al. 2009. Interferometric fluorescent super-resolution microscopy resolves 3D cellular ultrastructure. *Proc Natl Acad Sci USA* **106**(9): 3125–3130.

Thompson, R. E., D. R. Larson, and W. W. Webb. 2002. Precise nanometer localization analysis for individual fluorescent probes. *Biophys J* **82**(5): 2775–2783.

Tsaig, Y. and D. L. Donoho. 2006. Extensions of compressed sensing. *Signal Process* **86**(3): 549–571.

Westphal, V., S. O. Rizzoli, M. A. Lauterbach, D. Kamin, R. Jahn, and S. W. Hell. 2008. Video-rate far-field optical nanoscopy dissects synaptic vesicle movement. *Science* **320**(5873): 246–249.

Wu, M., B. Huang, M. Graham, A. Raimondi, J. E. Heuser, X. Zhuang, and P. De Camilli. 2010. Coupling between clathrin-dependent endocytic budding and F-BAR-dependent tubulation in a cell-free system. *Nat Cell Biol* **12**(9): 902–908.

Zhu, L., W. Zhang, D. Elnatan, and B. Huang. 2012. Faster STORM using compressed sensing. *Nat Methods* **9**(7): 721–723. http://www.nature.com/nmeth/journal/v9/n7/full/nmeth.1978.html.

第12章　基于压缩采样的无透镜片上显微镜和感知的解码方法

Ikbal Sencan and Aydogan Ozcan

12.1　引言

光学显微镜的最新进展（Betzig et al. 2006；Gustafsson 2005；Hell 2003；Hess et al. 2006；Rust et al. 2006）改变了生物医学研究和临床诊断难题的手段。当今，光学显微镜以极高的空间和时间分辨率普遍用于活体生物样本的非创伤观察。然而，这些成像平台的总的空间带宽积通常是有限的（Neifeld 1998），而且根据应用，用户常需要在空间分辨率和视场之间折中。此外，大多数先进的显微镜仍然相对复杂、昂贵和笨重，所有这些因素阻碍了先进的光学显微镜在资源有限情况或发展中国家的普及。计算成像，特别是无透镜片上显微镜，目的是通过提供空间带宽积高、操作复杂度和成本低的成像平台来普及先进的光学显微镜（Ozcan 2014）。这些独特的先进性源自这些无透镜平台片上成像设计的简洁性以及不需要昂贵的光学器件。人们也应该注意到无透镜片上显微镜的简单结构也会带来挑战，这些挑战可以采用计算的方法解决（Greenbaum et al. 2012）。无透镜显微镜平台提供了成像解决方法，这些平台对于战场应用、兼容片上实验室器件是便携的，并且对解决各种挑战以及全球健康、远程医疗和尤其是微流控芯片技术/片上实验室应用需求都提供了更加宽广的视野（Greenbaum et al. 2013；Mudanyali et al. 2010；Seo et al. 2010；Su et al. 2010；Zhu et al. 2013）。

本章总结了无透镜片上显微镜技术，该技术得益于压缩解码框架。本章组织结构如下：12.2 节介绍各种无透镜片上显微镜几何结构基础以及他们的工作原理。12.3 节包括几个应用实例，这些例子我们分成两类介绍：①荧光和非相干成像；②部分相干的全息成像。最后，我们以压缩感知/采样技术在无透镜显微镜中未来可能应用的简要讨论结束。

12.2　无透镜片上成像系统概述

12.2.1　片上荧光显微镜和非相干显微镜

荧光显微镜广泛用于生物结构的可视化，并且通过有选择地标记目标生物分子或分析物来研究它们的机能/活力。荧光标记是由高强度的单色光激发，并且发射不同颜色的光（光谱红移、光子能量较低）。因此，在荧光显微镜中有两个主要器件：激发端和发射端。由于荧光发射是全向的，并且功率大小比激发光更弱，因此需要抑制激发光束，否则，感兴趣的微弱荧光信号将被激发光的强背景所湮没。由于大多数常规的显微镜具有足够的空间放置分束镜、滤色镜转轮等，因此它们采用大量的校正物镜透镜以获得激发光的有效抑制。然而，由于采样和传感器面之间的空间局限性，当涉及片上成像几何结构时，荧光成像非常具有挑战性。为了克服这些设计上的挑战，我们创建了新的平台，称为荧光、无透镜、超大视场、片上、高处理能力的成像平台（fluorescent，lensfree，ultra - wide field - of - view，on - chip，high - throughput imaging platform，FLUOCHIP），如图 12 - 1（a）所示，光源穿过光栅面照射到大的样本空间，照射角度大于临界角，这样大部分的激发光束被样本槽底部的玻璃 - 空气界面上的内部全反射（TIR）抑制。我们应该注意这种成像几何结构不应该与 TIR 荧光（TIRF）显微镜混淆，因为在我们的实例中由行波激发，与此相反，在 TIRF 显微镜中是隐失波激发。照明光源的散射部分不再满足 TRI 角度要求，会被样本槽下面的薄型（30 ~ 100μm）吸收滤光片滤除，而荧光信号穿过该薄型吸收滤光片并且到达片上采样的探测器阵列。

在无透镜片上显微镜中，成像性能主要受到传感器几何形状整体结构的影响：填充因子、像素尺寸、像素电路、微透镜阵列、彩色滤光片以及芯片上的保护涂层等都对最终的点扩散函数（PSF，即成像系统对点光源的响应）产生影响。对 FLUOCHIP 的几何结构，合理的假设是 PSF 在横向维度上是空间不变量。我们用实验的方法为每一个实验装置描绘了这种独特的、与几何结构和芯片相关的 PSF 特性，并且通过对芯片有源区固定垂直距离（典型值 50 ~ 200μm）处对稀疏分布在大视场内的多个小型荧光微珠的信号中心对齐以及平均来测量 PSF 特性。那么，这样测量的 PSF 与其他系统参数如像素采样函数以及彩色滤光片的排列（如果采用红 - 绿 - 蓝（RGB）芯片）一起来确定无透镜片上成像系统的前向模型。该前向模型依赖于所选择的电荷耦合器件（CCD）或互补金属氧化物半导体（CMOS）成像芯片，该模型构成了压缩解码阶段的测量基础。方程式（12.1）概括了无透镜片上非相干显微镜的常规解码问题：

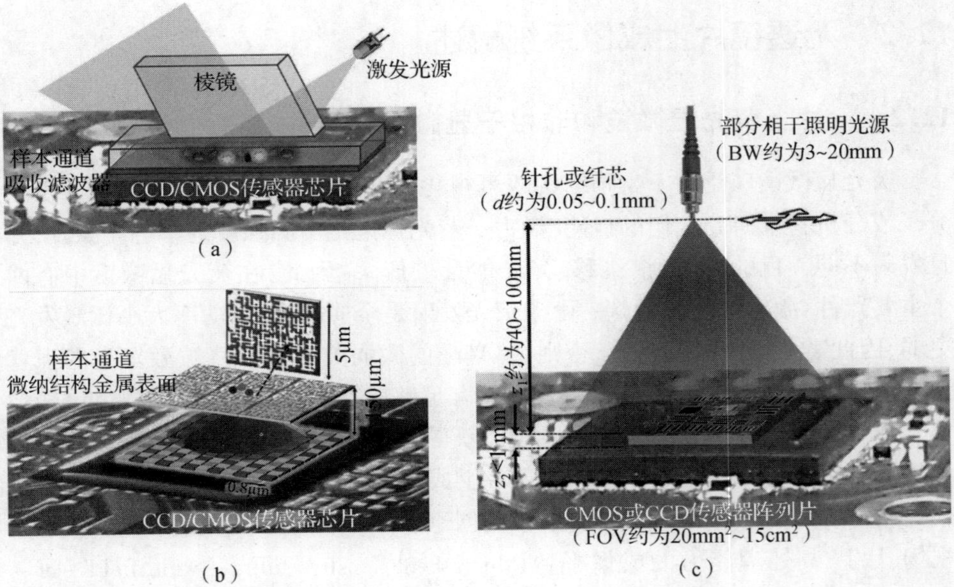

图 12－1　无透镜片上成像平台示例

(a) FLUOCHIP；(b) MONA 装置；(c) 部分相干片上全息显微镜装置。

((a～c) Seocan, I., Lensfree computational microscopy tools and their biomedical applications, Dissertation, University of Califorrua, Los Angeles, CA, 2013, http://gradworks. umi. comJ35/94/3594279. html, accessed July 12, 2015；(c) Sencan, I. et al. Sci. Rep., 4, article no. 3760, 1, 2014. doi:lO. l038/srep03760。已授权)。

$$\tilde{\boldsymbol{f}} = \arg\min(\|\boldsymbol{A}(\boldsymbol{f}) - \boldsymbol{g}\|_2^2 + \beta\|\boldsymbol{f}\|_1) \tag{12.1}$$

式中：“$\boldsymbol{A}(\boldsymbol{f})$”表示成像系统的前向模型；$\boldsymbol{g}$ 是原始测量值；β 是正则化参数；$\boldsymbol{f} = [f_1, f_2, \cdots, f_N]$ 是目标分布。

由于荧光发射物的快速发散，初始的无透镜原始测量($\boldsymbol{g}$)看起来是模糊的。根据方程(12.1)定义的代价函数，通过目标 l_1 范数的正则化，使得测量值与估计值之间的失配极小化。假设该正则项收敛到稀疏解，因此，通过采用压缩求解，如 ℓ_1 类型(Kim et al. 2007)或者 TwIST(BioucasDias and Figueiredo 2007)，即使对大规模的无透镜测量数据，这些求解算法都可以快速求解方程(12.1)，最终荧光发射体的微小分布可以从这些原始的无透镜测量计算出来。

利用测量给定装置的 PSF，这些原始无透镜图像的压缩解码通过物面荧光分布的数字重构可以显著提高分辨率。例如，通过采用 FLUOCHIP(图 12－1(a))，物面得到所采用的探测器像素尺寸量级的空间分辨率，尽管由于我们的“片上”设计只有单位放大倍数(1×)。然而，为了达到相同单位放大倍数下的

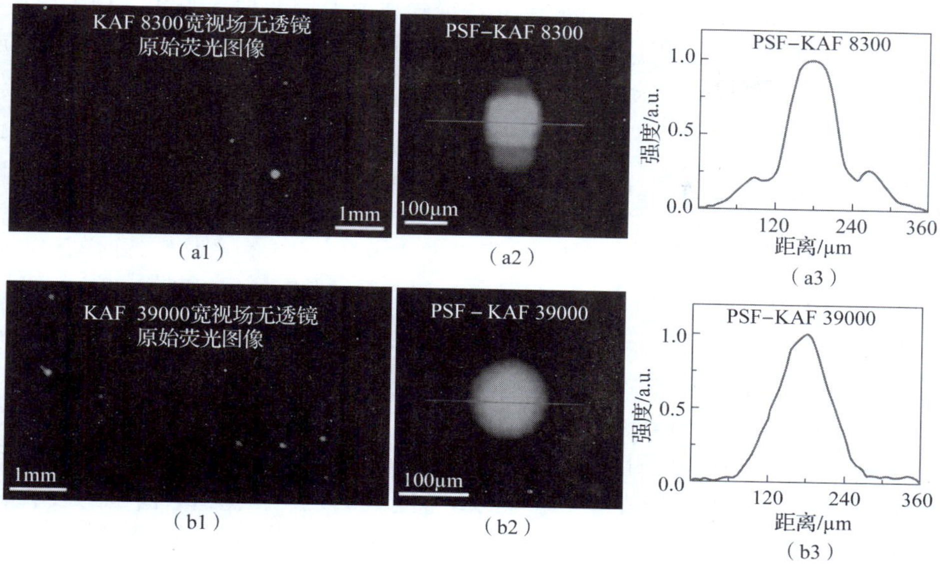

图 12－2　(a1)和(b1)是采用 KAF－8300 和 KAF－39000 电荷耦合器件(CCD)传感器芯片记录的对应于 4μm 荧光珠的宽视场无透镜原始荧光图像。(a2)和(b2)是用实验方法描绘的每一套系统(a3)和(b3)的点扩散函数(PSF)。在图(a2)和(b2)上用线条标注的每一个 PSF 的横截面轮廓(资料来源于 Coskun, A. F. et al. ,PLoS ONE,6(1),e15955,2011b。已授权)

亚像素分辨率,需要采用一种空间变化的 PSF 设计来突破测量基的对称性,为此,我们介绍一种新的技术(图 12－1(b)),该技术也称为片上微纳孔径显微镜(microscopy with on－chip nano－apertures,MONA)。在这种方法中,从感兴趣非相干目标(例如,荧光标记的细胞)发射的光直接打在微纳结构金属薄膜上,首先被这些微纳结构调制,经过短距离(＜1mm)衍射之后,该空间调制的光由探测器阵列(例如,CMOS 成像器)采样,而不采用任何透镜。由于金属膜的结构提供了亚像素级的空间调制,在无透镜成像视场内产生了有效的空间变化 PSF,如图 12－3(a)所示。因此需要对每片芯片进行标校,但是"只需一次"标校,标校方法是记录点源(例如,紧凑集中的点/光束)以亚像素步长扫过微纳结构掩膜产生的独特衍射图案。对于给定的掩膜设计,只需要完成一次这些标校测量,而且这些标校测量也用于微纳图案的迭代优化,以减弱密集点源衍射图案之间的相关性(图 12－3)。

对给定微纳结构芯片/掩膜的标校完成之后,采用与方程(12.1)描述的相同优化问题对无透镜原始图像求解来解码高分辨率目标分布,这里"$\boldsymbol{A}$"是一个通过这些标校图像形成的高秩测量矩阵。

到目前为止,已经介绍了非相干无透镜片上成像的两种技术:FLUOCHIP 和 MONA。前面给出了采用这两个平台对各种应用的压缩解码结果,其中的细节请参见 12.3 节,下面将介绍另一种基于部分相干全息显微镜的无透镜片上成像技术。

12.2.2 部分相干片上全息显微镜

基于部分相干全息的生物体片上成像具有紧凑、成本效益高、吞吐量高的成像几何结构,在补充完善常规光学显微镜手段方面具有巨大的潜力。这种成像原理如图 12-1(c)所示,感兴趣目标直接放在光电传感器阵列(CCD 或 CMOS)上方,目标与传感器有源区域之间的典型距离(z_2)$<1\sim2$mm。位于物面之上 $z_1=40\sim100$mm 处的部分相干光源,例如发光二极管(LED),在均匀照明物面之前先透过一个大的针孔,针孔的直径 $d=0.05\sim0.1$mm,一小部分照明光被目标散射 $s(x,y)$,其他的光形成未受干扰的参考波 $r(x,y)$。根据这一简单的数学描述,由光电传感器阵列($I_{\det}$)采样的强度可以写为

$$\begin{aligned}I_{\det} &= |r(x,y,z_0)+s(x,y,z_0)|^2\\ &= |s(x,y,z_0)|^2+|r(x,y,z_0)|^2+r(x,y,z_0)s^*(x,y,z_0)+\\ &\quad s(x,y,z_0)r^*(x,y,z_0)\end{aligned} \tag{12.2}$$

散射光强度自身通常太弱,因此隐藏在很强的均匀参考波强度下。然而,利用相干项可以外差探测目标的空间频率。假设照明光源是准单色光,那么物面之后的复数场可以通过相位恢复算法来恢复,相位迭代恢复算法通过强制添加约束如仅基于目标的目标边界、相位或幅度的粗略估计,和/或数倍于目标-传感器距离处的强度测量值等改进光场的估计。该技术已经成功地实现了各种移动成像或血细胞计数的应用(Bishara et al. 2012;Greenbaum et al. 2013;Isikman et al. 2010,2012;Mudanyali et al. 2010;Seo et al. 2010;Su et al. 2010,2013;Tseng et al. 2010),并且已经实现了大视场(FOV)的衍射极限空间分辨率(Greenbaum et al. 2012;McLeod et al. 2013;Mudanyali et al. 2013)。然而,本章将聚焦于一个实例,即将压缩解码用于光谱分离,下面将会详细介绍该例子。

当照明光源的带宽大于 10~15nm,准单色光的假设不再有效,而且记录的无透镜全息图像实际上是加权的单色全息强度的非相干混叠,即

$$I_{\lambda_1}=|R_{\lambda_1}+S_{\lambda_1}|^2=|R_{\lambda_1}|^2+|S_{\lambda_1}|^2+2\mathrm{Re}\{R_{\lambda_1}S_{\lambda_1}^*\} \tag{12.3}$$

$$\boldsymbol{I}_{\text{total}}=c_1I_{\lambda_1}+c_2I_{\lambda_2}+c_3I_{\lambda_3}+\cdots+c_iI_{\lambda_i} \tag{12.4}$$

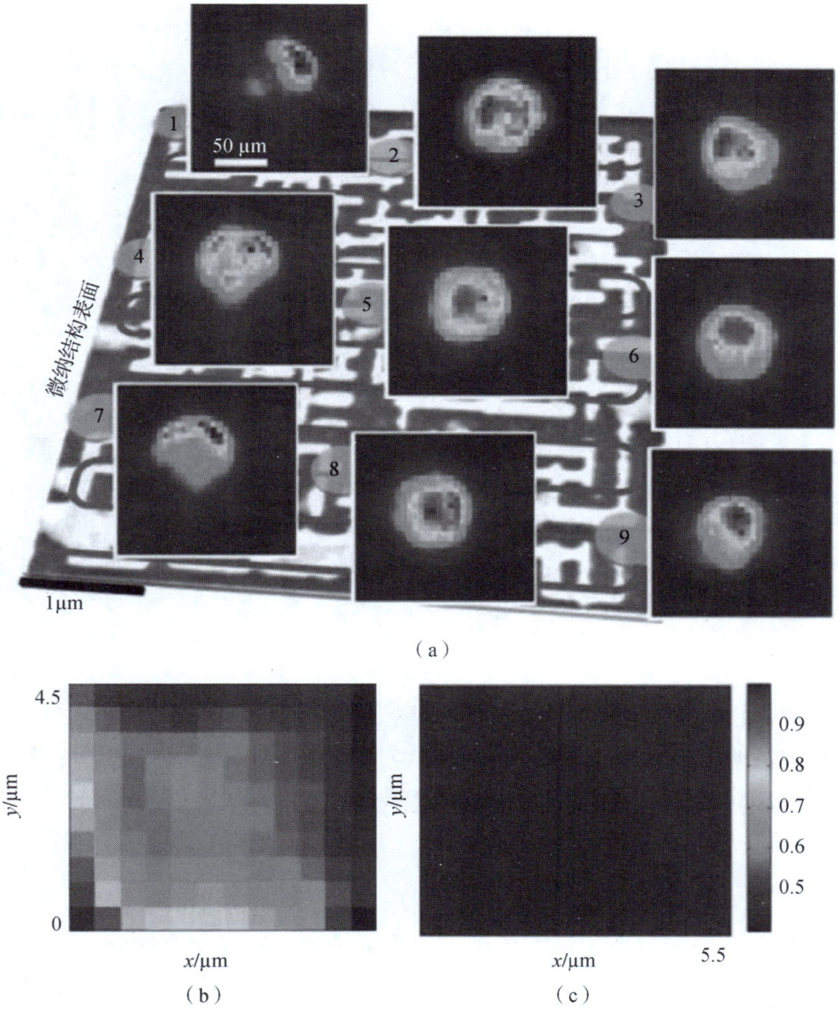

图 12-3　(a)为了校准微纳结构芯片/掩膜,来自光纤耦合的发光二极管(LED)(带宽约30mm)的光会聚在微纳结构表面,远场传输图像以($x-y$ 方向)空间扫描点的形式记录下来;(b)首次标校图像与其他标校图像的2D互相关系数;(c)微纳结构芯片/掩膜放置在裸玻璃基片上时,首次标校图像与其他标校图像的2D互相关系数(资料来源于 Khademhosseinieh, B., Sencan, I., Biener, G., Su, T. - W., Coskun, A. F., Tseng, D., and Ozcan, A., Lensfree on - chip imaging using nanostructured surfaces, Appl. Phys. Lett., 96, 171106, 2010b. Copyright 2010, American Institute of Physics。已授权)(见彩图)

在这里的符号标记中,照明源光谱和传感器光谱响应曲线定义为每一个波长的权重(c_i),重叠的光谱导致测量的全息影像中的拖尾效应(smearing effect),并且降低了边缘的清晰度。例如,图 12-4 显示由于这些效应导致的重构图像退化。

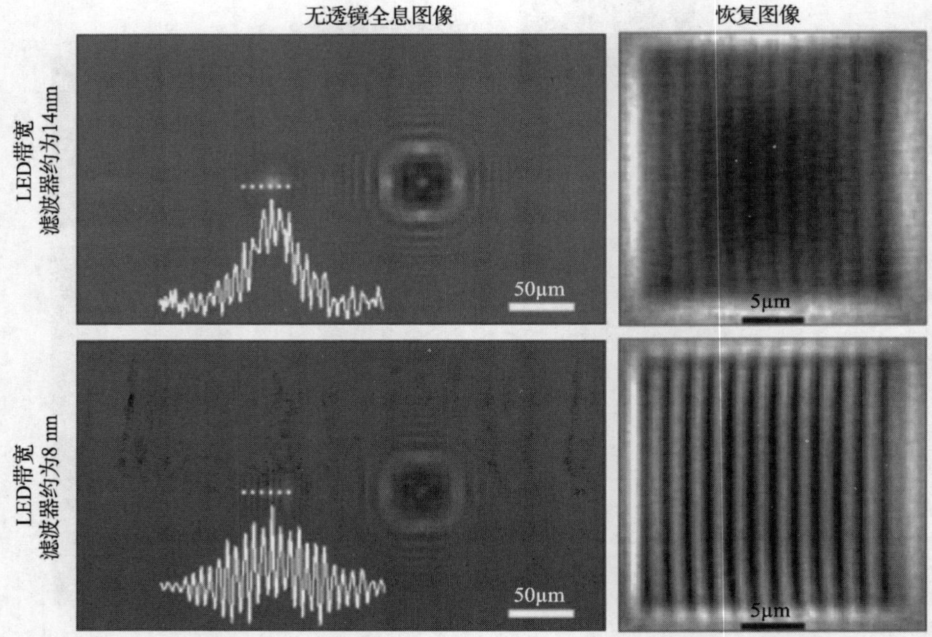

图 12-4 宽带照明光源降低了无透镜片上显微镜重构图像质量(资料来源于 Sencan, I. et al., Sci. Rep., 4, article no. 3760, 1, 2014. doi: lO. l038/srep03760。已授权)

我们证明了通过压缩解码将宽带光源记录的全息图频谱分离成准单色光全息图,可以部分缓解与带宽有关的图像退化,即

$$\tilde{\boldsymbol{I}} = \arg\min(\|\boldsymbol{cI} - \boldsymbol{I}_{\text{total}}\|_2^2 + \beta \cdot \text{TV}(\boldsymbol{I})) \tag{12.5}$$

$$\boldsymbol{I} = [I_{\lambda_1} I_{\lambda_2} I_{\lambda_3} \cdots I_{\lambda_i}] \tag{12.6}$$

式中:$\boldsymbol{c}$ 包含照明源混叠光谱和传感器像素灵敏度;TV 表示全变分。

假设多光谱空间图像数据是自然冗余的,采用多光谱全息图层的全变分正则化(Sencan et al. 2014),可以对测量的所有全息图($\boldsymbol{I}_{\text{total}}$)与估计的较窄带宽全息图($\boldsymbol{I}$)之间失配的 l_2 范数平方的极小化。这步之后,解复用全息图可以像前面描述的一样通过采用单色相位恢复的迭代方法单独处理(Fienup 1982)。12.3节的最后将给出这种方法在太阳光直接照射下的实验结果。

12.3 采用压缩解码的无透镜片上成像应用实例

12.3.1 采用 FLUOCHIP 和 MONA 的片上非相干显微镜应用

因为非相干成像平台信号强度是线性的,并且荧光目标在空域相当稀疏,所以非相干和荧光无透镜成像技术可以从压缩感知/采样方法获得益处。而且无透镜成像平台对于大量的应用具有潜在的优势,虽然每一种应用具有不同的吞吐量、空间分辨率和结构简单的需求。下面的小节将给出两种主要的非相干计算显微技术(FLUOCHIP and MONA)的不同应用。

(1) 采用 FLUOCHIP 的转基因秀丽隐杆线虫的双模高吞吐量成像。

本章将讨论的 FLUOCHIP 的第一个应用是转基因秀丽隐杆线虫的无透镜片上荧光成像(Coskun et al. 2011b)。由于秀丽隐杆线虫是各种场合广泛采用的典型微生物(Lehner et al. 2006;Mellem et al. 2008;Pinkston - Gosse and Kenyon 2007),已经开发了一些针对这些蠕虫的高吞吐量分类和操控的微流体平台(Chokshi et al. 2010;Rohde et al. 2007;Strange 2006)。另外,用于拍摄这些微流体系统中秀丽隐杆线虫的光学成像方法大部分仍然基于常规的显微镜,常规显微镜受限于其空间带宽积,并且由于其相对笨重的设计而不能完全与微流体兼容。基于 FLUOCHIP 设计(图 12 - 5(a)),无透镜片上平台可以以大视场对秀丽隐杆线虫的荧光样本成像。这些转基因秀丽隐杆线虫荧光样本的荧光发射点是稀疏分布的,这允许对发光位置进行压缩解码而不用对其采用任何稀疏基表示,甚至在单位放大倍数情况下也可以获得约 10μm 的空间分辨率。此外,FLUOCHIP 的独特设计(图 12 - 5(a))也适用于对感兴趣同一区域的片上序列全息成像。在这种双模显微成像方案中,在片上荧光成像之后,采用位于长斜方形棱镜上面的部分相干光源对同一个样本照明,生成样本的全息透射图像。这种大视场(例如,大于 2 ~ 8cm^2)的双模(荧光的和照明视场的)成像对于需要高吞吐量样本拍摄的生物医学应用特别有益。

应该强调,由于荧光发射的快速发散,蠕虫的原始无透镜信号(图 12 - 5(c1))相当模糊。基于方程式(12.1),这些原始的无透镜图像与实验得到的 PSF 特性一起用于计算转基因秀丽隐杆线虫样本的更高分辨率荧光图像,如图 12 - 5(c2)所示。这些解码的荧光分布图像可以重叠在相同样本的全息透射图像上,如图 12 - 5(c3)所示,这些结果也得到常规显微镜图的证实(图 12 - 5(b))。

(2) 采用 FLUOCHIP 的彩色成像。

正如前面讨论的,通过采用片上成像结构完成无透镜的荧光探测可以改善成像吞吐量。为了进一步增加无透镜平台的多路传输能力,完成多色同时探测是极具吸引力的。为此,在 FLUOCHIP 设计中采用原始格式的彩色传感器芯片(CCD,KAF - 8300,RGB,像元间距 5.4μm)(图 12 - 6(a)),并且利用最小可观察荧光微粒通过实验手段获得无透镜成像系统的红、绿、蓝 PSF 特性。为此,测量到来自多个孤立粒子的荧光信号经过内插、对齐和平均,就像测量单色无透镜 PSF 一样。这些 PSF 的函数形式依赖于传感器芯片的结构、彩色滤光片响应以

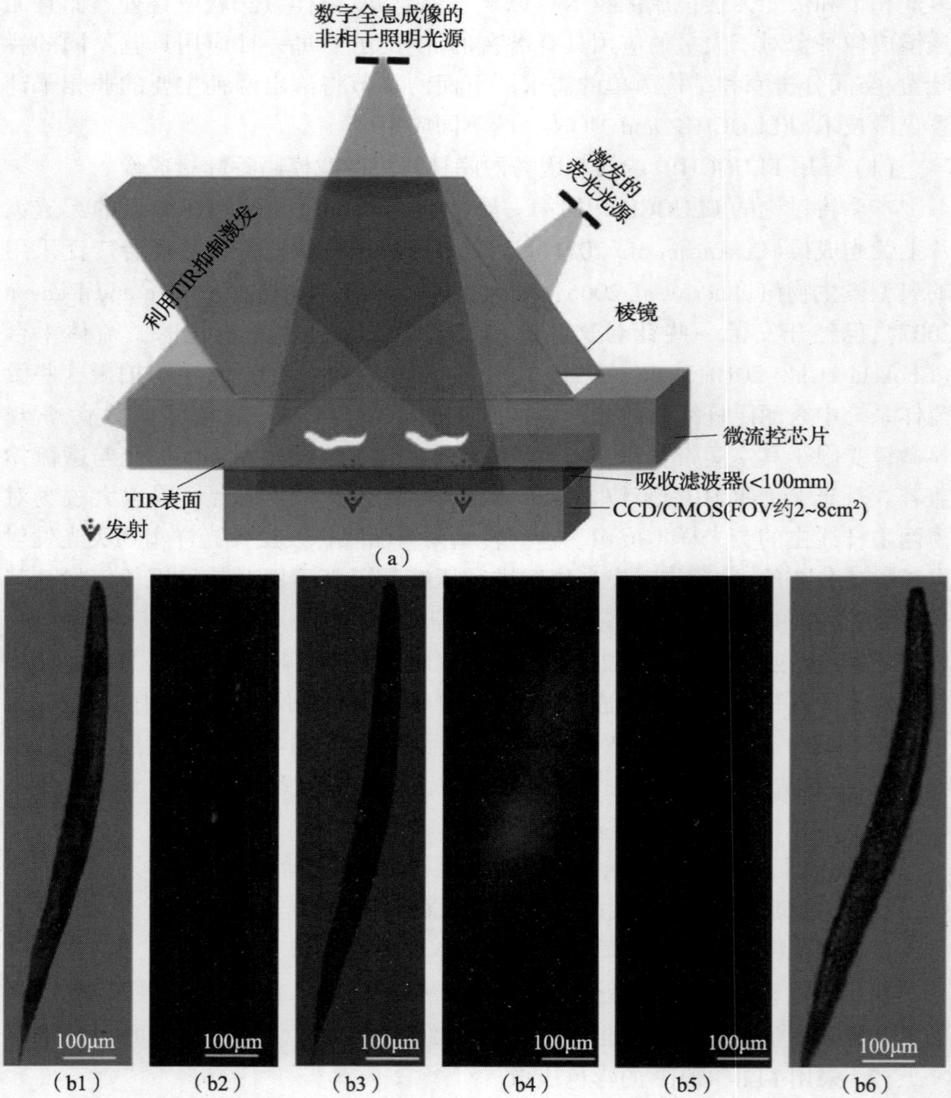

图 12-5 (a) 双模无透镜荧光成像和透射式全息成像平台；(b) 采用 10×物镜的单个秀丽隐杆线虫的常规显微镜图像，其中，(b1) 照明视场，(b2) 荧光，(b3) 覆盖/重叠；(c) 系统样本的无透镜成像结果，其中，(c1) 对应无透镜的原始荧光图像，该图像是剪切自大视场图像，(c2) 解码的无透镜图像，(c3) 采用解码的荧光图像得到的无透镜片上全息透射图像（资料来源于 Coskun, A. F. 等，PLoS ONE, 6(1), e15955, 201lb。已授权）（见彩图）

及粒子/发射源与探测器有源面之间的垂直距离。通过采用与单色信号一样的优化程序求解方程(12.1),这些测量的每一个彩色通道 PSF 与传感器芯片的拜耳(Bayer)图案一起用于对单个原始无透镜图像的多色荧光发射体的空间分布高分辨率解码。然而,在这种多色情况下,考虑到以下几个因素我们对前向模型进行修正:①不同的颜色通道具有不同的 PSF;②由于大像元尺寸带来的欠采样;③彩色滤光片在传感器芯片上的分布。

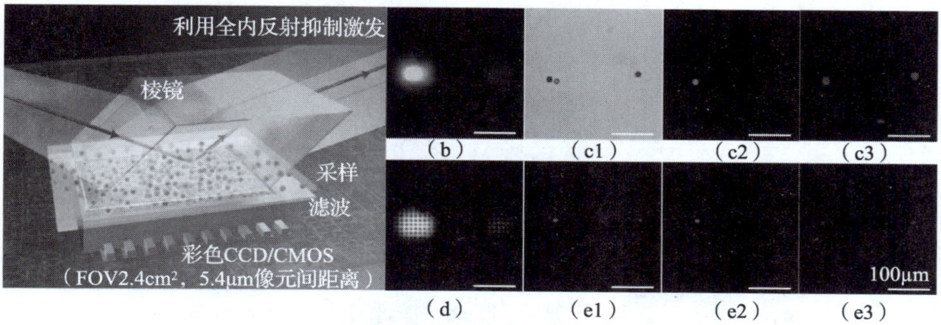

图 12-6　(a)无透镜片上多色荧光成像平台;(b)10μm 直径的绿色和红色荧光微珠的无透镜 RGB 渲染图像;(c)用于验证的常规显微镜图像:(c1)亮视场,(c2)绿色荧光通道,(c3)红色荧光通道;(d)从约 2.42cm² 大视场剪切的微珠原始无透镜荧光信号,由于传感器芯片上的 RGB 彩色滤光片出现了类似棋盘格纹理;(e)解码的无透镜信号以获得多色成像:(e1)是对红色(e2)和绿色(e3)荧光通道叠加的解码结果(资料来源于 Sencan,I. et al.,Sci. Rep.,4, article no. 3760,1,2014. doi:10.1038/srep03760。已授权)

采用 10μm 红色和绿色荧光珠测试了这种同时片上彩色成像方法的性能,如图 12-6 所示。原始无透镜信号受到拜耳图案的调制,并且由于荧光成像平台的无透镜操作使得信号在空域严重混叠(图 12-6(d))。成功地恢复出这些多色发射体的空间分布(图 12-6(e)),并且采用相同样本的荧光图像和亮视场显微镜图像进行了验证。这种无透镜多色成像平台改善了吞吐量以及 FLUOCHIP 的多通道能力,并且可以在诸如血细胞计数等应用中获益。

(3) 采用光纤面板和光锥的 FLUOCHIP。

下面设计的 FLUOCHIP 设备是用来进一步改进无透镜成像系统的分辨率。系统在目标槽底部与探测器阵列之间添加了光纤面板,如图 12-7(a)所示。光纤面板是由一捆密集的光纤组成的被动光学元件,作为片上成像系统的中继。光纤面板也提供了目标与传感器有源区域的热隔离和机械隔离,此外光纤面板使得无透镜成像的 PSF 更窄,并且增加了片上成像平台的信噪比(SNR),由于这种信噪比的提升,可以获得约 10μm 的空间分辨率(图 12-7(d)),尽管这是基于单位放大倍数且采用 9μm 的大间距 CCD 片上成像结构。

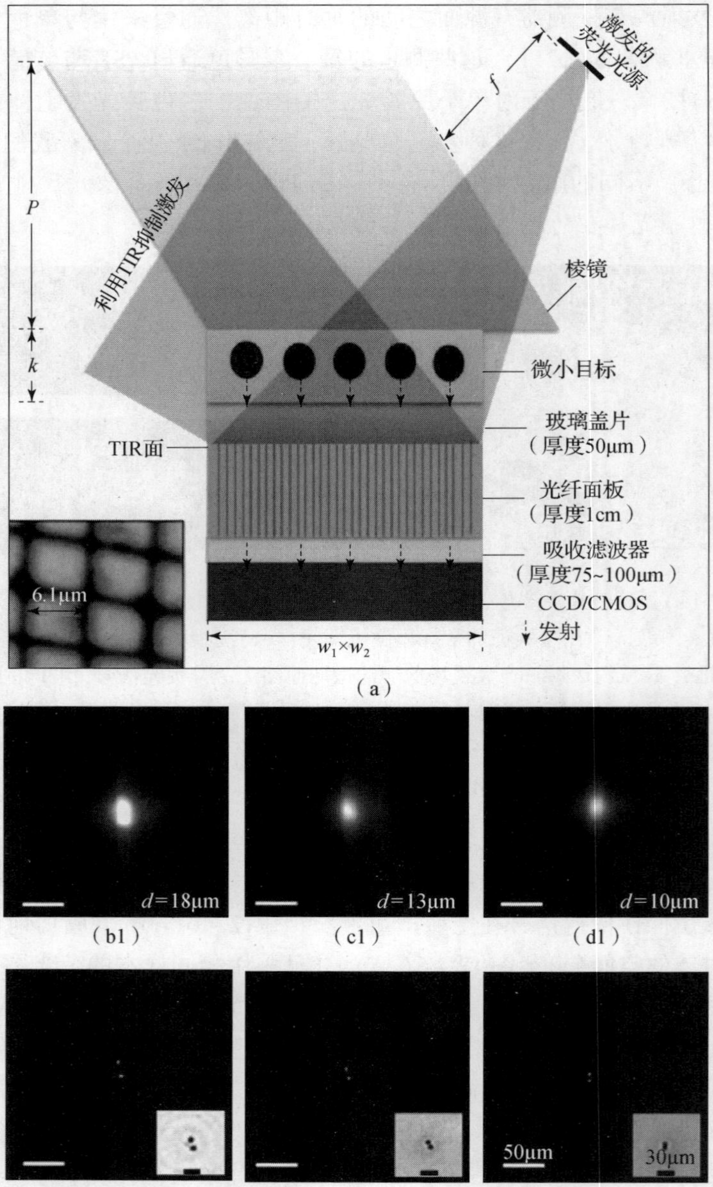

图 12-7 (a)采用光纤面板的 FLUOCHIP。$w_1 \times w_2 = 25\text{mm} \times 35\text{mm}$；$p = 1.7\text{cm}$；$k = 10 \sim 100\mu\text{m}$；$f = 1 \sim 2\text{cm}$；(a)中插入图像是采用数值孔径约 0.3 的光纤面板的显微镜图像；(b1)、(c1)和(d1)是紧密排列的微珠(间距 $d = 18\mu\text{m}$、$13\mu\text{m}$ 和 $10\mu\text{m}$)原始无透镜荧光信号，微珠直径 10μm；(b2)、(c2)和(d2)给出了每一对微珠的压缩解码结果；(b2)，(c2)和(d2)中插入图像是为了与给出的正常明场显微镜图像对比(资料来源于 Coskun, A. F. et al., Opt. Express, 18(10), 10510, 2010。已授权)

对于荧光成像,组成面板的每一根光纤是密集的并且排列是足够整齐的,这样才能保证在整个物面 PSF 是无偏的。由于光纤阵列内部确定的但是未知的相位混叠,会造成全息图像的失真。

此外,给出的无透镜方法也可以重构出分布在垂直堆叠的多个微通道上的微小荧光目标,(图 12－8)。利用压缩感知框架,将探测器阵列获得的 2D 无透镜荧光图像变成 3D 图像叠层,这样就增加了多个堆叠 FLUOCHIP 的吞吐量。

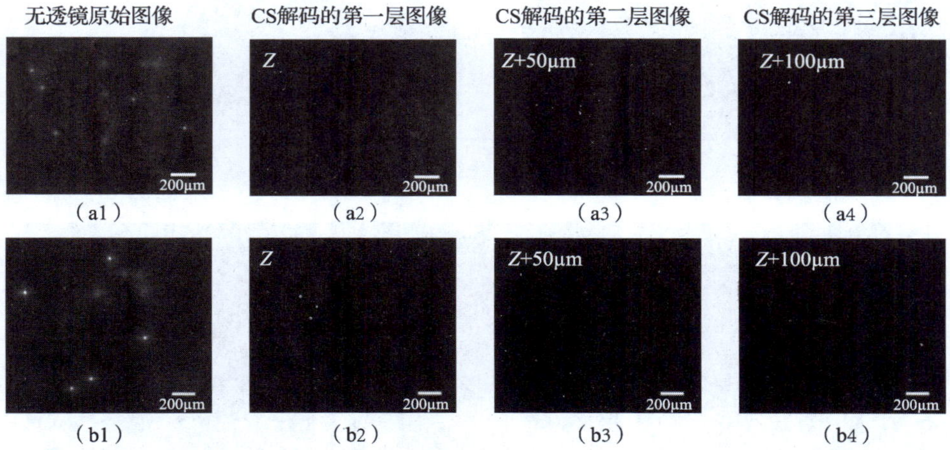

图 12－8　(a1)和(b1)是从大视场(FOV＞8cm^2)裁剪的两个不同感兴趣区域的原始无透镜荧光图像,同时记录了位于三个垂直叠放样本通道的无透镜发射源信号;(a2)～(a4)和(b2)～(b4)是成功解码的三个通道内垂直间隔 50μm 发射源的空间分布(资料来源于 Coskun,A. F. et al.,Opt. Express,18(10),10510,2010。已授权)

为进一步改善该片上成像平台的分辨率,可以将锥形光纤面板加入 FLUOCHIP 装置中,这样在底部面纤维芯周长明显比上面的纤维周长大,如图 12－9(a)所示。图 12－9(b)和(c)显示利用 2.4 倍的折叠优势,基于光锥的系统空间分辨率提高到约 3～4μm,这是由于该片上成像实验采用了光纤光锥。

(4)采用片上微纳孔径的非相干显微镜。

为了将单位放大倍数的片上成像系统分辨率提升到亚像素水平,需要减少稀疏性与测量基之间的相干性。为此,可以通过引入微纳结构金属薄膜或掩膜对芯片上每一点的 PSF 进行空间调制,将 FLUOCHIP 平移不变片上成像装置变成与位置相关的系统(图 12－10(a))。该技术称为 MONA(Khademhosseinieh et al. 2010b)。

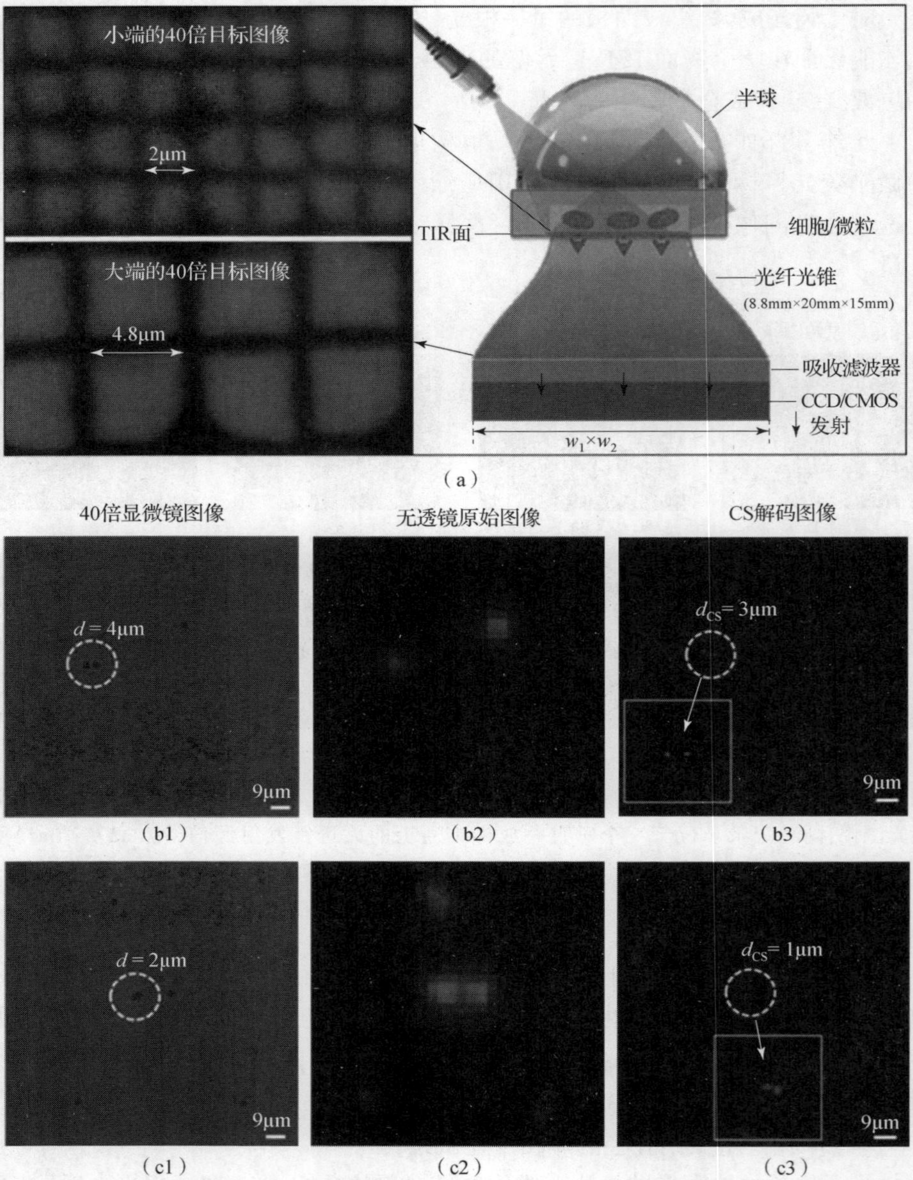

图 12-9 (a)采用光锥面板和半球的 FLUOCHIP 示意图，$w_1 \times w_2 = 25\text{mm} \times 35\text{mm}$。由于光纤光锥顶部和底部的渐缩比，无透镜图像的放大倍数为 2.4，(a)中插入图像是从锥形光纤面板的上、下两面得到的显微镜图像；(b)和(c)是用于刻画成像系统分辨能力的 2μm 直径的微珠；(b2)和(c2)是用于计算(b3)和(c3)压缩解码的高分辨率荧光图像的原始无透镜荧光图像，插入图是虚线内密集微珠对的放大的图像；(b1)和(c1)是采用 40×倍物镜记录的用于比较目的的显微镜图像(资料来源于 Coskun, A. F. et al., Analyst, 136(17), 3512, 2011a。由 The Royal Society of Chemistry 授权允许)

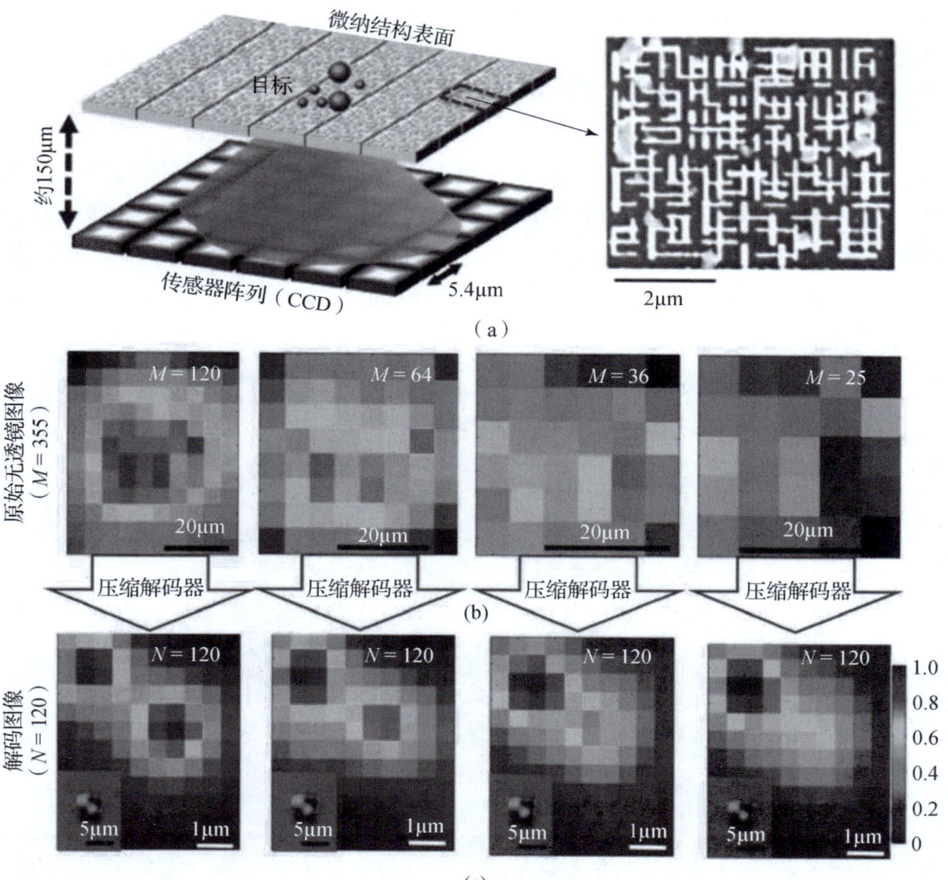

图 12－10　(a) MONA 原理图,图(a)插入图是微纳结构芯片表面的电子显微图像;(b) 不同像素个数的原始无透镜衍射图像(即,测量次数 $M=120$、64、36 和 25),像素更少的图像是通过像素合并得到的,以显示下采样($N>M$)情况下的压缩解码性能;(c) 显示每一个 M 值的压缩解码结果。注意,甚至在测量次数约为位置个数 N 的 50% 时,两个亚像素点准确地分辨出来,图(c)插入图是基于透镜的常规反射式显微镜图像也用来作为比较。光只穿过黑色区域,黑色区域指的是微纳结构芯片的表面,而红色区域显示涂有金属层的非传输区域。(资料来源于 Khademhosseinieh, B., Sencan, I., Biener, G., Su, T. －W., Coskun, A. F., Tseng, D., and Ozcan, A., Lensfree on－chip imaging using nanostructured surfaces, Appl. Phys. Lett., 96, 171106, 2010b. Copyright 2010, American Institute of Physics。已授权)(见彩图)

为了突出 MONA 方法的压缩性,图 12－10(b)和(c)给出当像素个数(即,测量数 M)远小于恢复点的个数时($N>M$)解码算法的实验性能。来自两个严格对焦场景的原始无透镜衍射信号如图 12－10(b)所示($M=120$、64、36 和 25),为了显示较大的像元尺寸以及微纳结构表面与传感器阵列面之间较短距离的影响,将实验测量的无透镜图像进行多个像素的并合,得到综合的下采样无透镜图像。注意到所有这些无透镜图像没有显示出与真实目标的任何相似之处,而压缩解码结果与显微镜图像对比完全一致(图 12-10(c)),甚至在测量次数(M)远小于恢复点/像素个数(N)的情况。

(5) 多色 MONA。

为了提升 MONA 平台的彩色成像能力,校准基准可以扩展到采用红、绿和蓝三色聚焦点(图 12-11(a))。在校准过程中,每一种颜色的点源对微纳结构衬底的表面扫描,而传感器阵列记录芯片上对应于每一个校准位置和照明颜色/波长的无透镜衍射图案。为了增加照明颜色的调制,采用了原始格式输出的 RGB 传感器芯片。

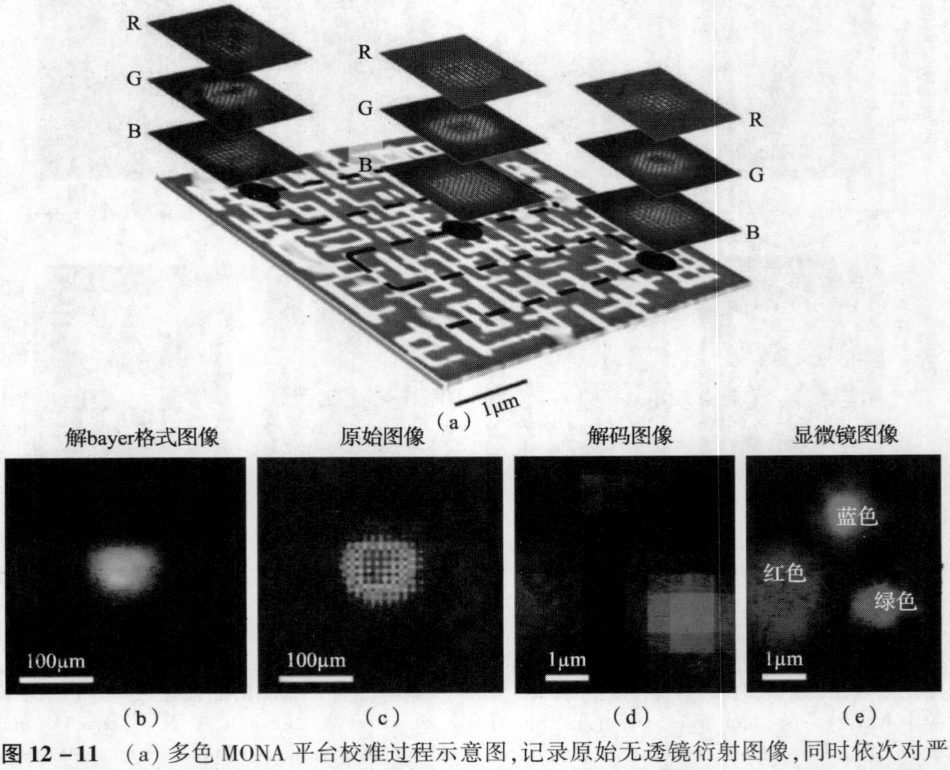

图 12-11 (a) 多色 MONA 平台校准过程示意图,记录原始无透镜衍射图像,同时依次对严格对焦的红、绿、蓝光点扫描。为了概念性验证实验,由三个严格聚焦的(红、绿、蓝)光点组成多色亚像素目标,光点相互间隔 1~2μm。(b) 多色亚像素目标的模糊 RGB 无透镜衍射图像。(c) 相同亚像素多色目标的原始无透镜衍射图像。由这些无透镜图像不能分辨单个光点的位置和颜色。(d) 压缩解码结果显示出亚像素目标的每个光点正确位置和颜色信息。我们的结果与(e) 反射式显微镜(40 倍物镜,数值孔径 0.6)的对比图像很好的一致(资料来源于 Khademhosseinieh, B., Biener, G., Sencan, I., and Ozcan, A., Lensfree color imaging on a nanostructured chip using compressive decoding, Appl. Phys. Lett., 97, 211112, 2010a. Copyright 2010, American Institute of Physics。已授权)

图 12 - 11 总结了采用三个严格聚焦光点（红、绿、蓝）的概念性验证实验，这三个聚焦点位于单个像素区域内，光点间间距 1 ~ 2μm。正如所期望的，传感器阵列上的无透镜衍射图像仅是一团白色（见图 12 - 11（b）退化的原始图像），没有任何与亚像素多色目标形状或颜色相似的可见纹理。原始无透镜图像上的可见棋盘格（12 - 11（c））是由于传感器阵列芯片上排列的彩色滤光片造成的。图 12 - 11（d）给出了解码的显微图像，图像真实显示了在单个像素区域内三个严格聚焦的光点颜色和位置，该结果说明解码图像与 40 倍物镜显微镜对比图像（图 12 - 11（e））一致，表明 MONA 可以以亚像素分辨率完成无透镜片上彩色成像。

12.3.2　太阳光全息图像的光谱分离

对于早期的光学显微镜，太阳光是最早也是最容易获得的光源。宽光谱太阳光是目标多光谱成像的最佳选择。本小节将讨论一种便携式片上全息平台，利用太阳光照明实现大视场（例如，15 ~ 30mm^2）的彩色/多光谱成像。

在 12.2.2 节中，将讨论紧凑的、成本效益高且重量轻的超大视场显微镜平台，该平台采用部分相干全息成像结构。在这种专门的设计中（图 12 - 12），太阳光用于对感兴趣目标均匀照明，感兴趣目标位于彩色传感器芯片上方距离传感器阵列（RGB CMOS，1.4μm 像元间距）有源区域约 500μm。为此，我们设计了一个采用半柔性光管的简单太阳光会聚装置，该设计灵感来源于目前太阳能电池设计方法。玻璃光管（1mm 直径）后端放置塑料漫射体，以防止天空强烈的阳光照到探测器上，这类似于小孔相机。太阳光穿过漫射体，然后通过大的针孔（直径 100μm）滤波，并且传输 7.5cm，以便在达到感兴趣目标之前获得足够的空间相干性。由于片上成像结构，我们可以记录同一个静态目标略微偏移的多个全息图，就像我们通过简单的 $x-y$ 平移装置移动针孔一样。对每一个彩色通道采用像素超分辨算法，这些相同感兴趣区域的横向偏移全息图像经过数字混合，合成采样更加精细的全息图（Hardie 2007）。为了从这些处理过的全息图像得到高分辨率无透镜相位图像，我们进行了下面两步重构，该重构步骤总结在图 12 - 13（a）中。第一步是光谱分离：在空域对像素级可分辨的太阳光全息图像进行了充分的采样，然而正如 12.2.2 节讨论的以及图 12 - 4 证明的，由于宽带照明，太阳光全息图像仍然存在光谱模糊伪影，为了解决该问题，采用方程（12.5）对这些像素级分辨率的全息图像解码，采用数字计算机去除或减少不同衍射通道间的光谱串扰，并且恢复样本的多个光谱特征。为此，我们也利用了传感器阵列芯片的光谱响应信息以及太阳光的光谱，并且假设多光谱空域数据是自然冗余的。最后，分别处理这些光谱分离的全息图像，通过采用单色相位恢复迭代或全息反向投影方法得到无透镜高分辨率图像。

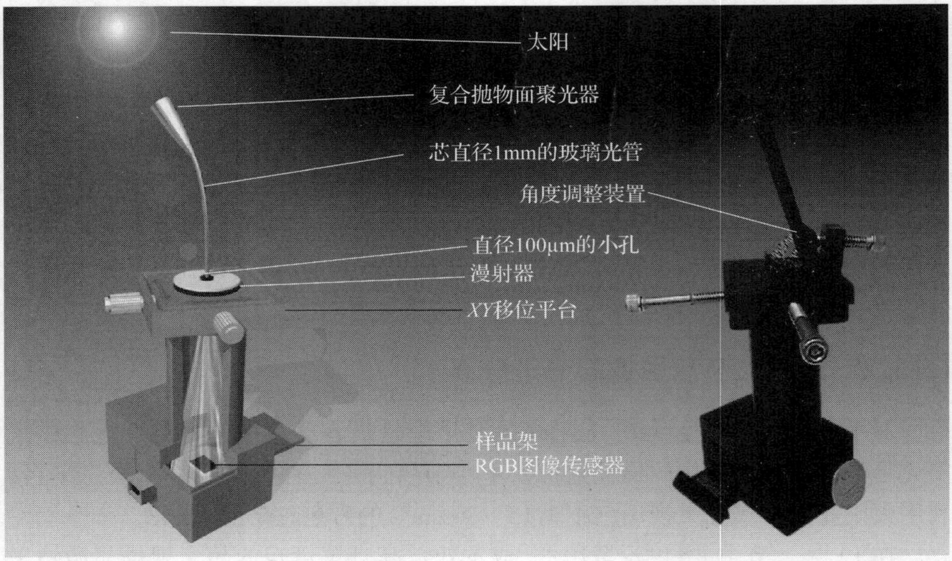

图 12－12　采用太阳光的便携式无透镜全息显微镜原型样机

为了实验验证这种方法，我们采用野外便携式、片上全息显微镜记录了USAF 图的太阳光全息图，如图 12－12 所示。绿色通道全息图（在太阳光下有效带宽 70nm）光谱解码成 21 幅图像，每一幅图像的有效光谱带宽约 14nm。采用绿色通道原始全息图以及光谱解码的全息图（中心波长均为 538nm）的全息反向投影结果分别如图 12－13（b）和（c）所示。对部分重构图像进行了放大，以更好地呈现该数字光谱分离装置对分辨率的提升，如图 12－13（b）和（c）所示。

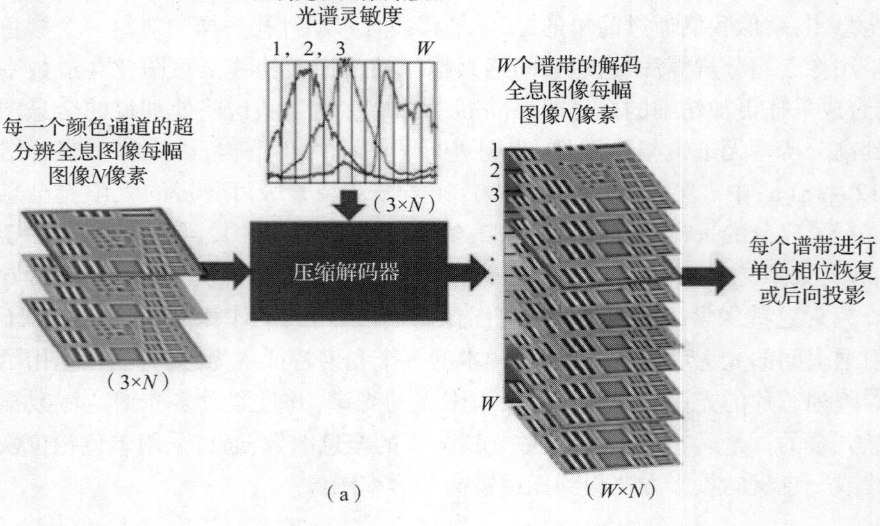

（a）

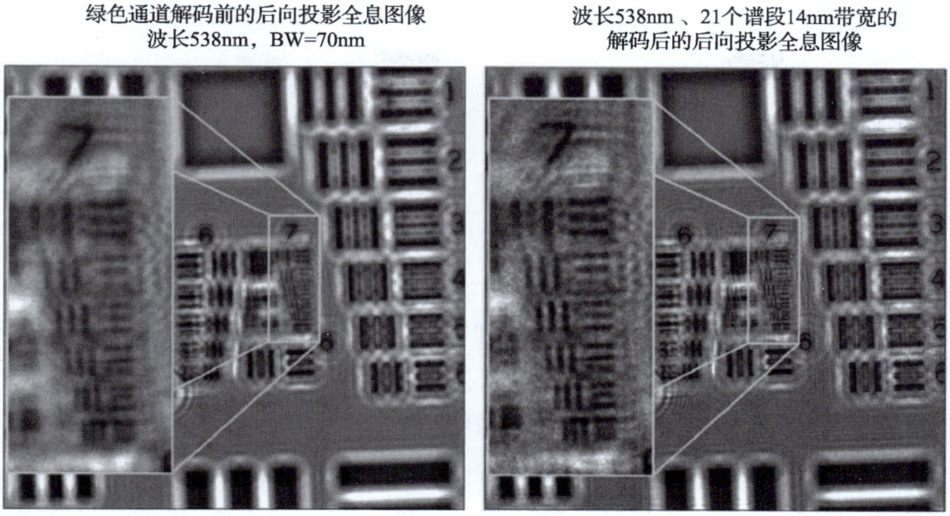

（b）　　　　　　　　　　（c）

图 12－13　利用多光谱数据冗余属性将太阳光全息图解码成更窄的光谱子带。(a)片上宽带全息图的多路光谱分光原理示意图；(b)和(c)与 538nm 波长 USAF 测试图对应的单纯太阳光全息图全息反向投影结果：(b)多路光谱分光前；(c)多路光谱分光至 21 幅全息图，每一幅全息图的有效照明带宽为 14nm。(b)和(c)的插图是第 7 组放大图像，以更好地显示该光谱分光装置对分辨率的改善

12.4　结论

本章对可以用于非相干和部分相干无透镜片上显微镜平台的压缩解码方法的实例进行了综述。事实上，无透镜片上成像的其他方面得益于在空间、光谱和角度域的压缩解码。例如，利用全息重构以及迭代相位恢复(Candès et al. 2015；Chan et al. 2008)采用的压缩感知/采样架构(Brady et al. 2009)也可以扩展到片上全息重构中。此外，合成孔径(Luo et al. 2015)和植物分类学(Dong et al. 2014)也可以利用稀疏信号恢复方法在重构中获得更高的效益和鲁棒性。另一个例子是片上 X 射线层析成像(Isikman et al. 2011)可以从压缩解码方法中获得巨大效益，即以更少的照明角度获得更多的角锥谱填充效益。最后，在时域(Llull et al. 2013)，压缩感知/采样方法还可以用于高效提

升片上探测/跟踪相机的帧频,因此这些相机可以用于高吞吐量的快速动态场景监视(例如,微小的游泳者)。

致谢

UCLA 的 Ozcan 研究小组衷心地感谢青年科学家与工程师总统奖(PECASE)、陆军研究所(ARO;W911NF－13－1－0419 and W911NF－13－1－0197)、陆军研究所生命科学基金会、陆军研究所青年科学家奖、国家科学基金会(NSF)成就奖、国家科学基金会 CBET 部门生物光子学计划、国家科学基金会研究创新前沿(EFRI)奖、国家科学基金会 EAGER 奖、国家科学基金会 INSPIRE 奖、海军研究所(ONR)和霍华德·休斯医学研究所(HHMI)的支持。

参考文献

Betzig, E., G.H. Patterson, R. Sougrat, O.W. Lindwasser, S. Olenych, J.S. Bonifacino, M.W. Davidson, J. Lippincott-Schwartz, and H.F. Hess. 2006. Imaging intracellular fluorescent proteins at nanometer resolution. *Science* 313 (5793): 1642–1645.

Bioucas-Dias, J.M. and M.A.T. Figueiredo. 2007. A new TwIST: Two-step iterative shrinkage/thresholding algorithms for image restoration. *IEEE Transactions on Image Processing* 16(12): 2992–3004.

Bishara, W., S.O. Isikman, and A. Ozcan. 2012. Lensfree optofluidic microscopy and tomography. *Annals of Biomedical Engineering* 40(2): 251–262.

Brady, D.J., K. Choi, D.L. Marks, R. Horisaki, and S. Lim. 2009. Compressive holography. *Optics Express* 17(15): 13040–13049.

Candès, E., Y. Eldar, T. Strohmer, and V. Voroninski. 2015. Phase retrieval via matrix completion. *SIAM Review* 57(2): 225–251.

Chan, W.L., M.L. Moravec, R.G. Baraniuk, and D.M. Mittleman. 2008. Terahertz imaging with compressed sensing and phase retrieval. *Optics Letters* 33(9): 974.

Chokshi, T.V., D. Bazopoulou, and N. Chronis. 2010. An automated microfluidic platform for calcium imaging of chemosensory neurons in *Caenorhabditis elegans*. *Lab on a Chip* 10(20): 2758–2763.

Coskun, A.F., I. Sencan, T.-W. Su, and A. Ozcan. 2010. Lensless wide-field fluorescent imaging on a chip using compressive decoding of sparse objects. *Optics Express* 18(10): 10510–10523.

Coskun, A.F., I. Sencan, T.-W. Su, and A. Ozcan. 2011a. Wide-field lensless fluorescent microscopy using a tapered fiber-optic faceplate on a chip. *Analyst* 136(17): 3512–3518.

Coskun, A.F., I. Sencan, T.-W. Su, and A. Ozcan. 2011b. Lensfree fluorescent on-chip imaging of transgenic *Caenorhabditis elegans* over an ultra-wide field-of-view. *PLoS ONE* 6(1): e15955.

Dong, S., Z. Bian, R. Shiradkar, and G. Zheng. 2014. Sparsely sampled Fourier ptychography. *Optics Express* 22(5): 5455.

Fienup, J.R. 1982. Phase retrieval algorithms: A comparison. *Applied Optics* 21(15): 2758–2769.

Greenbaum, A., N. Akbari, A. Feizi, W. Luo, and A. Ozcan. 2013. Field-portable pixel super-resolution colour microscope. *PLoS ONE* 8(9): e76475.

Greenbaum, A., W. Luo, T.-W. Su, Z. Göröcs, L. Xue, S.O. Isikman, A.F. Coskun, O. Mudanyali, and A. Ozcan. 2012. Imaging without lenses: Achievements and remaining challenges of wide-field on-chip microscopy. *Nature Methods* 9(9): 889–895.

Gustafsson, M.G.L. 2005. Nonlinear structured-illumination microscopy: Wide-field fluorescence imaging with theoretically unlimited resolution. *Proceedings of the National Academy of Sciences of the United States of America* 102(37): 13081–13086.

Hardie, R. 2007. A fast image super-resolution algorithm using an adaptive wiener filter. *IEEE Transactions on Image Processing* 16(12): 2953–2964.

Hell, S.W. 2003. Toward fluorescence nanoscopy. *Nature Biotechnology* 21(11): 1347–1355.

Hess, S.T., T.P.K. Girirajan, and M.D. Mason. 2006. Ultra-high resolution imaging by fluorescence photoactivation localization microscopy. *Biophysical Journal* 91(11): 4258–4272.

Isikman, S.O., W. Bishara, O. Mudanyali, I. Sencan, T.-W. Su, D.K. Tseng, O. Yaglidere, U. Sikora, and A. Ozcan. 2012. Lensfree on-chip microscopy and tomography for biomedical applications. *IEEE Journal of Selected Topics in Quantum Electronics* 18(3): 1059–1072.

Isikman, S.O., W. Bishara, U. Sikora, O. Yaglidere, J. Yeah, and A. Ozcan. 2011. Field-Portable lensfree tomographic microscope. *Lab on a Chip* 11(13): 2222–2230.

Isikman, S.O., I. Sencan, O. Mudanyali, W. Bishara, C. Oztoprak, and A. Ozcan. 2010. Color and monochrome lensless on-chip imaging of *Caenorhabditis elegans* over a wide field-of-view. *Lab on a Chip* 10(9): 1109–1112.

Khademhosseinieh, B., G. Biener, I. Sencan, and A. Ozcan. 2010a. Lensfree color imaging on a nanostructured chip using compressive decoding. *Applied Physics Letters* 97: 211112.

Khademhosseinieh, B., I. Sencan, G. Biener, T.-W. Su, A.F. Coskun, D. Tseng, and A. Ozcan. 2010b. Lensfree on-chip imaging using nanostructured surfaces. *Applied Physics Letters* 96: 171106.

Kim, S.-J., K. Koh, M. Lustig, S. Boyd, and D. Gorinevsky. 2007. An interior-point method for large-scale ℓ_1-regularized least squares. *IEEE Journal of Selected Topics in Signal Processing* 1(4): 606–617.

Lehner, B., C. Crombie, J. Tischler, A. Fortunato, and A.G. Fraser. 2006. Systematic mapping of genetic interactions in *Caenorhabditis elegans* identifies common modifiers of diverse signaling pathways. *Nature Genetics* 38(8): 896–903.

Llull, P., X. Liao, X. Yuan, J. Yang, D. Kittle, L. Carin, G. Sapiro, and D.J. Brady. 2013. Coded aperture compressive temporal imaging. *Optics Express* 21(9): 10526.

Luo, W., A. Greenbaum, Y. Zhang, and A. Ozcan. 2015. Synthetic aperture-based on-chip microscopy. *Light: Science & Applications* 4(3): e261.

McLeod, E., W. Luo, O. Mudanyali, A. Greenbaum, and A. Ozcan. 2013. Toward giga-pixel nanoscopy on a chip: A computational wide-field look at the nano-scale without the use of lenses. *Lab on a Chip* 13(11): 2028–2035.

Mellem, J.E., P.J. Brockie, D.M. Madsen, and A.V. Maricq. 2008. Action potentials contribute to neuronal signaling in *C. Elegans*. *Nature Neuroscience* 11(8): 865–867.

Mudanyali, O., E. McLeod, W. Luo, A. Greenbaum, A.F. Coskun, Y. Hennequin, C.P. Allier, and A. Ozcan. 2013. Wide-field optical detection of nanoparticles using on-chip microscopy and self-assembled nanolenses. *Nature Photonics* 7(3): 247–254.

Mudanyali, O., D. Tseng, C. Oh, S.O. Isikman, I. Sencan, W. Bishara, C. Oztoprak, S. Seo, B. Khademhosseini, and A. Ozcan. 2010. Compact, light-weight and cost-effective microscope based on lensless incoherent holography for telemedicine applications. *Lab on a Chip* 10(11): 1417–1428.

Neifeld, M.A. 1998. Information, resolution, and space-bandwidth product. *Optics Letters* 23(18): 1477.

Ozcan, A. 2014. Democratization of diagnostics and measurement tools through computational imaging and sensing, in *Imaging and Applied Optics 2014*, OSA Technical Digest (online), paper IM1C.1. doi: 10.1364/ISA.2014.IM1C.1.

Pinkston-Gosse, J. and C. Kenyon. 2007. DAF-16/FOXO targets genes that regulate tumor growth in *Caenorhabditis elegans*. *Nature Genetics* 39(11): 1403–1409.

Rohde, C.B., F. Zeng, R. Gonzalez-Rubio, M. Angel, and M.F. Yanik. 2007. Microfluidic system for on-chip high-throughput whole-animal sorting and screening at subcellular resolution. *Proceedings of the National Academy of Sciences of the United States of America* 104(35): 13891–13895.

Rust, M.J., M. Bates, and X. Zhuang. 2006. Sub-diffraction-limit imaging by stochastic optical reconstruction microscopy (STORM). *Nature Methods* 3(10): 793–796.

Sencan, I. 2013. Lensfree computational microscopy tools and their biomedical applications. Dissertation, University of California, Los Angeles, CA. http://gradworks.umi.com/35/94/3594279.html, accessed July 12, 2015.

Sencan, I., A.F. Coskun, U. Sikora, and A. Ozcan. 2014. Spectral demultiplexing in holographic and fluorescent on-chip microscopy. *Scientific Reports* (article no. 3760): 1–9.

Seo, S., S.O. Isikman, I. Sencan, O. Mudanyali, T.-W. Su, W. Bishara, A. Erlinger, and A. Ozcan. 2010. High-throughput lens-free blood analysis on a chip. *Analytical Chemistry* 82(11): 4621–4627.

Strange, K., ed. 2006. Techniques for analysis, sorting, and dispensing of *C. elegans* on the COPAS™ flow-sorting system. *Methods in Molecular Biology* 351: 275–286.

Su, T.-W., I. Choi, J. Feng, K. Huang, E. McLeod, and A. Ozcan. 2013. Sperm trajectories form chiral ribbons. *Scientific Reports* 3 (April): 1664.

Su, T.-W., A. Erlinger, D. Tseng, and A. Ozcan. 2010. Compact and light-weight automated semen analysis platform using lensfree on-chip microscopy. *Analytical Chemistry* 82(19): 8307–8312.

Tseng, D., O. Mudanyali, C. Oztoprak, S.O. Isikman, I. Sencan, O. Yaglidere, and A. Ozcan. 2010. Lensfree microscopy on a cellphone. *Lab on a Chip* 10(14): 1787.

Zhu, H., I. Sencan, J. Wong, S. Dimitrov, D. Tseng, K. Nagashima, and A. Ozcan. 2013. Cost-effective and rapid blood analysis on a cell-phone. *Lab on a Chip* 13(7): 1282–1288.

第五部分

相位恢复

第 13 章 相位恢复:最新发展综述

Kishore Jaganathan, Yonina C. Eldar, Babak Hassibi

13.1 引言

在许多物理测量系统中,人们可以只测量功率谱密度,即信号傅里叶变换的振幅平方。例如,在光学装置中,像 CCD 相机和光敏胶片这样的探测器件不能测量光波的相位,而是测量光通量。此外,在距离成像面足够远的距离,光场是由图像的傅里叶变换(已知相位因子)给出。因此在远场,光学器件本质上是测量傅里叶变换的振幅。由于相位对图像的大量结构信息进行了编码,因此没有相位会丢失重要的信息。根据信号的傅里叶振幅来重构信号的问题称为相位恢复[1-2],其具有悠久的历史,并且起源于工程和应用物理的众多领域,包括光学[3]、X 射线晶体学[4]、天文成像[5]、语音处理[6]、计算生物学[7]和盲解卷[8]。

仅从信号的傅里叶振幅来重构信号通常是很困难的。众所周知,由傅里叶变换来重构信号时,傅里叶相位通常比傅里叶振幅更重要[9]。为了证明这点,经 Shechtman 等[10]的允许,图 13-1 给出了一个综合性例子。图中显示以下数值仿真的结果:对两幅图像进行傅里叶变换、交换两幅图像的傅里叶相位、进行傅里叶逆变换。结果清楚地证明傅里叶相位的重要性。因此,简单地忽略相位信息并且完成傅里叶逆变换不会得到满意的恢复图像。反之,可以利用相位恢复算法。这里提供一个由给定的振幅并添加可能的先验信息来恢复相位的思路:用类似全息摄影中的复杂测量值装置替换,全息摄影通过与另一个已知光场的相干直接测量相位。

为了从数学上引出相位恢复问题,我们聚焦在离散的 1D 情况。令 $\boldsymbol{x} = (x[0], x[1], \cdots, x[N-1])^{\mathrm{T}}$ 是长度为 N 的信号,仅在$[0, N-1]$间隔内有非零数值。$\boldsymbol{y} = (y[0], y[1], \cdots, y[N-1])^{\mathrm{T}}$ 表示 N 点离散傅里叶变换(DFT),并且令 $\boldsymbol{z} = (z[0], z[1], \cdots, z[N-1])^{\mathrm{T}}$ 为傅里叶测量振幅的平方 $z[m] = |y[m]|^2$。相位恢复可以从数学上描述为

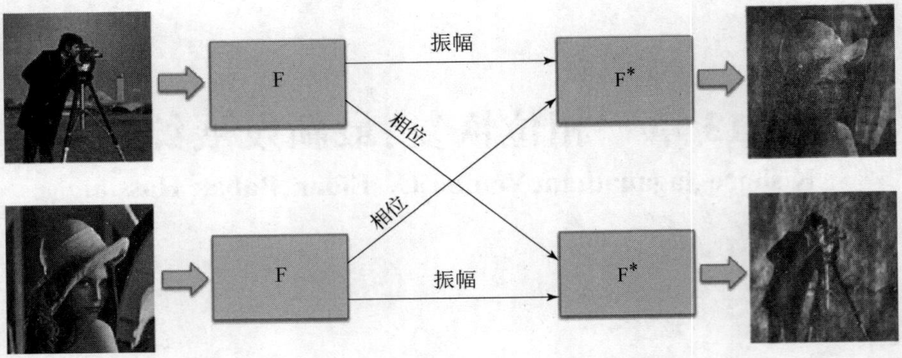

图 13－1 证明在傅里叶变换的信号重构中傅里叶相位重要性的综合示例
（感谢 Shechtman, Y. et al., IEEE Signal Process. Mag., 32(3), 87, 2015）

$$\begin{aligned}&\text{求解} \quad \boldsymbol{x}\\&\text{约束条件} \quad z[m]=|\langle \boldsymbol{f}_m,\boldsymbol{x}\rangle|^2 \quad 0\leqslant m\leqslant N-1\end{aligned} \tag{13.1}$$

式中：$\boldsymbol{f}_m$ 是 N 点 DFT 矩阵的第 m 列的共轭，其元素为 $e^{i2\pi(mn/N)}$；$\langle\cdot,\cdot\rangle$ 是内积算子。

（1）经典方法。

对于任意给定的傅里叶振幅，傅里叶相位可以从 N 维集合中选择。由于确定的相位通常对应于不同的信号，方程式（13.1）可能有多种 N 维解，表明相位恢复是一个严重的病态问题。一种可以尝试并克服病态问题的方法是利用 $M>N$ 点 DFT 完成过采样（为了全面了解参见 Fienup[11]）。典型的选择是 $M=2N$。本章使用的术语过采样（oversampling）指的是 $M=2N$ 点 DFT 的测量。

采用过采样的相位恢复可以等效地描述为采用信号的自相关测量值 $\boldsymbol{a}=(a[0],a[1],\cdots,a[N-1])^{\mathrm{T}}$ 的信号重构问题，即

$$\begin{aligned}&\text{求解} \quad \boldsymbol{x}\\&\text{约束条件} \quad a[m]=\sum_{j=0}^{N-1-m}x[j]x^*[m+j], \quad 0\leqslant m\leqslant N-1\end{aligned} \tag{13.2}$$

这是因为长度为 $M=2N$ 的 $\boldsymbol{a}$ 的 DFT 是由 $\boldsymbol{x}$ 给出的。

可见，由于时间平移算子、共轭翻转和信号的全局相位变化等不会影响自相关，因此存在多解问题。由这些算子得到的信号认为是等价的。如果可以恢复任何一个等价信号，那么对大多数的应用就足够了。例如，在天文学中潜在的信号对应于天空的恒星，或者在 X 射线晶体学中潜在的信号对应于晶体中的原子或分子，相同的答案对应同样的有用信息[4-5]。

已经看到在 1D 情况下，采用光谱分解不存在唯一解，而且方程式（13.2）的

可能解集将包含多达 2^N 个不同的解[12],(与方程式(13.1)的可能解集比较)这是个显著的进步,但是 2^N 仍然过大,因此过采样的相位恢复仍然是病态的。进一步增加对 $\boldsymbol{x}$ 的支撑约束对保证唯一解并没有帮助。然而,对于更高的数据维(2D 及以上),Hayes[13]表明利用维数并且排除一组零测度信号,采用过采样的相位恢复可以很好地解决多解问题。

正如后面进一步讨论的,为了保证 1D 情况下的唯一解,需要假设(或强制)添加对未知信号的约束,如稀疏性或者在测量数据中引入特定的冗余。即使对潜在信号的唯一确认在理论上是可能的,仍然不清楚如何获得有效的且鲁棒的唯一解。早期的相位恢复方法是基于迭代投影——Gerchberg and Saxton [14]开拓性的工作,在该框架下相位恢复重新用公式表述为下面的最小二乘问题:

$$\min_{\boldsymbol{x}} \sum_{m=0}^{M-1} \left(z[m] - |\langle \boldsymbol{f}_m, \boldsymbol{x} \rangle|^2\right)^2 \tag{13.3}$$

Gerchberg - Saxton(GS)算法试图通过随机初始化和反复对时域(支撑)及傅里叶振幅约束的投影来实现对该非凸集目标函数的极小化。详细的步骤在算法 13.1 中给出,目标函数显示随迭代过程单调递减。然而,由于是在凸集(用于时域约束)与非凸集(用于傅里叶振幅约束)之间投影,通常会收敛到局部最小,因此即使在无噪声情况下,算法只有有限的复原能力。

算法 13.1　Gerchberg - Saxton(GS)算法

输入:测量值 z 的傅里叶振幅的平方

输出:求解信号的估计值 $\hat{\boldsymbol{x}}$

初始化:选择随机输入信号 $\boldsymbol{x}^{(0)}, \ell = 0$

循环迭代

　$\ell \leftarrow \ell + 1$

　计算 $\boldsymbol{x}^{(\ell-1)}$ 的 DFT:$\boldsymbol{y}^{(\ell)} = \boldsymbol{F}\boldsymbol{x}^{(\ell-1)}$

　施加傅里叶振幅约束:$y'^{(\ell)}[m] = \dfrac{y^{(\ell)}[m]}{|y^{(\ell)}[m]|}\sqrt{z[m]}$

　计算 $\boldsymbol{y}'^{(\ell)}$ DFT 逆变换:$\boldsymbol{x}'^{(\ell)} = \boldsymbol{F}^{-1}\boldsymbol{y}'^{(\ell)}$

　施加时域约束得到 $\boldsymbol{x}^{(\ell)}$

返回 $\hat{\boldsymbol{x}} \leftarrow \boldsymbol{x}^{(\ell)}$

Fienup 在其开创性的工作中[15],通过添加时域约束以及在时域投影步骤引入若干变量对迭代投影框架进行了扩展。这方面最著名的是混合输入 - 输出

(HIO)算法,而HIO技术的基本框架类似于GS方法,前者包括为改进收敛性增加的时域校正步骤(correction step)(见详见Fienup[15])。HIO算法不保证收敛性,并且即使收敛,也可能收敛到局部最小。尽管如此,HIO方法以及其改进方法通常用于光学相位恢复。对于这些问题的理论和数值研究,建议读者参考文献[16-17]。

(2)最新方法。

最近,由于在光学中各种新的成像技术以及现代优化手段的进步和基于结构的信息处理[18-22],相位恢复已经得益于光学和数学界的大量研究。例如,在过去15年已经得到广泛关注的一种成像方式是相干衍射成像(CDI)[23],该方法采用相干波照射目标被,并且测量远场衍射强度图案。在实现CDI成像时,相位恢复算法是关键部分。正如下面详细描述的,从算法方面来说,半正定松弛和稀疏在现代相位恢复中起了主要的作用。

有关相位恢复的最新方法可以概括地分为两类:

①添加先验信息:受到压缩感知领域进步的影响[19-22],很多的研究者已经运用了信号中的稀疏性作为先验信息的理念[24-34]。如果信号在k个位置处有非零值且$k \ll N$,则长度为N的信号是k稀疏的,非零元素的确切位置和数值事先未知。稀疏相位恢复需要设定条件,在设置的条件下只有一个稀疏信号满足自相关测量,同时需要提出利用稀疏性来改善收敛、提高对噪声鲁棒性的算法。

②只增加振幅测量值:先进的技术使得只增加振幅测量值就能够获得关于信号更多的信息成为了可能。根据应用有不同的方法,常规的方法包括利用掩膜[35-36]、光栅[37]、斜射照明[38]以及利用相邻短时段重叠的短时傅里叶变换(STFT)幅度测量值[39-44]。主要的研究线路是识别必须增加的振幅测量值,以便保证恢复的一致性、有效性和鲁棒性。

在相位恢复文献中另一个普遍趋势是用随机测量替换傅里叶测量来达到分析目的,即用随机矢量$\boldsymbol{v}_m$替换$z[m]=|\langle \boldsymbol{v}_m,\boldsymbol{x}\rangle|^2$,这样比采用傅里叶测量更容易获得一致性和恢复保证[45-53]。由于本章主要聚焦在光学、天文等领域中自然存在的傅里叶相位恢复,因此在这里就不再继续这方面的工作。

对于算法,对待前面提到的两类相位恢复问题最近普遍的一种方法是采用半定规划(SDP)方法。SDP算法已经显示出对各种平方约束优化问题能够得到鲁棒性的解(见参考文献[53-56]以及类似的文献)。由于相位恢复存在平方约束,自然可以采用SDP技术来解决这一问题[25-27]。相位恢复(方程(13.1))的SDP规划可以通过著名的提升(lifting)算法获得——利用$\boldsymbol{X}=\boldsymbol{x}\boldsymbol{x}^*$变换,将$\boldsymbol{X}$插入更高维度的空间,那么傅里叶振幅的测量值是矩阵$\boldsymbol{X}$的线性函数:

$$z[m]=|\langle \boldsymbol{f}_m,\boldsymbol{x}\rangle|^2=\boldsymbol{x}^*\boldsymbol{f}_m\boldsymbol{f}_m^*\boldsymbol{x}=\mathrm{tr}(\boldsymbol{f}_m\boldsymbol{f}_m^*\boldsymbol{x}\boldsymbol{x}^*)=\mathrm{tr}(\boldsymbol{f}_m\boldsymbol{f}_m^*\boldsymbol{X})$$

因此,相位恢复退化为寻找满足仿射测量约束的一阶半正定矩阵 $\boldsymbol{X}$,重新用公式表示如下:

$$\begin{aligned}&\text{最小化} && \operatorname{rank}(\boldsymbol{X})\\&\text{约束条件} && z[m]=\operatorname{tr}(\boldsymbol{f}_m\boldsymbol{f}_m^*\boldsymbol{X}),\quad 0\leqslant m\leqslant N-1\\& && \boldsymbol{X}\geqslant 0\end{aligned}$$

不幸的是,rank($\boldsymbol{X}$)是 $\boldsymbol{X}$ 的非凸函数。为了得到凸规划,一种可能的方法是用凸近似 tr($\boldsymbol{X}$)替换 rank($\boldsymbol{X}$)[22,57],结果凸 SDP 为

$$\begin{aligned}&\text{最小化} && \operatorname{tr}(\boldsymbol{X})\\&\text{约束条件} && z[m]=\operatorname{tr}(\boldsymbol{f}_m\boldsymbol{f}_m^*\boldsymbol{X}),\quad 0\leqslant m\leqslant N-1\\& && \boldsymbol{X}\geqslant 0\end{aligned}\tag{13.4}$$

该方法请参见文献[25]。

众所周知,SDP 算法一般是鲁棒的。然而,由于包含高维变换,算法有计算要求。最新替代方法是利用基于梯度的技术和恰当的初始化。对于随机测量情况,Netrapalli 等[52]提出交替极小算法,以及 Candes 等[58]建议基于维尔丁格流(wirtinger flow,WF)的非凸算法。除了这些普通的技术,已经开发出有效的相位恢复算法,这些方法利用了稀疏性[59]以及专门的仅振幅测量的优势。特别是灵活的掩膜设计允许采用简单的组合算法进行相位恢复[60-63]。

本章的目的是给出有关相位恢复的最新进展综述,包括理论和算法。我们特别聚焦在采用掩膜的稀疏相位恢复以及由 STFT 振幅的相位恢复。我们为读者提供最近的相关综述[10],这些综述包括光学领域的应用以及相位恢复和一些算法方面的历史回顾。

本章其他部分是这样组织的,在 13.2 节中,强调稀疏相位恢复,稀疏相位恢复是由信号傅里叶振幅重构稀疏信号的问题。在 13.3 节中,考虑利用掩膜的相位恢复。在 13.4 节中,研究 STFT 相位恢复,在这种方法中测量值对应于 STFT 振幅。对于这三个问题,每一个我们都给出有效的一致性保证的详细解释,并且描述各种恢复算法。本章以 13.5 节结束。

13.2　稀疏相位恢复

在许多相位恢复应用中,由于装置的物理属性,求解信号是自然稀疏的。例如,电子显微镜处理稀疏分布的原子或分子[4],而天文成像关注稀疏分布的恒星[5]。更一般的情况是稀疏性先验知识意味着未知信号具有某些特征结构,或者等价于未知信号具有少量的自由度。最简单的情况是预先已知目标是以紧支基表示,这种基指的是稀疏基或字典。当这一字典不是预先给定,那么通常可以

从测量值中学习[64]或者从具有类似特征的异源数据中学习,这些异源数据也许是现成的[19]。稀疏先验已经广泛用于工程技术、统计等许多领域,并且已经很好地用于各类图像和信号的建模。最近,稀疏性的使用也已经在光学应用中流行起来,包括全息成像[65]、超分辨和亚波长成像[66-72]、曲面(ankylography)成像[73-74]和层析成像[75]。

如果事先已知感兴趣信号是稀疏的,那么就有可能求解满足傅里叶振幅测量值的最稀疏解,那么我们的问题可以写成

$$\begin{aligned}&\text{最小化} \quad \|\boldsymbol{x}\|_0\\&\text{约束条件} \quad z[m]=|\langle \boldsymbol{f}_m,\boldsymbol{x}\rangle|^2,\quad 0\leqslant m\leqslant M-1\end{aligned} \tag{13.5}$$

这里$\|\cdot\|_0$是ℓ_0范数,是其变量的非零项的个数。当$M=2N$,稀疏相位恢复等效于从信号自相关重构稀疏信号问题。

13.2.1 唯一性

我们先回顾目前稀疏相位恢复(方程(13.5))唯一性的结论,这些结论的总结见表13-1。由于时间平移、共轭翻转以及信号的全局相位变化等操作不会改变信号的稀疏性,因此类似于标准的相位恢复,针对这一类多解问题的复原是可行的。

表13-1 有关稀疏相位恢复唯一性的结论(采用$M\geqslant 2N$点DFT)

1D信号	对于非周期支撑信号几乎必然是唯一的[26] 对于自相关没有混叠(且$k\neq 6$)的信号具有唯一性[33] 满足k^2-k+1个傅里叶振幅测量值[34]
≥2D信号	几乎必然是唯一的[13] 对于自相关没有混叠的信号具有唯一性[33]

常见的唯一性结论由Jaganathan等提出[26],该结论表明,具有非周期支撑的大多数稀疏信号利用维数可以由信号的自相关唯一辨识。如果信号的非零项位置是等间隔或非等间隔,那么信号分别具有周期支撑或非周期支撑。例如,考虑长度$N=5$的信号$\boldsymbol{x}=(x[0],x[1],x[2],x[3],x[4])^{\mathrm{T}}$。

(1)可能的非周期支撑:$\{n\mid \times[n]\neq 0\}=\{0,1,3\},\ \{1,2,4\}$

(2)可能的周期支撑:$\{n\mid \times[n]\neq 0\}=\{0,2,4\},\ \{0,1,2,3,4\}$

因此,如果已知感兴趣信号具有非周期支撑,那么稀疏相位恢复几乎必然是适定的。然而,请注意,这仍然不能提供求解稀疏输入的有效的鲁棒性方法。Lu和Vetterli[31]文献解释了为什么恢复周期支撑的稀疏信号通常是不可能的。

特别是,文献证明了周期支撑的稀疏信号可以看成非稀疏信号的上采样,那么在这种情况下稀疏相位恢复等于相位恢复,因此大多数的这种信号不能从原信号的自相关唯一辨识出来。

文献[33]表明,如果信号的自相关是无混叠且稀疏度 $k \neq 6$,那么已知自相关就足以唯一辨识 1D 稀疏信号。如果对于所有的下角标 $\{i_1, i_2, i_3, i_4\}$ 有 $\{x[i_1], x[i_2], x[i_3], x[i_4]\} \neq 0$, $|i_1 - i_2| \neq |i_3 - i_4|$,那么就认为信号 $\boldsymbol{x}$ 具有无混叠自相关。换句话说,如果信号中不存在两对位置间隔相等的非零值,那么就认为信号具有无混叠自相关。对于更高的维数,该作者认为稀疏度 $k \neq 6$ 不是必需的。该结论在文献[34]中得到进一步的细化,该文献表明 $k^2 - k + 1$ 个傅里叶振幅测量值足以恢复信号的自相关。

13.2.2 算法

基于交替投影和 SDP 的相位恢复算法已经用于稀疏相位恢复的求解。本节首先描述两个过渡算法,解释其局限性,其次描述两个强大的稀疏相位恢复算法:两级稀疏相位恢复(two - stage sparse phase retrieval, TSPR)[28]和贪婪稀疏相位恢复(grEedy sparse phAse retrieval, GESPAR)[30]。可以证明,TSPR 能够恢复大多数 $O(N^{1/2-\varepsilon})$ 稀疏信号直至多解问题。进一步,对于大多数 $O(N^{1/4-\varepsilon})$ 稀疏信号,在存在噪声的情况下,恢复算法是鲁棒的。已经表明 GESPAR 具有快速和精确的恢复结果,并且已经用于一些光学应用的相位恢复[67,70-72,74]。

(1) 交替投影:通过时域约束中加入自适应步骤来提升稀疏度,Fienup 的 HIO 算法已经扩展到求解稀疏相位恢复。这可以通过几种方式来完成。例如,将绝对值小于特定阈值的位置置零。或者,将绝对值最大的 k 个位置保留,其他位置置零[32]。在无噪声情况下,如果考虑多个随机初始值并且待求解信号足够稀疏,那么稀疏性约束在一定程度上会减少收敛问题。然而在噪声条件下,收敛问题仍然存在。

(2) 基于 SDP 的方法:众所周知,作为 ℓ_0 极小化的凸集替代,ℓ_1 极小化提升了稀疏求解方法[21],因此,求解稀疏相位恢复的常规凸程规划为

$$\begin{aligned} &\text{最小化} \quad && \operatorname{tr}(\boldsymbol{X}) + \lambda \|\boldsymbol{X}\|_1 \\ &\text{约束条件} \quad && z[m] = \operatorname{tr}(\boldsymbol{f}_m \boldsymbol{f}_m^* \boldsymbol{X}), \quad 0 \leqslant m \leqslant M-1 \\ & && \boldsymbol{X} \geqslant 0 \end{aligned} \tag{13.6}$$

对于正则系数 $\lambda > 0$。这种方法已经在普通的稀疏信号相位恢复[48,50-51]等相关问题中获得巨大成功,但是该方法对于解决稀疏相位恢复往往是失败的。

这里多解问题(由于时间平移和共轭翻转)仍然没有解决。如果 $\boldsymbol{X}_0 = \boldsymbol{x}_0 \boldsymbol{x}_0^*$

是想要得到的稀疏解，那么 $\tilde{\boldsymbol{X}}_0=\tilde{\boldsymbol{x}}_0\tilde{\boldsymbol{x}}_0^*$，这里 $\tilde{\boldsymbol{x}}_0$ 是 $\boldsymbol{x}_0$ 的共轭翻转，$\boldsymbol{X}_j=\boldsymbol{x}_j\boldsymbol{x}_j^*$，这里 $\boldsymbol{x}_j$ 是由 $\boldsymbol{x}_0$ 时间平移 j 单位得到的信号，并且 $\tilde{\boldsymbol{X}}_j=\tilde{\boldsymbol{x}}_j\boldsymbol{x}_j^*$，这里 $\tilde{\boldsymbol{x}}_j$ 是 $\tilde{\boldsymbol{x}}_0$ 时间平移 j 单位得到的信号，也可以与 $\boldsymbol{X}_0$ 目标值一样。由于方程式(13.6)是凸规划，任何凸规划的求解方法同样是可行的，并且目标值小于或等于 $\boldsymbol{X}_0$，因此这种求解方法的优化器既不是稀疏的又不是秩为 1。为了突破这一对称性，已经提出了许多启发式迭代方法[25,27,29]。这些启发式方法擅长利用成功的经验，但是由于每一次迭代包含高维凸规划的求解，并且为了收敛需要多次迭代，因此这种方法非常耗时。

(3) TSPR：凸规划(方程式(13.6))对求解稀疏相位恢复是失败的，其主要原因是多解带来的问题，这一问题的起因是信号的支撑是未知这一事实。为了解决这一问题，Jaganathan 等提出了 TSPR[28]，该算法涉及：①采用有效的算法估计信号支撑；②根据已知的支撑利用凸规划(方程式(13.6))估计信号值。

TSPR 的第一步包括由自相关支撑(记为 B)恢复信号支撑(记为 V)，这一步相当于从成对的距离(也称为收费公路问题[76-78])中恢复整数集。例如，认为整数集为 $V=\{2,5,13,31,44\}$，其成对距离集为 $B\{0,3,8,11,13,18,26,29,31,39,42\}$，收费公路问题是由 B 重构 V。在文献[28]中证明，不失一般性，对于多解问题，总是可以构建一种解 $U=\{u_0,u_1,\cdots,u_{k-1}\}$，$U$ 是 B 的一个子集。本质上 TSPR 利用两个交集步长和一个图表步长估计了 B 中所有不属于 U 的整数。在文献[28]中对这些步长做出了说明。至于第二步，尽管包含自举(lifting)，由于第一步得到的支撑，问题的维数从 N 减少到 k。在噪声条件下，TSPR 考虑 B 的成对距离集合以及一系列广义交集步长来保证稳健地恢复。可以证明，TSPR 可以有效恢复大部分 $O(N^{1/2-\varepsilon})$ 的稀疏信号以及鲁棒性恢复大部分 $O(N^{1/4-\varepsilon})$ 的稀疏信号。在算法 13.2 中简要地概括了这些步骤。感兴趣的读者可以参考文献[28]。

算法 13.2 TSPR(噪声情况请参阅 Jaganathan[28])

输入：自相关测量值 $\boldsymbol{a}$

输出：待求解稀疏信号的稀疏估计 $\hat{x}$

1. 得到 $B=\{n\mid a[n]\neq 0\}$
2. 由 B 推断 $\{u_0,u_1,\cdots,u_{k-1}\}$
3. 采用 u_1 的交集步长：得到 $Z=0\cup(B\cap(B+u_1))$
4. 采用 (Z,B) 的图表步长：对于 $t=\sqrt[3]{\log(k)}$ 得到 $\{u_2,u_3,\cdots,u_t\}$
5. 采用 $\{u_2,u_3,\cdots,u_t\}$ 交集步长得到 U

续表

6. 求解下面方程得到 $\hat{\boldsymbol{X}}$

$$
\begin{aligned}
&\text{最小化} \quad \operatorname{tr}(\boldsymbol{X}) \\
&\text{约束条件} \quad z[m]=\operatorname{tr}(\boldsymbol{f}_m\boldsymbol{f}_m^*\boldsymbol{X}),0\leqslant m\leqslant M-1 \\
&\qquad\qquad\quad \text{如果}\{n_1,n_2\}\notin U\text{ 则 }X[n_1,n_2]=0 \\
&\qquad\qquad\quad \boldsymbol{X}\geqslant 0
\end{aligned}
\tag{13.7}
$$

7. 返回 $\hat{\boldsymbol{x}}$，这里 $\hat{\boldsymbol{x}}\hat{\boldsymbol{x}}^*$ 是 $\hat{\boldsymbol{X}}$ 的最佳秩 – 1 的近似。

(4) GESPAR：在文献[30]中，提出了称为 GESPAR 的基于稀疏最优的贪婪搜索方法。稀疏相位恢复重新用公式表示为下面的稀疏约束的最小二乘问题：

$$
\begin{aligned}
&\min_{\boldsymbol{x}} \qquad \sum_{m=0}^{M-1}(z[m]-|\langle\boldsymbol{f}_m,\boldsymbol{x}\rangle|^2)^2 \\
&\text{约束条件} \quad \|\boldsymbol{x}\|_0\leqslant k
\end{aligned}
\tag{13.8}
$$

GESPAR 是局部搜索方法，它基于对信号支撑的迭代更新，并且搜索与当前支撑下测量值对应的矢量。局部搜索方法是一种以初始随机支撑集为开始的反复调用，然后在每一步迭代中，完成支撑与非支撑角标的交换。在交换中只改变两个元素（一个在支撑集，一个在非支撑集），下面称为 2 – opt 方法[79]。给定信号支撑，那么相位恢复就可以看成非凸优化问题，并且采用阻尼高斯 – 牛顿方法来近似[80]。

GESPAR 已经用于光学应用的相位恢复，包括 1D 目标的 CDI[67,71]、时域稀疏变化目标的高效 CDI[70]以及借助波导阵列的相位恢复[72]。在算法 13.3 中简要地概括了这些步骤。感兴趣的读者可以参考文献[30]。

算法 13.3　GESPAR（详细内容请参见 Shechtman [30]）

输入：自相关测量值 $\boldsymbol{a}$，参数 τ 和 ITER

输出：待求解稀疏信号的稀疏估计 $\hat{\boldsymbol{x}}$

初始化：令 $T=0,j=0$

1. 产生大小为 k 的随机支撑集 $S^{(0)}$
2. 对支撑 $S^{(0)}$ 调用阻尼高斯 – 牛顿方法，得到 $\boldsymbol{x}^{(0)}$

一般步骤($j=1,2,\cdots$)：

3. 更新支撑：令 p 是 $S^{(j-1)}$ 对应于 $\boldsymbol{x}^{(j-1)}$ 中最小绝对值元素的角标，q 是 $S^{(j-1)}$ 补集对应于 $\nabla f(\boldsymbol{x}^{(j-1)})$ 中最大绝对值元素的角标，这里 $\nabla f(\boldsymbol{x})$ 是最小二乘目标函数（方程(13.8)）的梯度。T 加 1，并且交换角标 p 与 q，即 $S'=(S^{(j-1)}\setminus\{p\})\cup\{q\}$

续表

4. 对给定的支撑最小化：对支撑域 S'，调用阻尼高斯－牛顿方法，得到 $\boldsymbol{x}'$ 如果 $f(\boldsymbol{x}') < f(\boldsymbol{x}^{(j-1)})$，那么令 $S^{(j)} = S'$，$\boldsymbol{x}^{(j)} = \boldsymbol{x}'$，$j$ 递增，并且返回第 3 步。如果交换后没有得到更好的目标函数值，则回到第 1 步
直到 $f(x) < \tau$ 或者 $T >$ ITER
返回 $\hat{\boldsymbol{x}} \leftarrow \boldsymbol{x}^{(t)}$

13.2.3 数值仿真

本节将采用数值仿真的方法证明 TSPR 和 GESPAR 的性能。

我们比较 Fienup HIO 算法、TSPR 和 GESPAR 在无噪声条件下的相位恢复能力。假设稀疏信号长度为 $N = 6400$，稀疏度变化范围 $20 \leqslant k \leqslant 90$。对于每一个稀疏度，完成 100 次测试，非零数值的位置随机均匀选取，并且非零位置的数值从 i. i. d 标准正态分布中选取。200 次随机初始化下运行 Fienup HIO 算法；GE SPAR 在参数 $\tau = 10^{-4}$ 且 ITER = 10000 条件下运行。这些算法成功恢复信号的概率与稀疏度的关系如图 13－2(a)所示。可以看出，在三种算法中 GESPAR 具有最佳实验性能：GESPAR 在稀疏度高达 57 仍能恢复信号，而 TSPR 在稀疏度最高到 53 时能恢复信号。GESPAR 和 TSPR 性能明显好于 HIO 算法。

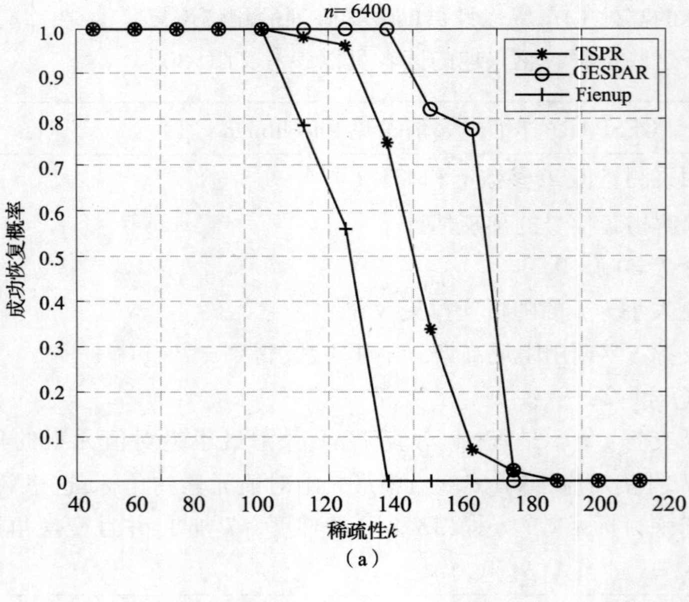

(a)

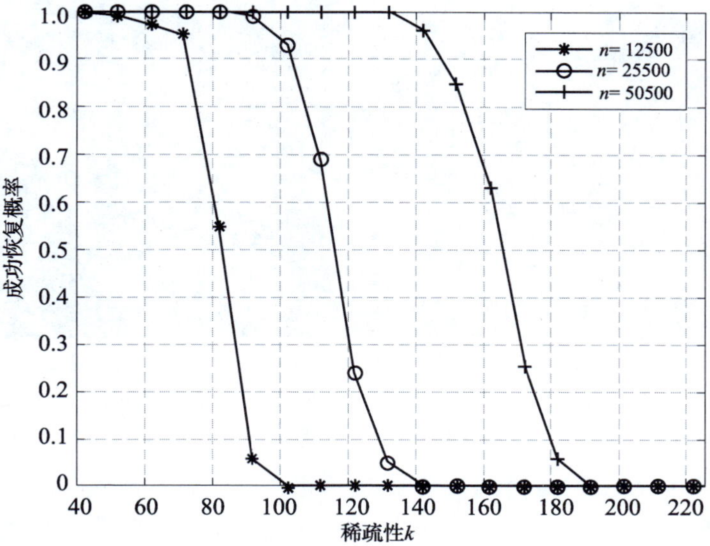

(b)

图 13－2　不同稀疏相位恢复算法的性能

(a) $N=6400$ 并且选择不同 k 值的成功恢复概率；(b) 选择不同的 N 和 k，TSPR 成功恢复的概率（感谢 Jaganathan, K. et al., Sparse phase retrieval: Uniqueness guarantees and recovery algorithms, arXiv: 131 1.2745, 2015; Courtesy of Shechtman, Y. et al., *IEEE Trans. Signal Process.*, 62(4), 928, 2014)

在图 13－2(b)中画出了 $N=\{12500, 25000, 50000\}$、TSPR 成功恢复信号的概率与稀疏度关系。TSPR 的理论保证 $O(N^{1/2-\varepsilon})$ 毫无疑问地得到经验上的证实。例如，选择 $N=12500, k=80$ 和 $N=50500, k=160$ 成功概率为 0.5。

13.3　采用掩膜的相位恢复

为了求解唯一的傅里叶相位，许多研究人员已经探索了利用掩膜仅测量振幅方法，主要思想可以概括为了减轻相位恢复的唯一性和算法问题，采用多个掩膜来获得信号的附加信息。有许多实际可以实现的方法，这取决于具体的应用。在 Candes 等[25]的文献中总结了几种方法：①掩膜法。采样后的相位利用掩膜或者相位板来修改[35－36]。在图 13－3 中给出了原理描述（感谢 Candes [56]）。②光栅法。利用光栅对照明光束进行调制[37]，采用类似于图 13－3 的装置。③倾斜照明法。调制后的照明光束以一定角度照射在样本上[38]。

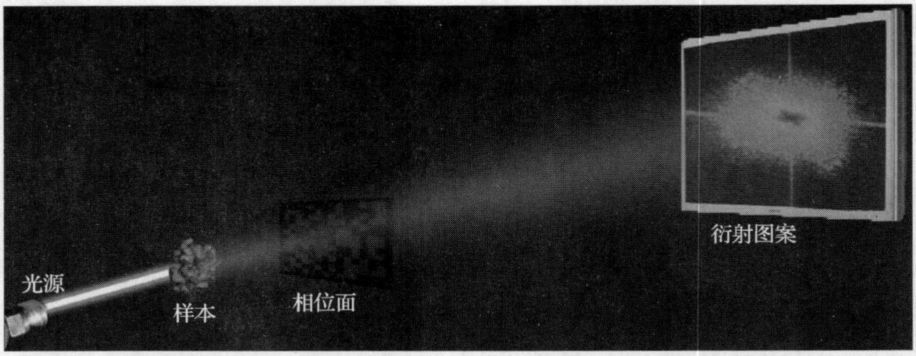

图 13-3 采用掩膜或调制光源的典型相位恢复装置(转载自 *Applied and Computational Harmonic Analysis*, 39(2), Candes, E. J., Li, X., and Soltanolkotabi, M., Phase retrieval from coded diffraction patterns, 277-299, Copyright 2015。授权于 Elsevier)

假设利用 R 掩膜(或者调制光源)对傅里叶振幅平方的测量值进行采集,对于 $0 \leqslant r \leqslant R-1$,令 $\boldsymbol{D}_r$ 是 $N \times N$ 的对角矩阵,对应于第 r 个掩膜或者调制光源,对角线上元素为 $(d_r[0], d_r[1], \cdots, d_r[N-1])$。令 $\boldsymbol{Z}$ 表示 $N \times R$ 的测量振幅的平方,$\boldsymbol{Z}$ 的第 r 列对应于掩膜信号 $\boldsymbol{D}_r\boldsymbol{x}$ 的 N 点 DFT 的振幅平方,那么采用掩膜的相位恢复简化为下面的重构问题:

$$\begin{aligned} &\text{求解} \quad \boldsymbol{x} \\ &\text{约束条件} \quad \boldsymbol{Z}[m,r] = |\langle \boldsymbol{f}_m, \boldsymbol{D}_r\boldsymbol{x} \rangle|^2,\ 0 \leqslant m \leqslant N-1,\ 0 \leqslant r \leqslant R-1 \end{aligned} \tag{13.9}$$

问题是为了保证唯一性,需要多少个掩膜。一般情况下,这是一个挑战性问题,但是在面对大多数信号唯一性辨识时是可以得到结果的。最著名的结论源自文献[60],文献表明,如果考虑 $M \geqslant 2N$ 点 DFT,两个普通的掩膜就足以对大多数信号甚至整体相位做出唯一辨识。虽然这是一个令人信服的可辨识结果,但是如何从这些测量值中有效且鲁棒地恢复待求解信号仍然不清楚。因此,另一个问题需要解答,就是哪种掩膜以及多少掩膜才能满足唯一、高效且鲁棒地恢复潜在信号的需要。

13.3.1 唯一性和算法

对于选择的某些掩膜,基于 SDP 和随机梯度下降(WF 算法[58])的相位恢复算法已经用于利用掩膜的相位恢复求解中,该算法对于某些选择的掩膜是唯一、高效和鲁棒性的。对于专门设计的掩膜,也已经开发出组合算法,这些算法考虑了无噪声环境下唯一高效的重构。下面,研究与选定掩膜对应的主要算法。

(1) SDP 方法。

在文献[56,60]中已经采用考虑了掩膜的基于 SDP 的相位恢复,求解方程如下

$$
\begin{aligned}
&\text{极小化} \quad \operatorname{tr}(\boldsymbol{X})\\
&\text{约束条件} \quad \boldsymbol{Z}[m,r]=\operatorname{tr}(\boldsymbol{D}_r^*\boldsymbol{f}_m\boldsymbol{f}_m^*\boldsymbol{D}_r\boldsymbol{X}),\ 0\leqslant m\leqslant N-1,\ 0\leqslant r\leqslant R-1\\
&\qquad\qquad\ \boldsymbol{X}\geqslant 0
\end{aligned} \tag{13.10}
$$

为了给出恢复保证,在文献[56]中掩膜是从随机模型中选择。特别是假设了对角矩阵 $\boldsymbol{D}_r$ 是矩阵 $\boldsymbol{D}$ 的 i. i. d 复制,对角矩阵的元素由满足下面属性的随机变量 d 的 i. i. d 复制组成:

$$
\mathbb{E}[d]=0 \quad \mathbb{E}[d^2]=0 \quad \mathbb{E}|d|^4=2\,\mathbb{E}|d|^2
$$

可接受的随机变量由 $d=b_1b_2$ 给出,这里 b_1 和 b_2 是独立同分布

$$
b_1=\begin{cases}1 & \text{概率为}\dfrac{1}{4}\\ -1 & \text{概率为}\dfrac{1}{4}\\ i & \text{概率为}\dfrac{1}{4}\\ -i & \text{概率为}\dfrac{1}{4}\end{cases}\qquad b_2=\begin{cases}1 & \text{概率为}\dfrac{4}{5}\\ \sqrt{6} & \text{概率为}\dfrac{1}{5}\end{cases} \tag{13.11}
$$

这一模型表明,在无噪声条件下,对于某些数值常数 c,$R\geqslant c\log^4 N$ 的掩膜足以采用凸规划以高概率唯一恢复潜在信号直至全部相位,在文献[61]中该结果进一步精确为 $R\geqslant c\log^2 N$。

在文献[60]中采用了特殊定制的掩膜替代随机掩膜,在无噪声条件下如果采用 $M\geqslant 2N$ 点 DFT,两种掩膜都足以从凸规划(方程(13.10))唯一恢复非零信号直到全部相位。对每一个 $0\leqslant n\leqslant N-1$,如果 $\boldsymbol{x}[n]\neq 0$,那么长度为 N 的信号 $\boldsymbol{x}$ 是非零的。特别是提出了两种掩膜$\{\boldsymbol{I},\boldsymbol{D}_1\}$,这里 $\boldsymbol{I}$ 是 $N\times N$ 的单位矩阵,$\boldsymbol{D}_1$ 是对角矩阵,且对角线上元素由下面给出

$$
d_1[n]=\begin{cases}0, & n=0\\ 1, & 1\leqslant n\leqslant N-1\end{cases} \tag{13.12}
$$

该结果通过采用五个掩膜$\{\boldsymbol{I},\boldsymbol{D}_2,\boldsymbol{D}_3,\boldsymbol{D}_4,\boldsymbol{D}_5\}$已经扩展到 N 点 DFT 情况。这里$\{\boldsymbol{I},\boldsymbol{D}_2,\boldsymbol{D}_3,\boldsymbol{D}_4,\boldsymbol{D}_5\}$是对角矩阵,对角线上元素为

$$
d_2[n]=\begin{cases}1, & 0\leqslant n\leqslant\lfloor N/2\rfloor\\ 0, & \text{其他}\end{cases}\qquad d_3[n]=\begin{cases}1, & 1\leqslant n\leqslant\lfloor N/2\rfloor\\ 0, & \text{其他}\end{cases}
$$

$$
d_4[n]=\begin{cases}1, & \lfloor N/2\rfloor\leqslant n\leqslant N-1\\ 0, & \text{其他}\end{cases}\qquad d_5[n]=\begin{cases}1, & \lfloor N/2\rfloor+1\leqslant n\leqslant N-1\\ 0, & \text{其他}\end{cases}
$$

在噪声情况下,经验证明前面提到的随机相位掩膜和确定掩膜的信号恢复是稳定的。在确定掩膜的情况下,在文献[60]中给出了稳定性保证。

(2) Wirtinger Flow 算法。

对于未知信号恢复的另一种方法是基于 WF 的方法[58],该方法采用梯度下降法来求解最小二乘问题:

$$\min_{\boldsymbol{x}} \sum_{r=0}^{R-1} \sum_{m=0}^{N-1} (Z[m,r] - |\langle \boldsymbol{f}_m, \boldsymbol{D}_r \boldsymbol{x} \rangle|^2)^2 \tag{13.13}$$

这种非凸目标的极小化通常是 NP – hard 问题,采用梯度下降类方法有望求解这类问题;然而求解性能严重依赖于初始条件和更新策略,因为不同的初始条件和更新规则会导致收敛到不同的(可能是局部)极小值。

WF 是梯度下降类算法,该算法通过光谱方法得到精确的初始条件。对于各种基于光谱方法的初始策略读者可以参考文献[58],然后初始估计值采用特定更新规则迭代更新。可以证明,WF 的平均更新次数与随机梯度原理的平均更新次数一样。因此,可以认为 WF 与随机梯度下降算法一样,可以获得真实梯度的无偏估计。作者推荐在初始迭代时采用更小的步长,之后采用更大的步长。在无噪声条件下,当选择了满足类似方程式(13.11)性质分布的随机模型的掩膜,即 $R \geqslant c\log^4 N$,那么对于某些常数 c,WF 算法足以以较高的概率唯一地恢复出待求解信号乃至全部相位。在算法 13.4 中给出了 WF 的简要概括。

算法 13.4 WF 算法

输入:测量值 $\boldsymbol{Z}$ 的振幅平方和调制 $\{\boldsymbol{D}_0, \boldsymbol{D}_1, \cdots, \boldsymbol{D}_{R-1}\}$,参数 $\mu_{\max}$ 和 t_0

输出:待求解稀疏信号的估计 $\hat{\boldsymbol{x}}$

根据光谱方法(见 Candes[58] 的各种方法)初始化 $\boldsymbol{x}^{(0)}$:对应于最大特征值的特征矢量为

$$\frac{1}{RN}\left(\sum_{r=0}^{R-1} \sum_{m=0}^{N-1} Z[m,r](\boldsymbol{D}_r^* \boldsymbol{f}_m \boldsymbol{f}_m^* \boldsymbol{D}_r)\right)$$

循环迭代:

采用下面策略更新估计值 $\boldsymbol{x}^{(t+1)}$

$$\boldsymbol{x}^{(t+1)} = \boldsymbol{x}^{(t)} + \frac{\mu}{\|\boldsymbol{x}^{(0)}\|^2}\left(\frac{1}{RN}\left(\sum_{r=0}^{R-1} \sum_{m=0}^{N-1} (Z[m,r] - |\langle \boldsymbol{f}_m, \boldsymbol{D}_r \boldsymbol{x}^{(t)} \rangle|^2) \boldsymbol{D}_r^* \boldsymbol{f}_m \boldsymbol{f}_m^* \boldsymbol{D}_r \boldsymbol{x}^{(t)}\right)\right)$$

$\mu = \min(1 - \mathrm{e}^{-t/t_0}, \mu_{\max})$

$t \leftarrow t + 1$

返回 $\hat{\boldsymbol{x}} \leftarrow \boldsymbol{x}^{(t)}$

(3) 组合方法(无噪声条件下)。

对于选择的某些掩膜,可以采用有效的算法来恢复未知信号,这里掩膜的选择与重构技术紧密相连,然而,这些方法在噪声条件下通常是不稳定的。

在文献[60]中,对于两个掩膜$\{\boldsymbol{I},\boldsymbol{D}_1\}$提出了组合算法,文献表明可以恢复未知信号乃至全部相位。算法通过自相关表示测量值导出

$$a_0[m] = \sum_{j=0}^{N-1-m} x[j]x^*[j+m]$$

$$a_1[m] = \sum_{j=0}^{N-1-m} x[j]x^*[j+m],\quad 0 \leqslant m \leqslant N-1$$

注意,$a_0[0]-a_1[0]=|x[0]|^2$,$|x[0]|$的数值可以立即推断出来。由于$a_0[m]-a_1[m]=x[0]x^*[m]$,对于$1\leqslant m\leqslant N-1$的$x[m]$随后确定,直到相位混叠。

另一种组合算法是由 Candes 等提出[25],这种方法针对三个掩膜$\{\boldsymbol{I},\boldsymbol{I}+\boldsymbol{D}^s,\boldsymbol{I}-\mathrm{i}\boldsymbol{D}^s\}$,这里$s$是与$N$互质的任意整数,$\boldsymbol{D}$是对角矩阵,且对角项为

$$d[n]=\mathrm{e}^{\mathrm{i}2\pi\frac{n}{N}},\quad 0\leqslant n\leqslant N-1$$

这表明,具有非零值的N点 DFT 信号可以采用这些掩膜唯一恢复直至全部相位。的确,这种情况得到的测量值提供了$|y[n]|^2$,$|y[n]+y[n-s]|^2$以及$|y[n]-\mathrm{i}y[n-s]|^2(0\leqslant n\leqslant N-1)$的信息($n-s$理解为对$N$取模)。对于$0\leqslant n\leqslant N-1$,记$y[n]=|y[n]|\mathrm{e}^{\mathrm{i}\phi(n)}$,则有

$$|y[n]+y[n-s]|^2=|y[n]|^2+|y[n-s]|^2+2|y[n]||y[n-s]|\mathrm{Re}(\mathrm{e}^{\mathrm{i}(\phi[n-s]-\phi[n])})$$

$$|y[n]+iy[n-s]|^2=|y[n]|^2+|y[n-s]|^2+2|y[n]||y[n-s]|\mathrm{Im}(\mathrm{e}^{\mathrm{i}(\phi[n-s]-\phi[n])})$$

所以,如果$y[n]\neq 0(0\leqslant n\leqslant N-1)$,那么测量值给出了相对相位$\phi[n-s]-\phi[n](0\leqslant n\leqslant N-1)$,不失一般性,通过设置$\phi[0]=0$,由于$s$与$N$互质,对于$1\leqslant n\leqslant N-1$,可以推断出$\phi[n]$。由于大多数信号的$N$点 DFT 具有非零值,这三个掩膜可以用于有效恢复大多数信号。

为了能够恢复所有信号(与恢复大多数信号相反),Bandeira[62]和 Alexeev[77]提出基于偏振的技术。文献表明,对于这种技术,$O(\log N)$个掩膜(详见文献[62])就足够了。

在文献[63]中,作者研究了基于编码理论的三个掩膜$\{\boldsymbol{I},\boldsymbol{I}+\boldsymbol{e}_0\boldsymbol{e}_0^*,\boldsymbol{I}+i\boldsymbol{e}_0\boldsymbol{e}_0^*\}$组合算法,这里$\boldsymbol{e}_0$是$N\times 1$的列矢量$(1,0,\cdots,0)^{\mathrm{T}}$。对于$x[0]\neq 0$的信号,研究表明$|x[0]|$的数值能够以较高概率唯一获得。不失一般性,将$x[0]$的相位置零,通过求解一组代数方程得到$x[n](0\leqslant n\leqslant N-1)$相对于$x[0]$的相位。

本节基于掩膜的相位恢复的回顾总结见表 13－2。

表 13－2　采用掩膜的相位恢复唯一性和恢复算法

鲁棒性方法	随机掩膜对角线元素是满足某些特性的 i. i. d 随机变量复制，对于 SDP 算法，$O(\log^2 N)$ 个随机掩膜就足够了[58,61]。 对于非零值信号，两个特定的掩膜（具有过采样）或者 5 个特定的掩膜对 SDP 算法就足够了[28]。 随机掩膜对角线元素是满足某些特性的 i. i. d 随机变量的复制，$O(\log^4 N)$ 个随机掩膜对 WF 算法就足够了[58]
组合方法	对于非零值 DFT 信号，采用特殊组合算法时 3 个特定掩膜就足够了[25]。 基于偏振的算法，$O(\log N)$ 个随机掩膜就足够了[49]。 对于非零值信号，采用组合算法时两个特定的掩膜（具有过采样）或者 5 个特定的掩膜就足够了[28]。 对于满足 $x[0]\neq 0.3$ 的信号，采用特殊组合算法时特定的掩膜就足够了[63]

13.3.2　数值仿真

现在我们要利用数值仿真证明各种算法的性能。

在第一组仿真中，我们对文献[56,58]给出的随机掩膜结构分别考虑 SDP 和 WF 的性能。通过产生长度 $N=128$ 的随机信号，总共完成了 50 次实验，每一个位置的数值是从 i. i. d 标准正态分布中选取。对于 WF 算法，参数 $\mu_{\max}$ 和 t_0 分别选择 0.2 和 330。对于所采用的随机分布详情，读者请参阅文献[56,58]。在无噪声情况下，成功恢复的概率与 R 的函数曲线见图 13－4。图中可见，对这两种方法，$R\approx 6$ 就足以高概率成功恢复信号。

在第二组仿真中，采用 Candes[56] 提出的随机掩膜结构和 Jaganathan[60] 提出的两个特殊的掩膜结构对噪声条件下的 SDP 性能进行评估。对于随机掩膜情况下，采用了 8 个掩膜，其他参数与图 13－4 一样。对于两个特殊的掩膜结构，选择了 $N=32$ 和 64 点 DFT。这两种掩膜结构的归一化均方误差与 SNR 函数曲线见图 13－5。然而这两种方法的直接对比是无意义的，因为第一组方法采用了 4 倍的测量数据，结果清晰地表明在存在噪声时恢复是稳定的。

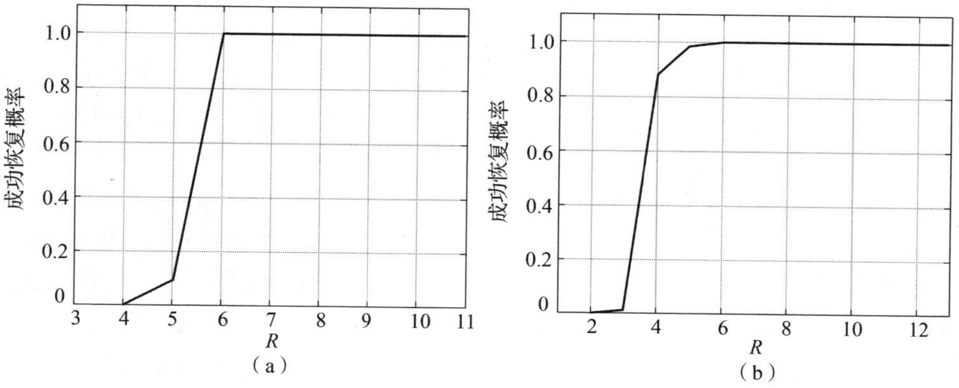

图 13-4 在无噪声条件下,$N=128$ 的 SDP 和 WF 算法性能

(a) 采用 SDP 的成功恢复概率与 R 函数关系;(b) 采用 WF 的成功恢复概率与 R 函数关系。

(资料来源于 *Applied and Computational Harmonic Analysis*, 39(2), Candes, E. J., Li, X., 和 Soltanolkotabi, M., Phase retrieval from coded diffraction patterns, 277-299, Copyright 2015, 得到 Elsevier 许可; Courtesy of Candes, E. J. et al., *IEEE Trans. Inform. Theory*, 61(4), 1985, 2015)

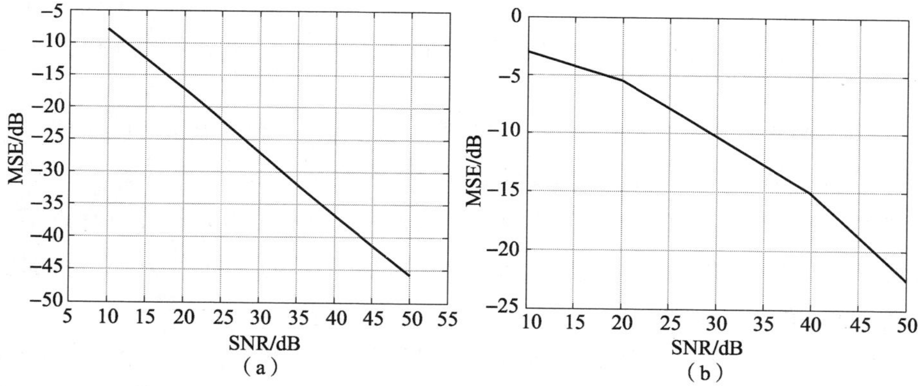

图 13-5 噪声条件下 SDP 算法性能

(a) 采用随机掩膜结构($N=128$;$R=8$)的 MSE(dB)与 SNR(dB)函数关系;(b)采用两个特殊的掩膜结构($N=32$;$M=64$;$R=2$)MSE(dB)与 SNR(dB)函数关系。

((a)来源于 *Applied and Computational Harmonic Analysis*, 39(2), Candes, E. J., Li, X., and Soltanolkotabi, M., Phase retrieval from coded diffraction patterns, 277-299, Copyright 2015, 得到 Elsevier 许可;(b) Courtesy of Jaganathan, K. et al., Phase retrieval with masks using convex optimization, IEEE International Symposium on Information Theory Proceedings, 2015, pp. 1655-1659)

13.4 STFT 相位恢复

本节我们通过采用 STFT 将冗余引入傅里叶测量值中,解决方案是通过相邻短时间段之间保留大量重叠实现在仅有振幅的测量值中引入冗余。正如将要看到的，由 STFT 提供的冗余在许多情况下能够唯一且鲁棒地恢复信号。进一步，采用相同数量的测量，STFT 可以改善过采样傅里叶振幅的信号恢复性能。

从 STFT 幅值恢复相位的方法已经在一些信号处理应用中采用，例如语音和音频信号处理[81-84]，研究语音的频谱成分随时间的变化[81,83]。相位恢复的应用也已经延伸到了光学，其中一个例子是频率可分辨光栅（frequency resolved optical gating，FROG）或 XFROG，它通过光学手段产生被测脉冲的 STFT 幅值来刻画超短激光脉冲的特征[39,85]。在 FROG 中，脉冲本身（或者脉冲的函数）用作被测信号的门控，而在 XFROG 中，门控由已知固定的窗口来实现。另一个例子是层叠衍射成像 CDI[86]或者傅里叶层叠衍射成像[40,42-43]，该技术已经使得 X 射线、光学和电子显微成像不需要前面的透镜就能够增加空间分辨率。

令 $w = (w[0], w[1], \cdots, w[W-1])$ 是长度为 W 的窗，这样仅在间距 $[0, W-1]$ 有非零值。$\boldsymbol{x}$ 对窗口 w 的短时傅里叶变换由下式定义，并记为 $\boldsymbol{Y}_w$

$$Y_w[m,r] = \sum_{n=0}^{N-1} x[n] w[rL-n] \mathrm{e}^{-\mathrm{i}2\pi\frac{mn}{N}},\ 0 \leqslant m \leqslant N-1,\ 0 \leqslant r \leqslant R-1 \tag{13.14}$$

这里参数 L 表示相邻短时间段的时间间隔，参数 $R = [(N+W-1)/L]$ 表示短时间段的个数。

STFT 的含义如下：假设 $\boldsymbol{w}_r$ 表示通过窗口 $\boldsymbol{w}$ 折叠后平移 rL 个时间单位（即，$w_r[n] = w[rL-n]$）得到的信号，令$\circ$表示哈达玛（对应元素）乘积算子，$\boldsymbol{Y}_w$ 的第 r 列（$0 \leqslant r \leqslant R-1$）对应于 $\boldsymbol{x} \circ \boldsymbol{w}_r$ 的 N 点 DFT，本质上窗口是折叠的并且穿过信号滑动（见图 13-6 形象表示），而 $\boldsymbol{Y}_w$ 对应于等间隔记录的加窗信号傅里叶变换。这就是著名的滑动窗口的解释[87]。

由信号 STFT 幅度重构信号的问题是著名的 STFT 相位恢复。事实上，可以认为 STFT 相位恢复是采用掩膜的相位恢复特例，这里不同的掩膜当作窗口经过时间平移的复制，这可以看作：令 $\boldsymbol{Z}_w$ 是与 $\boldsymbol{x}$ 关于窗口 $\boldsymbol{w}$ 的 STFT 振幅平方对应的 $N \times R$ 测量值，因此 $Z_w[m,r] = |Y_w[m,r]|^2$，令 $\boldsymbol{W}_r$($0 \leqslant r \leqslant R-1$) 是 $N \times N$ 的对角矩阵，对角线元素为 $(w_r[0], w_r[1], \cdots, w_r[W-1])$，那么 STFT 的相位恢复可以用数学描述为

$$\begin{aligned}&\text{求解} \quad \boldsymbol{x}\\&\text{约束条件} \quad Z_w[m,r] = |\langle \boldsymbol{f}_m, \boldsymbol{W}_r \boldsymbol{x} \rangle|^2,\ 0 \leqslant m \leqslant N-1,\ 0 \leqslant r \leqslant R-1\end{aligned} \tag{13.15}$$

该方程与方程(13.9)等价。

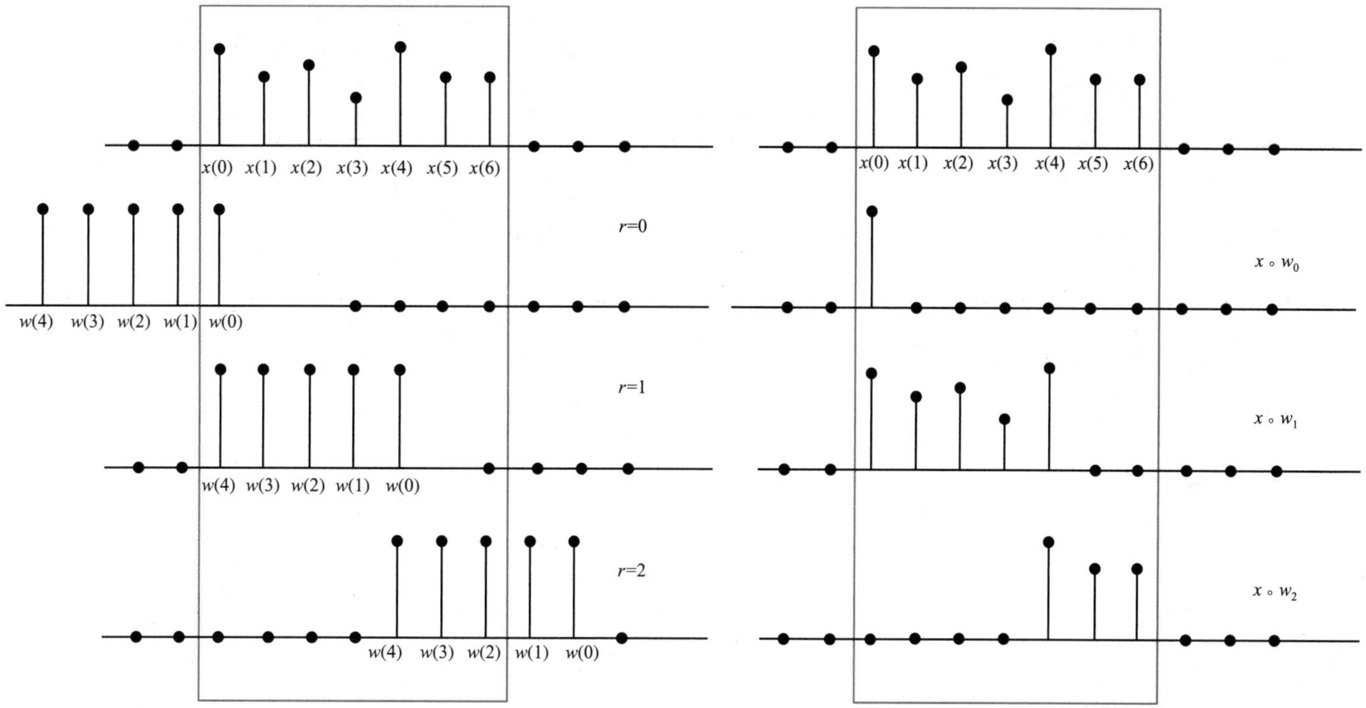

图 13-6　对 $N=7$、$W=5$ 和 $L=4$ 的 STFT 滑动窗口图解。三种平移情况下滑动窗口与信号重叠,因此考虑 $R=3$ 的短时间段(资料来源于 Jaganathan, K. et al., STFT phase retrieval: Uniqueness guarantees and recovery algorithms, arXiv:1508.02820, 2015。已授权允许)

13.4.1 唯一性

本节将回顾有关 STFT 相位恢复唯一性的主要结论。与前面一样,如果 $x[n]\neq 0(0\leqslant n\leqslant N-1)$,那么信号 $\boldsymbol{x}$ 是非零的。类似地,如果 $w[n]\neq 0(0\leqslant n\leqslant W-1)$,窗口 w 称为非零的。这些结论的总结见表 13-3。

表 13.3 STFT 相位恢复的唯一性

非零信号 $\{x[n]\neq 0 \mid 0\leqslant n\leqslant N-1\}$	如果 $L=1,2\leqslant W\leqslant (N+1)/2$,$W-1$ 与 N 互质且对 $\boldsymbol{w}$ 条件温和,那么全部相位恢复都具有唯一性[44]。 如果前 L 个样本事先已知,$2L\leqslant W\leqslant N/2$,且 $\boldsymbol{w}$ 是非零的,那么相位恢复具有唯一性[81]。 如果 $L\leqslant W\leqslant N/2$,且 $\boldsymbol{w}$ 是非零的,那么对于大多数信号的全部相位恢复都具有唯一性[28]
稀疏信号{在 $0\leqslant n\leqslant N-1$ 区间至少有一个 $x[n]=0$}	具有连续 W 个零,对于大多数信号不具有相位恢复的唯一性[44]。 如果前 L 个样本(从第一个非零值样本算起)预先已知,$2L\leqslant W\leqslant N/2$,且 $\boldsymbol{w}$ 是非零的,那么对于最多 $W-2L$ 个连续零值的信号相位恢复具有唯一性[81]。 如果 $L\leqslant W\leqslant N/2$,且 $\boldsymbol{w}$ 是非零的,那么对于少于 $\min\{W-L,L\}$ 个连续零值的大多数时间平移信号和全部相位恢复具有唯一性[28]

首先讨论,对于 $W<N$(这是一种典型情况),为了能够唯一辨识大部分信号,$L<W$ 必要条件:如果 $L<W$,那么对于某些局部信号,STFT 幅值不包含任何信息,因此大部分信号不能唯一辨识。如果 $L=W$,那么相邻的短时间段不重叠,因此 STFT 相位恢复等同于一系列非重叠相位恢复问题,所以与相位恢复情况一样,大部分 1D 信号不能唯一辨识。对于更高维信号(2D 及以上),如果 $\boldsymbol{w}$ 是非零的,对应于每一个短时间段,几乎所有加窗信号是唯一可辨识的。然而,由于没有建立相对相位、时间平移或对应于各种短时间加窗信号之间的共轭翻转方法,大多数信号不能唯一辨识。例如,假设选取 $L=W=2$,且对于所有 $0\leqslant n\leqslant W-1$ 有 $w[n]=1$,考虑信号 $\boldsymbol{x}_1=(1,2,3)^{\mathrm{T}}$ 长度为 $N=3$,信号 $\boldsymbol{x}_1$ 和 $\boldsymbol{x}_2=(1,-2,-3)^{\mathrm{T}}$ 具有相同的 STFT 幅值。实际上更一般的情况是,对于任意 ϕ,信号 $\boldsymbol{x}_1$ 和 $(1,\mathrm{e}^{\mathrm{i}\phi}2,\mathrm{e}^{\mathrm{i}\phi}3)^{\mathrm{T}}$ 具有相同的 STFT 幅值。

(1) 非零信号。

在文献[41]中表明,如果 $1\leqslant L\leqslant W$ 且选择 $\boldsymbol{w}$ 具有非零值 $\left(W\leqslant \dfrac{N}{2}\right)$,大多数非零信号能够从信号的 STFT 幅度唯一辨识直至全部相位的辨识。换句话说,

该结论表明，如果相邻短时间段重叠（不关心重叠程度），那么只要对信号加窗，几乎肯定可以完美实现 STFT 相位恢复。注意，与相位恢复一样，对于任意 ϕ，由于不管如何选择$\{\boldsymbol{w},L\}$，信号 $\boldsymbol{x}$ 和 $e^{i\phi}\boldsymbol{x}$ 具有相同的 STFT 幅度，因此不能分辨全部模糊的相位。然而，与相位恢复不同的是时间平移和共轭翻转对于大多数非零信号是可分辨的。

对于某些特殊选择的$\{\boldsymbol{w},L\}$，所有的非零信号可以从信号 STFT 的振幅唯一辨识直至全部相位的辨识。文献[44]表明，如果选择的窗口 $\boldsymbol{w}$ 使得（$|w[0]|^2$，$|w[1]|^2,\cdots,|w[N-1]|^2$）的 N 点 DFT 是非零值$\left(2\leqslant W\leqslant\dfrac{N+1}{2}\right)$且 $W-1$ 与 N 互质，那么对于 $L=1$，STFT 幅度可以唯一辨识非零信号直至全部相位。另一个结论是如果前 L 个样本已知，对于任意 L，只要选择非零值窗口 $\boldsymbol{w}\left(2L\leqslant W\leqslant\dfrac{N}{2}\right)$，那么非零信号可以通过 STFT 幅度唯一辨识[81]。

（2）稀疏信号。

前面提到的为非零信号恢复提供保证的结论中，并没有提到任何有关稀疏信号的情况。本节如果至少有一个 $x[n]=0(0\leqslant n\leqslant N-1)$，那么长度为 N 的信号 $\boldsymbol{x}$ 是稀疏的。源于对压缩感知的直觉，可以期望稀疏信号比非零信号更容易恢复。然而，对于 STFT 相位恢复实际情况并非如此。

文献[44]给出的下面例子证明对于某些类型的稀疏信号以及对$\{\boldsymbol{w},L\}$的某些选择（假设 $L\geqslant2$，W 是 L 的倍数，对所有 $0\leqslant n\leqslant W-1$，$w[n]=1$），时间平移模糊不可分辨。考虑长度为 $N\geqslant L+1$ 的信号 $\boldsymbol{x}_1$，对于某些整数 $1\leqslant p\leqslant L-1$ 和 $t\geqslant1$，信号只在$[(t-1)L+1,(t-1)L+L-p]\subset[0,N-1]$区间具有非零值。信号 $\boldsymbol{x}_2$ 通过 $\boldsymbol{x}_1$ 作 $q\leqslant p$ 个单位的时间平移，得到（即 $x_2[i]=x_1[i-q]$），$\boldsymbol{x}_1$ 和 $\boldsymbol{x}_2$ 具有相同的 STFT 幅值。这类稀疏信号的问题是 STFT 幅值等于傅里叶幅值，因此不能分辨时间平移与共轭翻转。

文献进一步表明，对于$\{\boldsymbol{w},L\}$的某些选择，存在不可分辨的稀疏信号，甚至对微小的模糊都不可分辨。考虑两个非重叠区间$[u_1,v_1]$，$[u_2,v_2]\subset[0,N-1]$，这样 $u_2-v_1>W$，并且选择 $\boldsymbol{x}_1$ 的支撑为$[u_1,v_1]$，$\boldsymbol{x}_2$ 的支撑为$[u_2,v_2]$，对于任意选择的 L，$\boldsymbol{x}_1+\boldsymbol{x}_2$ 与 $\boldsymbol{x}_1-\boldsymbol{x}_2$ 的 STFT 幅值平方相等。对于举例的稀疏信号，由于两个非零值间隔分开的间距大于 W，因此采用长度为 W 的窗口不能确定相对相位。

前面提到的例子证明，从信号的 STFT 幅值恢复信号，稀疏信号比非零信号更难恢复。这主要是由于存在大量的连续零值，因此非零信号的唯一性保证已经延伸到对稀疏信号连续零值个数的限制。文献[41]表明，如果相邻短时间段重叠（即 $L<W$）且 $\boldsymbol{w}$ 是非零的，并且 $W\leqslant N/2$，那么具有少于 $\min\{W-L,L\}$ 个连

续零值的大部分稀疏信号可以从信号的 *STFT* 幅值唯一辨识,直至全部相位和时间平移模糊的辨识。Nawab[81] 的工作证明,如果从第一个非零值开始,连续 L 个样本是已知的,那么对于任意 L,如果选择窗口 $\boldsymbol{w}$ 是非零值且 $2L \leqslant W \leqslant \frac{N}{2}$,STFT 幅值可以唯一辨识最多 $W-2L$ 个连续零值的信号。

13.4.2 算法

基于交替投影、SDP 和贪婪方法(例如,稀疏信号的 GESPAR)的相位恢复技术经过修改已经用于高效鲁棒的求解 STFT 相位恢复。本节给出现有 STFT 相位恢复算法的概述。

(1) 交替投影:Griffin 和 Lim 已经在求解 STFT 相位恢复中采用了经典交替投影方法[82]。为此,STFT 相位恢复用公式表示为下面的最小二乘问题:

$$\min_{x} \sum_{r=0}^{R-1} \sum_{m=0}^{N-1} (Z_w[m,r] - |\langle \boldsymbol{f}_m, \boldsymbol{W}_r \boldsymbol{x} \rangle|^2)^2 \tag{13.16}$$

Griffin - Lim(GL)算法试图以随机初始化开始,并且利用时域和 STFT 幅值约束交替采用投影对目标函数极小化,在算法 13.5 中给出了详细的步骤。显示出目标函数随迭代过程单调递减。当相邻短时间段之间存在大量重叠,那么在无噪声条件下,GL 方法的重要特性是其依后验概率收敛到全局最小。然而,没有现成理论上的恢复保证。在噪声条件下,算法具有与标准相位恢复中 GS 和 HIO 技术一样的限制。

在光学中,采用经过微小修改的 GL 迭代,被称为主成分广义投影(PCGP)。详情请读者参考文献[85]。

算法 13.5 Griffin - Lim(GL)算法

输入:测量值 $\boldsymbol{Z}_w$ 的 STFT 幅值平方和窗口 $\boldsymbol{w}$

输出:待求解稀疏信号的估计 $\hat{\boldsymbol{x}}$

初始化:选择随机输入信号 $\boldsymbol{x}^{(0)}$,$\ell = 0$

循环迭代

$\ell = \ell + 1$

计算 $\boldsymbol{x}^{(\ell-1)}$ 的 STFT:$Y_{\boldsymbol{w}}^{(\ell)}[m,r] = \sum_{n=0}^{N-1} x^{(\ell-1)}[n]\boldsymbol{w}[rL-n]\mathrm{e}^{-\mathrm{i}2\pi\frac{mn}{N}}$

施加 STFT 幅值约束:$Y'^{(\ell)}_{\boldsymbol{w}}[m,r] = \dfrac{Y_{\boldsymbol{w}}^{(\ell)}[m,r]}{|Y_{\boldsymbol{w}}^{(\ell)}[m,r]|}\sqrt{Z_{\boldsymbol{w}}[m,r]}$

续表

对每一个短时间段，计算 $Y'^{(\ell)}_w$ 的逆 DFT，得到加窗信号 $\boldsymbol{x}'^{(\ell)}_r$
施加时域约束得到 $\boldsymbol{x}^{(\ell)}$：$x^{(\ell)}[n] = \dfrac{\sum_r x'^{(\ell)}_r[n]w^*[rL-n]}{\sum_r \lvert w[rL-n]\rvert^2}$
返回 $\hat{\boldsymbol{x}} \leftarrow \boldsymbol{x}^{(\ell)}$

(2) SDP 方法：在文献[41,83]中，已经在 STFT 相位恢复中应用基于 SDP 的相位恢复方法，在算法 13.6 中给出了详细的 STliFT 算法。

相关问题如广义相位恢复[53]和采用随机掩膜的相位恢复[56,61]的许多最新结论表明，可以对$\{w,L\}$提出条件，当条件满足时可以保证基于 SDP 的算法正确恢复待求解信号。文献[41]表明，如果 $L=1$，$2\leqslant W\leqslant(N/2)$ 且 $\boldsymbol{w}$ 是非零的，那么 STliFT 可以从信号的 STFT 幅值唯一恢复非零信号直至恢复全部相位。文献进一步证明，如果前 $L/2$ 个样本是预先知道的，那么对于任意 $2\leqslant 2L\leqslant W\leqslant(N/2)$ 且 $\boldsymbol{w}$ 是非零的，STliFT 可以从信号的 STFT 幅值唯一恢复非零信号。这些保证只是部分地解释了 STliFT 极佳的经验性能。在无噪声条件下，对于任意 $2\leqslant 2L\leqslant W\leqslant(N/2)$，STliFT 利用先验知识可以恢复大多数信号。像 SDP 方法一样，当存在噪声时，STliFT 表现出稳健的恢复，在数值仿真部分将证明这一点。

算法 13.6　STliFT

输入：测量值 $\boldsymbol{Z}_w$ 的 STFT 幅值平方和窗口 $\boldsymbol{w}$

输出：待求解稀疏信号的估计 $\hat{\boldsymbol{x}}$

通过求解下面方程得到 $\hat{\boldsymbol{X}}$

$$\begin{aligned} &\text{极小化} \quad \operatorname{tr}(\boldsymbol{X}) \\ &\text{约束条件} \quad Z_w[m,r] = \operatorname{tr}(\boldsymbol{f}_m\boldsymbol{f}_m^*(\boldsymbol{X}\circ\boldsymbol{w}_r\boldsymbol{w}_r^*)) \\ &\qquad\qquad 0\leqslant m\leqslant N-1,\ 0\leqslant r\leqslant R-1 \\ &\qquad\qquad \boldsymbol{X}\succcurlyeq 0 \end{aligned} \tag{13.17}$$

返回 $\hat{\boldsymbol{x}}$，这里 $\hat{\boldsymbol{x}}\hat{\boldsymbol{x}}^*$ 是 $\hat{\boldsymbol{X}}$ 的最佳秩 -1 的近似

(3) 稀疏信号的 GESPAR：如果已知待求解信号是稀疏的，那么通过利用信号的稀疏性可以改善恢复性能。将稀疏性考虑进去的方法之一是将

GESPAR[30]用于 STFT 相位恢复[44]。仿真证明,在测量值具有冗余和输入信号具有稀疏性这两种情况都可以采用 GESPAR,并且在噪声条件下只要在测量过程中引入足够的冗余,那么信号以较高概率成功重构且信号恢复是稳健的。随后我们借助仿真来证明这些结论。

(4)组合方法(无噪声条件下):对于选择的某些$\{\boldsymbol{w},L\}$,研究者已经开发了专门针对 STFT 相位恢复的有效组合方法。针对非零信号,当$L=1,W\geqslant 2$,文献[81]提出了顺序重构技术。该算法过程如下:$x[0]$是从短时间段$r=0$对应的测量值重构相位的信号;利用先验信息$x[0]$,从短时间段$r=1$对应的测量值重构相对相位信号$x[1]$;继续依次进行,可以估计出整个信号的全部相位(详情请见文献[81])。Eldar[44]提出了一种重构算法:对于$0\leqslant n\leqslant N-1$,首先通过求解线性系统方程重构$|x[n]|$,然后采用组合方法依次重构$x[n]$的相位。与许多顺序重构方法一样,由于误差传递,在噪声情况下这些方法通常具有不稳定性。

13.4.3 数值仿真

现在采用数值仿真方法证明各种 STFT 相位恢复算法的性能。

在第一组仿真中,评估无噪声和有噪声情况下$N=32$点 STliFT 对非零信号的恢复能力。窗口$\boldsymbol{w}$的选择是,对所有的$0\leqslant n\leqslant W-1, w[n]=1$,并且参数$L$和$W$在 1 和$N/2$之间选择,对于$\{W,L\}$的每一种选择,通过随机选取非零信号完成 100 次仿真,因此每一个位置的数值是从 i. i. d 标准正态分布产生,在无噪声情况下成功恢复概率与$\{W,L\}$的函数关系显示在图 13-7(a)中。可见,如果$2\leqslant W\leqslant N/2$,那么 STliFT 以非常高的概率成功恢复出待求解信号。当$L=N/4, W=N/2$,只用了 6 个窗口的测量值,STliFT 就以非常高的概率成功恢复出待求解信号。在傅里叶相位恢复中,基于 SDP 的方法给出了一定的成功恢复概率,这一点是非常令人激动的。图 13-7(b)给出了在噪声条件下选择不同 SNR 和$\{W,L\}$的标准均方误差,log(MSE)与 SNR 之间的线性关系表明 STliFT 稳定恢复待求解信号,也可以看出当相邻短时间段之间存在严重重叠时,信号的恢复更加稳定,这一点也不意外。

在第二部分仿真中,评估了无噪声和噪声条件下,$N=64$, STliFT-GESPAR、GL 算法和 PCGP 对稀疏信号的恢复能力。窗口满足$w[n]=1(0\leqslant n\leqslant W-1)$,并且分别选择参数$L$和$W$为$\{2,4,8,16\}$和 16。稀疏字典是具有 i. i. d 标准正态变量的随机基,随后进行列的正则化。对每一个稀疏集k,为了产生稀疏输入,随机均匀地选取非零值k的位置,然后在选择的支撑内,信号从 i. i. d 标准正态分布中抽取。

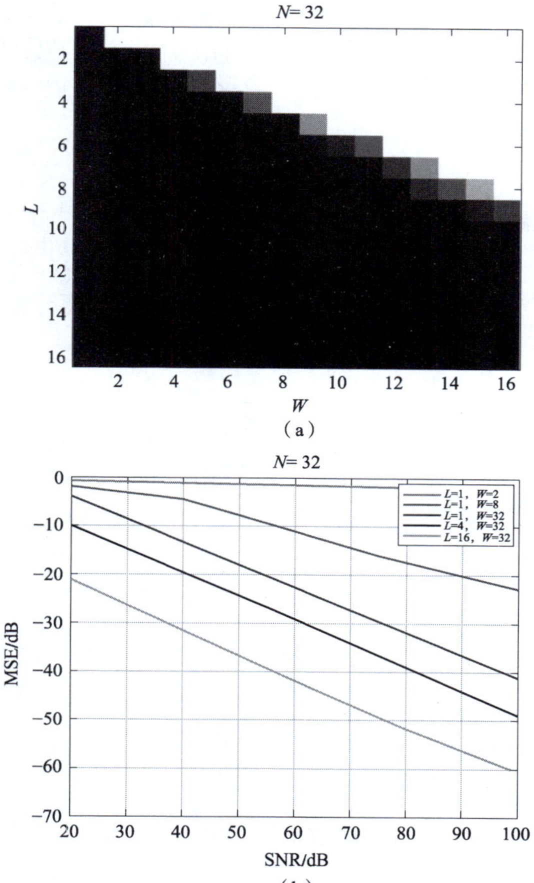

图 13 -7 对于 $N=32$ 并且选择不同的 $\{W,L\}$ 的 STliFT 性能

(a) 在无噪声条件下成功恢复概率(白色区域:成功概率为 1,黑色区域:成功概率为 0);(b) 在噪声条件下 MSE(dB)与 SNR 关系(dB)

(资料来源于 Jaganathan, K. et al., STFT phase retrieval: Uniqueness guarantees and recovery algorithms, arXiv:1508.02820, 2015。已授权)

STliFT - GESPAR 采用阈值 $\tau=10^{-4}$、最大交换次数 50000,PCGP 和 GL 采用 50 个随机初始点并且最多运行 1000 次迭代。为了与傅里叶变换方法进行对比,图中显示的 GESPAR 性能具有相同的参数和过采样因子 $\{8,4,2,1\}$。在图 13 -8(a)中,画出了成功恢复概率与稀疏函数的关系。注意,当 $L=16$,在 STFT 中没有冗余,因此 STFT 方法没有优势。在所有情况下,对于 $L<16$,STFT 存在冗余,这种方法比简单的过采样 DFT 带来了性能改善。仿真还证明 GESPAR 比 GL 和 PCGP 两种算法都出色。

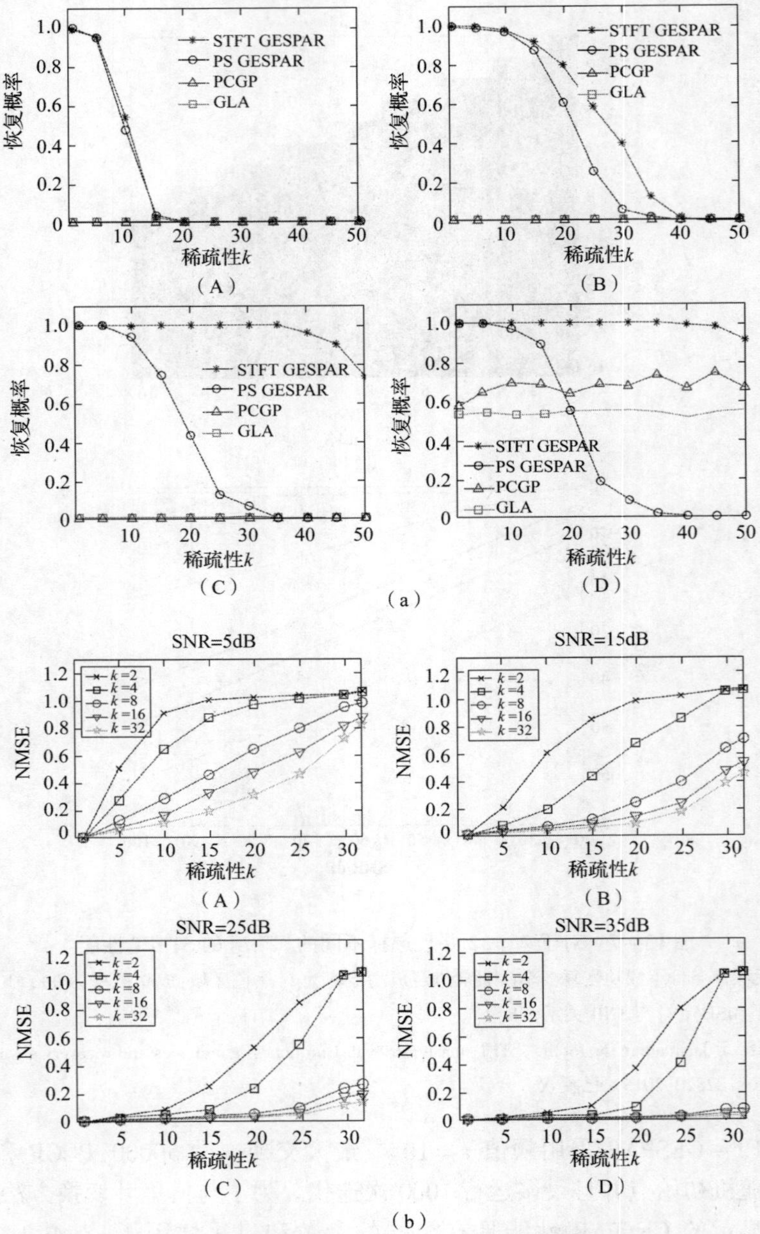

图 13-8　STFT-GESPAR 性能，$N=\{32,64\}$ 并且选择不同的 $\{K,W,L\}$

(a) 在无噪声条件下，对于不同的测量 (A) 64、(B) 128、(C) 256 和 (D) 512，成功恢复概率与稀疏度关系；(b) 在噪声条件下，对于不同的 SNR（单位 dB）(A) 5、(B) 15、(C) 25 和 (D) 35，MSE 与稀疏度关系。

（资料来源于 Eldar, Y. c., Sidorenko, P., Mixon, D. G., Barel, S., and Cohen, O., Sparse phase retrieval from short-time Fourier measurements, IEEE Signal Processing Letters, 22(5), 638-642. C2015 IEEE）

在图 13 –8(b)中，考虑了噪声和 DFT 长度对归一化均方误差的影响，除了 L，所有的参数与图 13 –8(a)相同，这里设置 $L=1$，选择信号长度 $N=32$。DFT 的长度为 $K=\{2,6,8,16,32\}$，当 K 小于窗口长度 $W=16$ 时，采用长度为 W 的 DFT 并且选择前面 K 个测量值(即，只采用 K 个低频测量值)。正如所期望的，增加 DFT 长度，可以改善信号恢复能力，同时还证明当测量所有的傅里叶分量，即当 $K\geqslant 16$，信号恢复性能得到明显改善。

13.5　结论

本章回顾了相位恢复的最新进展，在很多实例中我们证明了未知信号可以从一组无相位的傅里叶测量值中鲁棒地、高效地恢复出来。特别是我们首次研究了稀疏相位恢复问题。我们注意到，大多数的稀疏信号可以从信号的自相关中唯一辨识，并且给出了两种有效的、鲁棒的算法(TSPR 和 GESPAR)。然后，我们考虑采用掩膜的相位恢复问题，给出了允许唯一的、鲁棒地恢复未知信号的各种掩膜。最后，探讨了 STFT 相位恢复问题。我们注意到，大多数信号可以从 STFT 幅值唯一辨识，并且对高效、鲁棒的信号恢复提出了建议。这些结果在相位测量具有挑战的光学和成像系统中已经得到了许多的应用，它们可能也已经延伸到雷达和无线通信等其他的工程领域，在这些领域避开必须测量的相位，可以得到更加简单并且节约成本的实际系统。

致谢

作者感谢 Mordechai Segev 教授和 Oren Cohen 为他们介绍 STFT 的相位恢复问题以及有关相位恢复和光学的许多真知灼见的讨论。

参 考 文 献

A. L. Patterson, A Fourier series method for the determination of the components of interatomic distances in crystals, *Physical Review* 46(5) (1934): 372.

A. L. Patterson, Ambiguities in the x-ray analysis of crystal structures, *Physical Review* 65(5–6) (1944): 195.

A. Walther, The question of phase retrieval in optics, *Journal of Modern Optics* 10(1) (1963): 41–49.

R. P. Millane, Phase retrieval in crystallography and optics, *Journal of the Optical Society of America A* 7(3) (1990): 394–411.

J. C. Dainty and J. R. Fienup, Phase retrieval and image reconstruction for astronomy, *Image Recovery: Theory and Application* (1987): 231–275.

L. Rabiner and B. H. Juang, *Fundamentals of Speech Recognition*, Prentice Hall (1993).

M. Stefik, Inferring DNA structures from segmentation data, *Artificial Intelligence* 11(1) (1978): 85–114.

B. Baykal, Blind channel estimation via combining autocorrelation and blind phase estimation, *IEEE Transactions on Circuits and Systems* 51(6) (2004): 1125–1131.

A. V. Oppenheim and J. S. Lim, The importance of phase in signals, *Proceedings of the IEEE* 69(5) (1981): 529–541.

Y. Shechtman, Y. C. Eldar, O. Cohen, H. N. Chapman, J. Miao, and M. Segev, Phase retrieval with application to optical imaging, *IEEE Signal Processing Magazine* 32(3) (2015): 87–109.

J. R. Fienup, Phase retrieval algorithms: A personal tour [invited], *Applied Optics* 52(1) (2013): 45–56.

E. M. Hofstetter, Construction of time-limited functions with specified autocorrelation functions, *IEEE Transactions on Information Theory* 10(2) (1964): 119–126.

M. H. Hayes, The reconstruction of a multidimensional sequence from the phase or magnitude of its Fourier transform, *IEEE Transactions on Acoustics, Speech and Signal Processing* 30(2) (1982): 140–154.

R. W. Gerchberg and W. O. Saxton, A practical algorithm for the determination of the phase from image and diffraction plane pictures, *Optik* 35 (1972): 237.

J. R. Fienup, Phase retrieval algorithms: A comparison, *Applied Optics* 21(15) (1982): 2758–2769.

H. H. Bauschke, P. L. Combettes, and D. R. Luke, Phase retrieval, error reduction algorithm, and Fienup variants: A view from convex optimization, *Journal of the Optical Society of America A* 19(7) (2002): 1334–1345.

S. Marchesini, Invited article: A unified evaluation of iterative projection algorithms for phase retrieval, *Review of Scientific Instruments* 78(1) (2007): 011301.

D. P. Palomar and Y. C. Eldar, *Convex Optimization in Signal Processing and Communications*, Cambridge University Press (2010).

Y. C. Eldar and G. Kutyniok, *Compressed Sensing: Theory and Applications*, Cambridge University Press (2012).

Y. C. Eldar, *Sampling Theory: Beyond Bandlimited Systems*, Cambridge University Press (2015).

E. J. Candes and T. Tao, Decoding by linear programming, *IEEE Transactions on Information Theory* 51(12) (2005): 4203–4215.

E. J. Candes and B. Recht, Exact matrix completion via convex optimization, *Foundations of Computational Mathematics* 9(6) (2009): 717–772.

J. Miao, P. Charalambous, J. Kirz, and D. Sayre, Extending the methodology of x-ray crystallography to allow imaging of micrometre-sized noncrystalline specimens, *Nature* 400(6742) (1999): 342–344.

M. L. Moravec, J. K. Romberg, and R. G. Baraniuk, Compressive phase retrieval, *International Society for Optics and Photonics* (2007): 670120.

E. J. Candes, Y. C. Eldar, T. Strohmer, and V. Voroninski, Phase retrieval via matrix completion, *SIAM Journal on Imaging Sciences* 6(1) (2013): 199–225.

K. Jaganathan, S. Oymak, and B. Hassibi, Recovery of sparse 1-D signals from the magnitudes of their Fourier transform, *IEEE International Symposium on Information Theory Proceedings* (2012), pp. 1473–1477.

Y. Shechtman, Y. C. Eldar, A. Szameit, and M. Segev, Sparsity based subwavelength imaging with partially incoherent light via quadratic compressed sensing, *Optics Express* 19 (2011): 14807–14822.

K. Jaganathan, S. Oymak, and B. Hassibi, Sparse phase retrieval: Uniqueness guarantees and recovery algorithms, arXiv:1311.2745 (2015).

K. Jaganathan, S. Oymak, and B. Hassibi, Sparse phase retrieval: Convex algorithms and limitations, *IEEE International Symposium on Information Theory Proceedings* (2013), pp. 1022–1026.

Y. Shechtman, A. Beck, and Y. C. Eldar, GESPAR: Efficient phase retrieval of sparse signals, *IEEE Transactions on Signal Processing* 62(4) (2014): 928–938.

Y. M. Lu and M. Vetterli, Sparse spectral factorization: Unicity and reconstruction algorithms, *IEEE International Conference on Acoustics, Speech and Signal Processing* (2011), pp. 5976–5979.

S. Mukherjee and C. Seelamantula, An iterative algorithm for phase retrieval with sparsity constraints: Application to frequency domain optical coherence tomography, *IEEE International Conference on Acoustics, Speech and Signal Processing* (2012), pp. 553–556.

J. Ranieri, A. Chebira, Y. M. Lu, and M. Vetterli, Phase retrieval for sparse signals: Uniqueness conditions, arXiv:1308.3058 (2013).

H. Ohlsson and Y. C. Eldar, On conditions for uniqueness in sparse phase retrieval, *IEEE International Conference on Acoustics, Speech and Signal Processing* (2014), pp. 1841–1845.

I. Johnson, K. Jefimovs, O. Bunk, C. David, M. Dierolf, J. Gray, D. Renker, and F. Pfeiffer, Coherent diffractive imaging using phase front modifications, *Physical Review Letters* 100(15) (2008): 155503.

Y. J. Liu et al. Phase retrieval in x-ray imaging based on using structured illumination, *Physical Review A* 78(2) (2008): 023817.

E. G. Loewen and E. Popov, *Diffraction Gratings and Applications*, CRC Press (1997).

A. Faridian, D. Hopp, G. Pedrini, U. Eigenthaler, M. Hirscher, and W. Osten, Nanoscale imaging using deep ultraviolet digital holographic micro scopy, *Optics Express* 18(13) (2010): 14159–14164.

R. Trebino, *Frequency-Resolved Optical Gating: The Measurement of Ultrashort Laser Pulses*, Springer (2002).

J. M. Rodenburg, Ptychography and related diffractive imaging methods, *Advances in Imaging and Electron Physics* 150 (2008): 87–184.

K. Jaganathan, Y. C. Eldar, and B. Hassibi, STFT phase retrieval: Uniqueness guarantees and recovery algorithms, arXiv:1508.02820 (2015).

M. J. Humphry, B. Kraus, A. C. Hurst, A. M. Maiden, and J. M. Rodenburg, Ptychographic electron microscopy using high-angle dark-field scattering for sub-nanometre resolution imaging, *Nature Communications* 3(2012): 730.

G. Zheng, R. Horstmeyer, and C. Yang, Wide-field, high-resolution Fourier ptychographic microscopy, *Nature Photonics* 7(9) (2013): 739–745.

Y. C. Eldar, P. Sidorenko, D. G. Mixon, S. Barel, and O. Cohen, Sparse phase retrieval from short-time Fourier measurements, *IEEE Signal Processing Letters* 22(5) (2015): 638–642.

Y. C. Eldar and S. Mendelson, Phase retrieval: Stability and recovery guarantees, *Applied and Computational Harmonic Analysis* 36(3)(2014): 473–494.

R. Balan, P. Casazza, and D. Edidin, On signal reconstruction without phase, *Applied and Computational Harmonic Analysis* 20(3) (2006): 345–356.

R. Balan, B. G. Bodmann, P. G. Casazza, and D. Edidin, Painless reconstruction from magnitudes of frame coefficients, *Journal of Fourier Analysis and Applications* 15(4) (2009): 488–501.

H. Ohlsson, A. Yang, R. Dong, and S. Sastry, Compressive phase retrieval from squared output measurements via semidefinite programming, arXiv:1111.6323 (2011).

A. S. Bandeira, J. Cahill, D. G. Mixon, and A. A. Nelson, Saving phase: Injectivity and stability for phase retrieval, *Applied and Computational Harmonic Analysis* 37(1) (2014): 106–125.

X. Li and V. Voroninski, Sparse signal recovery from quadratic measurements via convex programming, *SIAM Journal on Mathematical Analysis* 45(5) (2013): 3019–3033.

S. Oymak, A. Jalali, M. Fazel, Y. C. Eldar, and B. Hassibi, Simultaneously structured models with application to sparse and low-rank matrices, *IEEE Transactions on Information Theory* 61(5) (2015): 2886–2908.

P. Netrapalli, P. Jain, and S. Sanghavi, Phase retrieval using alternating minimization, *Advances in Neural Information Processing Systems* (2013): 2796–2804.

E. J. Candes, T. Strohmer, and V. Voroninski, Phaselift: Exact and stable signal recovery from magnitude measurements via convex programming, *Communications on Pure and Applied Mathematics* 66(8) (2013): 1241–1274.

M. X. Goemans and D. P. Williamson, Improved approximation algorithms for maximum cut and satisfiability problems using semidefinite programming, *Journal of the ACM* 42(6) (1995): 1115–1145.

I. Waldspurger, A. d'Aspremont, and S. Mallat, Phase recovery, maxcut and complex semidefinite programming, *Mathematical Programming* 149 (1–2) (2015): 47–81.

E. J. Candes, X. Li, and M. Soltanolkotabi, Phase retrieval from coded diffraction patterns, *Applied and Computational Harmonic Analysis* 39(2) (2015): 277–299.

B. Recht, M. Fazel, and P. Parrilo, Guaranteed minimum-rank solutions of linear matrix equations via nuclear norm minimization, *SIAM Review* 52(3) (2010): 471–501.

E. J. Candes, X. Li, and M. Soltanolkotabi, Phase retrieval via Wirtinger flow: Theory and algorithms, *IEEE Transactions on Information Theory* 61(4) (2015): 1985–2007.

A. Beck and Y. C. Eldar, Sparsity constrained nonlinear optimization: Optimality conditions and algorithms, *SIAM Journal on Optimization* 23(3) (2013): 1480–1509.

K. Jaganathan, Y. C. Eldar, and B. Hassibi, Phase retrieval with masks using convex optimization, *IEEE International Symposium on Information Theory Proceedings* (2015) pp 1655–1659.

D. Gross, F. Krahmer, and R. Kueng, Improved recovery guarantees for phase retrieval from coded diffraction patterns, arXiv:1402.6286 (2014).

A. S. Bandeira, Y. Chen, and D. G. Mixon, Phase retrieval from power spectra of masked signals, *Information and Inference* (2014): iau002.

R. Pedarsani, K. Lee, and K. Ramchandran, PhaseCode: Fast and efficient compressive phase retrieval based on sparse-graph codes, *Annual Allerton Conference in Communication, Control, and Computing* (2014), pp. 842–849.

S. Gleichman and Y. C. Eldar, Blind compressed sensing, *IEEE Transactions on Information Theory* 57(10) (2011): 6958–6975.

Y. Rivenson, A. Stern, and B. Javidi, Compressive Fresnel holography, *Journal of Display Technology* 6(10) (2010): 506–509.

S. Gazit, A. Szameit, Y. C. Eldar, and M. Segev, Super-resolution and reconstruction of sparse sub-wavelength images, *Optics Express* 17(26) (2009): 23920–23946.

A. Szameit et al., Sparsity-based single-shot subwavelength coherent diffractive imaging, *Nature Materials*, Supplementary Info 11(5) (2012): 455–459.

C. Luo, S. G. Johnson, J. D. Joannopoulos, and J. B. Pendry, Subwavelength imaging in photonic crystals, *Physical Review B* 68(4) (2003): 045115.

E. A. Ash and G. Nicholls, Super-resolution aperture scanning microscope, *Nature* (1972): 510–512.

Y. Shechtman, Y. C. Eldar, O. Cohen, and M. Segev, Efficient coherent diffractive imaging for sparsely varying dynamics, *Optics Express* 21(5) (2013): 6327–6338.

P. Sidorenko, A. Fleischer, Y. Shechtman, Y. C. Eldar, M. Segev, and O. Cohen, Sparsity-based super-resolved coherent diffraction imaging of onedimensional objects, *Nature Communications* 6 (2015).

Y. Shechtman, E. Small, Y. Lahini, M. Verbin, Y. C. Eldar, Y. Silberberg, and M. Segev, Sparsity-based superresolution and phase-retrieval in waveguide arrays, *Optics Express* 21(20) (2013): 24015–24024.

J. Miao, C. Chen, Y. Mao, L. S. Martin, and H. C. Kapteyn, Potential and challenge of ankylography, arXiv:1112.4459 (2011).

M. Mutzafi, Y. Shechtman, Y. C. Eldar, O. Cohen, and M. Segev, Sparsity-based ankylography for recovering 3D molecular structures from single-shot 2D scattered light intensity, *Nature Communications* 6 (2015).

T. Heinosaari, L. Mazzarella, and M. M. Wolf, Quantum tomography under prior information, *Communications in Mathematical Physics* 318(2) (2013): 355–374.

S. S. Skiena, W. D. Smith, and P. Lemke, Reconstructing sets from interpoint distances (extended abstract), *Annual Symposium on Computational Geometry* (1990), pp. 332–339.

T. Dakic, On the turnpike problem, PhD thesis, Simon Fraser University, Burnaby, British Columbia, Canada (2000).

K. Jaganathan and B. Hassibi, Reconstruction of integers from pairwise distances, arXiv:1212.2386 (2012).

C. H. Papadimitriou and K. Steiglitz, *Combinatorial Optimization: Algorithms and Complexity*, Courier Corporation (1998).

D. P. Bertsekas, *Nonlinear Programming*, Athena Scientific, Belmont, MA (1999).

S. H. Nawab, T. F. Quatieri, and J. S. Lim, Signal reconstruction from short-time Fourier transform magnitude, *IEEE Transactions on Acoustics, Speech and Signal Processing* 31(4) (1983): 986–998.

D. Griffin and J. S. Lim, Signal estimation from modified short-time Fourier transform, *IEEE Transactions on Acoustics, Speech and Signal Processing* 32(2) (1984): 236–243.

D. L. Sun and J. O. Smith, Estimating a signal from a magnitude spectrogram via convex optimization, arXiv:1209.2076 (2012).

J. S. Lim and A. V. Oppenheim, Enhancement and bandwidth compression of noisy speech, *Proceedings of the IEEE* 67(12) (1979): 1586–1604.

D. J. Kane, Principal components generalized projections: A review [invited], *Journal of the Optical Society of America B* 25(6) (2008): A120–A132.

M. Guizar-Sicairos and J. R. Fienup, Phase retrieval with transverse translation diversity: A nonlinear optimization approach, *Optics Express* 16(10) (2008): 7264–7278.

L. R. Rabiner and R. W. Schafer, *Digital Processing of Speech Signals*, Prentice Hall (1978).